백점

BOOK 1 개념북

과학 4·2

구성과 특징

BOOK 1 개념북

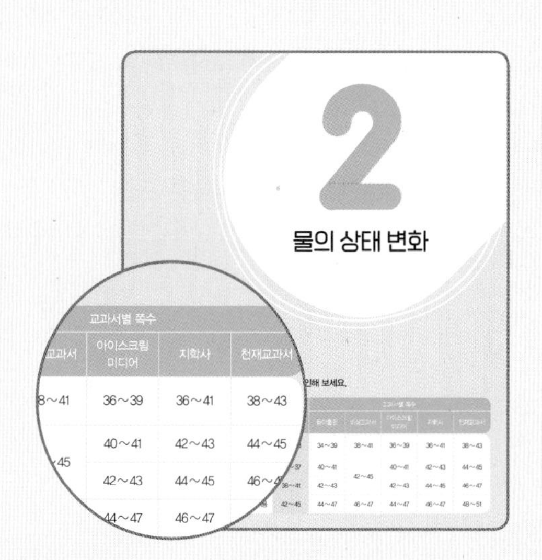

검정 교과서를 통합한 개념 학습

2022년부터 초등 3~4학년 과학 교과서가 국정 교과서에서 **7종 검정 교과서**로 바뀌었습니다.
'백점 과학'은 **검정 교과서의 개념과 탐구를 통합적으로 학습**할 수 있도록 구성하였습니다. 단원별 검정 교과서 학습 내용을 확인하고 **개념 학습, 문제 학습, 마무리 학습**으로 이어지는 3단계 학습을 통해 검정 교과서의 통합 개념을 익혀 보세요.

1 개념 학습

- 검정 교과서의 내용을 통합한 **핵심 개념**을 익힐 수 있습니다.
- **교과서 통합 대표 실험**을 통해 검정 교과서별 중요 실험을 확인할 수 있습니다.
- QR을 통해 개념 이해를 돕는 **개념 강의**, 한눈에 보는 **실험 동영상**이 제공됩니다.

2 문제 학습

- **기본 개념 문제**로 개념을 파악합니다.
- **교과서 공통 핵심 문제**로 여러 출판사의 공통 개념을 익힐 수 있습니다.
- **교과서별** 문제를 풀면서 다양한 교과서의 개념을 학습할 수 있습니다.

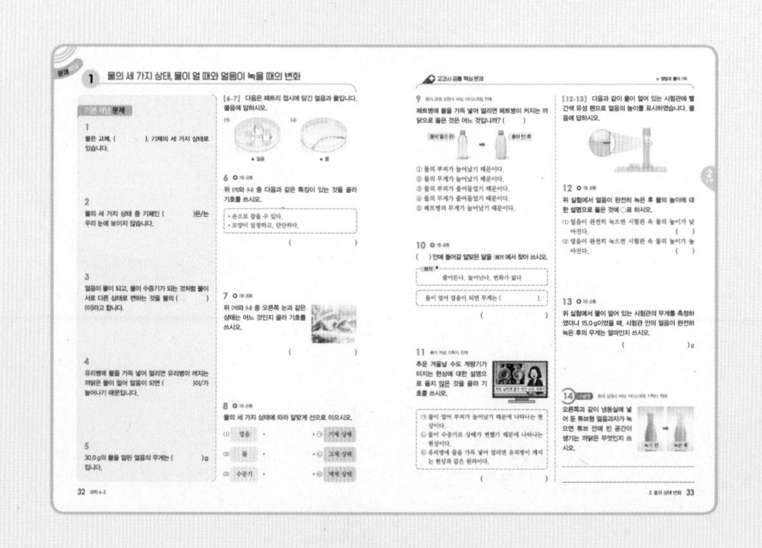

3 마무리 학습

교과서 통합 핵심 개념에서
단원의 개념을 한눈에 정리할 수 있습니다.

단원 평가와 **수행 평가**를 통해
단원을 최종 마무리할 수 있습니다.

BOOK 2 평가북

학교 시험에 딱 맞춘 평가 대비

묻고 답하기

묻고 답하기를 통해 핵심 개념을 다시 익힐 수 있습니다.

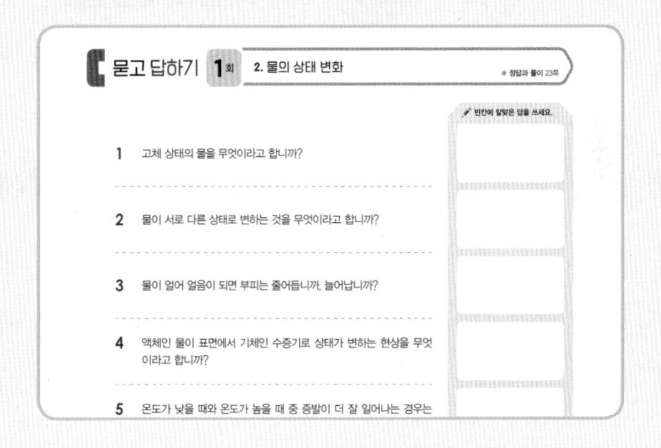

단원 평가 기출/실전 / 수행 평가

단원 평가와 수행 평가를 통해 학교 시험에 대비할 수 있습니다.

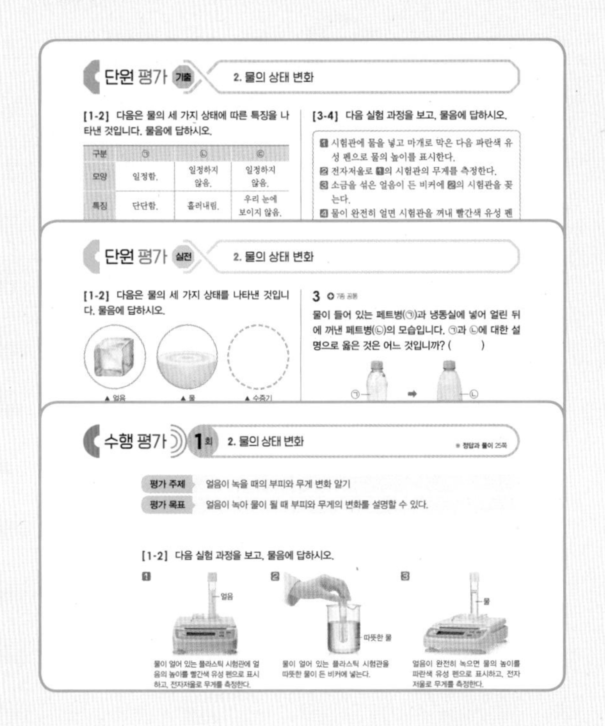

차례

식물의 생활

▶ 학습 내용과 교과서별 해당 쪽수를 확인해 보세요.

학습 내용	백점 쪽수	교과서별 쪽수				
		동아출판	비상교과서	아이스크림 미디어	지학사	천재교과서
1 들이나 산에 사는 식물, 식물의 잎 분류	6~9	12~15	14~19	12~17	12~15	16~19
2 강이나 연못에 사는 식물	10~13	16~19	20~23	18~19	16~19	20~23
3 특수한 환경에 사는 식물, 식물의 활용	14~17	20~23	24~25	20~23	20~25	24~27

개념 학습

1 들이나 산에 사는 식물, 식물의 잎 분류

1 들이나 산에 사는 식물 —• 풀과 나무로 구분할 수 있어요.

(1) 들이나 산에 사는 식물의 종류와 특징

구분	이름	특징
풀	토끼풀	• 땅을 뒤덮을 정도로 키가 작음. • 줄기가 땅 위를 기듯이 자람. • 잎은 보통 세 장씩 달리고, 흰색 꽃이 둥근 모양으로 핌.
	해바라기	• 어른의 키와 비슷한 정도로 자람. • 잎은 심장 모양으로, 가장자리가 톱니 모양임. • 노란색 꽃이 늦여름에 핌.
	강아지풀	• 줄기와 뿌리가 가늘고, 키가 작음. • 잎은 길쭉한 모양이며, 잎맥이 세로로 나란히 나 있음. • 열매는 이삭 모양이고, 털이 있음.
	쑥	• 키는 1 m 정도까지 자라며, 줄기에 털이 있음. • 잎은 부드럽고, 잎 가장자리는 갈라져 있음.
나무	감나무	• 키가 10~20 m까지 자라며, 줄기는 흑갈색임. • 잎은 끝이 뾰족한 타원형임. • 봄에 꽃이 피며 가을에 열매 맺음.
	잣나무	• 키가 30 m까지도 자라며, 줄기는 흑갈색이고 자라면서 굵어짐. • 잎은 다섯 개씩 모여서 달리며 바늘 모양임.
	단풍나무	• 키는 보통 10 m쯤 자람. • 잎은 손바닥 모양이며 여러 갈래로 갈라져 있고 가장자리는 톱니 모양임. —• 가을이 되면 잎이 붉게 물들어요.
	소나무	• 키가 20~25 m 정도임. • 잎은 바늘 모양이며, 한곳에 두 개씩 뭉쳐남. • 겨울에도 잎이 초록색임.

(2) 들이나 산에 사는 식물의 공통적인 특징

① 잎, 줄기, 뿌리가 있습니다.

② 줄기에는 잎, 꽃, 열매가 달립니다.

③ 대부분 땅속으로 뿌리를 내리며 땅 위로 줄기와 잎이 자랍니다.

한해살이풀과 여러해살이풀

풀은 한해살이 또는 여러해살이이고, 나무는 모두 여러해살이입니다. 해바라기, 강아지풀, 명아주 등은 한해살이풀이고, 토끼풀, 쑥, 민들레, 비비추 등은 여러해살이풀입니다.

잎의 생김새

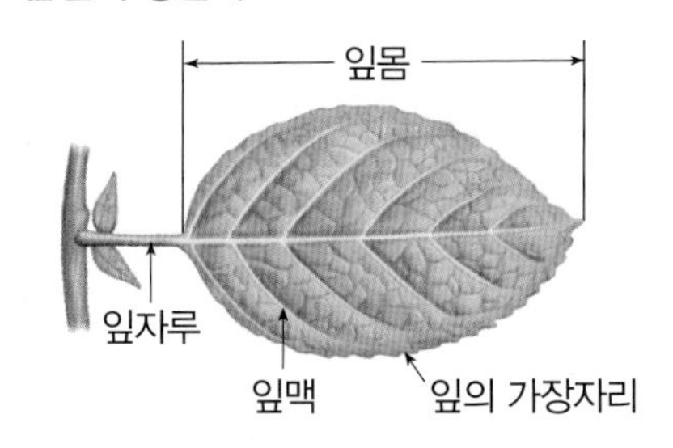

키가 작은 나무

일반적으로 나무는 소나무, 은행나무 등과 같이 키가 크지만, 사철나무, 무궁화, 개나리 등과 같이 키가 작은 나무도 있습니다.

용어사전

- **톱니** 톱 따위의 가장자리에 있는 뾰족뾰족한 이.
- **잎맥** 잎에서 선처럼 보이는 것.
- **이삭** 벼, 보리 따위 곡식에서, 꽃이 피고 꽃대의 끝에 열매가 더부룩하게 많이 열리는 부분.

2 풀과 나무의 공통점과 차이점

구분	풀	나무
공통점	• 뿌리, 줄기, 잎이 있음. —• 잎은 초록색이에요. • 필요한 양분을 스스로 만듦.	
차이점	• 나무보다 키가 작음. • 나무보다 줄기가 가늚. • 대부분 한해살이 식물임.	• 풀보다 키가 큼. • 풀보다 줄기가 굵음. • 모두 여러해살이 식물임.

3 여러 가지 식물의 잎 관찰하기

식물	잎의 특징
떡갈나무	• 넓적하며 가장자리가 물결 모양이고, 끝부분이 둥긂. • 만졌을 때 느낌은 까끌까끌함.
해바라기	• 넓적하며 가장자리가 톱니 모양이고, 끝부분은 뾰족함. • 전체 모양은 심장 모양이고, 잔털이 나 있으며, 만졌을 때 느낌은 까끌까끌함.
강아지풀	• 길쭉한 모양이며 끝부분은 뾰족하고 잎맥이 나란함. • 가장자리 모양이 매끄럽고 만졌을 때 느낌은 까끌까끌함.
감나무	• 넓적하며 가장자리 모양이 매끄럽고 끝부분은 뾰족함. • 앞면은 짙은 초록색이고 뒷면은 연두색임. • 만져 보면 두껍고 빳빳하며 매끈매끈함.
잣나무	• 길쭉한 바늘 모양임. • 한곳에 잎이 다섯 개가 뭉쳐남. • 만졌을 때 느낌은 매끈매끈함.

4 잎의 특징에 따라 식물 분류하기

(1) **잎을 분류하는 기준:** 식물 종류에 따라 잎의 특징이 다르기 때문에 잎의 생김새, 잎을 만졌을 때의 느낌 등의 기준으로 식물을 분류할 수 있습니다.

(2) **분류 기준에 따라 식물의 잎 분류하기** 예

전체 모양

넓적하다.

길쭉하다.

만졌을 때의 느낌

까끌까끌하다.

매끈매끈하다.

봉숭아는 풀, 무궁화는 나무로 구별할 수 있는 까닭

▲ 봉숭아

▲ 무궁화

봉숭아의 줄기는 초록색입니다. 반면 무궁화는 줄기가 단단하고 갈색입니다. 또 봉숭아는 한해살이이지만, 무궁화는 여러해살이입니다. 그러므로 봉숭아는 풀이고 무궁화는 나무입니다.

한곳에 나는 잎의 개수를 기준으로 분류하기

한곳에 나는 잎의 개수가 여러 개인 것

한곳에 나는 잎의 개수가 한 개인 것

장미, 토끼풀, 강낭콩은 잎이 한곳에 여러 개가 나지만, 시금치, 감자, 단풍나무는 한 개씩 납니다.

분류 기준으로 알맞지 않은 것

'잎의 크기가 큰가?', '잎의 모양이 예쁜가?' 등은 사람에 따라 분류 결과가 달라지므로 알맞지 않은 분류 기준입니다.

용어사전

• **양분** 식물의 영양이 되는 성분.

1 들이나 산에 사는 식물, 식물의 잎 분류

기본 개념 문제

1

들이나 산에 사는 식물은 토끼풀, 강아지풀 등과 같은 (   )와/과 감나무, 떡갈나무 등과 같은 (   )(으)로 구분할 수 있습니다.

2

들이나 산에 사는 식물은 대부분 땅속으로 (   )을/를 내리며 땅 위로 줄기와 잎이 자랍니다.

3

풀과 나무 중 줄기가 가늘고 키가 작은 것은 (   )입니다.

4

풀은 한해살이와 여러해살이가 있고, 나무는 모두 (   )입니다.

5

봉숭아와 무궁화 중 나무는 (   )입니다.

6 동아, 김영사, 비상, 아이스크림, 지학사, 천재

다음 식물을 풀과 나무로 구분하여 쓰시오.

(1) 
해바라기

(   )

(2) 단풍나무

(   )

(3) 쑥

(   )

(4) 소나무

(   )

7 동아, 김영사, 비상, 지학사, 천재

오른쪽 토끼풀에 대한 설명으로 옳은 것에 ○표 하시오.

(1) 들이나 산에 사는 나무이다. (   )

(2) 잎은 보통 세 장씩 달리고, 흰색 꽃이 핀다. (   )

(3) 키가 10~20 m까지 자라며, 줄기가 크고 흑갈색이다. (   )

8 동아, 김영사, 비상, 아이스크림, 지학사, 천재

들이나 산에 사는 식물의 공통적인 특징이 아닌 것을 골라 기호를 쓰시오.

㉠ 잎, 줄기, 뿌리가 있다.
㉡ 모두 여러해살이 식물이다.
㉢ 대부분 땅속으로 뿌리를 내리며 땅 위로 줄기와 잎이 자란다.

(   )

9 동아, 김영사, 비상, 아이스크림, 지학사, 천재

풀과 나무에 대한 설명으로 알맞은 것끼리 선으로 이으시오.

(1) 풀 •   • ㉠ 키가 큰 편이고, 줄기가 비교적 굵다.

(2) 나무 •   • ㉡ 키가 작은 편이고, 줄기가 비교적 가늘다.

10 7종 공통

다음 감나무와 토끼풀의 잎을 비교한 설명으로 옳은 것은 어느 것입니까? (　　　)

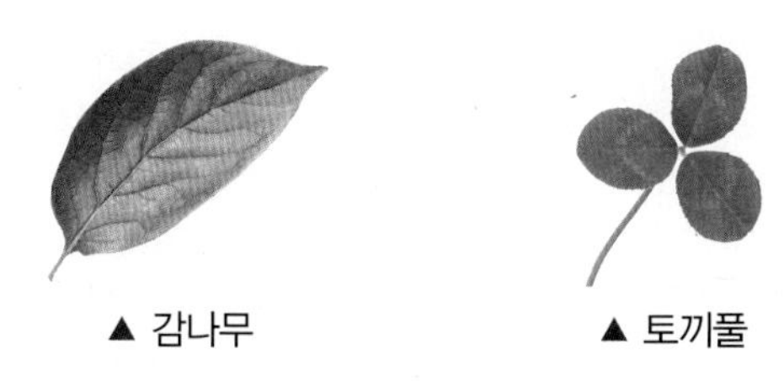

▲ 감나무 ▲ 토끼풀

① 둘 다 잎 가장자리가 갈라졌다.
② 토끼풀 잎은 감나무 잎보다 크고 두껍다.
③ 감나무 잎은 끝부분이 둥글고, 토끼풀 잎은 끝부분이 뾰족하다.
④ 감나무 잎은 한 개씩 나지만, 토끼풀 잎은 한곳에 세 개가 함께 난다.
⑤ 감나무 잎은 가장자리가 톱니 모양이지만, 토끼풀 잎은 가장자리가 매끈하다.

11 7종 공통

식물의 잎을 분류하는 기준으로 알맞지 않은 것은 어느 것입니까? (　　　)

① 잎이 갈라진 것과 갈라지지 않은 것
② 잎이 아름다운 것과 아름답지 않은 것
③ 촉감이 까끌까끌한 것과 매끈매끈한 것
④ 잎의 전체 모양이 넓적한 것과 길쭉한 것
⑤ 한곳에 나는 잎의 개수가 한 개인 것과 여러 개인 것

[12-13] 다음 여러 가지 식물의 잎을 보고, 물음에 답하시오.

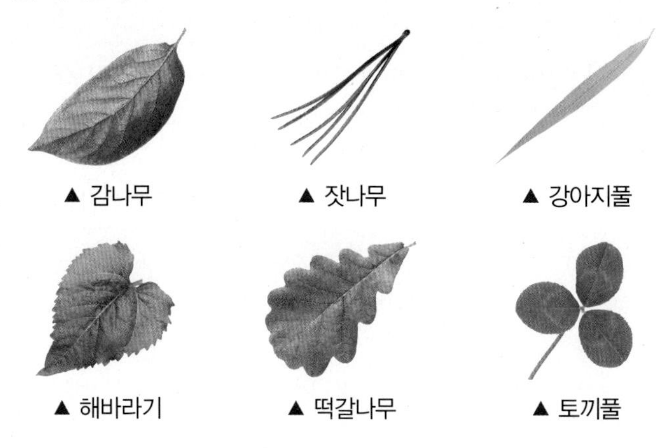

▲ 감나무 ▲ 잣나무 ▲ 강아지풀
▲ 해바라기 ▲ 떡갈나무 ▲ 토끼풀

12 7종 공통

위에서 잎의 전체 모양이 길쭉한 것을 두 가지 골라 식물의 이름을 쓰시오.

(　　　　　　　　　　)

13 7종 공통

위에서 한곳에 나는 잎의 개수가 여러 개인 것을 두 가지 골라 식물의 이름을 쓰시오.

(　　　　　　　　　　)

14 서술형 7종 공통

다음은 식물의 잎을 잎의 가장자리 모양을 기준으로 분류한 결과입니다. 빈칸에 들어갈 잎의 특징은 무엇인지 각각 쓰시오.

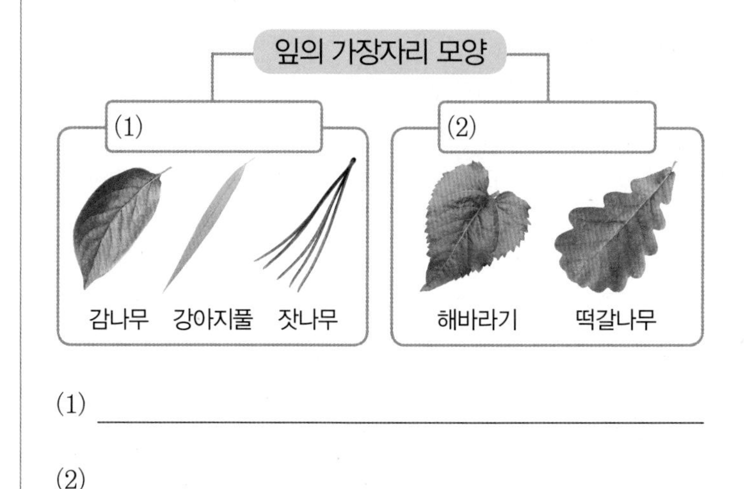

(1) ________________

(2) ________________

2 강이나 연못에 사는 식물

1 강이나 연못에 사는 식물의 특징과 종류

물속에 잠겨서 사는 식물	물에 떠서 사는 식물
줄기와 잎이 좁고 긴 모양이며, 줄기와 잎이 물의 흐름에 따라 잘 휘어짐. 예 물수세미, 나사말, 검정말, 물질경이, 붕어마름	수염처럼 생긴 뿌리가 물속으로 뻗어 있고, 공기주머니가 있거나 스펀지와 비슷한 구조로 되어 있어 쉽게 물에 뜸. 예 개구리밥, 물상추, 부레옥잠, 생이가래
잎이 물에 떠 있는 식물	**잎이 물 위로 높이 자라는 식물**
잎과 꽃이 물 위에 떠 있고, 뿌리는 물속의 땅에 있음. 예 수련, 가래, 마름, 순채, 자라풀	뿌리는 물속이나 물가의 땅에 있으며, 대부분 키가 크고 줄기가 단단함. 예 연꽃, 부들, 창포, 갈대, 줄, 수양버들

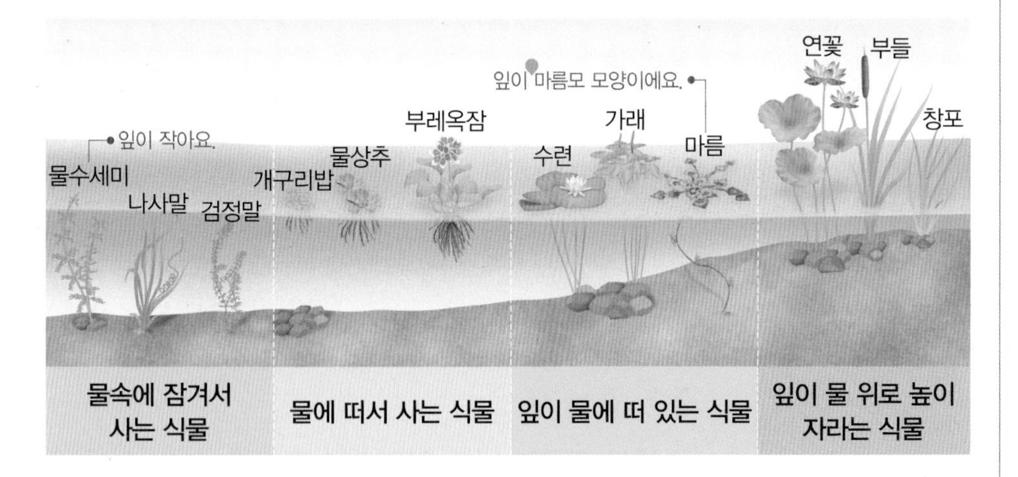

강이나 연못에 사는 식물(수생 식물)
- 침수식물: 물속에 잠겨서 사는 식물
- 부유식물: 물에 떠서 사는 식물
- 부엽식물: 잎이 물에 떠 있는 식물
- 정수식물: 잎이 물 위로 높이 자라는 식물

수련과 연꽃

▲ 수련

▲ 연꽃

수련과 연꽃은 비슷하게 생겨 구별하기 어렵습니다. 수련과 연꽃은 잎의 모양이 다른데, 수련은 한쪽이 트여 있는 원형의 잎이 물 위에 납작하게 펼쳐지듯 떠 있고, 연꽃은 뒤집힌 우산 모양의 잎이 물 위로 솟아 있습니다.

2 강이나 연못에 사는 식물의 적응

(1) 적응

① 식물의 생김새와 생활 방식은 그 식물이 사는 곳의 환경에 따라 다릅니다.

② 생물이 오랜 기간에 걸쳐 주변 환경에 적합하게 변화되어 가는 것을 적응이라고 합니다.

(2) 강이나 연못에 사는 식물의 적응

① 나사말은 줄기가 부드럽고 잎이 가늘어서 흐르는 물에 줄기와 잎이 잘 구부러져 쉽게 꺾이지 않습니다.

② 개구리밥은 잎이 넓어서 물에 떠서 살기에 적합합니다.

③ 수련의 잎은 넓고 갈라져 있어서 물 위에 떠 있기 좋습니다.

④ 부레옥잠은 잎자루 속의 많은 구멍에 공기가 가득 차 있어 물에 떠서 살기에 좋습니다.

⑤ 물에서 사는 식물은 대부분 잎이나 줄기, 뿌리에 공기가 드나드는 통로가 발달해 있습니다.

▲ 나사말

▲ 개구리밥

▲ 수련

▲ 부레옥잠

들이나 산에 사는 식물과 강이나 연못에 사는 식물의 공통점과 차이점
- 공통점: 뿌리, 줄기, 잎이 있습니다.
- 차이점: 들이나 산에 사는 식물은 대부분 뿌리가 땅속에 있지만, 강이나 연못에 사는 식물은 대부분 뿌리가 물속이나 물속의 땅에 있습니다.

용어사전

마름모 네 변의 길이가 같은 사각형.

교과서 통합 대표 실험

실험 부레옥잠과 검정말의 특징 알아보기

활동 1 부레옥잠 관찰하기 7종 공통

❶ 부레옥잠의 잎몸과 잎자루를 관찰해 봅니다.
❷ 부레옥잠의 잎자루를 칼로 잘라 돋보기로 속을 관찰해 봅니다.
❸ 자른 잎자루를 물속에 넣고 손가락으로 지그시 눌러 봅니다.
❹ 부레옥잠이 물에 뜰 수 있는 까닭을 이야기해 봅니다.

실험 결과

부레옥잠의 잎몸과 잎자루	
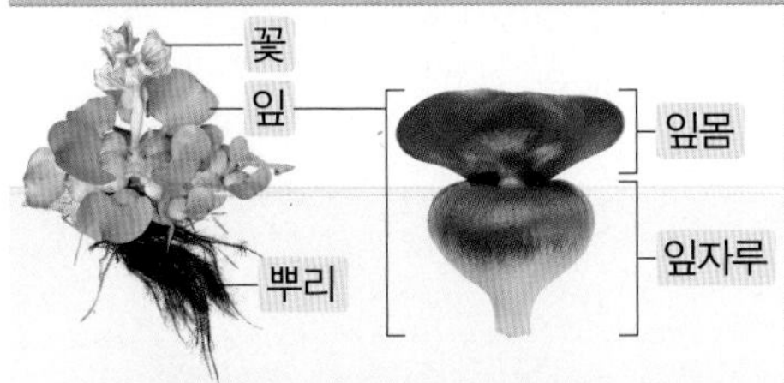	• 잎몸은 동그란 모양이며 광택이 있고, 만지면 매끈매끈함. • 잎자루는 연두색이고, 가운데가 볼록하게 부풀어 있음. • 잎자루를 살짝 눌러 보면 폭신폭신하고, 손으로 들어 보면 크기에 비해 가벼움.
부레옥잠의 잎자루를 자른 단면	
 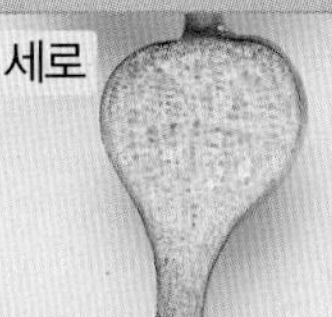	• 잎자루 속에 수많은 공기주머니가 있음. • 스펀지처럼 생겼음.
자른 잎자루를 물속에서 눌러 보기	
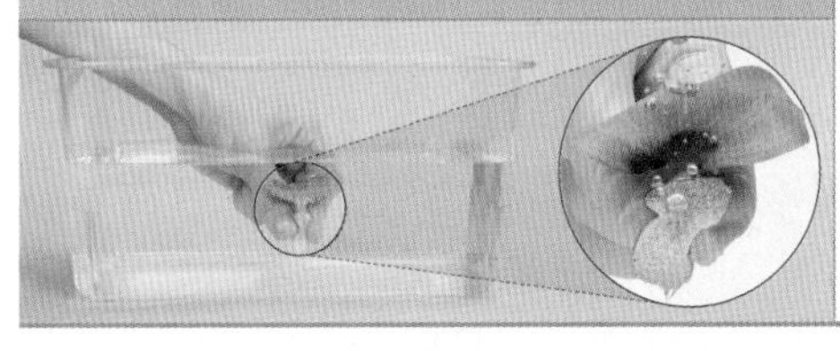	• 공기 방울이 생기면서 위로 올라가고, 세게 누르면 더 많은 공기 방울이 생김. • 누른 손을 떼면 잎자루가 다시 부풀어 오르고, 물 위로 떠오름.

➡ 부레옥잠이 물에 뜰 수 있는 까닭: 잎자루에 있는 공기주머니의 공기 때문에 물에 떠서 살 수 있습니다.

활동 2 검정말 관찰하기 동아출판, 비상교과서

❶ 검정말의 잎과 줄기를 관찰해 봅니다.
❷ 검정말을 물속에 넣고 흔들어 봅니다.
❸ 검정말의 생김새가 물속에 살기에 알맞은 점을 이야기해 봅니다.

실험 결과

잎과 줄기
• 잎은 한 군데에 여러 개가 돌려 납니다.
• 잎은 좁고 뾰족한 모양이며, 얇고 부드럽습니다.
• 줄기는 가늘고 부드러우며 원통 모양입니다.

물속에 넣고 흔들기
• 잎과 줄기가 흔드는 대로 쉽게 휘어집니다.
• 물의 흐름에 따라 부드럽게 움직입니다.

➡ 검정말의 생김새가 물속에 살기에 알맞은 점: 줄기와 잎이 가늘고 부드러워서 물속에서 힘을 덜 받기 때문에 쉽게 꺾이지 않습니다.

실험 TIP !

실험동영상

• 칼을 사용할 때에는 코팅 장갑을 끼고 주의해서 다루어야 해요.
• 부레옥잠의 잎자루를 자른 면에 잉크를 묻혀 흰 종이에 찍어 보면 잎자루 속의 모습을 쉽게 나타낼 수 있어요.
• 잎자루를 가로로 자른 것보다는 세로로 자른 것을 누를 때 더 많은 공기 방울을 관찰할 수 있어요.

검정말을 물 밖으로 꺼내면 줄기가 늘어지는 모습을 관찰할 수 있어요.

문제 학습

2 강이나 연못에 사는 식물

기본 개념 문제

1

개구리밥은 수염처럼 생긴 (   )이/가 물 속으로 뻗어 있고, 잎은 물 위에 떠 있습니다.

2

수련은 잎과 꽃이 물 위에 떠 있고, (   ) 은/는 물속의 땅에 있습니다.

3

생물이 오랜 기간에 걸쳐 주변 환경에 적합하게 변화되어 가는 것을 (   )(이)라고 합니다.

4

부레옥잠은 (   )에 공기주머니가 있어서 물에 떠서 삽니다.

5

부레옥잠의 잎자루를 잘라 수조의 물속에 넣고 손가락으로 눌러 보면 (   )이/가 생기면서 위로 올라갑니다.

6 7종 공통

강이나 연못에 사는 식물에 대한 설명으로 옳은 것에 모두 ○표 하시오.

(1) 연꽃은 잎이 물에 떠 있다. (   )
(2) 부레옥잠은 물에 떠서 산다. (   )
(3) 나사말은 물속에 잠겨서 산다. (   )
(4) 수련은 잎이 물 위로 높이 자란다. (   )

7 7종 공통

다음은 어떤 식물에 대한 설명인지 보기 에서 골라 기호를 쓰시오.

> 뿌리는 물속이나 물가의 땅에 있으며, 대부분 키가 크고 줄기가 단단하다.

보기
- ㉠ 물에 떠서 사는 식물
- ㉡ 잎이 물에 떠 있는 식물
- ㉢ 물속에 잠겨서 사는 식물
- ㉣ 잎이 물 위로 높이 자라는 식물

(   )

8 7종 공통

물속에 잠겨서 사는 식물의 공통점으로 옳은 것은 어느 것입니까? (   )

① 잎이 넓고 둥글다.
② 잎과 꽃은 물 위에 떠 있다.
③ 키가 크고 잎과 줄기가 단단하다.
④ 줄기가 물의 흐름에 따라 잘 휘어진다.
⑤ 대부분이 잎으로 이루어져 있고 수염처럼 생긴 뿌리가 있다.

[9-11] 다음은 강이나 연못에 사는 식물들의 모습입니다. 물음에 답하시오.

(가) ▲ 부들 (나) ▲ 갈대 (다) ▲ 물수세미
(라) ▲ 개구리밥 (마) ▲ 마름 (바) ▲ 물상추

9 7종 공통

위 (가)~(바)를 잎의 위치에 따라 크게 두 무리로 분류하여 기호를 쓰시오.

잎이 물속에 있는 식물	잎이 물 위에 있는 식물
(1)	(2)

10 7종 공통

생김새나 생활 방식이 위 (다)와 비슷한 식물을 골라 ○표 하시오.

가래, 연꽃, 나사말, 부레옥잠

11 7종 공통

위 (가)~(바)의 특징을 잘못 말한 사람의 이름을 쓰시오.

- 서율: (가)와 (나)는 잎이 물 위로 높이 자라.
- 지민: (다)는 줄기가 부드러워서 잘 휘어져.
- 태영: (라)는 수염처럼 생긴 뿌리가 물속으로 뻗어 있어.
- 우혁: (마)와 (바)는 잎과 꽃이 물 위에 떠 있고, 뿌리는 물속의 땅에 있어.

( )

12 서술형 7종 공통

오른쪽 부레옥잠의 볼록하게 부풀어 있는 ㉠ 부분의 이름을 쓰고, ㉠ 부분이 있어 좋은 점을 부레옥잠이 사는 곳과 관련지어 쓰시오.

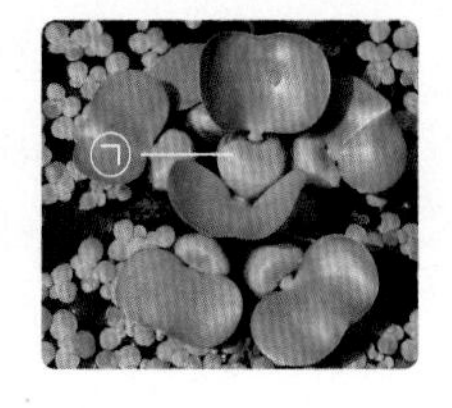

(1) ㉠ 부분의 이름: ( )

(2) ㉠ 부분이 있어 좋은 점

13 천재

위 12번의 ㉠ 부분을 오른쪽과 같이 가로로 자른 다음, 자른 면에 잉크를 묻혀 종이에 찍었을 때의 모습으로 옳은 것에 ○표 하시오.

(1) 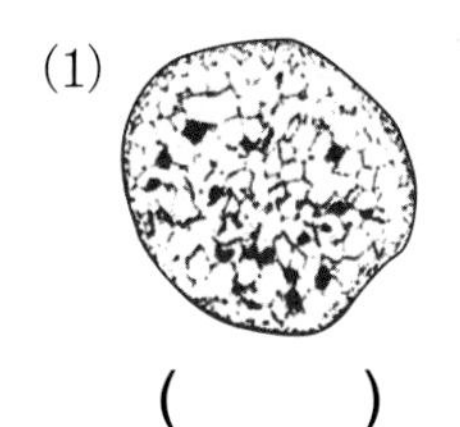 ( )

(2) 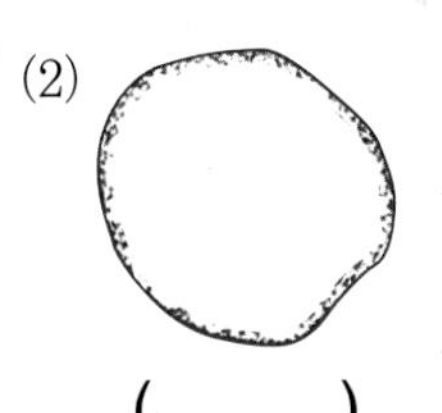 ( )

(3) 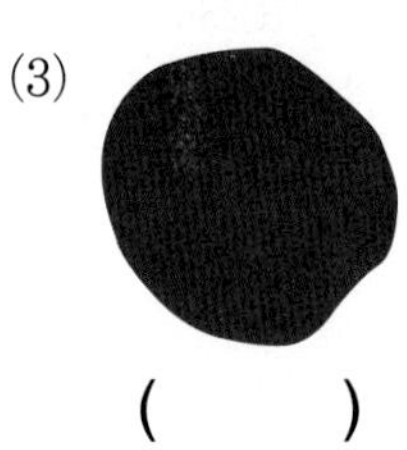 ( )

14 7종 공통

검정말이 물이 많은 환경에 적응한 특징은 무엇입니까? ( )

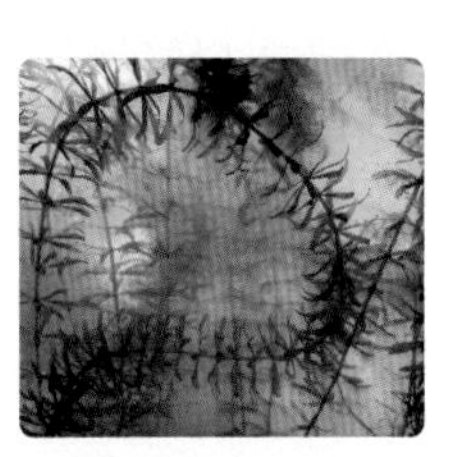

① 잎이 크고, 두껍다.
② 줄기가 굵고 튼튼하다.
③ 줄기가 가늘고 부드럽다.
④ 잎자루에 공기주머니가 있다.
⑤ 키가 크고 잎과 줄기가 단단하다.

3 특수한 환경에 사는 식물, 식물의 활용

개념 강의

1 사막에 사는 식물

(1) **사막의 환경**: 햇빛이 강하며, 비가 적게 오고 건조하여 물이 적은 환경입니다.

(2) **사막에 사는 식물**

① 바오바브나무와 선인장은 굵은 줄기에 물을 저장하고, 용설란은 두꺼운 잎에 물을 저장합니다.

② 바오바브나무는 잎이 작고, 선인장은 잎이 가시 모양이어서 물이 밖으로 빠져나가는 것을 막습니다.

(3) **선인장의 특징**

① 선인장 관찰하기

선인장의 생김새	선인장의 줄기를 가로로 자른 모습

• 줄기는 굵고 통통하며, 초록색임. • 가시 모양의 잎이 있음.	• 자른 면이 미끄럽고 축축함. • 자른 면에 마른 화장지를 대면 물이 묻어 나옴.

② 선인장이 사막에서 살 수 있는 까닭

• 굵은 줄기에 물을 저장하여 사막에서 살 수 있습니다.

• 잎이 가시 모양이라서 물을 필요로 하는 동물의 공격과 물이 밖으로 빠져나가는 것을 막을 수 있습니다.

2 극지방에 사는 식물

극지방은 남극과 북극 지역을 말해요.

(1) **극지방의 환경**: 온도가 매우 낮고, 바람이 많이 부는 환경입니다.

(2) **극지방에 사는 식물**

① 키가 작아서 낮은 기온과 차고 강한 바람을 견딜 수 있습니다.

② 깊은 땅속은 일 년 내내 얼어 있기 때문에 땅속 깊이 뿌리를 내리지 않습니다.

③ 극지방에는 북극이끼장구채, 북극버들, 북극다람쥐꼬리, 남극좀새풀, 남극구슬이끼, 남극개미자리 등이 삽니다.

북극이끼장구채

북극버들

남극좀새풀

남극구슬이끼

사막에 사는 식물

▲ 메스키트나무

▲ 회전초

• 메스키트나무는 뿌리가 땅속 깊이까지 뻗어서 지하수를 흡수해 저장합니다.

• 회전초는 굴러다니면서 씨를 뿌리다가 비가 오면 크게 번식합니다.

높은 산에 사는 식물

▲ 설악산 꼭대기에 사는 눈잣나무

높은 산 위는 바람이 강하게 불기 때문에 키가 작은 식물이 바람을 견디는 데 유리합니다. 설악산 꼭대기에 사는 눈잣나무는 바람이 강한 환경에 적응하여 산 아래에 사는 잣나무만큼 크게 자라지 않습니다.

용어사전

• **건조** 습기나 물기가 말라서 없어짐 또는 없앰.

• **극지방** 남극과 북극을 중심으로 한 그 주변 지역.

3 바닷가에 사는 식물

(1) **바닷가의 환경:** 소금 성분이 많고, 바람이 강하며 햇빛이 강합니다.

(2) **바닷가에 사는 식물**

① 대체로 키가 작고, 줄기가 기어가듯이 자라 강한 바람을 견딜 수 있습니다.

② 잎이 두꺼워서 물을 저장할 수 있어 소금 성분이 많은 환경에서도 견딜 수 있습니다.

▲ 갯방풍

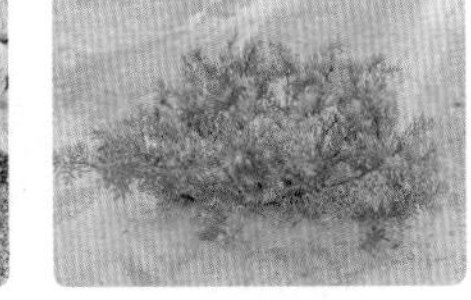
▲ 해홍나물 — 잎이 바늘 모양이어서 바람의 영향을 적게 받아요.

▲ 퉁퉁마디

▲ 순비기나무

4 식물의 특징을 모방해 생활에 활용한 예

도꼬마리 열매의 특징을 활용한 찍찍이 테이프

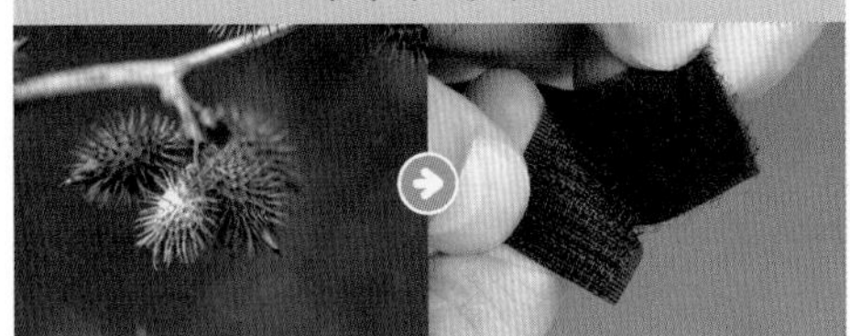

천에 붙으면 잘 떨어지지 않는 도꼬마리 열매의 특징을 활용하여 찍찍이 테이프를 만들었음.

단풍나무 열매의 특징을 활용한 회전하는 드론

바람을 타고 빙글빙글 돌며 떨어지는 단풍나무 열매의 특징을 활용하여 바람을 타고 회전하며 떨어지는 드론을 만들었음.

연잎의 특징을 활용한 물이 스며들지 않는 옷감

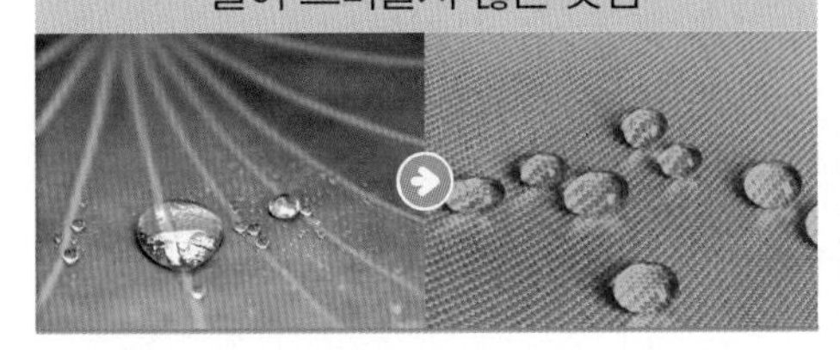

물에 젖지 않는 연잎의 특징을 활용하여 물이 스며들지 않는 방수 옷을 만들었음.

해바라기 꽃의 특징을 활용한 태양열 발전소

태양열 발전소의 거울을 해바라기꽃의 모양을 따라 설치하여 더 많은 빛을 모을 수 있음.

장미 가시의 특징을 활용한 가시철조망

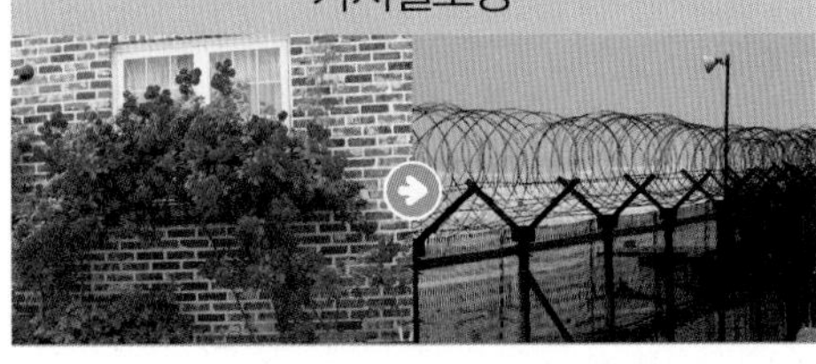

사람이나 동물이 접근하기 어려운 장미 가시의 생김새를 활용하여 가시철조망을 만들었음.

회전초의 특징을 활용한 행성 탐사 로봇

사막을 굴러다니는 회전초의 모습을 본떠 동그란 행성 탐사 로봇을 만들었음.

덥고 비가 많이 오는 곳에 사는 식물

일 년 내내 잎이 푸르고, 잎이 길고 끝이 뾰족한 모양이 많습니다. 잘 휘어져서 빗방울을 쉽게 흘려보내며, 햇빛이 강하고 비가 많이 와서 매우 크게 자라는 나무가 많습니다. 큰 나무 아래에 햇빛을 받을 수 있는 위치에 따라 다양한 식물이 여러 층을 이루며 살아갑니다.

예 야자나무, 바나나, 몬스테라, 고사리

도꼬마리 열매와 찍찍이 테이프의 특징

▲ 도꼬마리 열매

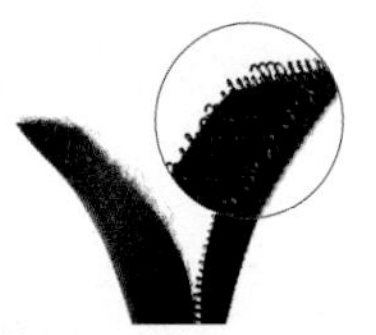
▲ 찍찍이 테이프

도꼬마리 열매의 가시를 확대해서 보면 갈고리처럼 끝이 굽어져 있습니다. 찍찍이 테이프의 거친 부분을 확대해서 보면 갈고리 모양의 플라스틱을 볼 수 있습니다.

단풍나무 열매의 특징을 모방해 활용한 다른 예

▲ 선풍기 날개

▲ 헬리콥터 날개

단풍나무 열매가 바람을 타고 빙글빙글 돌면서 멀리 날아가는 특징을 모방한 선풍기 날개, 헬리콥터 날개 등이 있습니다.

용어 사전

- **모방** 다른 것을 본뜨거나 본받음.
- **드론** 전파를 이용하여 원격 조종되는 무인 비행 물체.

3 특수한 환경에 사는 식물, 식물의 활용

기본 개념 문제

1

사막에 사는 바오바브나무는 굵은 (　　　　　) 에 물을 저장합니다.

2

선인장은 (　　　　　)이/가 가시 모양이라서 물이 밖으로 빠져나가는 것을 막습니다.

3

갯방풍, 해홍나물, 퉁퉁마디, 순비기나무 등은 (　　　　　)에 사는 식물입니다.

4

극지방이나 높은 산, 바닷가에 사는 식물은 (　　　　　)이/가 많이 부는 환경에 적응하였습니다.

5

사막에 사는 식물 중 굴러다니면서 씨를 뿌리는 (　　　　　)의 모습을 본떠 동그란 행성 탐사 로봇을 만들었습니다.

6 동아, 금성, 김영사, 아이스크림, 천재

사막에 대한 설명으로 옳은 것은 어느 것입니까? (　　　)

① 비가 많이 온다.
② 눈이 많이 온다.
③ 건조하여 물이 적다.
④ 낮에도 온도가 매우 낮다.
⑤ 대부분이 물로 이루어져 있고, 물속에 소금 성분이 많다.

[7-8] 다음을 보고, 물음에 답하시오.

(가)

선인장의 생김새

(나)

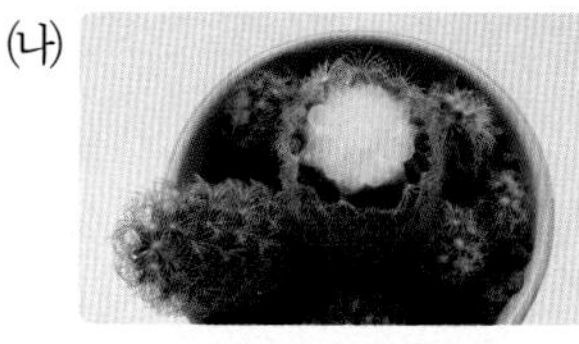

선인장의 줄기를 자른 모습

7 동아, 금성, 김영사, 아이스크림, 천재

위 (가)와 같이 선인장의 잎이 가시 모양이기 때문에 좋은 점을 옳게 말한 사람의 이름을 모두 쓰시오.

- 선우: 동물의 공격을 막을 수 있어.
- 나영: 가벼워서 물에 떠서 살 수 있어.
- 동민: 무거워서 바람에 날아가지 않을 수 있어.
- 미희: 잎을 통해 물이 빠져나가는 것을 막을 수 있어.

(　　　　　　　　　　)

8 서술형 동아, 천재

위 (나)와 같이 선인장의 줄기를 잘라 자른 면에 화장지를 대면 어떤 변화가 나타나는지 쓰시오.

9 금성, 아이스크림, 천재

온도가 매우 낮고, 바람이 많이 부는 환경에 적응하여 사는 식물을 두 가지 고르시오. (　　　　)

① 용설란　　② 북극버들
③ 기둥선인장　　④ 남극개미자리
⑤ 메스키트나무

10 금성

다음과 같이 덥고 비가 많이 오는 곳에 사는 식물에 대한 설명으로 옳지 않은 것을 보기에서 골라 기호를 쓰시오.

야자나무

몬스테라

보기
㉠ 일 년 내내 잎이 푸르다.
㉡ 잎이 잘 휘어져서 빗방울을 잘 흘려보낸다.
㉢ 강한 바람을 견디기 위해 대부분 키가 작다.

(　　　　　　　　)

11 동아, 지학사

바닷가에 사는 식물을 골라 기호를 쓰시오.

㉠ 
▲ 회전초

㉡ 
▲ 북극이끼장구채

㉢ 
▲ 남극구슬이끼

㉣ 
▲ 해홍나물

(　　　　　　　　)

[12-13] 다음 식물 열매의 모습을 보고, 물음에 답하시오.

(가) 
도꼬마리 열매

(나) 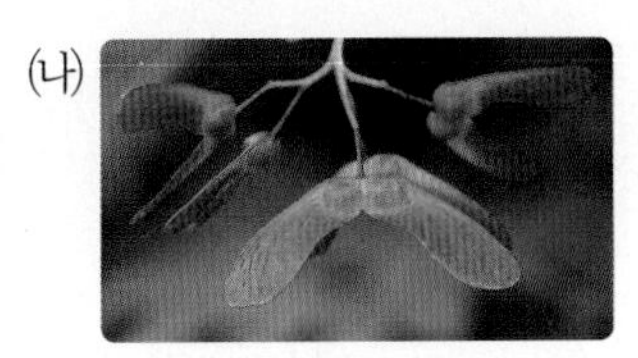
단풍나무 열매

12 동아, 금성, 김영사, 비상, 아이스크림, 천재

위 (가)와 (나) 중 가시 끝이 갈고리처럼 굽어져 있어 동물의 털이나 사람의 옷에 잘 붙는 특징을 활용하여 찍찍이 테이프를 만든 식물은 어느 것인지 기호를 쓰시오.

(　　　　　　　　)

13 동아, 금성, 아이스크림, 천재

다음은 위 (가)와 (나) 중 어느 식물의 특징을 모방해 활용한 예인지 기호를 쓰시오.

회전하는 드론

헬리콥터 날개

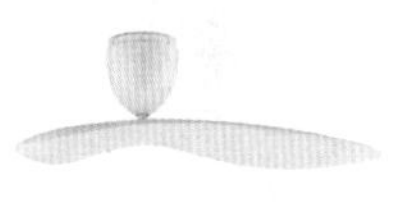
선풍기 날개

(　　　　　　　　)

14 7종 공통

식물의 특징을 모방해 활용하는 예와 모방한 식물을 선으로 이으시오.

(1) 물이 스며들지 않는 옷감 •　　• ㉠ 장미 가시

(2) 철조망 •　　• ㉡ 연잎

1 식물의 생활

★ 잎의 생김새

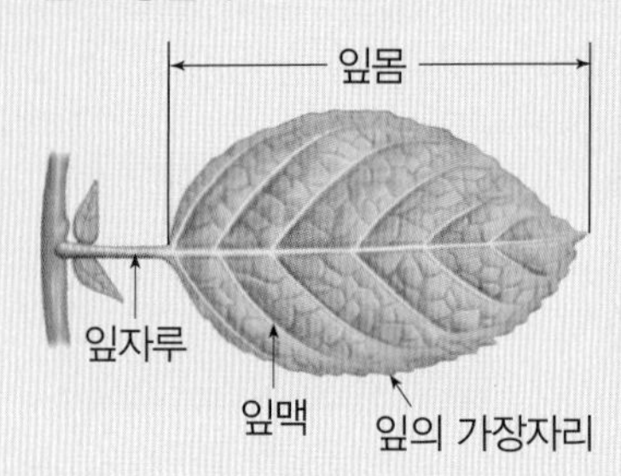

1. 들이나 산에 사는 식물

(1) 들이나 산에 사는 식물의 종류

풀			나무		
토끼풀	해바라기	강아지풀	감나무	잣나무	단풍나무

(2) 풀과 나무의 공통점과 차이점

구분	풀	나무
공통점	• 뿌리, 줄기, 잎이 구분됨. • 필요한 양분을 스스로 만듦.	
차이점	• 나무보다 키가 작음. • 나무보다 줄기가 가늚. • 대부분 한해살이 식물임.	• 풀보다 키가 큼. • 풀보다 줄기가 굵음. • 모두 ❶ ______ 살이 식물임.

2. 강이나 연못에 사는 식물

(1) 강이나 연못에 사는 식물의 특징과 종류

물속에 잠겨서 사는 식물	물에 떠서 사는 식물
줄기와 잎이 좁고 긴 모양이며, 줄기와 잎이 물의 흐름에 따라 잘 휘어짐. 예 물수세미, 나사말, 검정말, 물질경이, 붕어마름	수염처럼 생긴 뿌리가 물속으로 뻗어 있고, 공기주머니가 있거나 스펀지와 비슷한 구조로 되어 있어 쉽게 물에 뜸. 예 개구리밥, 물상추, 부레옥잠
잎이 물에 떠 있는 식물	**잎이 물 위로 높이 자라는 식물**
잎과 꽃이 물 위에 떠 있고, 뿌리는 물속의 땅에 있음. 예 수련, 가래, 마름, 순채, 자라풀	뿌리는 물속이나 물가의 땅에 있으며, 대부분 키가 크고 줄기가 단단함. 예 연꽃, 부들, 창포, 갈대, 줄

(2) 적응

① 식물의 생김새와 생활 방식은 그 식물이 사는 곳의 환경에 따라 다릅니다.

② 생물이 오랜 기간에 걸쳐 주변 환경에 알맞은 생김새와 생활 방식을 갖게 되어 가는 것을 ❷ ______ 이라고 합니다.

③ 부레옥잠과 검정말의 적응

부레옥잠	❸ ______ 에 있는 공기주머니의 공기 때문에 물에 떠서 살 수 있음.
검정말	줄기와 잎이 가늘고 부드러워서 물속에서 힘을 덜 받기 때문에 쉽게 꺾이지 않음.

★ 물속에 잠겨서 사는 식물

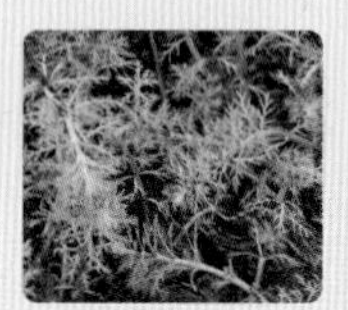
물수세미

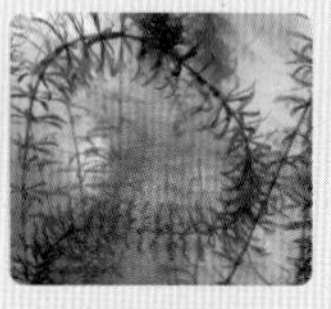
검정말

★ 물에 떠서 사는 식물

개구리밥

부레옥잠

★ 잎이 물에 떠 있는 식물

수련

마름

★ 잎이 물 위로 높이 자라는 식물

부들

갈대

● 정답과 풀이 2쪽

3. 특수한 환경에 사는 식물

(1) 사막에 사는 식물

① 사막의 환경: 햇빛이 강하며, 비가 적게 오고 건조하여 물이 적습니다.

② 사막에 사는 식물의 특징과 종류

구분	내용
특징	• 바오바브나무와 선인장은 굵은 ❹ (　　　　) 에 물을 저장하고, 용설란은 두꺼운 잎에 물을 저장함. • 선인장은 ❺ (　　　　) 이 가시 모양이라서 물을 필요로 하는 동물의 공격과 물이 밖으로 빠져나가는 것을 막을 수 있음.
종류	바오바브나무, 선인장, 용설란, 메스키트나무, 회전초 등

(2) 극지방에 사는 식물

① 극지방의 환경: 온도가 매우 낮고, 바람이 많이 붑니다.

② 극지방에 사는 식물의 특징과 종류

구분	내용
특징	• 키가 작아서 낮은 기온과 차고 강한 바람을 견딜 수 있음. • 깊은 땅속은 일 년 내내 얼어 있기 때문에 땅속 깊이 뿌리를 내리지 않음.
종류	북극이끼장구채, 북극버들, 북극다람쥐꼬리, 남극좀새풀, 남극구슬이끼, 남극개미자리 등

(3) 바닷가에 사는 식물

① 바닷가의 환경: 소금 성분이 많고, 바람이 강하며 햇빛이 강합니다.

② 바닷가에 사는 식물의 특징과 종류

구분	내용
특징	• 키가 작고, 줄기가 기어가듯이 자라 강한 바람을 견딜 수 있음. • 잎이 두꺼워서 물을 저장할 수 있어 소금 성분이 많은 환경에서도 살 수 있음.
종류	갯방풍, 해홍나물, 퉁퉁마디, 순비기나무 등

4. 식물의 특징을 모방해 생활에 활용한 예

도꼬마리 열매의 특징을 활용한 찍찍이 테이프

단풍나무 열매의 특징을 활용한 회전하는 드론

연잎의 특징을 활용한 ❻ (　　　　) 이 스며들지 않는 옷감

장미 가시의 특징을 활용한 가시철조망

★ 사막에 사는 식물

바오바브나무

선인장

용설란

회전초

★ 극지방에 사는 식물

북극이끼장구채

북극버들

남극좀새풀

남극구슬이끼

★ 바닷가에 사는 식물

갯방풍

해홍나물

퉁퉁마디

순비기나무

1. 식물의 생활

[1-2] 다음은 들이나 산에 사는 식물의 모습입니다. 물음에 답하시오.

▲ 감나무 ▲ 쑥 ▲ 단풍나무
▲ 토끼풀 ▲ 잣나무 ▲ 민들레

1 동아, 김영사, 비상, 아이스크림, 지학사, 천재

다음은 위 식물 중 한 가지를 골라 식물의 생김새와 특징을 조사하여 만든 식물 안내판입니다. 어느 식물을 조사하여 만들었는지 식물의 이름을 쓰시오.

( )

2 동아, 김영사, 비상, 아이스크림, 지학사, 천재

위 식물을 풀과 나무로 분류하여 이름을 쓰시오.

풀	나무
(1)	(2)

3 동아, 김영사, 비상, 아이스크림, 지학사, 천재

들이나 산에 사는 식물의 특징을 잘못 설명한 것은 어느 것입니까? ( )

① 열매를 맺지 않는다.
② 땅에 뿌리를 내리고 산다.
③ 나무는 모두 여러해살이이다.
④ 필요한 양분을 스스로 만든다.
⑤ 풀은 나무보다 키가 작고, 줄기가 가늘다.

4 7종 공통

식물의 잎을 분류할 때 분류 기준으로 적합하지 않은 것은 어느 것입니까? ( )

① 잎의 생김새가 예쁜가?
② 잎맥의 모양이 나란한가?
③ 잎의 표면이 매끄러운가?
④ 잎의 끝 모양이 뾰족한가?
⑤ 잎의 가장자리가 톱니 모양인가?

5 7종 공통

다음과 같이 두 무리로 식물의 잎을 분류한 기준은 어느 것인지 골라 기호를 쓰시오.

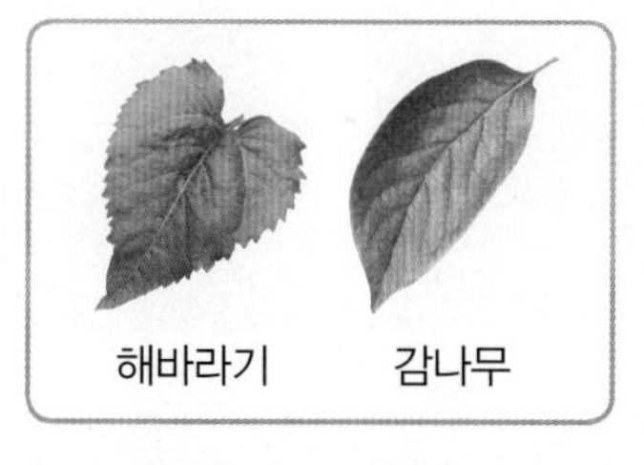

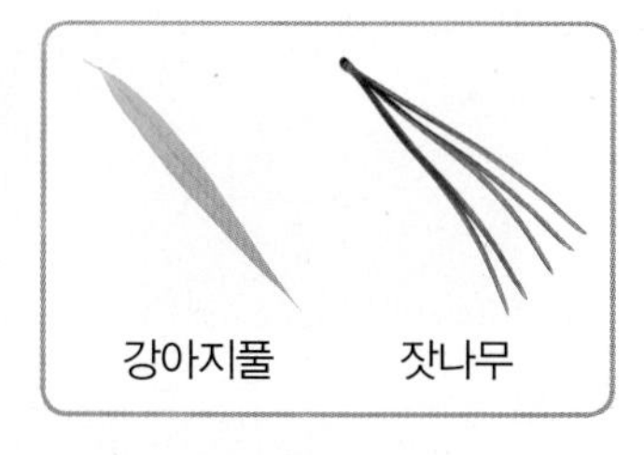

㉠ 잎의 색깔이 밝은 것과 어두운 것
㉡ 잎의 전체 모양이 넓적한 것과 길쭉한 것
㉢ 한곳에 나는 잎의 개수가 여러 개인 것과 한 개인 것

( )

[6-7] 다음은 강이나 연못에 사는 식물입니다. 물음에 답하시오.

(가) 

(나) 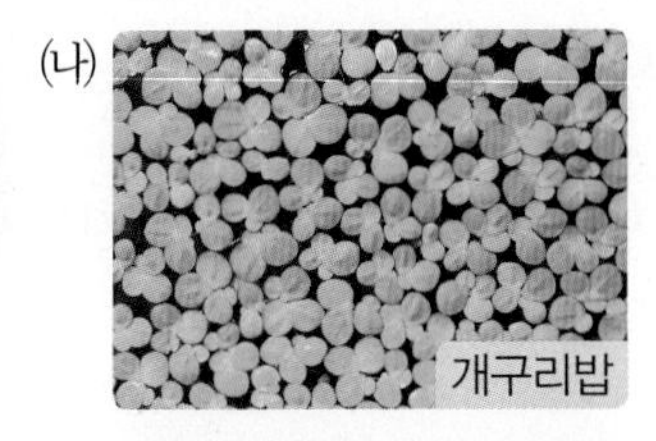

(다) 

(라) 

6 7종 공통

위 (가)~(라) 식물에 대한 설명으로 옳은 것을 두 가지 고르시오. (　　　　)

① (가)는 잎이 물에 잠겨서 산다.
② (나)는 키가 크고 줄기가 단단하다.
③ (다)는 줄기와 잎이 좁고 긴 모양이다.
④ (다)는 공기주머니가 있어 쉽게 물에 뜬다.
⑤ (라)는 잎이 물 위로 높게 자란다.

7 서술형 7종 공통

위 식물 중 물속에 잠겨서 사는 식물을 골라 기호를 쓰고, 그 식물이 물속에 잠겨서 살기에 적합한 점을 한 가지 쓰시오.

8 7종 공통

다음 (　　) 안에 들어갈 알맞은 말을 각각 쓰시오.

> 식물의 생김새와 생활 방식은 그 식물이 사는 곳의 (　㉠　)에 따라 다르다. 생물이 오랜 기간에 걸쳐 주변 (　㉠　)에 적합하게 변화되어 가는 것을 (　㉡　)(이)라고 한다.

㉠ (　　　　　　　　), ㉡ (　　　　　　　　)

9 서술형 동아, 김영사, 비상, 아이스크림, 지학사, 천재

다음과 같이 세로로 자른 부레옥잠의 잎자루를 물이 담긴 수조에 넣고 잎자루를 눌렀습니다. 이때 어떤 현상이 나타나는지 쓰시오.

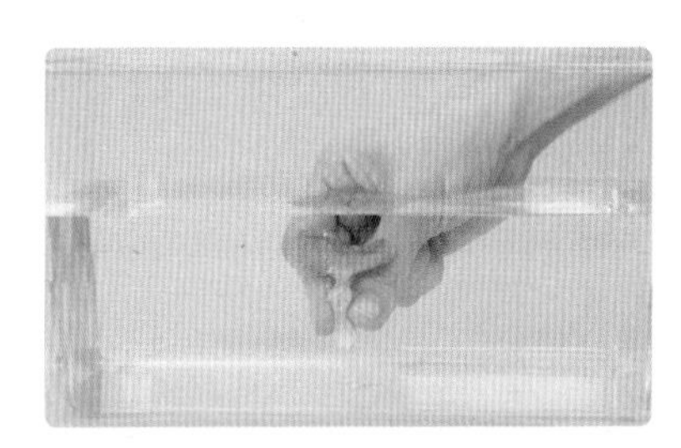

10 동아, 김영사, 비상, 아이스크림, 지학사, 천재

위 9번 답을 통해 알 수 있는 사실을 옳게 말한 사람의 이름을 쓰시오.

> • 희수: 부레옥잠의 잎자루 속에 공기가 들어 있어.
> • 서빈: 부레옥잠의 잎자루 속은 물로 가득 차 있어.
> • 지후: 부레옥잠의 잎자루 속에 양분이 많이 들어 있어.

(　　　　　　　　)

11 동아, 금성, 김영사, 아이스크림, 지학사, 천재

사막에 사는 식물을 두 가지 골라 기호를 쓰시오.

㉠ 
▲ 야자나무

㉡
▲ 바오바브나무

㉢ 
▲ 용설란

㉣ 
▲ 갯방풍

(　　　　　　　　)

12 동아, 금성, 김영사, 아이스크림, 지학사, 천재

다음은 선인장의 특징을 설명한 것입니다. 빈칸에 들어갈 알맞은 말을 각각 쓰시오.

가시 모양의 (㉠)은/는 동물로부터 선인장을 보호하고, 굵은 줄기는 (㉡)을/를 저장하기에 좋다.

㉠ (　　　　　　　　), ㉡ (　　　　　　　　)

13 서술형 금성, 아이스크림, 천재

다음 식물들이 추운 극지방에서 살기에 적합한 특징을 한 가지 쓰시오.

▲ 북극이끼장구채

▲ 남극구슬이끼

14 동아, 금성, 아이스크림, 천재

다음과 같은 식물의 특징을 활용하여 만든 물체를 한 가지 쓰시오.

단풍나무 열매는 떨어지면서 바람을 타고 빙글빙글 회전하는 특징이 있다.

(　　　　　　　　)

15 동아, 금성, 김영사, 비상, 아이스크림, 천재

식물과 그 특징을 활용하여 모방한 예를 선으로 이으시오.

(1) 
도꼬마리 열매 •

• ㉠ 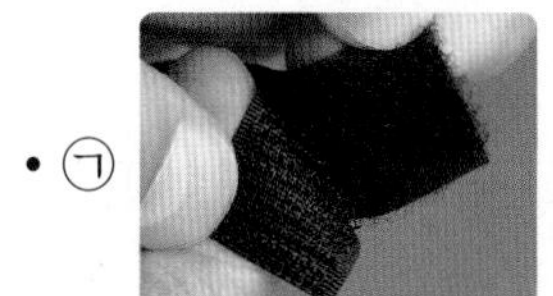
찍찍이 테이프

(2) 
해바라기 꽃 •

• ㉡ 
행성 탐사 로봇

(3) 
회전초 •

• ㉢ 
태양열 발전소

1 동아, 김영사, 비상, 아이스크림, 지학사, 천재

들이나 산에 사는 식물을 조사한 내용을 잘못 말한 사람의 이름을 쓰시오.

재현: 난 해바라기를 조사했어. 해바라기는 한해살이 풀이고, 잎의 가장자리가 톱니 모양이야. 꽃잎은 노란색이야.

유진: 난 개나리를 조사했어. 개나리는 나무보다 키가 작은 풀이야. 봄에 노란색 꽃이 피어.

민석: 난 단풍나무를 조사했어. 단풍나무는 잎이 손바닥 모양이고 여러 갈래로 갈라져 있어. 가을이 되면 잎이 붉게 물들어.

( )

2 서술형 동아, 김영사, 비상, 아이스크림, 지학사, 천재

다음은 각각 풀과 나무에 해당하는 강아지풀과 단풍나무의 모습입니다. 풀과 나무의 공통점을 두 식물이 양분을 얻는 방법과 관련지어 쓰시오.

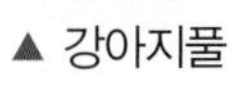
▲ 강아지풀

▲ 단풍나무

3 동아, 김영사, 비상, 아이스크림, 지학사, 천재

다음은 풀과 나무에 대한 설명입니다. ( ) 안에 들어갈 알맞은 말을 각각 쓰시오.

(㉠)은/는 대부분 한해살이 식물이며, 키가 작고 줄기가 가늘다. (㉡)은/는 모두 여러해살이 식물이며, 키가 크고 줄기가 굵다.

㉠ ( ), ㉡ ( )

4 7종 공통

다음 ( ) 안에 들어갈 분류 기준으로 알맞은 것은 어느 것입니까? ( )

분류 기준: ( )

① 잎의 무게가 무거운가?
② 잎의 끝 모양이 뾰족한가?
③ 잎맥의 모양이 그물 모양인가?
④ 잎의 전체 모양이 가늘고 길쭉한가?
⑤ 한곳에 나는 잎의 개수가 여러 개인가?

5 금성, 아이스크림, 지학사, 천재

오른쪽 잎의 생김새를 보고 ㉠과 ㉡ 부분의 이름을 각각 쓰시오.

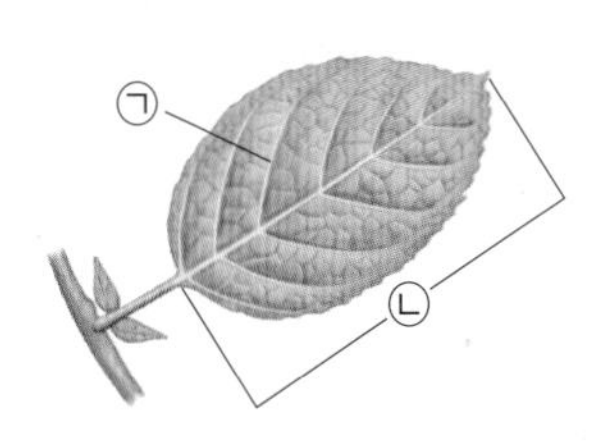

㉠ ( ), ㉡ ( )

6 동아, 금성, 김영사, 아이스크림, 지학사, 천재

강이나 연못에 사는 식물이 아닌 것은 어느 것입니까? (　　　)

① 

② 

③ 

④ 

7 7종 공통

다음은 강이나 연못에 사는 식물의 모습입니다. 식물이 사는 방식에 맞게 각각 식물의 이름을 쓰시오.

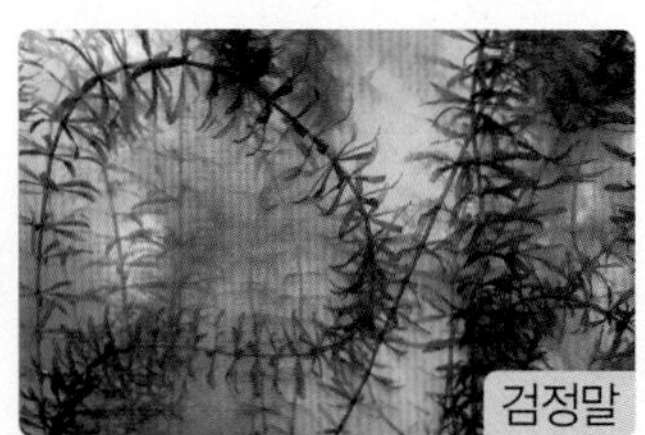

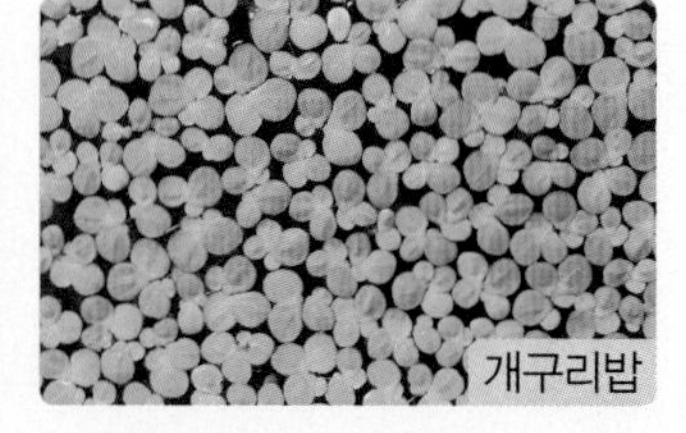

(1) 물에 떠서 사는 식물: (　　　　　)
(2) 잎이 물에 떠 있는 식물: (　　　　　)
(3) 물속에 잠겨서 사는 식물: (　　　　　)
(4) 잎이 물 위로 높이 자라는 식물: (　　　　　)

8 서술형 7종 공통

부들이나 갈대와 같이 잎이 물 위로 높이 자라는 식물의 특징을 생김새와 관련지어 한 가지 쓰시오.

▲ 부들

▲ 갈대

9 7종 공통

부레옥잠이 물에 떠서 살 수 있는 까닭은 무엇입니까? (　　　)

① 꽃이 피지 않기 때문이다.
② 잎이 매우 작고 얇기 때문이다.
③ 뿌리가 땅속 깊이 뻗기 때문이다.
④ 잎자루에 공기주머니가 있기 때문이다.
⑤ 줄기가 단단하고 높이 자라기 때문이다.

10 7종 공통

수련에 대한 설명에는 '수련', 연꽃에 대한 설명에는 '연꽃'이라고 쓰시오.

▲ 수련

▲ 연꽃

(1) 잎이 물 위로 높이 자란다. (　　　　　)
(2) 잎과 꽃이 물 위에 떠 있다. (　　　　　)

11 서술형 동아, 김영사, 지학사, 천재

다음과 같이 선인장의 줄기를 잘라 자른 면에 화장지를 대었더니 화장지에 물이 묻었습니다. 이것을 통해 알 수 있는 선인장이 사막에 살기에 알맞게 적응한 점을 쓰시오.

➡

____

____

12 금성, 아이스크림, 천재

다음과 같은 특징을 가진 식물을 찾아 ○표 하시오.

> 극지방은 온도가 매우 낮고, 바람이 많이 분다. 극지방에 사는 식물들은 대부분 키가 작아서 낮은 기온과 강한 바람을 견딜 수 있다.

(1) ( ) (2) ( ) (3) ( ) (4) ( )

13 동아, 금성, 김영사, 아이스크림, 지학사, 천재

다음 보기 중 특수한 환경에 사는 식물의 특징으로 옳지 않은 것을 골라 기호를 쓰시오.

보기
- ㉠ 물이 적은 사막에 사는 바오바브나무는 굵은 줄기에 물을 많이 저장한다.
- ㉡ 바람이 많이 부는 바닷가에 사는 갯방풍은 키가 작고 줄기가 기듯이 자란다.
- ㉢ 사막에 사는 선인장은 잎이 가시 모양이라 물이 빠르게 몸 밖으로 빠져나간다.

( )

14 동아, 금성, 김영사, 아이스크림, 지학사, 천재

다음 ㈎와 ㈏ 식물의 특징을 모방해 활용한 예를 보기에서 각각 골라 기호를 쓰시오.

㈎ 
▲ 도꼬마리 열매

㈏ 
▲ 연잎

보기
- ㉠ 찍찍이 테이프
- ㉡ 회전하는 드론
- ㉢ 헬리콥터 날개
- ㉣ 물이 스며들지 않는 옷감

㈎ ( ), ㈏ ( )

15 7종 공통

식물의 특징을 모방해 활용하는 것에 대한 설명으로 옳지 않은 것에 ×표 하시오.

(1) 식물의 생김새나 생활 방식을 모방할 수 있다. ( )

(2) 한 번 모방한 특징은 다른 물체에 활용할 수 없다. ( )

1회

1. 식물의 생활

정답과 풀이 4쪽

평가 주제	들이나 산에 사는 식물 분류하기
평가 목표	들이나 산에 사는 식물의 특징에 따라 식물을 분류할 수 있다.

[1-2] 다음은 들이나 산에 사는 식물과 잎의 모습입니다. 물음에 답하시오.

▲ 토끼풀 ▲ 단풍나무 ▲ 강아지풀
▲ 국화 ▲ 잣나무 ▲ 떡갈나무

1 위 식물을 풀과 나무로 분류하여 기호를 쓰고, 풀과 나무의 차이점을 식물의 한살이와 관련지어 쓰시오.

(1) 풀과 나무로 분류하기

풀	나무

(2) 풀과 나무의 차이점: ______________________

____

도움 한 해 안에 한살이를 마치는 식물을 한해살이 식물이라고 하고, 여러 해 동안 살면서 한살이를 되풀이하는 식물을 여러해살이 식물이라고 합니다.

2 위 식물의 잎을 다음 분류 기준에 맞게 분류하여 기호를 쓰시오.

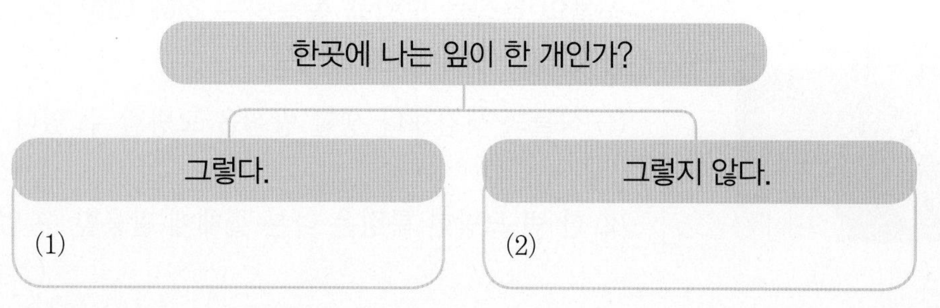

도움 잎의 생김새를 관찰하고 한곳에 나는 잎이 한 개인지, 여러 개인지를 살펴봅니다.

정답과 풀이 4쪽

평가 주제	식물이 환경에 적응한 점 알기
평가 목표	식물의 생김새와 생활 방식이 환경과 관련되어 있음을 설명할 수 있다.

[1-2] 다음은 강이나 연못에 사는 식물의 종류입니다. 물음에 답하시오.

보기

마름, 부들, 연꽃, 물상추, 검정말, 개구리밥, 물수세미, 부레옥잠

1 보기의 식물 중 물속에 잠겨서 사는 식물을 모두 고르고, 물속에 잠겨서 살기에 적합하도록 적응한 점을 한 가지 쓰시오.

(1) 물속에 잠겨서 사는 식물: (   )

(2) 적응한 점: ______________________________

____

도움 물속에 잠겨서 사는 식물은 어떤 특징이 있는지 생각해 봅니다.

2 오른쪽 식물의 이름을 보기에서 찾아 쓰고, 이 식물이 물에 떠서 살기에 알맞은 점을 한 가지 쓰시오.

(1) 식물의 이름: (   )

(2) 물에 떠서 살기에 알맞은 점: ______________

____

도움 물에 떠서 사는 식물은 어떤 특징이 있는지 생각해 봅니다.

3 오른쪽 식물들이 물이 부족한 사막의 환경에 적응한 점은 무엇인지 쓰시오.

____

____

____

도움 선인장과 바오바브나무는 줄기가 두껍고, 용설란은 잎이 두껍습니다.

쉬어 가기

다른 그림을 찾아보세요.

정답 4쪽

다른 곳이 15군데 있어요.

2

물의 상태 변화

▶ 학습 내용과 교과서별 해당 쪽수를 확인해 보세요.

학습 내용	백점 쪽수	교과서별 쪽수				
		동아출판	비상교과서	아이스크림 미디어	지학사	천재교과서
1 물의 세 가지 상태, 물이 얼 때와 얼음이 녹을 때의 변화	30~33	34~39	38~41	36~39	36~41	38~43
2 물이 증발할 때의 변화	34~37	40~41	42~45	40~41	42~43	44~45
3 물이 끓을 때의 변화	38~41	42~43		42~43	44~45	46~47
4 수증기의 응결, 물의 상태 변화 이용	42~45	44~47	46~47	44~47	46~47	48~51

1 물의 세 가지 상태, 물이 얼 때와 얼음이 녹을 때의 변화

1 물의 세 가지 상태

(1) 얼음, 물, 수증기

얼음
고체 상태로, 모양이 일정하고 단단합니다.

물
액체 상태로, 모양이 일정하지 않고 흐르며 손으로 잡을 수 없습니다.

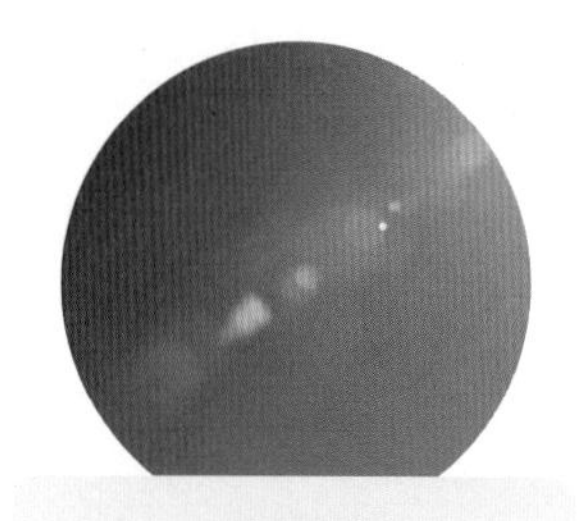

수증기
기체 상태로, 우리 눈에 보이지 않습니다.

(2) 물의 상태 변화

① 얼음은 물이 되고, 물은 얼음이 되거나 수증기가 되기도 합니다.

② 물이 서로 다른 상태로 변하는 것을 물의 상태 변화라고 합니다.

2 물이 얼 때 부피와 무게 변화

(1) 물이 얼 때 부피와 무게 변화

① 액체인 물을 얼리면 고체인 얼음으로 상태가 변합니다.

② 물이 얼어 얼음이 되면 부피는 늘어나지만 무게는 변하지 않습니다.

(2) 우리 주변에서 물이 얼어 부피가 늘어나는 현상과 관련된 예

페트병에 물을 가득 넣어 얼리면 페트병이 커집니다.

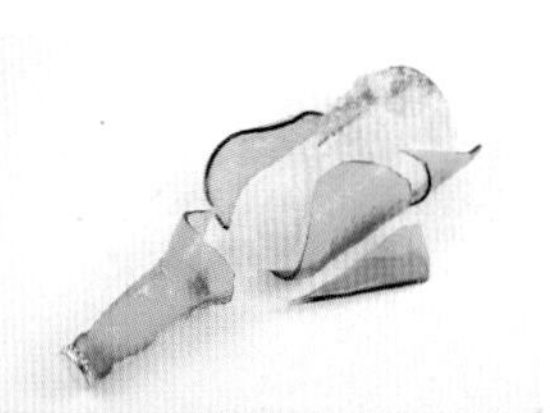

유리병에 물을 가득 넣어 얼리면 유리병이 깨집니다.

날씨가 갑자기 추워지면 수도 계량기가 터지기도 합니다.

3 얼음이 녹을 때 부피와 무게 변화

(1) 얼음이 녹을 때 부피와 무게 변화

① 고체인 얼음이 녹으면 액체인 물로 상태가 변합니다.

② 얼음이 녹아 물이 되면 부피는 줄어들지만 무게는 변하지 않습니다.

(2) 우리 주변에서 얼음이 녹아 부피가 줄어드는 현상과 관련된 예

① 용기를 가득 채우고 있던 얼음과자가 녹으면 부피가 줄어듭니다.

② 얼린 생수병을 녹이면 생수병에 들어 있는 물의 부피가 줄어듭니다.

③ 얼음 틀 위로 튀어나와 있던 얼음이 녹아 물이 되면 높이가 낮아집니다.

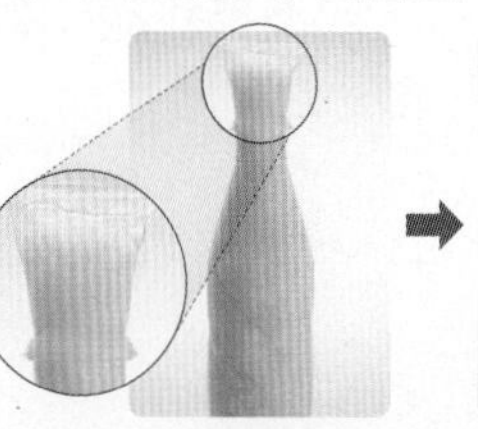

▲ 얼음과자가 녹기 전

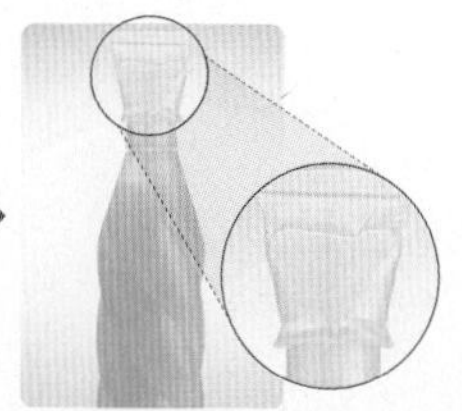

▲ 얼음과자가 녹은 후

＋ 공기 중에 놓아둔 얼음의 상태 변화

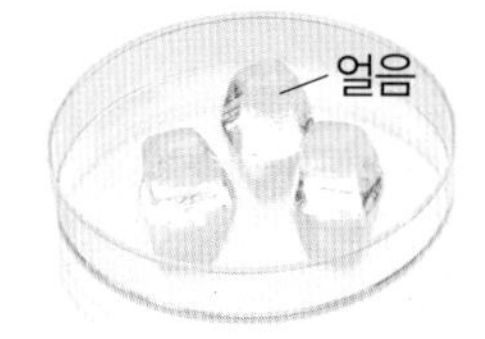

고체인 얼음이 녹아 액체인 물이 되고, 물은 기체인 수증기로 변해 공기 중으로 날아갑니다.

＋ 물의 상태 변화를 이용해 바위 쪼개기

추운 겨울철 우리 조상들은 바위에 구멍을 뚫고 그 안에 물을 부어 물이 얼면서 부피가 늘어나는 것을 이용해 바위를 쪼갰습니다.

＋ 물이 얼 때와 얼음이 녹을 때 부피 변화

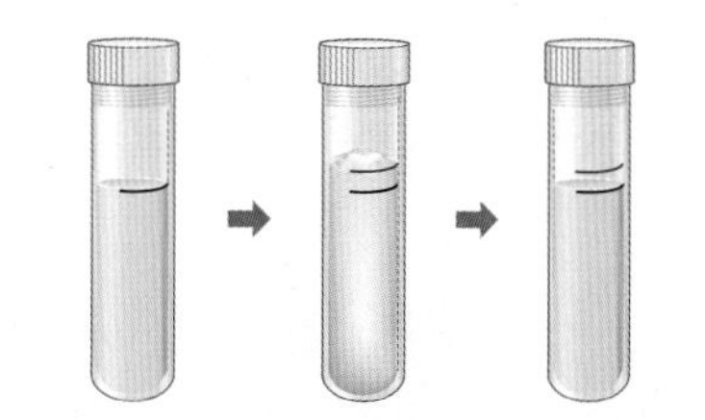

얼음이 녹아 물이 될 때 줄어든 부피는 물이 얼어 얼음이 될 때 늘어난 부피와 같습니다.

용어사전

- **부피** 넓이와 높이를 가진 물체가 공간에서 차지하는 크기.
- **수도 계량기** 사용한 물의 양을 헤아리는 기구.

교과서 통합 대표 실험

실험 1 물이 얼 때의 부피와 무게 변화 관찰하기 7종 공통

❶ 시험관에 물을 반 정도 넣고 마개로 막은 다음 파란색 유성 펜으로 물의 높이를 표시합니다.
❷ 전자저울로 ❶의 시험관의 무게를 측정합니다.
❸ 소금을 섞은 얼음이 든 비커에 물이 든 시험관을 꽂습니다.
❹ 물이 완전히 얼면 시험관을 꺼내 빨간색 유성 펜으로 얼음의 높이를 표시하고, 전자저울로 무게를 측정합니다.
❺ 물이 얼기 전과 언 후의 부피와 무게를 비교합니다.

실험 결과

구분	물이 얼기 전과 언 후의 높이	무게(g)	
		얼기 전	언 후
측정 결과	(언 후 / 얼기 전)	예 13.0	예 13.0
	물의 높이보다 물이 언 얼음의 높이가 더 높음. ➡ 물이 얼어 얼음이 되면 부피가 늘어남.	물의 무게와 물이 언 얼음의 무게는 같음.	

➡ 물이 얼어 얼음이 되면 부피는 늘어나지만 무게는 변하지 않습니다.

실험 2 얼음이 녹을 때의 부피와 무게 변화 관찰하기 7종 공통

❶ 물이 얼어 있는 시험관에 빨간색 유성 펜으로 얼음의 높이를 표시합니다.
❷ 전자저울로 ❶의 시험관의 무게를 측정합니다.
❸ 물이 얼어 있는 시험관을 따뜻한 물이 든 비커에 넣습니다.
❹ 얼음이 완전히 녹으면 시험관을 꺼내 파란색 유성 펜으로 물의 높이를 표시하고, 전자저울로 무게를 측정합니다.
❺ 얼음이 녹기 전과 녹은 후의 부피와 무게를 비교합니다.

실험 결과

구분	얼음이 녹기 전과 녹은 후의 높이	무게(g)	
		녹기 전	녹은 후
측정 결과	(녹기 전 / 녹은 후)	예 13.0	예 13.0
	얼음의 높이보다 얼음이 녹은 물의 높이가 더 낮음. ➡ 얼음이 녹아 물이 되면 부피가 줄어듦.	얼음의 무게와 얼음이 녹은 물의 무게는 같음.	

➡ 얼음이 녹아 물이 되면 부피는 줄어들지만 무게는 변하지 않습니다.

실험 TIP !

실험동영상

- 시험관 대신 일회용 스포이트나 바이알을 사용할 수 있어요.
- 시험관을 비커에 꽂을 때 기울지 않게 똑바로 세워서 꽂고, 유성 펜으로 표시한 선이 소금을 섞은 얼음에 잠기도록 해요.
- 물이 언 시험관은 표면에 묻은 물기를 휴지로 닦은 다음, 유성 펜으로 높이를 표시하고 무게를 측정해요.

실험동영상

- 얼음이 완전히 녹은 시험관은 표면에 묻은 물기를 휴지로 닦은 다음, 유성 펜으로 높이를 표시하고, 무게를 측정해요.
- 머리말리개로 따뜻한 바람을 쐬어 녹이는 방법도 이용할 수 있지만, 뜨거운 바람에 화상을 입을 수 있으니 주의해요.

1 물의 세 가지 상태, 물이 얼 때와 얼음이 녹을 때의 변화

기본 개념 문제

1

물은 고체, (   ), 기체의 세 가지 상태로 있습니다.

2

물의 세 가지 상태 중 기체인 (   )은/는 우리 눈에 보이지 않습니다.

3

얼음이 물이 되고, 물이 수증기가 되는 것처럼 물이 서로 다른 상태로 변하는 것을 물의 (   )(이)라고 합니다.

4

유리병에 물을 가득 넣어 얼리면 유리병이 깨지는 까닭은 물이 얼어 얼음이 되면 (   )이/가 늘어나기 때문입니다.

5

30.0 g의 물을 얼린 얼음의 무게는 (   ) g입니다.

[6-7] 다음은 페트리 접시에 담긴 얼음과 물입니다. 물음에 답하시오.

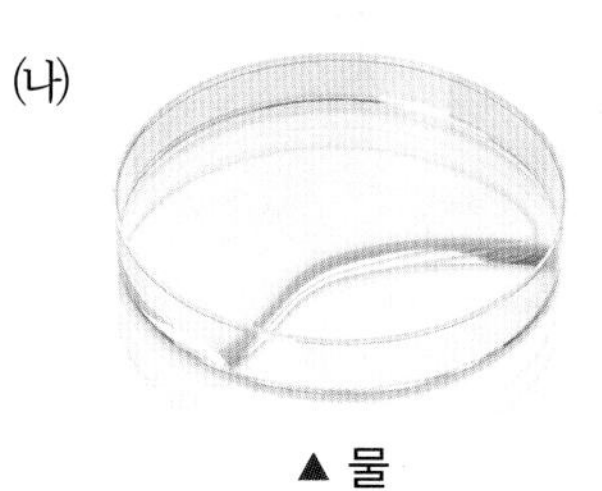

▲ 얼음　　▲ 물

6 ✚ 7종 공통

위 (가)와 (나) 중 다음과 같은 특징이 있는 것을 골라 기호를 쓰시오.

- 손으로 잡을 수 있다.
- 모양이 일정하고, 단단하다.

(   )

7 ✚ 7종 공통

위 (가)와 (나) 중 오른쪽 눈과 같은 상태는 어느 것인지 골라 기호를 쓰시오.

(   )

8 ✚ 7종 공통

물의 세 가지 상태에 따라 알맞게 선으로 이으시오.

(1)	얼음 •	• ㉠	기체 상태
(2)	물 •	• ㉡	고체 상태
(3)	수증기 •	• ㉢	액체 상태

9 동아, 금성, 김영사, 비상, 아이스크림, 천재

페트병에 물을 가득 넣어 얼리면 페트병이 커지는 까닭으로 옳은 것은 어느 것입니까? (　　　　)

물이 얼기 전 ➡ 물이 언 후

① 물의 부피가 늘어났기 때문이다.
② 물의 무게가 늘어났기 때문이다.
③ 물의 부피가 줄어들었기 때문이다.
④ 물의 무게가 줄어들었기 때문이다.
⑤ 페트병의 무게가 늘어났기 때문이다.

10 7종 공통

(　　) 안에 들어갈 알맞은 말을 보기에서 찾아 쓰시오.

보기

줄어든다, 늘어난다, 변화가 없다

물이 얼어 얼음이 되면 무게는 (　　　　　　).

(　　　　　　　　　　)

11 동아, 비상, 지학사, 천재

추운 겨울날 수도 계량기가 터지는 현상에 대한 설명으로 옳지 않은 것을 골라 기호를 쓰시오.

㉠ 물이 얼어 부피가 늘어났기 때문에 나타나는 현상이다.
㉡ 물이 수증기로 상태가 변했기 때문에 나타나는 현상이다.
㉢ 유리병에 물을 가득 넣어 얼리면 유리병이 깨지는 현상과 같은 원리이다.

(　　　　　　　　　　)

[12-13] 다음과 같이 물이 얼어 있는 시험관에 빨간색 유성 펜으로 얼음의 높이를 표시하였습니다. 물음에 답하시오.

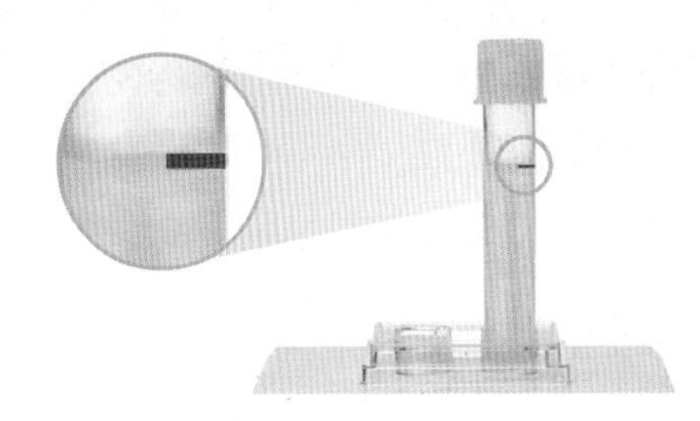

12 7종 공통

위 실험에서 얼음이 완전히 녹은 후 물의 높이에 대한 설명으로 옳은 것에 ○표 하시오.

(1) 얼음이 완전히 녹으면 시험관 속 물의 높이가 낮아진다. (　　)
(2) 얼음이 완전히 녹으면 시험관 속 물의 높이가 높아진다. (　　)

13 7종 공통

위 실험에서 물이 얼어 있는 시험관의 무게를 측정하였더니 15.0 g이었을 때, 시험관 안의 얼음이 완전히 녹은 후의 무게는 얼마인지 쓰시오.

(　　　　　　　　　　) g

14 서술형 동아, 김영사, 비상, 아이스크림, 지학사, 천재

오른쪽과 같이 냉동실에 넣어 둔 튜브형 얼음과자가 녹으면 튜브 안에 빈 공간이 생기는 까닭은 무엇인지 쓰시오.

2 물이 증발할 때의 변화

1 물의 증발

(1) 물에 젖은 화장지의 변화

① 화장지 한 칸을 떼어 내어 메모꽂이나 막대에 걸어 놓고 분무기로 물을 한두 번 뿌려 적십니다. → 물휴지를 걸어 놓아도 돼요.

② 물에 젖은 화장지를 5분 간격으로 만져 보고 관찰해 봅니다.

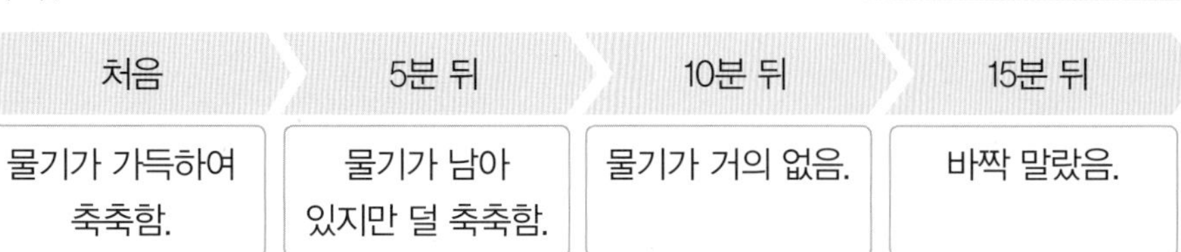

처음	5분 뒤	10분 뒤	15분 뒤
물기가 가득하여 축축함.	물기가 남아 있지만 덜 축축함.	물기가 거의 없음.	바싹 말랐음.

③ 물에 젖은 화장지가 마르는 까닭: 물이 수증기로 변해 공기 중으로 날아갔기 때문입니다.

(2) **증발**: 액체인 물이 표면에서 기체인 수증기로 상태가 변하는 현상을 증발이라고 합니다.

(3) 증발이 잘 일어나는 조건 → 물휴지가 빨리 마르는 조건과 증발이 잘 일어나는 조건은 같아요.

① 공기 중에 있는 수증기의 양이 적을수록(건조할수록) 증발이 잘 일어납니다.

② 온도가 높을수록 증발이 잘 일어납니다.

③ 바람이 많이 불수록 증발이 잘 일어납니다.

④ 공기와의 접촉면이 넓을수록 증발이 잘 일어납니다.

포도와 건포도

▲ 포도

▲ 건포도

포도와 건포도는 색깔이 다르고, 건포도는 포도보다 크기가 작습니다. 건포도는 표면에 물기가 거의 없습니다. 이렇게 차이가 있는 까닭은 포도를 말려 건포도를 만들 때 포도 속의 물이 증발하기 때문입니다.

더 빨리 마르는 물휴지

- 펼쳐 놓은 물휴지가 접어 놓은 물휴지보다 빨리 마릅니다.
- 햇볕에 놓아둔 물휴지가 그늘에 놓아 둔 물휴지보다 빨리 마릅니다.

2 우리 주변에서 물이 증발하는 예

젖은 빨래를 햇볕에 널어 말립니다.

오징어나 생선을 햇볕에 널어 말립니다.

머리를 감은 뒤 젖은 머리를 말립니다.

감을 말려 곶감을 만듭니다.

어항 속의 물이 시간이 지나면 점점 줄어듭니다.

과일을 건조기에 넣어 말린 과일을 만듭니다.

고추를 햇볕에 말립니다.

염전에서 소금을 얻습니다.

비가 내려 운동장에 고인 물이 시간이 지나면 사라집니다.

용어 사전

염전 소금을 만들기 위하여 바닷물을 끌어 들여 논처럼 만든 곳.

교과서 통합 대표 실험

실험 1 젖은 종이가 마르는 까닭 알아보기 📖 동아출판

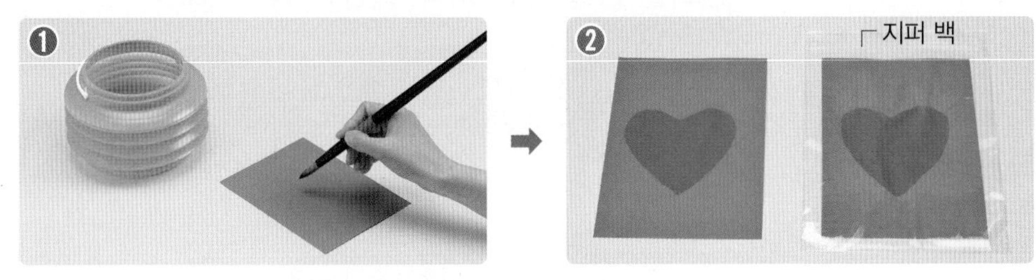

❶ 붓에 물을 묻혀 두 장의 색 도화지에 같은 그림을 그립니다.
❷ ❶의 색 도화지 중 하나는 그대로 놓고, 다른 하나는 지퍼 백 안에 넣고 입구를 잠가 놓아둡니다.
❸ 시간이 지나면서 두 장의 색 도화지에 나타나는 현상을 관찰합니다.

실험 결과

구분	지퍼 백 밖에 둔 색 도화지	지퍼 백 안에 둔 색 도화지
나타나는 현상	물이 모두 사라져 보이지 않음.	물기가 남아 있고, 지퍼 백 안쪽에 작은 물방울이 맺혀 있음.
까닭	• 물이 종이 표면에서 수증기가 되어 증발하였기 때문임. • 증발한 수증기는 공기 중으로 날아갔기 때문임.	• 물이 종이 표면에서 일부만 수증기가 되어 증발하였기 때문임. • 지퍼 백 안의 작은 물방울은 수증기가 공기 중으로 날아가지 못하고 지퍼 백 안쪽에 물방울로 맺혀 있는 것임.

실험 2 비커에 담긴 물의 변화 관찰하기 📖 동아출판, 비상교과서, 지학사, 천재교과서

❶ 비커에 물을 반 정도 넣고 검은색 유성 펜으로 물의 높이를 표시합니다.
❷ 비커에 담긴 물의 변화를 하루에 한 번씩 삼 일 동안 관찰하며, 관찰할 때마다 물의 높이를 표시합니다.
❸ 비커에 담긴 물에 어떤 변화가 있었는지 생각해 봅니다.
❹ ❸과 같은 변화가 일어난 까닭은 무엇인지 생각해 봅니다.

실험 결과

물의 높이	비커에 담긴 물의 변화
처음 물의 높이 1일 뒤 물의 높이 2일 뒤 물의 높이	• 물이 점점 줄어들어 물의 높이가 낮아짐. • 물속과 물의 표면에 변화가 없음.

➡ 비커에 담긴 물의 높이가 낮아진 까닭: 물이 수증기로 변해 공기 중으로 날아갔기 때문입니다.

실험 TIP !

실험동영상

• 도화지의 크기, 사용하는 물의 양, 붓의 크기, 두는 장소, 관찰 시간은 같게 하고, 지퍼 백의 유무만 다르게 해요.
• 바람이 잘 통하고 햇빛이 잘 드는 곳에 두면 좋아요.

실험+ 소금물로 글씨를 쓰고 나타나는 현상 관찰하기 📖 김영사

따뜻한 물에 소금을 최대한 많이 녹입니다. 붓을 이용해 소금물로 검은색 도화지에 글씨를 쓰고 말립니다.

실험 결과

물이 증발하여 소금만 남아 검은색 도화지에 흰색 글씨가 나타납니다.

2 물이 증발할 때의 변화

기본 개념 문제

1

시간이 지나면 물휴지가 마르는 까닭은 물이 (　　　　)(으)로 변해 공기 중으로 날아갔기 때문입니다.

2

액체인 물이 표면에서 기체인 수증기로 상태가 변하는 현상을 (　　　　)(이)라고 합니다.

3

포도를 말려서 만든 건포도는 포도보다 크기가 (　　　　).

4

햇볕에 놓아둔 물휴지와 그늘에 놓아둔 물휴지 중 더 빨리 마르는 것은 (　　　　　　　　) 입니다.

5

오징어나 생선을 널어 말리거나 염전에서 소금을 얻는 것은 물의 (　　　　) 현상을 이용한 예입니다.

[6-7] 다음과 같이 스탠드에 물휴지를 걸어 놓고 변화를 관찰하였습니다. 물음에 답하시오.

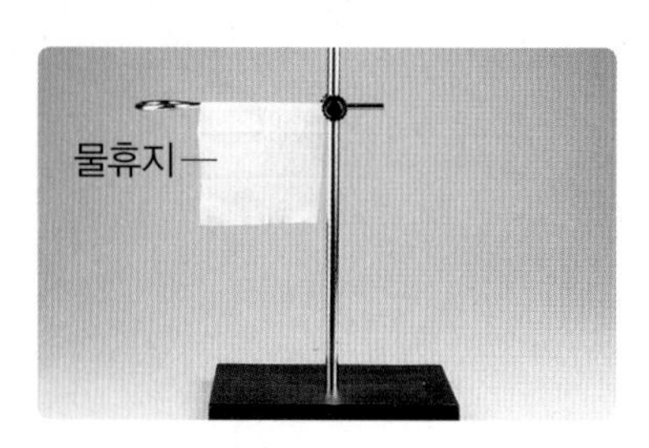

6 아이스크림, 천재

위 물휴지를 관찰한 결과로 옳은 것을 골라 기호를 쓰시오.

> ㉠ 처음에는 물휴지가 바짝 말라 있다.
> ㉡ 10분 뒤에 물휴지를 만져 보면 처음보다 덜 축축하다.
> ㉢ 시간이 지나도 물휴지의 축축한 정도는 변하지 않는다.

(　　　　　　　　)

7 아이스크림, 천재

위 **6**번 답과 같은 결과가 나타난 까닭은 무엇인지 (　　) 안에 들어갈 알맞은 말을 쓰시오.

> 물휴지에 있던 물이 (　　　　　)(으)로 변해 공기 중으로 흩어졌기 때문이다.

(　　　　　　　　)

8 아이스크림

다음 중 가장 빨리 마르는 물휴지는 어느 것인지 골라 ○표 하시오.

(1) 접어서 그늘에 놓아둔 물휴지 (　　)
(2) 펼쳐서 그늘에 놓아둔 물휴지 (　　)
(3) 접어서 햇볕에 놓아둔 물휴지 (　　)
(4) 펼쳐서 햇볕에 놓아둔 물휴지 (　　)

[9-10] 다음과 같이 비커에 물을 넣고 물의 높이를 검은색 유성 펜으로 표시한 후 며칠 동안 변화를 관찰하였습니다. 물음에 답하시오.

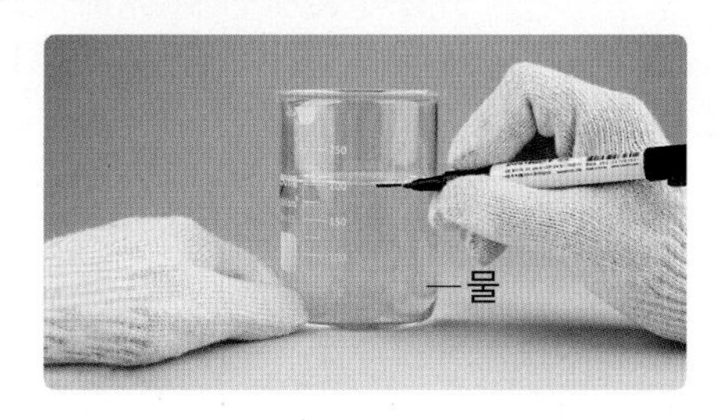

9 동아, 비상, 아이스크림, 지학사, 천재

며칠 뒤 관찰했을 때 비커의 물의 높이로 알맞은 것은 어느 것인지 골라 기호를 쓰시오.

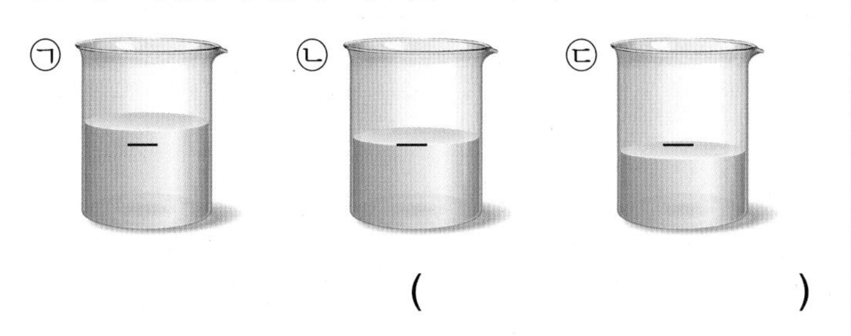

( )

10 7종 공통

위 9번 답과 같은 결과가 나타난 까닭은 비커 안의 물이 수증기로 변해 공기 중으로 날아갔기 때문입니다. 이처럼 물이 표면에서 수증기로 상태가 변하는 현상을 무엇이라고 하는지 쓰시오.

( )

11 7종 공통

다음 글에서 위 10번 답의 현상을 나타낸 문장을 찾아 기호를 쓰시오.

> ㉠ 겨울철 처마 끝에 고드름이 생겼다. ㉡ 햇볕을 받은 고드름이 녹아서 물이 되었다. ㉢ 땅에 떨어진 물이 말라 수증기가 되었다.

( )

12 7종 공통

물의 상태 변화의 종류가 나머지와 다른 하나는 어느 것입니까? ( )

①

▲ 빨래 말리기

②

▲ 젖은 머리카락 말리기

③

▲ 고추 말리기

④

▲ 얼음과자 만들기

13 7종 공통

증발 현상이 일어날 때 물의 상태 변화를 나타낸 것은 어느 것입니까? ( )

① 물 → 얼음
② 얼음 → 물
③ 물 → 수증기
④ 수증기 → 물
⑤ 얼음 → 수증기

14 서술형 지학사

염전에서 소금을 얻는 방법을 물의 상태 변화와 관련지어 쓰시오.

3 물이 끓을 때의 변화

1 물의 끓음

(1) 물을 가열하면서 일어나는 변화

① 물이 끓기 전과 끓을 때 물의 표면과 물속에서 나타나는 현상

물이 끓기 전		물이 끓을 때	
	처음에는 변화가 거의 없다가 시간이 지나면서 물속에서 매우 작은 기포가 조금씩 생김.		• 크고 작은 기포가 계속 많이 생김. • 물속에서 기포가 올라와 터지면서 물 표면이 울퉁불퉁해짐.

② 물이 끓은 후 물의 높이 변화: 물이 끓은 후 물의 높이가 물이 끓기 전보다 낮아졌습니다.

③ 물이 끓은 후 물의 높이가 낮아진 까닭: 물이 수증기로 변해 공기 중으로 날아갔기 때문입니다.

(2) **끓음**: 물의 표면뿐만 아니라 물속에서도 액체인 물이 기체인 수증기로 상태가 변하는 현상을 끓음이라고 합니다.

▲ 물이 끓는 모습

2 증발과 끓음의 공통점과 차이점

구분	증발	끓음
공통점	액체인 물이 기체인 수증기로 상태가 변함.	
차이점	• 물의 표면에서 물이 수증기로 변함. • 물의 양이 매우 천천히 줄어듦.	• 물의 표면과 물속에서 물이 수증기로 변함. • 증발할 때보다 물의 양이 빠르게 줄어듦.

3 우리 주변에서 볼 수 있는 끓음과 관련된 예

찌개를 끓입니다.

달걀을 삶습니다.

채소를 데칠 때 물을 끓입니다.

⊕ 물을 가열할 때 물속에서 생기는 기포

• 물이 끓기 전에 생기는 기포: 물속에 녹아 있던 적은 양의 공기가 기포의 형태로 빠져나가는 것

• 물이 끓고 있을 때 생기는 기포: 물이 수증기로 변한 것

⊕ 물을 끓일 때 보이는 하얀 김의 상태

물이 끓으면 기체 상태인 수증기로 상태가 변하는데, 수증기는 우리 눈에 보이지 않습니다. 물이 끓을 때 보이는 하얀 김은 수증기가 공기 중에서 냉각되어 액체 상태의 작은 물방울로 변한 것입니다. 즉, 우리 눈에 보이는 김은 수증기가 아닌 작은 물방울입니다.

용어 사전

• **기포** 액체나 고체 속에 기체가 들어가 거품처럼 둥그렇게 부풀어 있는 것.

• **냉각** 식어서 차게 되는 것.

교과서 통합 대표 실험

실험 TIP !

실험 1 물을 가열하면 나타나는 변화 관찰하기 7종 공통

❶ 비커에 물을 반 정도 넣고 유성 펜으로 물의 높이를 표시합니다.
❷ 물을 가열하면서 물이 끓기 전과 물이 끓을 때에 나타나는 변화를 관찰합니다.
❸ 핫플레이트를 끄고 물이 끓기 전과 끓고 난 후 물의 높이를 비교합니다.
❹ ❸과 같은 변화가 일어난 까닭을 생각해 봅니다.

실험동영상

- 물의 높이를 표시할 때에는 눈높이에서 정확하게 표시해요.
- 물이 끓기 전과 끓을 때 물속에서 일어나는 변화를 집중하여 관찰해요.
- 가열 도구에 따라 차이가 나지만 대략 4~5분 이상 물을 끓여야 물의 높이가 줄어든 것을 관찰하기 좋아요.

실험 결과

① 물이 끓기 전과 물이 끓을 때 나타나는 변화

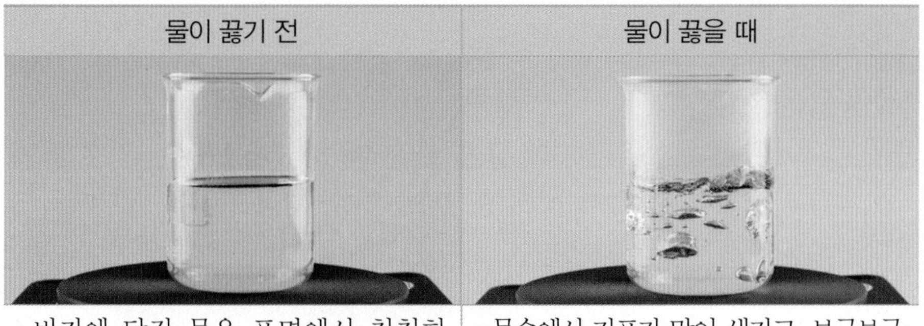

물이 끓기 전	물이 끓을 때
• 비커에 담긴 물은 표면에서 천천히 증발하므로 거의 변화가 없는 것처럼 보임. • 처음에는 거의 변화가 없다가 시간이 지나면서 작은 기포가 조금씩 생김.	• 물속에서 기포가 많이 생기고, 보글보글 소리가 남. • 기포가 물 표면으로 올라와 터지면서 물 표면이 출렁거림. • 물의 높이가 빠르게 낮아짐.

② 물이 끓기 전과 끓고 난 후 물의 높이 변화

- 물이 끓고 난 후 물의 높이는 끓기 전보다 낮아집니다.
- 물이 끓고 난 후 물의 높이가 낮아진 까닭은 물이 수증기로 변해 공기 중으로 날아갔기 때문입니다.

실험 2 물이 증발할 때와 끓을 때 물의 양 변화 비교하기 아이스크림미디어, 천재교과서

❶ 크기가 같은 비커 두 개에 같은 양의 물을 넣고 유성 펜으로 물의 높이를 표시합니다.
❷ 비커 하나는 그대로 놓아두고, 다른 하나는 가열 장치에 올려 가열합니다.
❸ 일정한 시간이 지난 뒤, 그대로 놓아둔 물과 가열해 끓인 물의 높이를 비교합니다.
❹ ❸과 같은 결과가 나타난 까닭을 생각해 봅니다.

물의 증발과 끓음의 차이를 알아보기 위해서는 물의 양, 비커의 크기 등 처음의 조건을 같게 해야 해요.

실험 결과

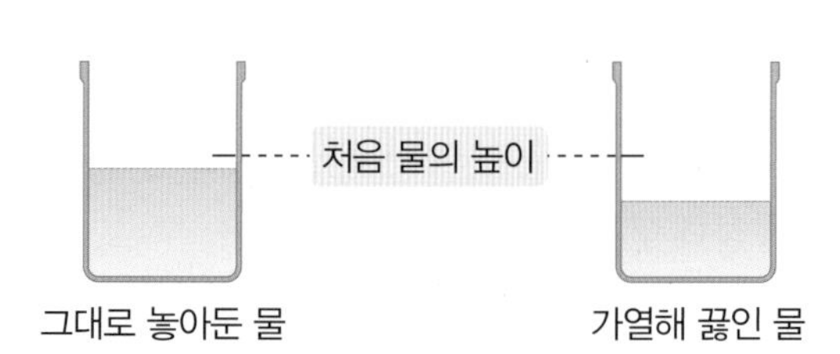

- 물의 높이 변화가 큰 것: 가열해 끓인 물
- 물의 높이 변화가 큰 까닭: 물속과 물의 표면에서 물이 빠르게 수증기로 변해 공기 중으로 날아가기 때문임.

2 단원

문제 학습

3 물이 끓을 때의 변화

기본 개념 문제

1

물이 끓을 때 물속에서 크고 작은 (   ) 이/가 생겨 위로 올라와 터지면서 물 표면이 울퉁불퉁해집니다.

2

물 표면뿐만 아니라 물속에서도 액체인 물이 기체인 수증기로 상태가 변하는 현상을 (   ) (이)라고 합니다.

3

증발과 끓음은 물이 (   )(으)로 상태가 변하는 현상입니다.

4

증발과 끓음 중 물의 양이 더 빠르게 줄어드는 현상은 (   )입니다.

5

물이 끓고 난 후 물의 높이가 낮아진 까닭은 물이 수증기로 변해 (   ) 중으로 날아갔기 때문입니다.

6 아이스크림, 천재

달걀을 삶기 위해 냄비에 물을 넣고 가열하면서 변화를 관찰한 내용으로 옳지 않은 것을 골라 기호를 쓰시오.

㉠ 처음에는 물 표면에 변화가 거의 없다.
㉡ 시간이 지나면서 물 표면이 울퉁불퉁해진다.
㉢ 계속 가열하면 다시 물 표면이 잔잔해진다.

(   )

7 아이스크림, 천재

주전자에 물을 끓일 때 하얗게 보이는 김은 물의 세 가지 상태 중 어느 것에 해당하는지 보기 에서 골라 쓰시오.

보기
고체(얼음), 액체(물), 기체(수증기)

(   )

8 동아, 아이스크림, 천재

물을 가열할 때 생기는 기포에 대한 설명으로 옳은 것은 어느 것입니까? (   )

① 물속에서 생긴 기포는 물에 다시 녹아 사라진다.
② 물이 끓기 전에 생기는 기포는 물이 수증기로 변한 것이다.
③ 물속에서 생긴 기포가 위로 올라와 터지면서 공기 중으로 날아간다.
④ 물이 끓을 때 생기는 기포는 고체 상태의 얼음이 방울 모양의 형태로 보이는 것이다.
⑤ 물이 끓을 때 생기는 기포는 물속에 녹아 있던 적은 양의 공기가 기포의 형태로 빠져나가는 것이다.

[9-11] 다음 실험 과정을 보고, 물음에 답하시오.

크기가 같은 비커 두 개에 같은 양의 물을 넣고 유성 펜으로 물의 높이를 표시한다. ㈎ 비커는 그대로 놓아두고, ㈏ 비커는 가열 장치에 올려 가열한다.

㈎

㈏
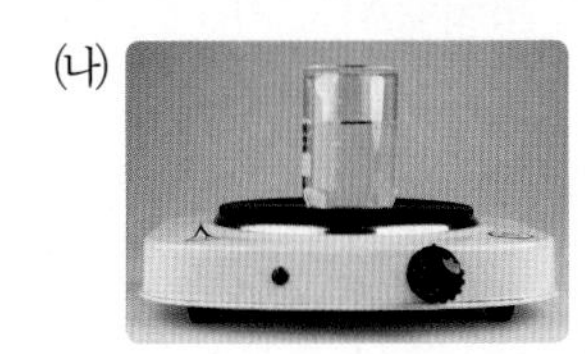

9 아이스크림, 천재

위 ㈎와 ㈏ 중 시간이 지나면 큰 기포가 생기고, 보글보글 소리가 나는 것은 어느 것인지 기호를 쓰시오.

( )

10 7종 공통

다음은 위 실험을 통해 관찰한 결과입니다. ( ) 안에 들어갈 알맞은 말을 쓰시오.

물을 끓이면 물속에서부터 기포가 올라오면서 터지는데, 이 기포는 물이 ( )(으)로 변한 것이다.

( )

11 아이스크림, 천재

일정한 시간이 지난 뒤 ㈎와 ㈏ 비커를 관찰했을 때 비커의 물의 높이로 알맞은 것을 골라 각각 기호를 쓰시오.

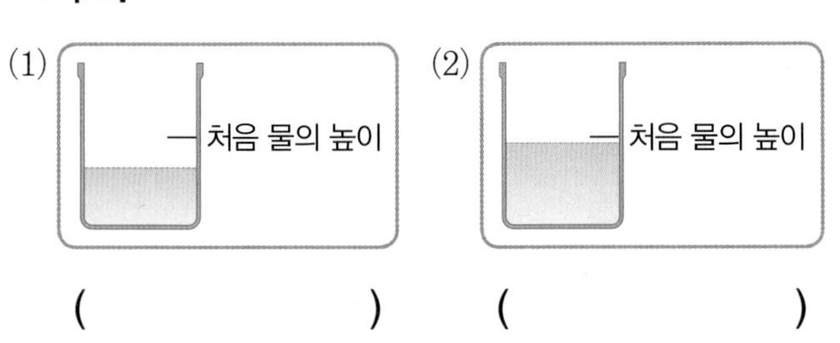

( ) ( )

12 7종 공통

우리 주변에서 볼 수 있는 끓음과 관련된 예가 아닌 것은 어느 것입니까? ( )

①

▲ 보리차 끓이기

②

▲ 찌개 끓이기

③

▲ 오징어 말리기

④

▲ 국수 삶기

13 7종 공통

증발과 끓음을 비교했을 때 공통적으로 일어나는 물의 상태 변화를 나타낸 것은 어느 것입니까? ( )

① 얼음 → 물
② 물 → 얼음
③ 수증기 → 물
④ 물 → 수증기
⑤ 얼음 → 수증기

14 서술형 7종 공통

증발과 끓음의 차이점을 말한 두 친구 중 잘못 말한 친구의 이름을 쓰고, 바르게 고쳐 쓰시오.

증발은 물속에서만 상태 변화가 일어나.

수현

끓음은 물 표면과 물속에서 모두 상태 변화가 일어나.

지민

4 수증기의 응결, 물의 상태 변화 이용

1 차가운 물체에 물방울이 맺히는 까닭

(1) 차가운 물체 표면에서 일어나는 변화

① 냉장고에서 차가운 음료수 캔을 꺼내 놓았을 때

- 컵 표면이 뿌옇게 흐려지고, 물방울이 맺힙니다.
- 물방울이 커져 아래로 흘러내립니다.

② 캔 표면에 물방울이 생긴 까닭: 공기 중의 수증기가 차가운 캔 표면에 닿아 액체인 물로 상태가 변해 물방울로 맺힌 것입니다.

(2) **응결**: 기체인 수증기가 액체인 물로 상태가 변하는 현상을 응결이라고 합니다.

2 우리 주변에서 볼 수 있는 응결과 관련된 예

맑은 날 아침 거미줄이나 풀잎에 물방울이 맺힙니다. ('이슬'이라고 해요.)

냄비에 국을 끓이면 냄비 뚜껑 안쪽에 물방울이 맺힙니다.

겨울철 밖에서 따뜻한 실내로 들어오면 안경알이 뿌옇게 됩니다.

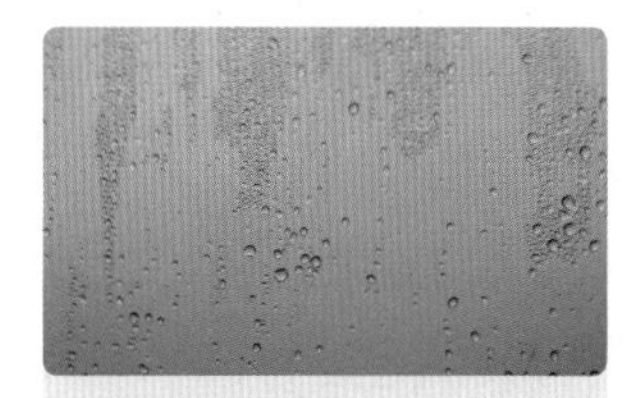

욕실의 차가운 거울 표면에 물방울이 맺힙니다.

추운 겨울 유리창 안쪽에 물방울이 맺힙니다.

이른 아침 호수 위에 안개가 낍니다.

3 우리 생활에서 물의 상태 변화를 이용하는 예

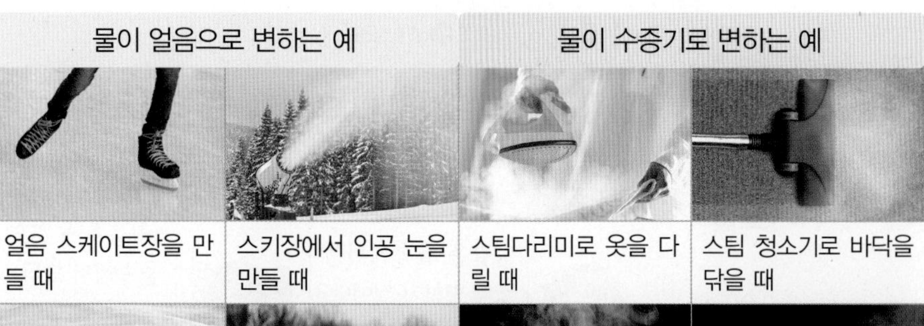

물이 얼음으로 변하는 예		물이 수증기로 변하는 예	
얼음 스케이트장을 만들 때	스키장에서 인공 눈을 만들 때	스팀다리미로 옷을 다릴 때	스팀 청소기로 바닥을 닦을 때
	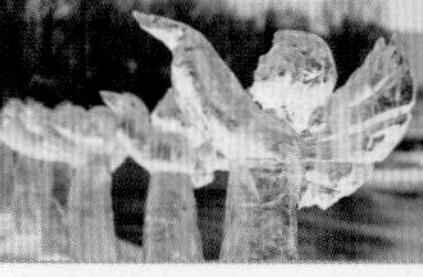		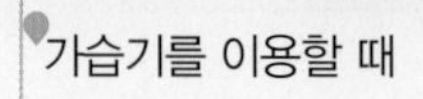
이글루를 만들 때	물을 얼려 붙여 얼음 작품을 만들 때	음식을 찔 때	가습기를 이용할 때

응결과 관련된 기상 현상

- 이슬은 새벽에 차가워진 나뭇가지나 풀잎 등에 수증기가 응결해 생긴 작은 물방울입니다.

- 안개는 수증기가 지표면 근처에서 응결해 공기 중에 작은 물방울 상태로 떠 있는 현상입니다.

- 구름은 수증기가 높은 하늘에서 응결해 작은 물방울 상태로 떠 있는 현상입니다.

수증기가 물로 변하는 상태 변화를 이용하는 예

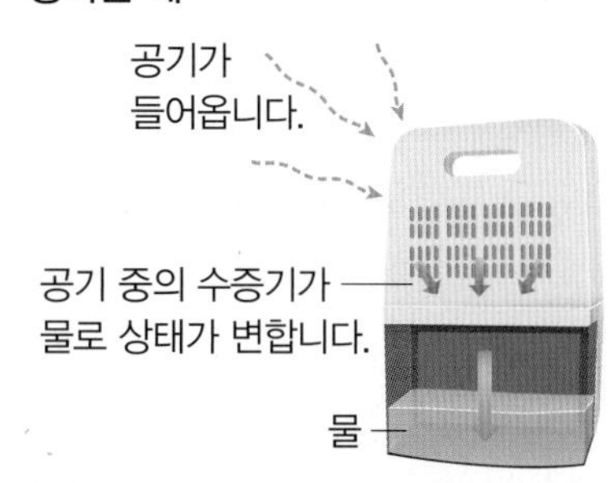

제습기는 공기 중의 수증기를 물로 상태를 변화시키는 장치입니다.

용어 사전

- **이글루** 얼음이나 눈덩이로 만든 이누이트의 집.
- **가습기** 물을 수증기로 변화시켜 공기 중으로 내보내 실내의 건조함을 줄여 주는 장치.

교과서 통합 대표 실험

실험 1 차가운 컵 표면의 변화 관찰하기 📖 동아출판, 금성출판사, 김영사, 천재교과서

❶ 플라스틱 컵에 주스와 얼음을 넣고 뚜껑을 덮습니다.
❷ ❶의 컵을 페트리 접시에 올려놓고 전자저울로 무게를 측정합니다.
❸ 시간이 지나면서 플라스틱 컵 표면에서 일어나는 변화를 관찰합니다.
❹ 시간이 지난 뒤에 페트리 접시에 올려진 컵의 무게를 측정하고 처음 측정한 무게와 비교합니다.
❺ ❹와 같은 결과가 나타난 까닭을 생각해 봅니다.

실험 결과

플라스틱 컵 표면의 변화	• 플라스틱 컵 표면에 물방울이 맺힘. • 시간이 지나면서 페트리 접시에 물이 고임. • 플라스틱 컵 표면에 아주 작은 물방울이 맺히기 시작하여 점점 커지다가 페트리 접시로 떨어짐. 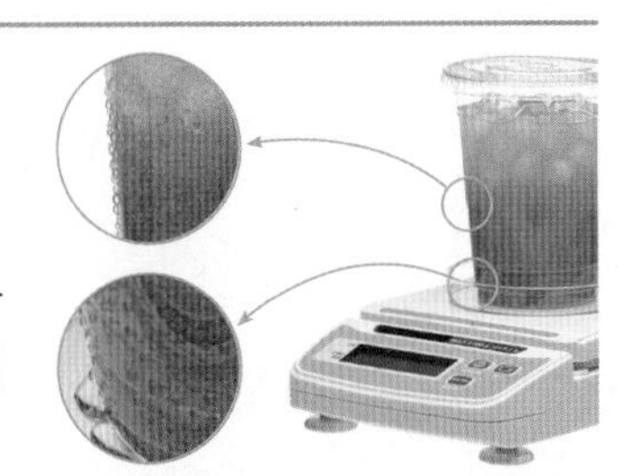	
무게의 변화	처음 무게(g)	나중 무게(g)
	예 389.0	예 391.0

➡ **주스와 얼음을 넣은 플라스틱 컵의 무게가 늘어난 까닭:** 주스와 얼음을 넣은 플라스틱 컵은 차갑기 때문에 공기 중의 수증기가 차가운 컵 표면에 닿아 물방울로 맺힙니다. 따라서 맺힌 물방울의 무게만큼 무게가 늘어납니다.

실험 2 차가운 컵 표면에 생긴 물질이 무엇인지 확인하기 📖 비상교과서, 아이스크림미디어

❶ 금속 컵에 차가운 오렌지주스를 담습니다.
❷ 시간이 지난 뒤 컵 표면을 휴지로 닦아 표면에 생긴 물질의 색깔을 관찰합니다.
❸ 컵 표면에 생긴 물질을 푸른색 염화 코발트 종이에 묻혀 색깔이 변하는지 관찰합니다. 📖 금성출판사

실험 결과

휴지로 닦은 물질의 색깔	아무 색깔도 나타나지 않음. → 오렌지주스가 빠져나온 것이 아님을 확인할 수 있음.	
염화 코발트 종이의 색깔 변화	푸른색 염화 코발트 종이가 붉은색으로 변함. → 컵 표면에 생긴 물질이 물이라는 사실을 알 수 있음.	

실험 TIP !

실험동영상

• 플라스틱 컵 표면을 닦아내고, 표면에 물방울이 맺히기 전에 처음 무게를 측정해요.
• 주스와 얼음을 넣은 플라스틱 컵의 처음 무게와 나중 무게의 차이를 비교할 수 있도록 어느 정도 시간 간격을 두고 무게를 측정해요.
• 응결 실험을 할 때 0.1 g 단위까지 측정할 수 있는 전자저울을 사용해야 무게 변화를 확인할 수 있을 정도로 무게가 조금 늘어나요.

푸른색 염화 코발트 종이는 물과 만나면 붉은색으로 변하는 성질이 있어요.

물을 묻힘.

4 수증기의 응결, 물의 상태 변화 이용

기본 개념 문제

1

냉장고에서 차가운 음료수 캔을 꺼내 놓으면 컵 표면에 (   )이/가 맺히고, 점점 커져 아래로 흘러내립니다.

2

기체인 수증기가 액체인 물로 상태가 변하는 현상을 (   )(이)라고 합니다.

3

수증기가 높은 하늘에서 응결해 작은 물방울 상태로 떠 있는 기상 현상은 (   )입니다.

4

스키장에서 인공 눈을 만드는 것은 물이 (   )(으)로 상태가 변하는 현상을 이용하는 경우입니다.

5

(   )은/는 실내가 건조할 때 사용하는 장치로, 물을 수증기로 변화시켜 공기 중으로 내보내 건조함을 줄여줍니다.

6 7종 공통

다음 ㉠과 ㉡에 들어갈 알맞은 말을 각각 쓰시오.

> 주스와 얼음이 들어 있는 플라스틱 컵 표면에 맺힌 물방울은 공기 중의 (㉠   )이/가 차가운 컵 표면에 닿아 물로 상태가 변한 것이다. 이러한 현상을 (㉡   )(이)라고 한다.

㉠ (   ), ㉡ (   )

7 비상, 아이스크림, 천재

위 6번의 플라스틱 컵 표면을 휴지로 닦았을 때의 결과를 옳게 말한 사람의 이름을 쓰시오.

> • 연수: 젖은 휴지의 색깔을 살펴보면 아무 색깔도 나타나지 않아.
> • 주완: 주스가 새어 나온 것이기 때문에 휴지로 닦으면 주스 색깔이 나타나.
> • 다인: 휴지에 얼음이 묻어 나오는 것으로 보아 얼음이 컵 표면으로 새어 나온 거야.

(   )

8 동아, 금성, 김영사, 천재

냉장고에서 꺼낸 음료수 캔의 무게를 측정하였더니 146.0 g이었습니다. 10분 뒤 캔의 무게를 다시 측정하였을 때 결과에 맞게 ○ 안에 >, =, <를 써넣으시오.

처음 무게 146.0 g	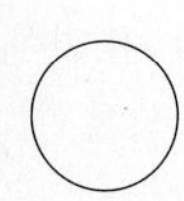	10분 뒤 무게

9 7종 공통

겨울에 밖에서 따뜻한 실내로 들어오면 안경알이 뿌옇게 됩니다. 이 현상과 관련된 예로 알맞은 것은 어느 것입니까? (　　　)

① 눈사람이 햇볕에 녹는다.
② 염전에서 소금을 만든다.
③ 어항 속의 물이 줄어든다.
④ 햇볕에 널어 둔 빨래가 마른다.
⑤ 욕실의 차가운 거울 표면에 물방울이 맺힌다.

10 7종 공통

다음과 같은 모습을 볼 수 있는 까닭과 관련된 현상을 보기 에서 찾아 쓰시오.

냄비 뚜껑 안쪽에 맺힌 물방울

맑은 날 아침 거미줄에 맺힌 물방울

보기

응결, 증발, 거름, 끓음

(　　　　　　　　　　)

11 동아, 김영사, 지학사, 천재

다음은 응결과 관련된 기상 현상 중 어느 것에 대한 설명인지 기호를 쓰시오.

수증기가 지표면 근처에서 응결해 공기 중에 작은 물방울 상태로 떠 있는 기상 현상이다.

㉠ 

▲ 이슬

㉡ 

▲ 안개

㉢ 

▲ 구름

(　　　　　　　　　　)

12 동아, 금성, 김영사, 아이스크림, 천재

물이 수증기로 상태가 변하는 현상을 이용하는 예를 골라 ○표 하시오.

(1) 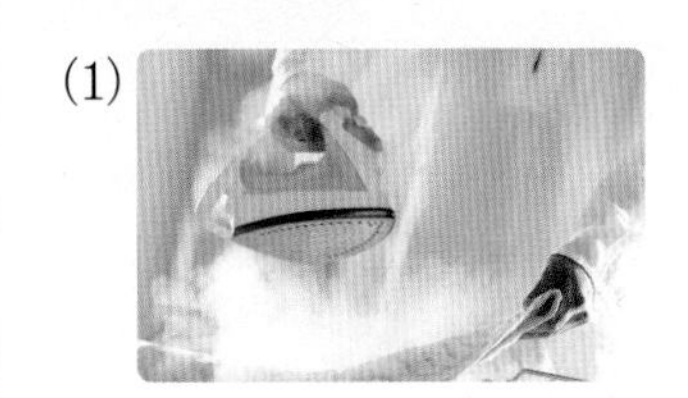

스팀다리미로 옷을 다릴 때

(　　)

(2) 

얼음 스케이트장을 만들 때

(　　)

13 동아, 금성, 김영사, 아이스크림, 천재

물의 상태 변화를 이용한 예를 잘못 설명한 것은 어느 것입니까? (　　　)

① 물을 얼려 얼음과자를 만든다.
② 건조한 날씨에 수증기를 물로 바꾸어 주는 가습기를 이용한다.
③ 물을 끓이면 물이 수증기로 변하는 것을 이용해 음식을 찐다.
④ 물이 수증기로 증발하는 성질을 이용해 과일이나 생선을 말려서 오랫동안 보관한다.
⑤ 스팀 청소기는 물을 수증기로 변화시켜 내보내며, 높은 온도의 수증기로 바닥의 때를 닦아 낸다.

14 서술형 동아, 금성, 김영사, 아이스크림, 천재

다음은 우리 생활에서 물의 상태 변화를 이용하는 예입니다. 공통적으로 물의 어떤 상태 변화를 이용한 것인지 쓰시오.

▲ 이글루 만들기

▲ 얼음 작품 만들기

▲ 팥빙수 만들기

2 물의 상태 변화

1. 물의 세 가지 상태

(1) 얼음, 물, 수증기

얼음	물	❶
• 고체 상태임. • 모양이 일정하며, 차갑고 단단함.	• 액체 상태임. • 모양이 일정하지 않고 흐르며 손으로 잡을 수 없음.	• 기체 상태임. • 우리 눈에 보이지 않지만, 공기 중에 있음.

(2) 물의 상태 변화: 물이 서로 다른 상태로 변하는 것을 물의 상태 변화라고 합니다.

2. 물이 얼 때와 얼음이 녹을 때의 변화

(1) 물이 얼 때와 얼음이 녹을 때의 부피와 무게 변화

구분	물이 얼 때	얼음이 녹을 때
부피 변화	부피가 늘어남.	부피가 줄어듦.
무게 변화	변화 없음.	❷ .

★ 물이 얼기 전과 언 후의 높이

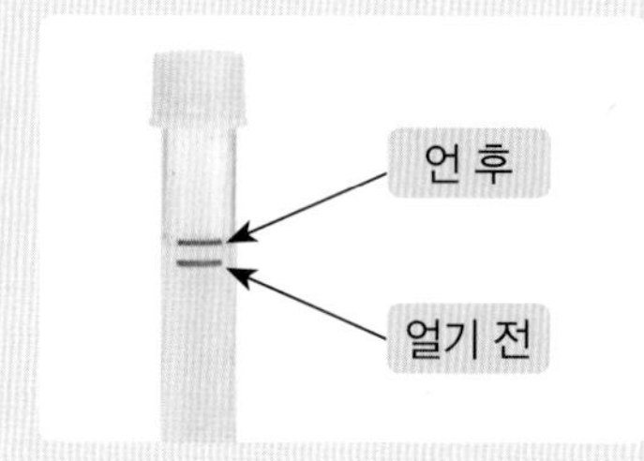

★ 얼음이 녹기 전과 녹은 후의 높이

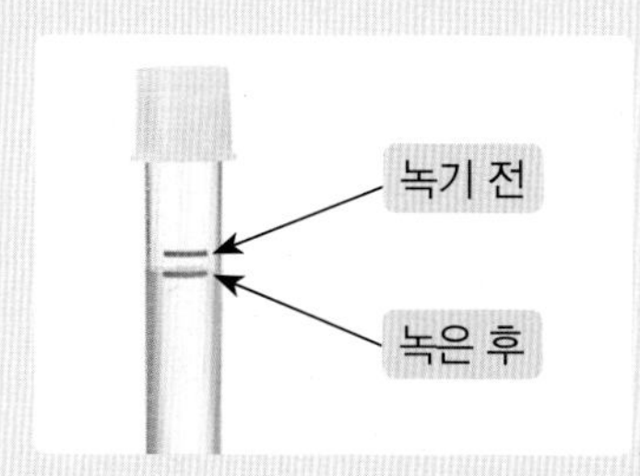

(2) 우리 주변에서 물이 얼어 부피가 늘어나는 예

물을 가득 넣어 얼린 페트병이 커집니다.

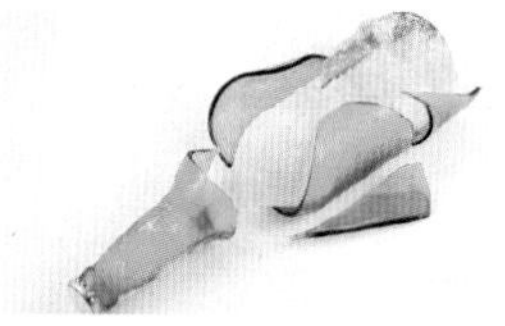
물을 가득 넣어 얼린 유리병이 깨집니다.

한겨울에 수도 계량기가 터집니다.

(3) 우리 주변에서 얼음이 녹아 부피가 줄어드는 예

① 용기를 가득 채우고 있던 얼음과자가 녹으면 부피가 줄어듭니다.

② 얼린 생수병을 녹이면 생수병에 들어 있는 물의 부피가 줄어듭니다.

3. 물의 증발

(1) 증발: 액체인 물이 표면에서 기체인 수증기로 상태가 변하는 현상

(2) 증발이 잘 일어나는 조건: 공기 중에 있는 수증기의 양이 적을수록(건조할수록), 온도가 높을수록, 바람이 많이 불수록, 공기와의 접촉면이 넓을수록 증발이 잘 일어납니다.

(3) 우리 주변에서 물이 증발하는 예

젖은 빨래를 햇볕에 널어 말립니다.

오징어나 생선을 햇볕에 널어 말립니다.

머리를 감은 뒤 젖은 머리를 말립니다.

★ 비커에 담긴 물의 높이 변화

비커에 담긴 물이 줄어드는 까닭은 물이 수증기로 변해 공기 중으로 날아갔기 때문입니다.

4. 물의 끓음

(1) 물을 가열할 때의 변화

① 처음에는 표면의 물이 천천히 증발하고, 물을 계속 가열하면 물속에서 기포가 생기는데, 이 기포는 물이 수증기로 변한 것입니다.

② 물이 끓기 전보다 물이 끓은 후 물의 높이가 낮아지는 까닭은 물이 수증기로 상태가 변해 공기 중으로 날아갔기 때문입니다.

(2) ❸ ______ : 물의 표면뿐만 아니라 물속에서도 액체인 물이 기체인 수증기로 상태가 변하는 현상

(3) 증발과 끓음의 공통점과 차이점

구분	❹ ______	끓음
공통점	액체인 물이 기체인 수증기로 상태가 변함.	
차이점	• 물의 표면에서 물이 수증기로 변함. • 물의 양이 매우 천천히 줄어듦.	• 물의 표면과 물속에서 물이 수증기로 변함. • 증발할 때보다 물의 양이 빠르게 줄어듦.

★ 물이 끓는 모습

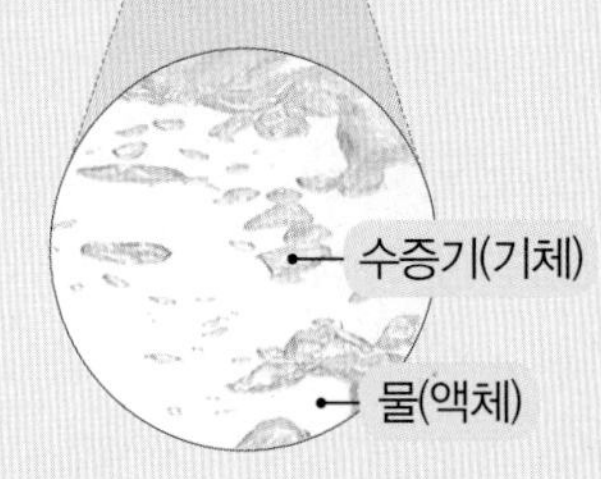

5. 수증기의 응결

(1) 차가운 컵 표면에서 일어나는 변화

① 주스와 얼음이 담긴 차가운 컵 표면에는 시간이 지나면서 물방울이 맺힙니다.

② 차가운 컵 표면에 생긴 물방울은 공기 중에 있던 수증기가 물로 변한 것입니다.

(2) ❺ ______ : 기체인 수증기가 액체인 물로 상태가 변하는 현상

(3) 우리 주변에서 볼 수 있는 응결과 관련된 예

맑은 날 아침 거미줄이나 풀잎에 물방울이 맺힙니다.

추운 겨울 유리창 안쪽에 물방울이 맺힙니다.

겨울철 밖에서 따뜻한 실내로 들어오면 안경알이 뿌옇게 됩니다.

★ 차가운 컵 표면에서 일어나는 변화

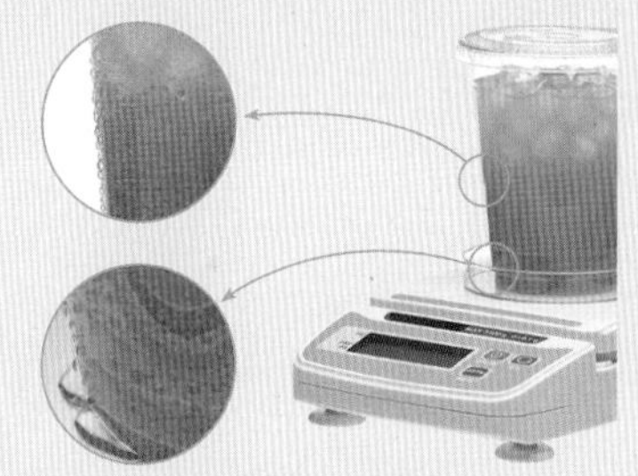

공기 중의 수증기가 차가운 컵 표면에 닿아 물방울로 맺혀 처음보다 무게가 늘어납니다.

6. 우리 생활에서 물의 상태 변화를 이용하는 예

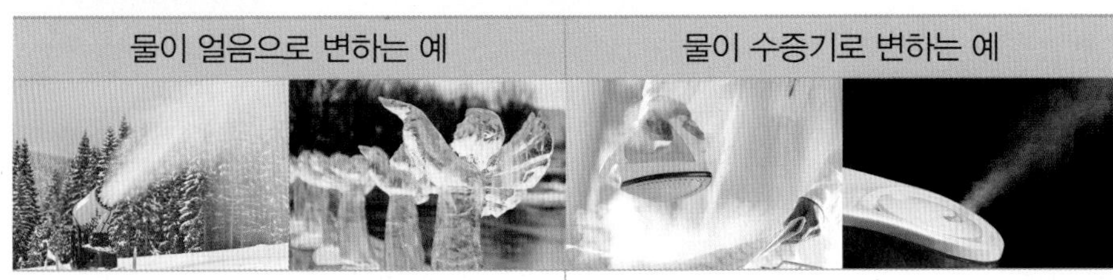

물이 얼음으로 변하는 예	물이 수증기로 변하는 예
• 스키장에서 물을 얼려 인공 눈을 만듦. • 얼음 조각을 할 때 얼음 사이에 물을 뿌려 얼리면서 얼음 작품을 만듦.	• 스팀다리미로 옷의 주름을 폄. • 가습기는 물을 수증기로 변화시켜 공기 중으로 내보냄.

1회

2. 물의 상태 변화

1 7종 공통

페트리 접시에 담긴 얼음을 관찰한 내용으로 옳은 것은 어느 것입니까? (　　　)

① 흐른다.
② 단단하다.
③ 따뜻하다.
④ 눈에 보이지 않는다.
⑤ 손으로 잡을 수 없다.

2 7종 공통

다음 실험에 대한 설명으로 옳은 것에 ○표 하시오.

[실험 과정]
1 시험관에 물을 반 정도 넣고 마개로 막은 다음 파란색 유성 펜으로 물의 높이를 표시한다.
2 소금을 섞은 얼음이 든 비커에 1의 시험관을 꽂는다.
3 물이 완전히 얼면 시험관을 꺼내 빨간색 유성 펜으로 얼음의 높이를 표시한다.

(1) 2에서 소금을 섞은 까닭은 온도를 높이기 위해서이다. (　　)
(2) 3에서 표시한 얼음의 높이는 1에서 표시한 물의 높이보다 높다. (　　)
(3) 1에서 표시한 물의 높이와 3에서 표시한 얼음의 높이를 비교하면 물과 얼음의 무게 차이를 알 수 있다. (　　)

3 7종 공통

물이 담긴 시험관의 무게를 재었더니 30.0 g이었습니다. 이 시험관을 냉동실에 넣어 물을 얼렸을 때의 무게를 옳게 말한 사람의 이름을 쓰시오.

- 아영: 30.0 g보다 줄어들 거야.
- 태섭: 30.0 g보다 늘어날 거야.
- 찬희: 무게는 변하지 않을 거야.

(　　　　　　　　　　)

4 서술형 동아, 아이스크림, 지학사

유리병에 물을 가득 넣어 냉동실에 넣어 두면 유리병이 깨집니다. 이러한 현상이 나타나는 까닭을 물의 상태 변화와 관련지어 쓰시오.

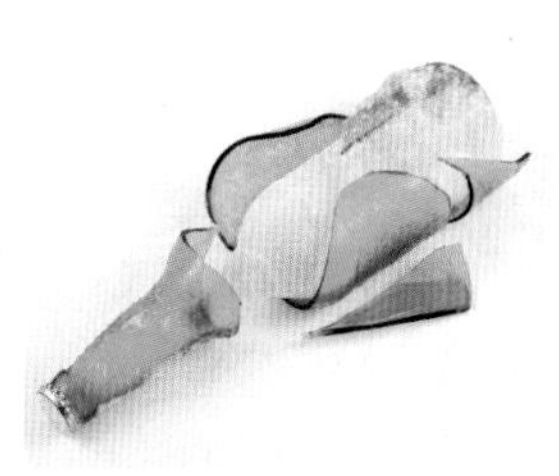

____

____

5 아이스크림

포도와 건포도의 모습에 대한 설명으로 옳은 것을 찾아 기호를 쓰시오.

▲ 포도

▲ 건포도

㉠ 건포도는 포도보다 크기가 크다.
㉡ 건포도는 표면에 물기가 많이 있다.
㉢ 포도와 건포도의 모습이 다른 까닭은 포도 속의 물을 증발시켜 건포도를 만들었기 때문이다.

(　　　　　　　　　　)

6 서술형 비상, 아이스크림, 지학사, 천재

비커에 물을 넣은 후 물의 높이를 표시하였습니다. 물음에 답하시오.

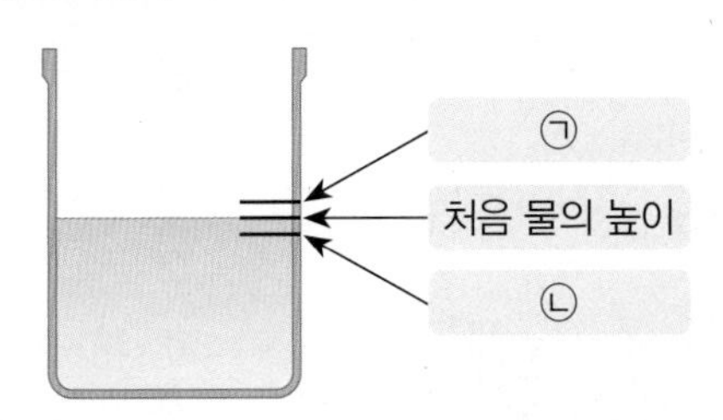

(1) 위 비커를 3일 동안 햇빛이 잘 비치는 곳에 그대로 놓아두었을 때 물의 높이로 알맞은 것은 어느 것인지 기호를 쓰시오.
( )

(2) 위 (1)과 같이 답한 까닭은 무엇인지 쓰시오.

____

____

____

7 아이스크림, 천재

일반적으로 빨래가 잘 마르는 조건을 옳게 비교한 것에 모두 ○표 하시오.

(1) 추운 겨울보다 더운 여름에 잘 마른다. ( )
(2) 맑은 날보다 비가 오는 날에 잘 마른다. ( )
(3) 바람이 부는 날보다 바람이 불지 않는 날에 잘 마른다. ( )
(4) 빨래를 뭉쳐 놓았을 때보다 펼쳐 놓았을 때 잘 마른다. ( )

8 동아, 김영사, 아이스크림, 지학사

물의 증발과 관련된 예는 어느 것입니까? ( )

① 얼음과자가 녹았다.
② 비가 내려 신발이 젖었다.
③ 겨울에 호수의 물이 얼었다.
④ 라면을 먹으려고 물을 끓였다.
⑤ 머리를 감은 뒤 젖은 머리를 머리 말리개로 말렸다.

9 7종 공통

오른쪽과 같이 물이 끓을 때 물 속에서 생기는 기포는 무엇입니까? ( )

① 얼음 ② 소금
③ 먼지 ④ 수증기
⑤ 알코올

10 7종 공통

물의 표면뿐만 아니라 물속에서도 물이 수증기로 상태가 변하는 현상과 관련된 예는 어느 것입니까?
( )

①
▲ 감 말리기

② 
▲ 달걀 삶기

③ 

▲ 고추 말리기

④ 
▲ 염전에서 소금 만들기

11 7종 공통

증발과 끓음에 대한 설명으로 빈칸에 들어갈 알맞은 말을 각각 쓰시오.

> 증발과 끓음은 모두 물이 (㉠)(으)로 상태가 변하는 공통점이 있다. 하지만 (㉡)은/는 물의 양이 매우 천천히 줄어들고, (㉢)은/는 물의 양이 빠르게 줄어든다는 차이점이 있다.

㉠ ( ), ㉡ ( ), ㉢ ( )

[12-13] 오른쪽과 같이 플라스틱 컵에 주스와 얼음을 넣고 뚜껑을 닫은 후 전자저울로 무게를 측정하였습니다. 물음에 답하시오.

12 동아, 금성, 김영사, 천재

위 실험에서 처음 무게가 389.0 g이고, 시간이 지난 뒤에 다시 측정한 무게가 391.0 g이었을 때, 이와 관계있는 물의 상태 변화는 어느 것입니까? ( )

① 얼음 → 물
② 물 → 얼음
③ 수증기 → 물
④ 물 → 수증기
⑤ 얼음 → 수증기

13 서술형 7종 공통

위 12번 답과 같은 물의 상태 변화를 우리 생활에서 볼 수 있는 예를 한 가지 쓰시오.

14 아이스크림

보기 중 수증기가 물로 변하는 상태 변화를 이용하는 예는 어느 것인지 골라 기호를 쓰시오.

보기

▲ 얼음 작품 만들기
▲ 제습기 이용하기
▲ 스팀다리미 이용하기
▲ 팥빙수 만들기

( )

15 7종 공통

우리 생활에서 이용하는 물의 상태 변화의 종류가 같은 것끼리 선으로 이으시오.

▲ 인공 눈 만들기
▲ 가습기 이용하기
▲ 음식 찌기
▲ 이글루 만들기

2. 물의 상태 변화

1 7종 공통

물의 세 가지 상태를 조사한 내용을 잘못 말한 사람의 이름을 쓰시오.

얼음은 차갑고 단단합니다. 얼음이 녹으면 물이 됩니다.

물은 일정한 모양이 없어 손에 잡히지 않습니다. 물이 증발하면 수증기가 됩니다.

수증기는 눈으로 볼 수 있지만 손에 잡히지는 않습니다.

(　　　　　　　　)

2 서술형 동아, 김영사, 비상, 아이스크림

다음과 같이 공기 중에 놓아둔 얼음은 시간이 지나면 어떤 상태로 변하는지 상태 변화 과정을 차례대로 쓰시오.

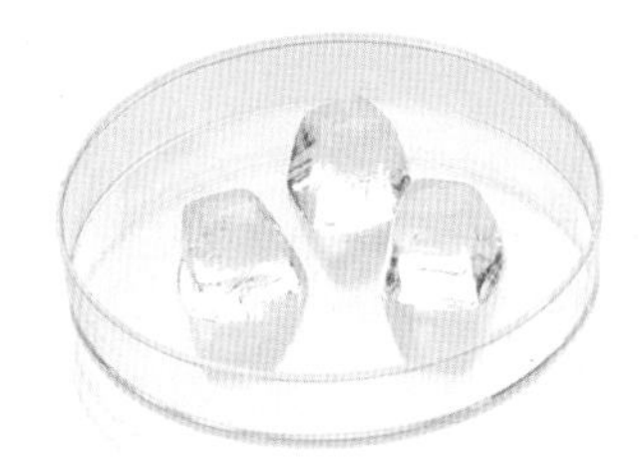
▲ 얼음

3 동아, 김영사, 비상, 아이스크림

우리 조상들은 추운 겨울철 바위를 쪼개기 위해 바위에 구멍을 여러 개 뚫고 그 안에 물을 부어 오랫동안 기다리는 방법을 이용했습니다. 이것은 물의 어떤 성질을 이용한 것입니까? (　　　)

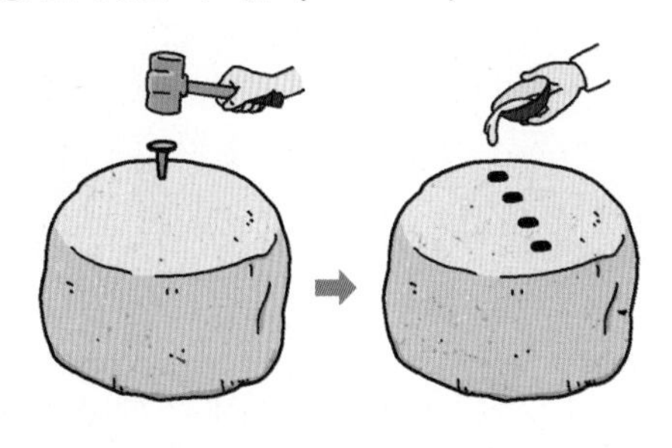

① 물이 얼면 부피가 늘어나는 성질
② 물이 얼면 무게가 늘어나는 성질
③ 얼음이 녹으면 부피가 줄어드는 성질
④ 물이 수증기가 되면 부피가 늘어나는 성질
⑤ 수증기가 물이 되면 부피가 줄어드는 성질

4 7종 공통

(　　) 안에 들어갈 알맞은 말을 골라 각각 쓰시오.

얼음이 녹아 물이 되면 부피는 ㉠(줄어들고, 늘어나고, 변화가 없고), 무게는 ㉡(줄어든다, 늘어난다, 변화가 없다).

㉠ (　　　　　　), ㉡ (　　　　　　)

5 7종 공통

오른쪽과 같이 오징어를 햇볕에 널어 말리는 것과 관련 있는 현상은 어느 것입니까? (　　　)

① 응결　② 끓음
③ 증발　④ 녹음
⑤ 흡수

6 동아, 금성, 천재

색 도화지에 물로 그림을 그린 후 놓아두었더니 시간이 지나면서 그림이 사라졌습니다. 그 까닭을 옳게 설명한 것은 어느 것인지 골라 기호를 쓰시오.

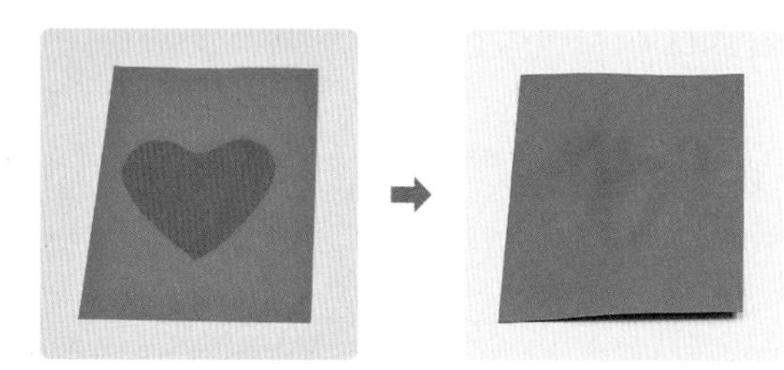

㉠ 색 도화지가 물을 모두 흡수했기 때문이다.
㉡ 물이 수증기로 변하여 공기 중으로 날아갔기 때문이다.
㉢ 물이 색 도화지의 색깔과 같은 색깔로 변했기 때문이다.

( )

7 7종 공통

다음을 증발과 끓음으로 분류하여 기호를 쓰시오.

㉠ 
▲ 빨래 말리기

㉡ 
▲ 라면 끓이기

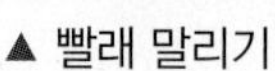

㉢ 
▲ 젖은 머리카락 말리기

㉣ 
▲ 국 끓이기

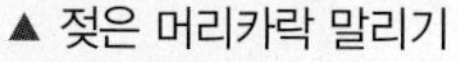

증발	끓음
(1)	(2)

8 서술형 동아, 비상, 아이스크림, 지학사, 천재

주전자에 물을 끓이면서 관찰한 결과 중 잘못된 문장을 찾아 기호를 쓰고, 바르게 고쳐 쓰시오.

㉠ 물이 끓으면 기체인 물이 액체인 수증기로 변한다. ㉡ 수증기는 눈에 보이지 않지만, 하얗게 보이는 김은 수증기가 냉각되어 액체 상태의 작은 물방울로 변한 것이다. ㉢ 계속 가열하면 주전자 속 물의 양이 줄어든다.

9 7종 공통

어항 속 물의 높이는 시간이 지나면서 점점 어떻게 되는지 쓰시오.

( )

10 7종 공통

증발에 대한 설명에는 '증발', 끓음에 대한 설명에는 '끓음'이라고 쓰시오.

(1) 물의 양이 매우 천천히 줄어든다. ( )
(2) 물의 표면과 물속에서 물이 수증기로 상태가 변한다. ( )
(3) 운동을 하고 나서 흘린 땀이 마르는 것과 관련이 있다. ( )

11 동아, 금성, 김영사, 천재

다음과 같이 주스와 얼음이 담긴 컵의 처음 무게를 측정하고, 시간이 지난 뒤 다시 무게를 측정하였습니다. 처음 무게와 나중 무게를 비교하여 ( ) 안에 >, =, <로 나타내시오.

▲ 무게 변화 측정

처음 무게 (   ) 나중 무게

12 ✚ 7종 공통

오른쪽과 같이 얼음물이 담긴 컵을 흰 종이 위에 올려놓았을 때, 관찰한 결과로 옳지 않은 것은 어느 것입니까? (   )

① 컵 표면에 물방울이 맺힌다.
② 컵 표면을 휴지로 닦으면 휴지가 젖는다.
③ 컵을 올려놓은 부분의 흰 종이가 젖는다.
④ 컵 표면에 맺힌 물방울이 점점 커져 흘러내린다.
⑤ 컵 표면의 물방울은 컵 안의 물이 새어 나온 것이다.

13 ✚ 7종 공통

다음 보기 를 참고하여 우리 생활에서 이용하는 물의 상태 변화를 각각 쓰시오.

보기
이글루 만들기: 물이 얼음으로 변하는 상태 변화

(1) 음식 찌기: (   )
(2) 팥빙수 만들기: (   )

14 ✚ 7종 공통

눈이 적게 내리면 스키장에서는 인공 눈을 만들어 뿌립니다. 인공 눈을 만들 때 이용한 물의 상태 변화와 관련된 설명으로 옳은 것에 ○표 하시오.

(1) 끓음 현상과 관련이 있다. ( )
(2) 응결 현상과 관련이 있다. ( )
(3) 액체인 물이 고체인 얼음으로 상태가 변하는 현상을 이용한다. ( )
(4) 액체인 물이 표면에서 기체인 수증기로 상태가 변하는 현상을 이용한다. ( )

15 서술형 동아, 금성, 김영사, 아이스크림, 천재

오른쪽은 우리 생활에서 사용하는 가습기입니다. 가습기는 어떻게 실내의 건조함을 줄여주는지 물의 상태 변화와 관련지어 쓰시오.

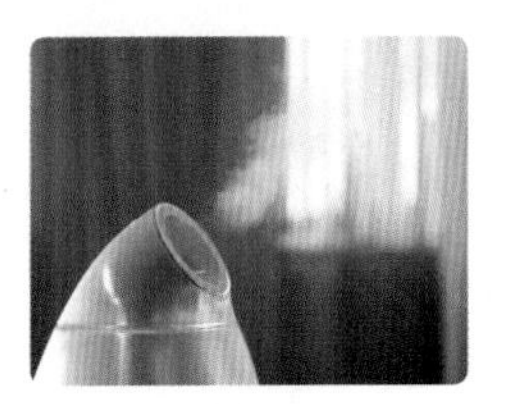

2. 물의 상태 변화

◉ 정답과 풀이 8쪽

평가 주제 물이 얼 때의 부피 변화 알기

평가 목표 물이 얼어 얼음이 될 때 부피의 변화를 설명할 수 있다.

[1-3] 다음은 물이 얼 때의 변화를 알아보기 위한 실험 과정입니다. 물음에 답하시오.

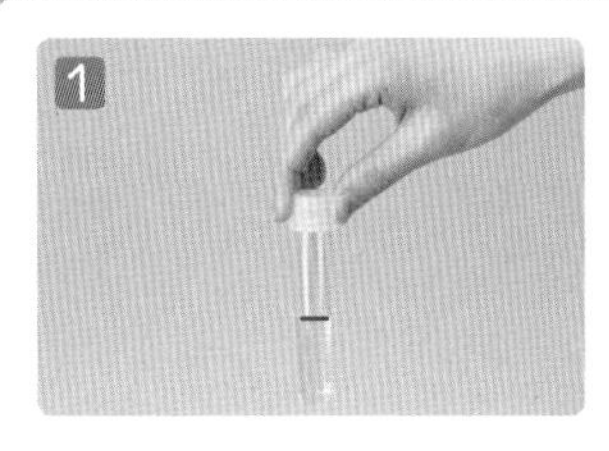

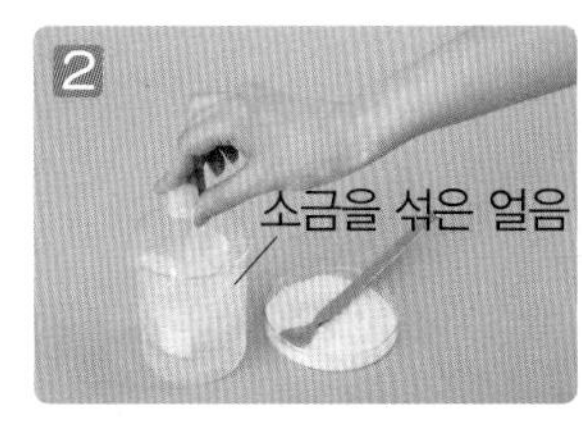

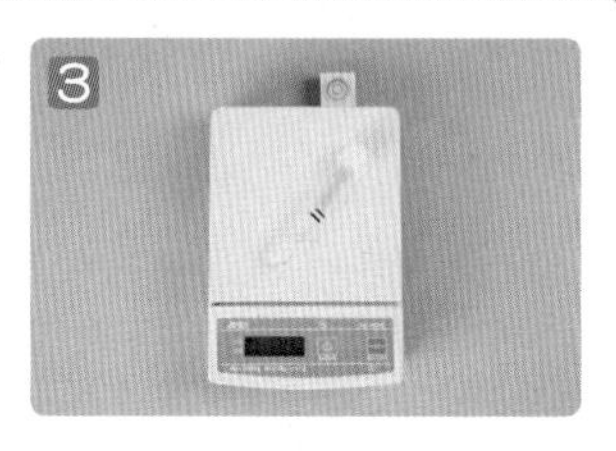

1 시험관에 물을 넣고 파란색 유성 펜으로 물의 높이를 표시한 뒤 전자저울로 무게를 측정한다.
2 소금을 섞은 얼음이 든 비커에 1의 시험관을 꽂아 물을 얼린다.
3 물이 완전히 얼면 시험관을 꺼내 빨간색 유성 펜으로 얼음의 높이를 표시하고, 무게를 측정한다.

1 위 실험 과정 1에서 측정한 물의 높이와 3에서 측정한 얼음의 높이는 어떠한지 비교하여 쓰시오.

도움 페트병에 물을 넣어 얼렸을 때의 모습을 떠올려 봅니다.

2 위 1번 답과 같은 결과가 나타난 까닭은 무엇인지 쓰시오.

도움 물이 얼기 전 물의 높이와 완전히 얼고 난 후 얼음의 높이를 비교하여 물이 얼 때의 부피 변화를 알 수 있습니다.

3 위 2번 답과 같이 물이 얼 때의 부피 변화와 관련된 생활 속의 예를 두 가지 쓰시오.

도움 물이 얼어 얼음이 되면 무게는 변하지 않지만, 부피는 변합니다.

수행 평가

2회

2. 물의 상태 변화

문제 강의

● 정답과 풀이 8쪽

평가 주제 물의 증발과 끓음 비교하기

평가 목표 물이 증발할 때와 끓을 때의 공통점과 차이점을 설명할 수 있다.

[1-3] 다음과 같이 크기가 같은 두 비커에 같은 양의 물을 넣고 물의 높이를 표시한 뒤 하나는 그대로 놓아두고, 다른 하나는 가열하였습니다. 물음에 답하시오.

(가)

(나)

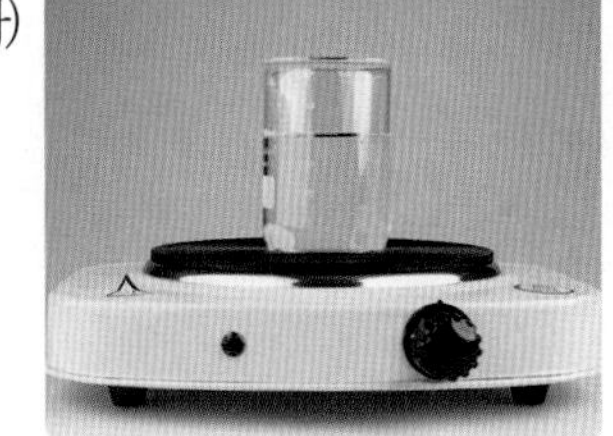

1 위 (나)의 물을 가열할 때 물의 표면과 물속에서 관찰할 수 있는 현상을 쓰시오.

도움 물이 끓을 때 생기는 기포는 물이 수증기로 변한 것입니다.

2 위 (가)와 (나)에서 일어나는 물의 상태 변화의 공통점을 쓰시오.

도움 (가)에서는 증발, (나)에서는 끓음 현상이 일어납니다. 증발과 끓음의 공통점을 생각해 봅니다.

3 비가 와서 젖어 있던 운동장이 며칠 뒤 물이 사라져 있는 것을 보았습니다. 위 (가)와 (나) 중 관련 있는 것을 골라 기호를 쓰고, 우리 생활에서 이 현상을 이용하는 예를 한 가지 쓰시오.

도움 우리 생활에서 증발 현상을 이용하는 경우를 생각해 봅니다.

쉬어 가기

숨은 그림을 찾아보세요.

정답 8쪽

그림자와 거울

▶ 학습 내용과 교과서별 해당 쪽수를 확인해 보세요.

학습 내용	백점 쪽수	교과서별 쪽수				
		동아출판	비상교과서	아이스크림 미디어	지학사	천재교과서
1 그림자가 생기는 조건, 투명한 물체와 불투명한 물체의 그림자	58~61	58~59, 62~63	60~63	60~63	58~59	62~65
2 물체 모양과 그림자 모양	62~65	60~61		64~65	60~61	66~67
3 그림자의 크기 변화	66~69	64~65	64~65	66~67	62~63	68~69
4 거울의 성질과 이용	70~73	66~71	66~71	68~73	64~69	70~75

1 그림자가 생기는 조건, 투명한 물체와 불투명한 물체의 그림자

1 그림자가 생기는 조건

(1) 여러 가지 그림자

나무 그림자

정글짐 그림자

유리문 그림자

계단에 생긴 내 그림자

① 빛이 닿은 부분은 밝게 보이고, 빛이 닿지 않은 부분은 어둡게 보입니다.
② 빛이 비치는 곳에 물체가 있으면 물체 뒤에는 빛이 닿지 않아 어두운 부분이 생기는데, 이 어두운 부분이 그림자입니다.

(2) 그림자가 생기는 조건
① 그림자가 생기려면 빛과 물체가 있어야 합니다.
② 물체를 바라보는 방향으로 빛을 비추면서 물체의 뒤쪽에 흰 종이와 같은 스크린을 대면 그림자를 볼 수 있습니다.

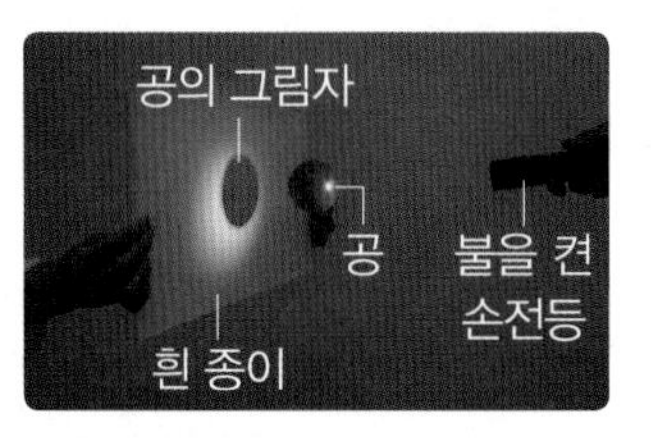

2 투명한 물체와 불투명한 물체의 그림자

(1) 투명한 물체의 그림자
① 투명한 물체: 투명 플라스틱 컵, 안경알, 유리병, 유리컵, 물, 유리 어항 등
② 빛이 나아가다가 투명한 물체를 만나면 빛이 대부분 통과해 연한 그림자가 생깁니다.

(2) 불투명한 물체의 그림자
① 불투명한 물체: 종이컵, 도자기 컵, 캔, 공책, 그늘막, 나무, 안경테, 창틀 등
② 빛이 나아가다가 불투명한 물체를 만나면 빛이 통과하지 못해 진한 그림자가 생깁니다.

(3) 우리 생활에서 투명한 물체와 불투명한 물체를 이용하는 예
① 투명한 물체를 이용하는 예

유리온실은 빛이 잘 들어와서 식물이 자라는 데 도움을 줍니다.

집이나 학교의 유리창은 빛이 잘 들어와 실내를 밝게 해 줍니다.

건물의 천장을 유리로 만들어 빛이 잘 들어와 실내를 밝게 해 줍니다.

② 불투명한 물체를 이용하는 예

그늘막을 설치하여 햇빛을 피할 수 있도록 그늘을 만듭니다.

인삼은 강한 햇빛을 받으면 잘 자라지 않아 검은색 그늘막으로 햇빛을 가려 줍니다.

햇빛을 가려 실내를 어둡게 하거나 실내가 더워지는 것을 막기 위해 커튼을 칩니다.

+ 그림자의 진하기

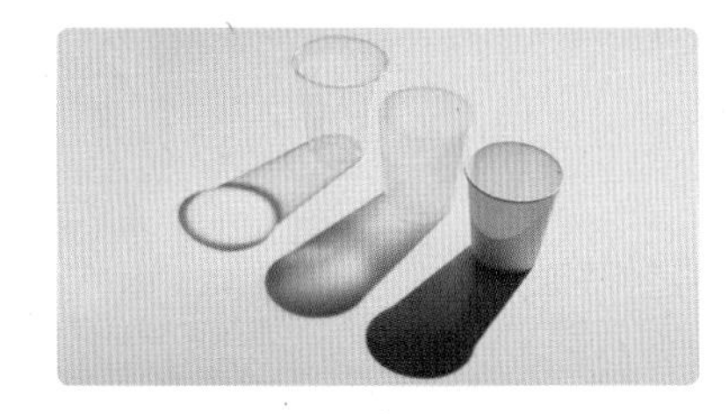

빛이 물체를 통과하는 정도에 따라 그림자의 진하기가 달라집니다.

+ 안경의 그림자

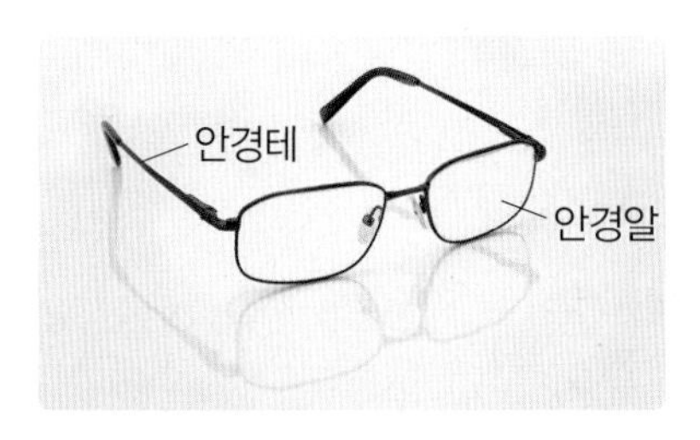

- 안경알 부분은 투명해서 빛이 대부분 통과하므로 그림자가 연하게 생깁니다.
- 안경테 부분은 불투명해서 빛이 통과하지 못하므로 그림자가 진하게 생깁니다.

용어 사전

- **스크린** 영화, 그림자 등을 비치게 하기 위한 막.
- **온실** 빛, 온도, 습도 등을 조절하여 각종 식물의 재배를 자유롭게 하는 구조물.

교과서 통합 대표 실험

실험 1 그림자가 생기는 조건 알아보기 📖 금성출판사, 김영사, 비상교과서, 천재교과서

❶ 흰 종이에 공의 그림자를 만들려면 무엇이 필요할지 생각해 봅니다.
❷ 공을 흰 종이 앞에 놓았을 때 흰 종이에 공의 그림자가 생기는지 관찰합니다.
❸ 손전등 빛을 흰 종이에 바로 비추었을 때 흰 종이에 공의 그림자가 생기는지 관찰합니다.
❹ 공을 흰 종이 앞에 놓은 뒤 불을 켠 손전등을 비추었을 때 흰 종이에 공의 그림자가 생기는지 관찰합니다.

실험 결과

공을 흰 종이 앞에 놓았을 때	손전등의 빛을 흰 종이에 바로 비추었을 때	공을 흰 종이 앞에 놓은 뒤 불을 켠 손전등을 비추었을 때
공, 흰 종이	손전등, 흰 종이	손전등 빛이 닿는 곳, 손전등, 공, 손전등 빛이 닿지 않는 곳, 흰 종이
빛이 물체를 비추지 않으면 그림자가 생기지 않음.	빛을 가릴 물체가 없으면 그림자가 생기지 않음.	물체에 빛을 비추면 물체의 뒤쪽에 그림자가 생김.

➡ 그림자가 생기려면 빛과 물체가 필요하고, 물체를 바라보는 방향으로 빛을 비추어야 합니다.

실험 2 투명한 물체와 불투명한 물체의 그림자 비교하기 📖 김영사, 비상교과서, 천재교과서

❶ 손전등과 스크린 사이에 투명 플라스틱 컵을 놓고 손전등으로 빛을 비추었을 때 스크린에 생기는 그림자를 관찰합니다.
❷ 손전등과 스크린 사이에 종이컵을 놓고 손전등으로 빛을 비추었을 때 스크린에 생기는 그림자를 관찰합니다.
❸ 투명 플라스틱 컵의 그림자와 종이컵의 그림자를 비교합니다.
❹ 투명 플라스틱 컵과 종이컵에서 빛이 통과하는 정도를 비교합니다.

실험 결과

구분	그림자 모양	그림자의 진하기	빛이 통과하는 정도
투명 플라스틱 컵		연한 그림자가 생김.	빛이 대부분 통과함.
종이컵		진한 그림자가 생김.	빛이 통과하지 못함.

➡ 투명한 물체는 빛이 대부분 통과해 연한 그림자가 생기고, 불투명한 물체는 빛이 통과하지 못해 진한 그림자가 생깁니다.

실험 TIP !

공을 흰 종이 앞에 놓은 뒤 불을 켠 손전등을 다양한 방향으로 비추어 보았을 때 불을 켠 손전등이 물체를 향하는 방향으로 있어야 물체의 그림자가 생겨요.

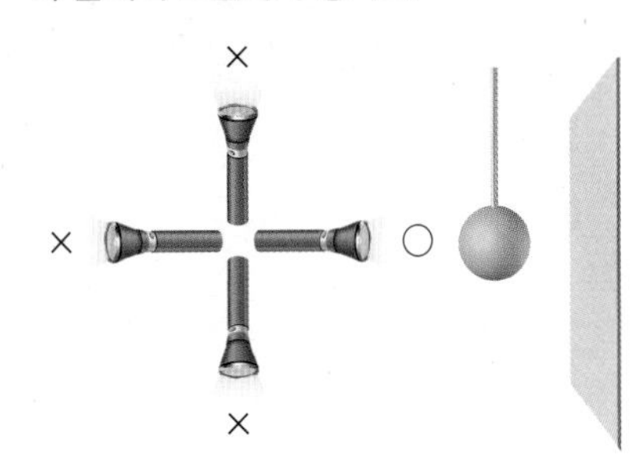

실험동영상

투명 플라스틱 컵 대신 유리컵과 같은 투명한 물체를, 종이컵 대신 도자기 컵과 같은 불투명한 물체를 사용할 수 있어요.

📖 동아출판

실험⁺ 투명한 플라스틱 판에 불투명한 붙임딱지를 붙여 그림자 관찰하기

고정 집게에 투명한 플라스틱 판을 꽂고, 스크린에 생기는 그림자를 관찰합니다. 투명한 플라스틱 판에 불투명한 붙임딱지를 붙이고, 스크린에 생기는 그림자를 관찰합니다.

실험 결과

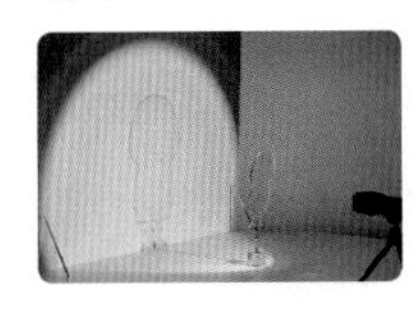

투명한 플라스틱 판의 그림자는 연하고, 불투명한 붙임딱지의 그림자는 진합니다.

3 단원

1 그림자가 생기는 조건, 투명한 물체와 불투명한 물체의 그림자

기본 개념 문제

1

빛이 나아가다가 물체가 있으면 물체 뒤쪽에 빛이 닿지 않아 어두운 부분이 생기는데, 이것이 (   )입니다.

2

그림자가 생기려면 (   )와/과 물체가 있어야 합니다.

3

유리컵과 종이컵 중 투명한 물체는 (   ) 입니다.

4

투명한 물체의 그림자가 연한 까닭은 빛이 투명한 물체를 대부분 (   )하기 때문입니다.

5

안경알 부분과 안경테 부분 중 불투명하기 때문에 진한 그림자가 생기는 것은 (   ) 부분입니다.

6 ✚ 7종 공통

운동장에 서 있는 친구의 그림자가 생겼을 때, ㉠과 ㉡ 중에서 빛이 닿지 않는 곳을 골라 기호를 쓰시오.

(   )

7 동아, 금성, 김영사, 비상, 지학사, 천재

다음 중 흰 종이에 공의 그림자가 생기는 경우를 골라 기호를 쓰시오.

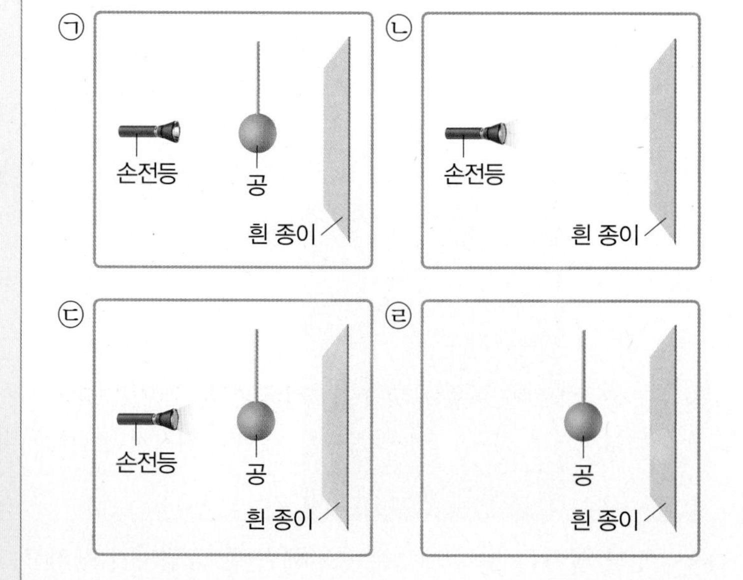

(   )

[8-9] 다음은 유리컵과 도자기 컵의 모습입니다. 물음에 답하시오.

(가)

▲ 유리컵

(나)

▲ 도자기 컵

8 김영사, 비상, 천재

위 두 컵에 빛을 비추었을 때 더 진한 그림자가 생기는 컵은 어느 것인지 기호를 쓰시오.

( )

9 서술형 김영사, 비상, 천재

위 유리컵과 도자기 컵의 그림자 진하기를 빛이 통과하는 정도와 관련지어 비교하시오.

---

10 7종 공통

불투명한 물체끼리 옳게 짝 지은 것은 어느 것입니까? ( )

① 물, 공책　② 유리컵, 나무판
③ 캔, 종이컵　④ 안경알, 안경테
⑤ 유리 어항, 지우개

[11-12] 다음과 같이 장치하고 손전등 빛을 비추어 그림자를 만드는 실험을 하였습니다. 물음에 답하시오.

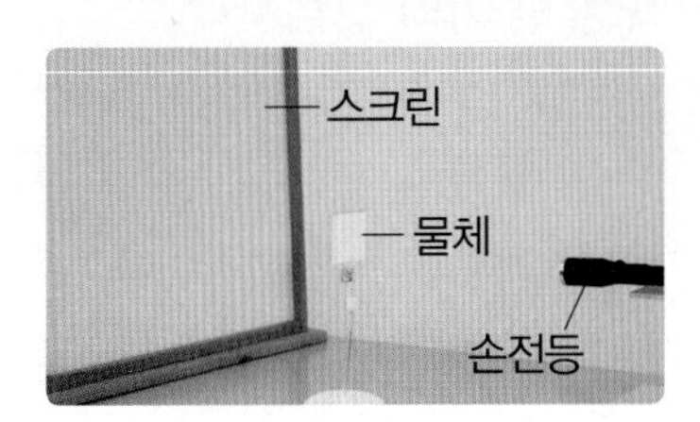

11 동아, 아이스크림

위 실험에서 스크린에 연한 그림자가 생기게 하는 방법을 옳게 말한 사람의 이름을 쓰시오.

- 윤주: 나무판과 같은 불투명한 물체에 빛을 비추면 연한 그림자가 생겨.
- 래아: 투명 플라스틱 판과 같은 투명한 물체에 빛을 비추면 연한 그림자가 생겨.

( )

12 7종 공통

위 실험 결과를 정리한 내용으로 ( ) 안에 들어갈 알맞은 말을 각각 쓰시오.

㉠(투명한, 불투명한) 물체는 빛이 대부분 통과해 ㉡(연한, 진한) 그림자가 생긴다.

㉠ ( ), ㉡ ( )

13 동아, 금성, 김영사, 비상, 천재

우리 생활에서 물체의 그림자가 생기는 것을 이용한 예가 아닌 것을 골라 기호를 쓰시오.

㉠

그늘막

㉡

색안경

㉢

모자

㉣

유리온실

( )

3 단원

2 물체 모양과 그림자 모양

1 물체 모양과 그림자 모양 비교하기

(1) 여러 가지 모양 종이의 그림자

종이의 모양	▲	●	■	★
그림자의 모양	▲	●	■	★

① 종이의 모양과 그림자의 모양이 비슷합니다.

② 곧게 나아가던 빛이 종이를 통과하지 못해 종이의 모양과 비슷한 모양의 그림자가 생깁니다.

(2) 물체를 놓는 방향과 빛을 비추는 방향에 따른 그림자 모양

① 같은 물체라도 물체를 놓는 방향이나 빛을 비추는 방향에 따라 그림자의 모양이 달라지기도 합니다.

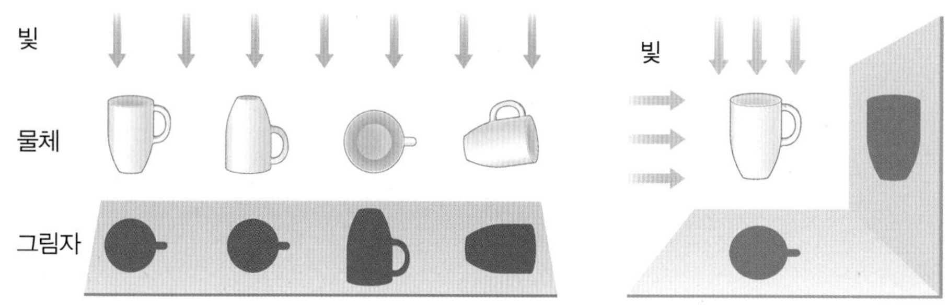

▲ 컵을 놓는 방향에 따른 그림자 모양 ▲ 빛의 방향에 따른 그림자 모양

② 그림자 모양을 보고 물체의 모양 추리하기

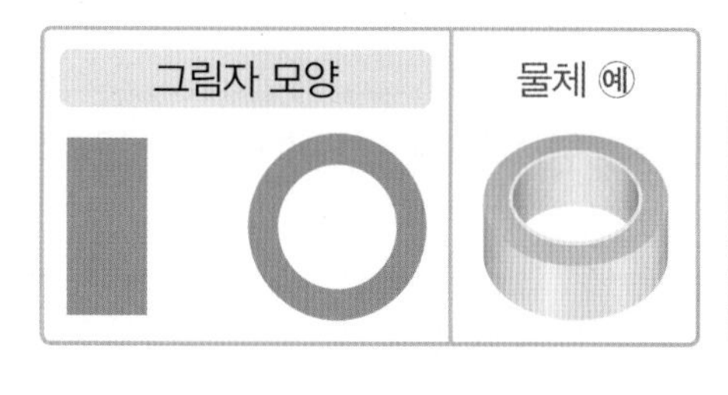

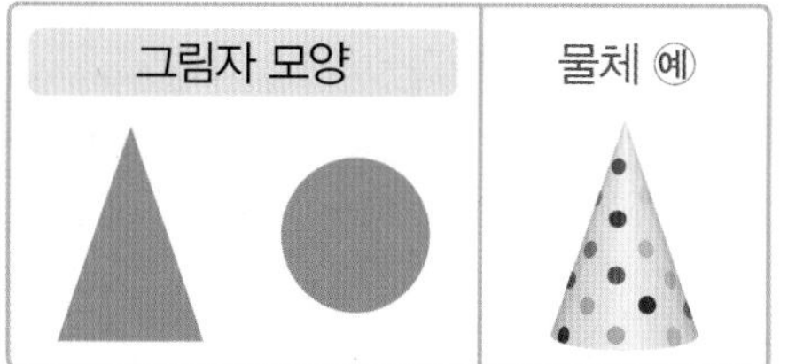

2 물체 모양과 그림자 모양이 비슷한 까닭

(1) 빛의 직진

① 태양이나 전등에서 나오는 빛은 사방으로 곧게 나아갑니다.

② 빛이 곧게 나아가는 성질을 빛의 직진이라고 합니다.

③ 물체에 빛을 비추었을 때 물체의 모양과 비슷한 모양의 그림자가 생기는 까닭은 직진하는 빛이 물체를 통과하지 못하기 때문입니다.

(2) 빛이 직진하는 것을 관찰할 수 있는 예

손전등을 켜면 빛이 곧게 나아갑니다.

나뭇잎 사이로 들어온 빛이 곧게 나아갑니다.

레이저 빛이 곧게 나아갑니다.

+ 공의 그림자

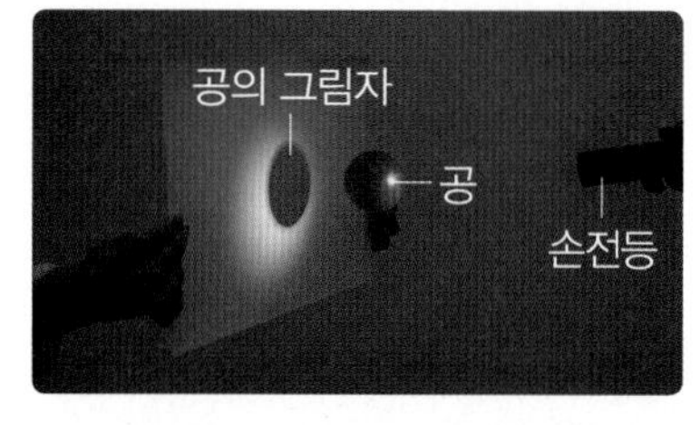

공의 방향을 바꾸어도 그림자의 모양은 원 모양입니다. 공의 방향을 바꾸어도 공에 빛이 닿은 모양이 변하지 않기 때문입니다.

+ 빛의 직진을 관찰할 수 있는 실험

손전등 앞에 머리빗을 놓은 후 빛을 비추고, 이때 생긴 그림자와 빗을 통과하는 빛의 모양을 보면 빛이 직진한다는 것을 알 수 있습니다.

수조 속에 향을 피우고 덮개를 잘 덮은 후 레이저 포인터로 빛을 비추면 빛이 직진한다는 것을 알 수 있습니다.

용어사전

- **직진** 곧게 나아감.

교과서 통합 대표 실험

실험 1 여러 가지 모양 종이의 그림자 관찰하기 📖 김영사, 비상교과서, 천재교과서

❶ 스크린과 손전등 사이에 삼각형 모양 종이를 놓고 손전등 빛을 비추어 스크린에 생긴 그림자 모양을 관찰합니다.
❷ 스크린과 손전등 사이에 다른 모양 종이를 놓고 스크린에 생기는 그림자 모양을 관찰합니다.
❸ 종이의 모양과 그림자 모양을 비교합니다.

스크린
삼각형 모양 종이
손전등

실험 결과

삼각형 모양 종이의 그림자	원 모양 종이의 그림자	사각형 모양 종이의 그림자	별 모양 종이의 그림자
삼각형 모양 종이의 그림자는 삼각형 모양임.	원 모양 종이의 그림자는 원 모양임.	사각형 모양 종이의 그림자는 사각형 모양임.	별 모양 종이의 그림자는 별 모양임.

➡ 곧게 나아가던 빛이 종이를 통과하지 못해 종이의 모양과 그림자 모양이 비슷합니다.

실험 2 물체의 방향을 바꾸어 그림자 모양 관찰하기 📖 동아출판, 천재교과서

❶ 스크린과 받침대, 손전등을 차례대로 놓고 손전등을 켭니다.
❷ 물체를 받침대 위에 놓고 그림자의 모양을 관찰합니다.
❸ 물체를 돌려 방향을 바꾸면서 그림자의 모양이 어떻게 되는지 관찰합니다.
❹ 물체 모양과 그림자 모양을 비교합니다.

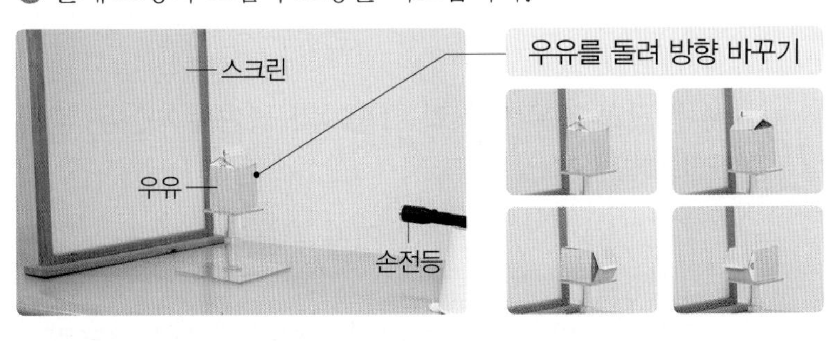

실험 결과

➡ 같은 물체라도 물체를 빛 앞에 놓는 방향이 달라지면 그림자 모양이 달라지기도 합니다. → 물체에 빛을 비추면 빛이 닿은 모양과 닮은 그림자가 생겨요.

실험 TIP !

📖 지학사

실험+ 구멍 뚫린 원통의 그림자를 관찰하여 빛의 성질 알아보기

원통의 옆면에 마주 보는 두 개의 구멍을 뚫어 받침대에 놓고, 손전등으로 빛을 비춰 스크린에 그림자가 생기게 합니다. 구멍 뚫린 원통을 돌리면서 생긴 그림자 모양을 관찰하면서 빛이 나아가는 길을 그려봅니다.

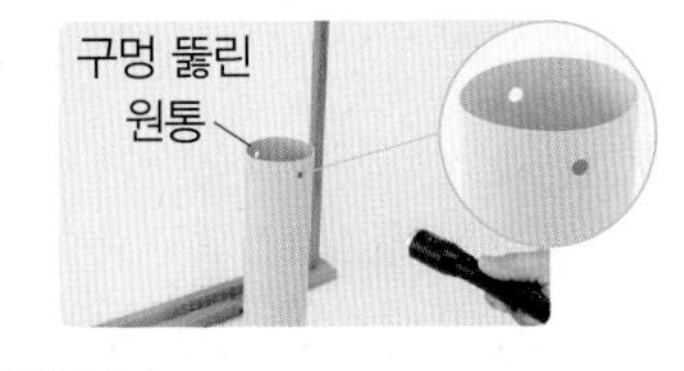

실험 결과

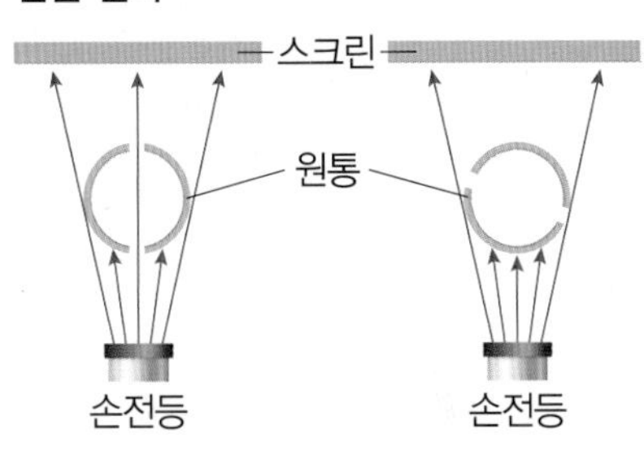

마주 보는 구멍과 손전등의 빛이 일직선 상에 있어야 구멍 뚫린 원통의 그림자가 생기는 것으로 보아 빛은 직진한다는 것을 알 수 있습니다.

실험동영상

물체는 그대로 놓고 빛의 방향을 바꾸어도 그림자의 모양이 달라질 수 있어요.

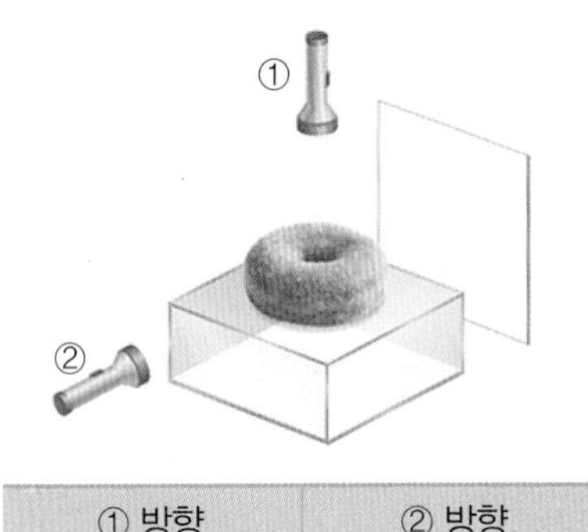

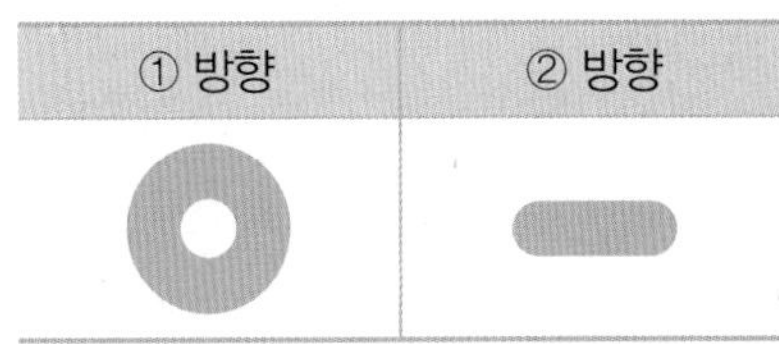

3 단원

2 물체 모양과 그림자 모양

기본 개념 문제

1

빛은 곧게 나아가는 성질이 있는데, 이러한 성질을 빛의 (　　　　　)(이)라고 합니다.

2

사각형 모양 종이의 그림자는 (　　　　　) 모양이고, 원 모양 종이의 그림자는 (　　　　　) 모양입니다.

3

물체에 빛을 비추었을 때 물체의 모양과 비슷한 모양의 그림자가 생기는 까닭은 빛이 (　　　　　) 하기 때문입니다.

4

같은 물체라도 물체를 놓는 방향이나 (　　　　　) 을/를 비추는 방향에 따라 그림자의 모양이 달라지기도 합니다.

5

공을 놓는 방향을 바꾸어도 공의 그림자 모양은 (　　　　　) 모양입니다.

[6-7] 다음과 같이 스크린과 손전등 사이에 삼각형 모양 종이를 놓고 손전등 빛을 비추어 스크린에 생긴 그림자 모양을 관찰하였습니다. 물음에 답하시오.

6 김영사, 비상, 천재

위 스크린에서 관찰할 수 있는 그림자 모양으로 알맞은 것은 어느 것인지 골라 기호를 쓰시오.

보기

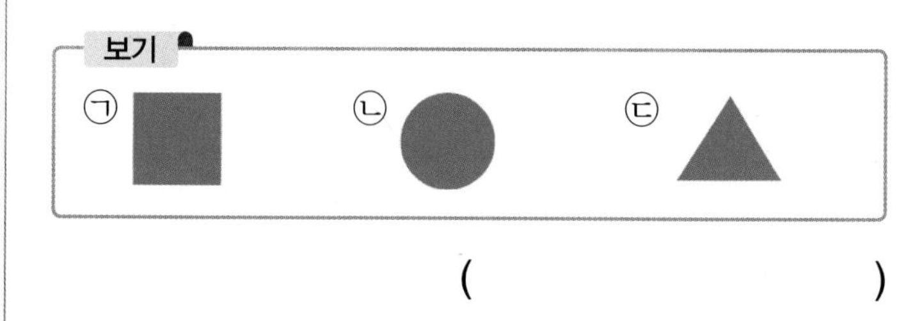

(　　　　　)

7 김영사, 비상, 천재

6번 답과 같은 모양의 그림자가 생기는 까닭은 무엇입니까? (　　　)

① 손전등이 삼각형 모양이기 때문에 삼각형 모양의 그림자가 생긴다.
② 손전등 빛이 삼각형 모양 종이를 통과해 스크린에 나타나기 때문이다.
③ 손전등 빛이 삼각형 모양 종이를 통과하면서 원 모양으로 바뀌기 때문이다.
④ 손전등 빛이 삼각형 모양 종이를 통과하면서 사각형 모양으로 바뀌기 때문이다.
⑤ 손전등 빛이 삼각형 모양 종이를 통과하지 못해 스크린에 빛이 닿지 못하기 때문이다.

[8-9] 한 가지 물체에 손전등 빛을 비추었을 때 물체를 여러 방향으로 바꾸어 놓으면서 스크린에 생기는 그림자를 관찰하였습니다. 물음에 답하시오.

8 동아, 금성, 김영사, 아이스크림, 지학사, 천재

위 실험에서 사용한 물체를 골라 ○표 하시오.

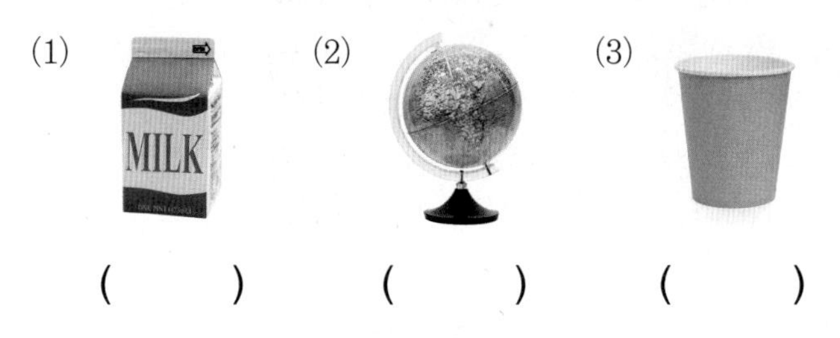

(1) ( ) (2) ( ) (3) ( )

9 서술형 동아, 금성, 김영사, 아이스크림, 지학사, 천재

위 실험 결과를 통해 알 수 있는 물체의 모양과 그림자 모양의 관계를 쓰시오.

______

______

10 동아, 금성, 김영사, 아이스크림, 지학사, 천재

다음 물체 중 손전등 빛을 비추었을 때 물체의 방향을 바꾸어도 원 모양 그림자를 만들 수 없는 것은 어느 것입니까? ( )

①  

② 

③  

④ 

11 7종 공통

다음 물체에 손전등 빛을 비추었을 때 나타난 그림자의 모양을 찾아 선으로 이으시오.

(1) 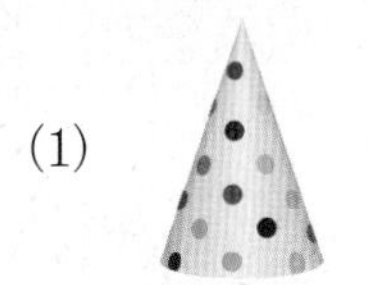 • • ㉠ 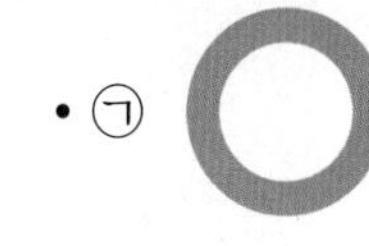

(2) 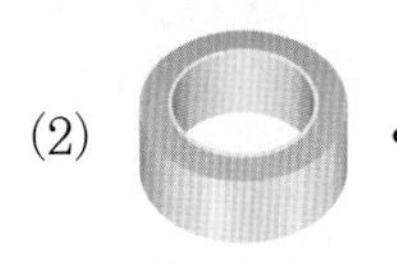 • • ㉡ 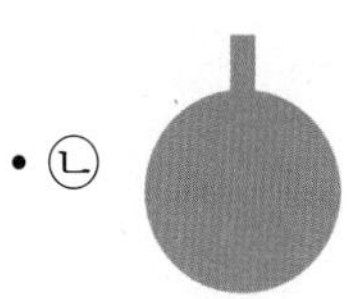

(3)  • • ㉢ 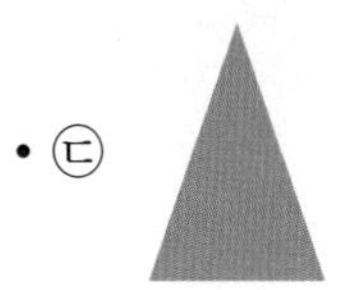

12 7종 공통

다음 설명에 해당하는 빛의 성질은 무엇인지 ( ) 안에 들어갈 알맞은 말을 쓰시오.

> 태양이나 전등에서 나오는 빛은 사방으로 곧게 나아간다. 빛이 곧게 나아가는 성질을 ( )(이)라고 한다.

( )

13 서술형 7종 공통

물체에 빛을 비추었을 때 물체의 모양과 비슷한 모양의 그림자가 생기는 까닭은 무엇인지 다음 모습에서 관찰할 수 있는 빛의 성질과 관련지어 쓰시오.

______

______

3 그림자의 크기 변화

1 그림자의 크기

(1) 우리 생활에서 그림자의 크기 변화를 관찰할 수 있는 예

▲ 손바닥 그림자

▲ 그림자 연극

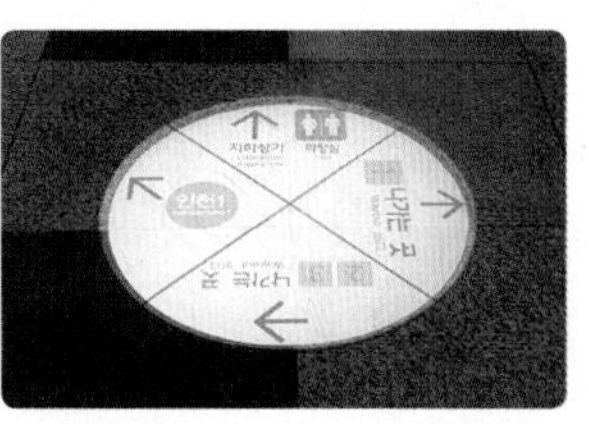
▲ 빛을 이용한 바닥 광고

(2) 물체의 그림자 크기를 변화시키기 위한 조건

① 손전등의 위치를 조절합니다.
② 물체의 위치를 조절합니다.
③ 스크린의 위치를 조절합니다.

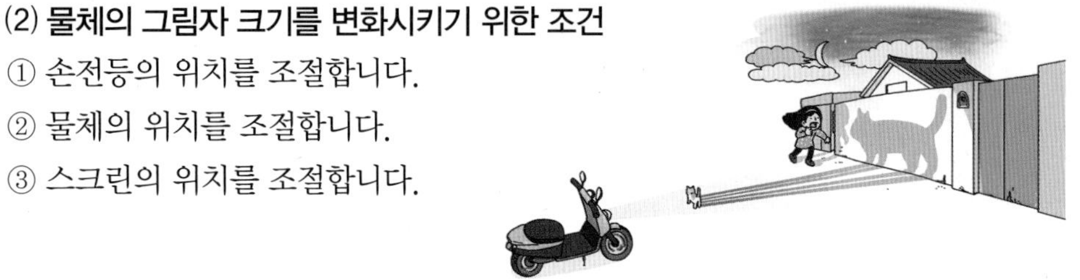

그림자 연극
전등 앞에 여러 가지 인형을 세우고 스크린에 생긴 그림자로 이야기를 만들어 공연하는 것입니다. 그림자 연극에서는 전등과 인형 사이의 거리를 조절하여 그림자의 크기를 변화시켜 표현합니다.

2 그림자의 크기 변화시키기

(1) 손전등을 움직일 때 그림자의 크기 변화 —• 물체와 스크린은 그대로 두어요.

① 물체와 스크린은 그대로 두고 손전등을 물체에 가까이 하면 그림자의 크기가 커집니다. → 그림자의 크기를 크게 하려면 손전등을 물체에 가까이 합니다.
② 물체와 스크린은 그대로 두고 손전등을 물체에서 멀리 하면 그림자의 크기가 작아집니다. → 그림자의 크기를 작게 하려면 손전등을 물체에서 멀리 합니다.

손전등을 물체에 가까이 하면 그림자의 크기가 커짐.

손전등을 물체에서 멀리 하면 그림자의 크기가 작아짐.

(2) 물체를 움직일 때 그림자의 크기 변화 —• 손전등과 스크린은 그대로 두어요.

① 손전등과 스크린은 그대로 두고 물체를 손전등에 가까이 하면 그림자의 크기가 커집니다. → 그림자의 크기를 크게 하려면 물체를 손전등에 가까이 합니다.
② 손전등과 스크린은 그대로 두고 물체를 손전등에서 멀리 하면 그림자의 크기가 작아집니다. → 그림자의 크기를 작게 하려면 물체를 손전등에서 멀리 합니다.

물체를 손전등에 가까이 하면 그림자의 크기가 커짐.

물체를 손전등에서 멀리 하면 그림자의 크기가 작아짐.

손전등과 물체는 그대로 두고 스크린을 움직일 때 그림자의 크기 변화

손전등과 물체는 그대로 두고 스크린을 물체에 가까이 하면 그림자의 크기가 작아지고, 스크린을 물체에서 멀리 하면 그림자의 크기가 커집니다.

용어 사전
그림자 연극 평면 형태의 인형을 빛과 막 사이에서 움직이게 하여 막에 나타나는 인형의 그림자로 만드는 연극.

교과서 통합 대표 실험

실험 그림자의 크기 변화 관찰하기 7종 공통

활동 1 손전등을 움직일 때 그림자의 크기 변화

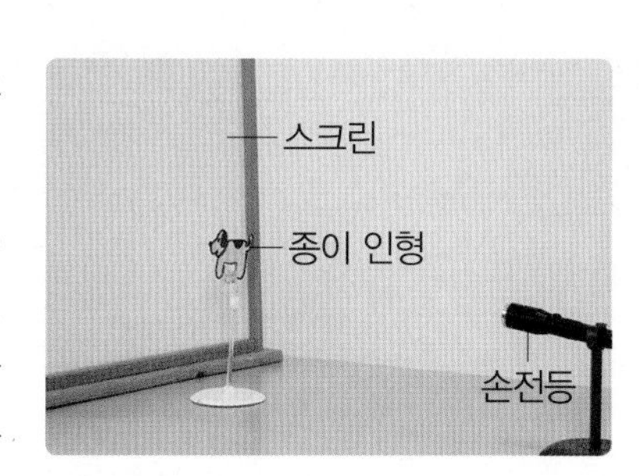

❶ 종이 인형을 고정 집게에 꽂고 손전등과 스크린 사이에 놓습니다.
❷ 손전등으로 종이 인형에 빛을 비추어 스크린에 그림자가 생기도록 합니다.
❸ 종이 인형과 스크린은 그대로 두고 손전등을 종이 인형에 가까이 가져가거나 멀리 가져가 보며 그림자의 크기를 관찰합니다.

실험 결과

손전등을 종이 인형에 가까이 할 때	손전등을 종이 인형에서 멀리 할 때
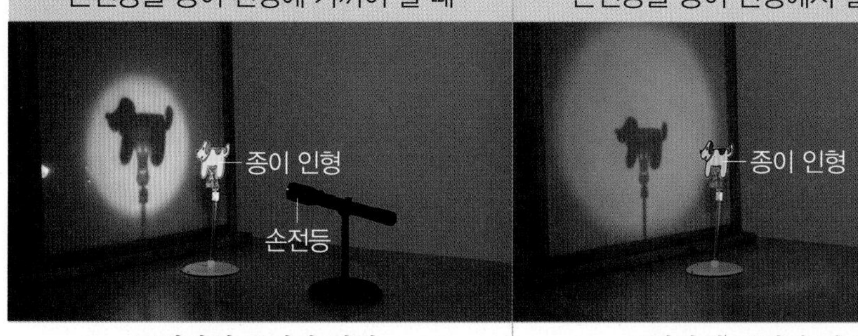	
그림자의 크기가 커짐.	그림자의 크기가 작아짐.

➡ 종이 인형과 스크린은 그대로 두고 손전등을 종이 인형에 가까이 가져가면 그림자의 크기가 커지고, 손전등을 종이 인형에서 멀리 가져가면 그림자의 크기가 작아집니다.

활동 2 물체를 움직일 때 그림자의 크기 변화

❶ 종이 인형을 고정 집게에 꽂고 손전등과 스크린 사이에 놓습니다.
❷ 손전등으로 종이 인형에 빛을 비추어 스크린에 그림자가 생기도록 합니다.
❸ 손전등과 스크린은 그대로 두고 종이 인형을 손전등에 가까이 가져가거나 멀리 가져가 보며 그림자의 크기를 관찰합니다.

실험 결과

종이 인형을 손전등에 가까이 할 때	종이 인형을 손전등에서 멀리 할 때
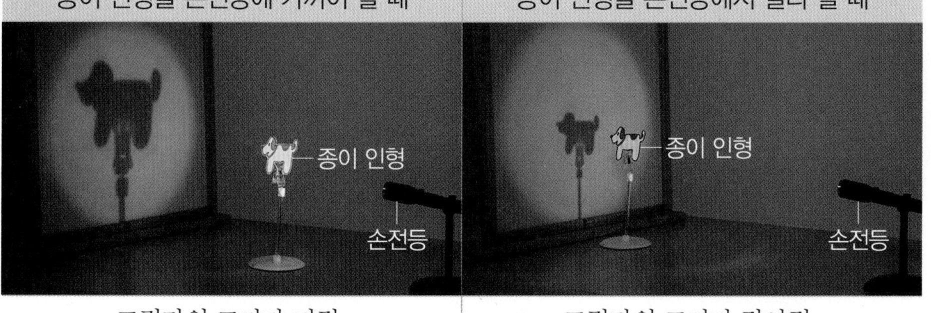	
그림자의 크기가 커짐.	그림자의 크기가 작아짐.

➡ 손전등과 스크린은 그대로 두고 종이 인형을 손전등에 가까이 가져가면 그림자의 크기가 커지고, 종이 인형을 손전등에서 멀리 가져가면 그림자의 크기가 작아집니다.

실험 TIP !

실험동영상

손전등, 물체, 스크린을 나란히 한 상태로 움직이도록 해요. 손전등을 물체와 나란하게 움직이지 않으면 그림자의 크기 변화를 바르게 관찰할 수 없어요.

3 단원

동아출판

실험+ 그림자의 크기 변화 관찰하기

흰 종이 위에 풀을 세우고 그 위에 모양 종이를 붙여, 모양 종이 위쪽에서 손전등으로 빛을 비춥니다. 손전등을 모양 종이에서 멀게 하거나 가깝게 하며 그림자의 가장자리를 색연필로 표시합니다.

실험 결과

손전등을 모양 종이에서 멀게 할 때

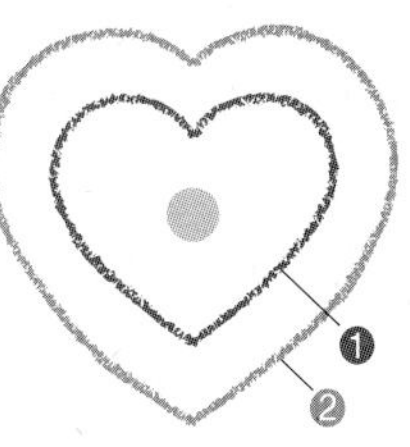

손전등을 모양 종이에 가깝게 할 때

- 손전등과 모양 종이 사이의 거리를 멀게 하면 그림자가 작아집니다.
- 손전등과 모양 종이 사이의 거리를 가깝게 하면 그림자가 커집니다.

3 그림자의 크기 변화

기본 개념 문제

1

그림자의 크기를 변화시키려면 손전등 또는 스크린 또는 (　　　　　)의 위치를 조절합니다.

2

물체와 스크린은 그대로 두고 손전등을 물체에 가까이 하면 그림자의 크기가 (　　　　　　).

3

손전등과 스크린은 그대로 두고 물체를 손전등에서 멀리 하면 그림자의 크기가 (　　　　　　).

4

물체와 스크린 사이의 거리가 일정할 때 손전등과 물체 사이의 거리를 가깝게 할수록 그림자의 크기는 점점 (　　　　　　).

5

손전등과 물체는 그대로 두고 물체의 그림자 크기를 변화시키려면 (　　　　　)을/를 움직입니다.

6 7종 공통

다음 보기 중 그림자의 크기 변화에 영향을 주는 것을 골라 기호를 쓰시오.

보기
㉠ 물체의 색깔
㉡ 손전등 빛의 색깔
㉢ 손전등 빛의 밝기
㉣ 손전등과 물체 사이의 거리

(　　　　　　　　)

7 7종 공통

다음과 같이 스크린 앞에 종이 인형을 놓고 손전등 빛을 비춘 다음, 스크린과 종이 인형은 그대로 두고 손전등을 종이 인형에 가깝게 할 때 그림자의 크기는 어떻게 되는지 쓰시오.

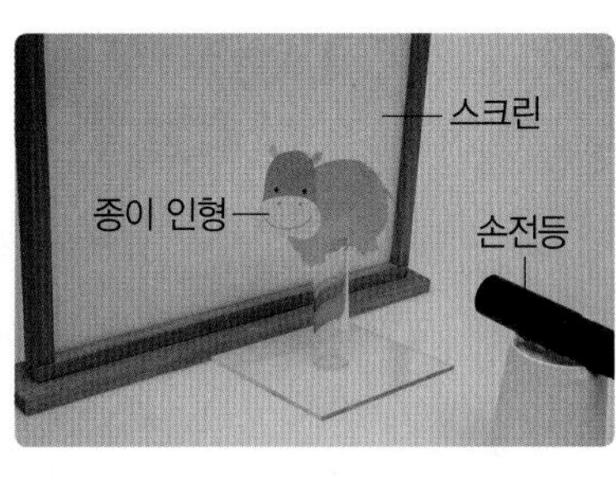

(　　　　　　　　)

8 7종 공통

오른쪽과 같이 손전등 앞에서 손을 이용해서 게 모양 그림자를 만들었습니다. 그림자를 더 크게 만들기 위한 방법으로 옳은 것에 ○표 하시오.

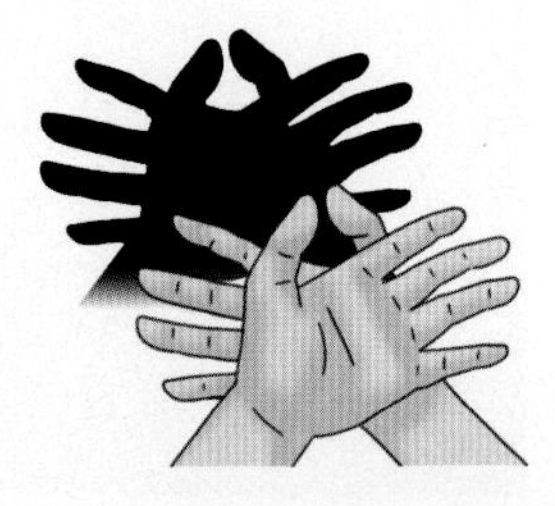

(1) 손전등과 스크린은 그대로 두고 손을 손전등에서 멀게 한다. (　　)

(2) 손전등과 스크린은 그대로 두고 손을 손전등에 가깝게 한다. (　　)

[9-11] 다음과 같이 장치한 후 손전등과 스크린은 그대로 두고 물체의 위치를 이동시켜 보았습니다. 물음에 답하시오.

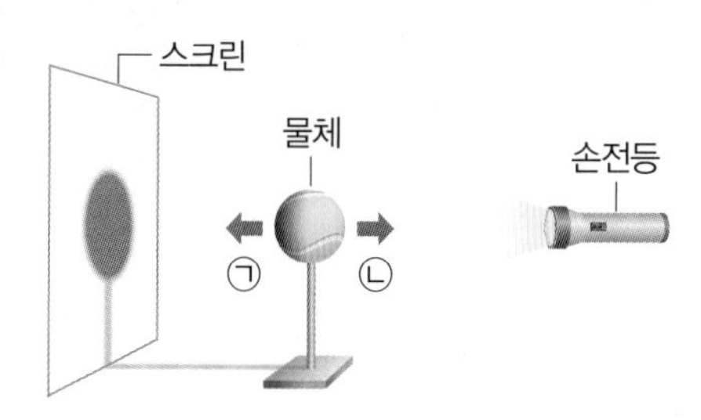

9 7종 공통

위 실험은 무엇을 알아보기 위한 것입니까? ( )

① 물체의 크기 변화에 따른 그림자의 크기 변화
② 물체의 위치 변화에 따른 그림자의 크기 변화
③ 물체의 종류 변화에 따른 그림자의 색깔 변화
④ 스크린의 위치 변화에 따른 그림자의 크기 변화
⑤ 손전등의 위치 변화에 따른 그림자의 개수 변화

10 서술형 7종 공통

위 실험에서 물체를 ㉠ 방향으로 이동시킬 때와 ㉡ 방향으로 이동시킬 때 각각 그림자는 어떻게 변하는지 쓰시오.

11 7종 공통

위 실험 결과를 통해 알 수 있는 사실입니다. ( ) 안에 들어갈 알맞은 말을 골라 각각 쓰시오.

손전등과 물체 사이의 거리가 가까울수록 그림자의 크기는 ㉠(커지고, 작아지고), 손전등과 물체 사이의 거리가 멀수록 그림자의 크기는 ㉡(커진다, 작아진다).

㉠ ( ), ㉡ ( )

12 동아, 아이스크림, 지학사, 천재

손전등과 물체는 그대로 두고 스크린을 ㉠ 방향과 ㉡ 방향으로 이동시켰을 때 그림자의 크기가 작아지는 경우의 기호를 쓰시오.

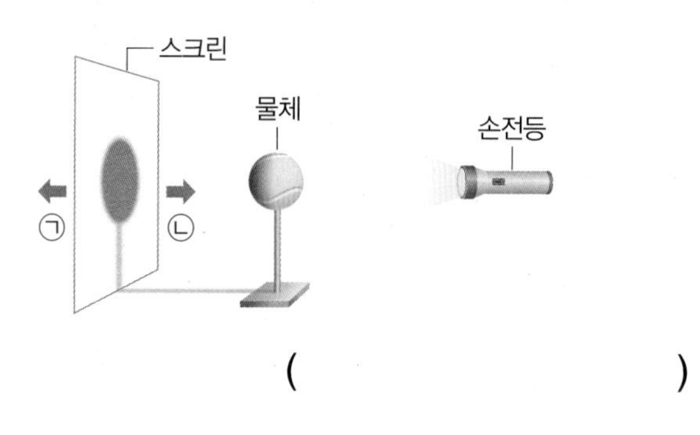

( )

13 동아, 금성, 비상, 천재

다음과 같이 호랑이와 소녀 종이 인형으로 그림자 연극을 하는 방법에 대해 잘못 말한 사람의 이름을 쓰시오.

- 재민: 소녀 그림자만 작아지게 하려면 소녀 종이 인형을 스크린 쪽으로 가까이 하면 돼.
- 수혁: 호랑이 그림자만 커지게 하려면 호랑이 종이 인형을 전등 쪽으로 가까이 하면 돼.
- 윤정: 호랑이 그림자와 소녀 그림자를 동시에 커지게 하려면 전등을 종이 인형에서 멀리 하면 돼.

( )

3 단원

4 거울의 성질과 이용

1 거울에 비친 물체의 모습

(1) 물체와 거울에 비친 물체의 모습 비교

① 물체를 거울에 비추어 보면 물체의 상하는 바뀌어 보이지 않고, 좌우는 바뀌어 보입니다.

② 거울에 비친 물체의 색깔은 실제 물체의 색깔과 같습니다.

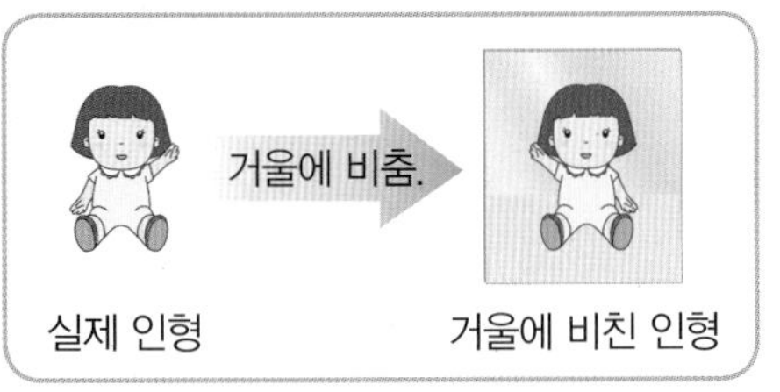

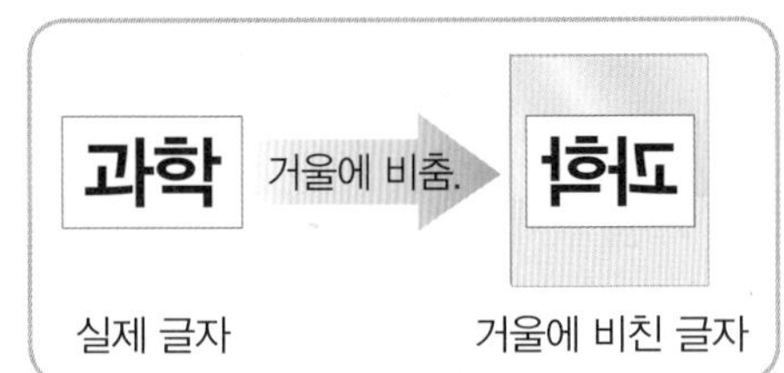

(2) 구급차의 앞부분에 글자의 좌우를 바꾸어 쓴 까닭

① 글자를 거울에 비춰 보면 좌우가 바뀌어 보입니다.

② 위급한 상황에서 앞에 가는 자동차의 뒷거울로 구급차를 보았을 때 글자가 똑바로 보여 길을 양보할 수 있도록 하기 위해서입니다.

2 빛이 거울에 부딪쳐 나아가는 모습

(1) 거울에 부딪친 손전등 빛

① 손전등 빛이 직진하다가 거울에 부딪치면 방향이 바뀌어 다시 직진합니다.

② 손전등 빛을 이용해 빛이 나아가는 방향을 바꿀 수 있습니다.

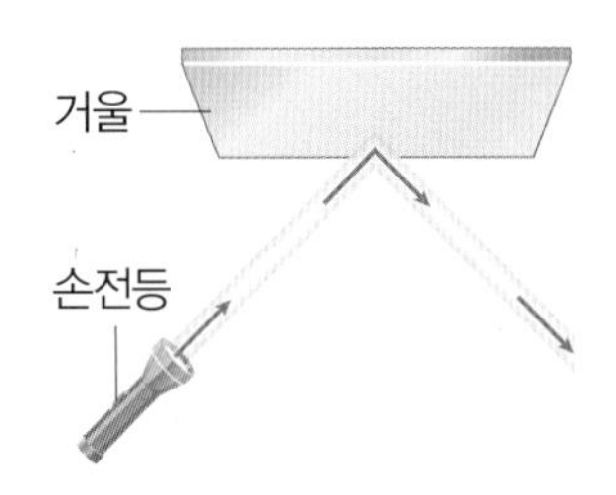

(2) 빛의 반사

① 빛이 나아가다가 거울에 부딪치면 거울에서 빛의 방향이 바뀌어 나오는데, 이러한 현상을 빛의 반사라고 합니다.

② 거울은 빛의 반사를 이용해 물체의 모습을 비추는 도구입니다.

3 생활 속 거울의 이용

① 자신의 모습을 비추어 보는 데 쓰입니다. 예 세면대 거울, 옷 가게 거울

② 가려져서 직접 보이지 않는 곳을 비추어 보는 데 쓰입니다. 예 자동차 뒷거울

③ 빛이 나아가는 방향을 바꾸는 데 쓰입니다. 예 미러볼, 반사경

④ 실내를 넓어 보이게 하거나 장난감 등을 만드는 데 쓰입니다. 예 승강기 거울, 만화경

▲ 세면대 거울

▲ 자동차 뒷거울

▲ 미러볼

▲ 승강기 거울

⊕ 잠망경

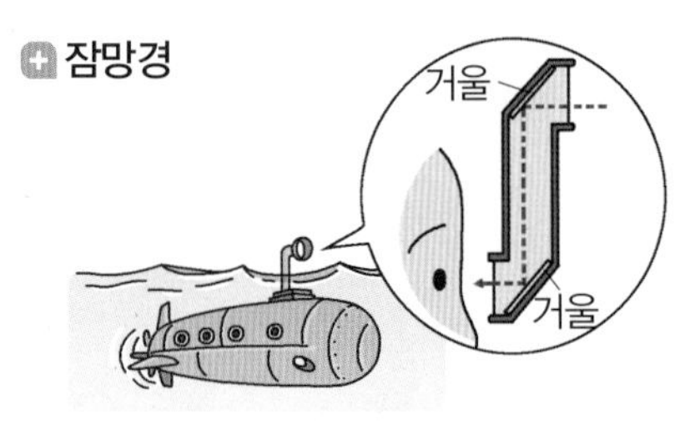

잠망경은 두 개의 거울을 사용하여 눈으로 직접 볼 수 없는 곳에 있는 물체를 볼 수 있게 해 주는 도구입니다.

⊕ 거울에 비친 모습과 실제 모습이 같은 글자나 도형

- 글자: '응', '후', '표', '뭄', '봄' 등이 있습니다.
- 도형: ○(원), △(정삼각형), □(정사각형) 등이 있습니다.

⊕ 거울을 사용하는 다른 예

- 태권도장의 거울에 내 모습을 비추어 자세가 바른지 확인합니다.
- 치과에서 직접 보이지 않는 치아를 거울로 비추어 봅니다.
- 세 개의 거울로 물체의 모습을 반사하여 재미있는 무늬를 만드는 만화경을 만듭니다.

용어 사전

- **위급** 몹시 위태롭고 급함.
- **미러볼** 공 표면의 거울 조각이 빛을 여러 방향으로 반사하여 수많은 빛줄기를 만드는 장식품.
- **반사경** 등대나 자동차에 쓰이는 거울로, 원하는 방향으로 빛을 더 밝게 비출 수 있도록 함.

구 학습

교과서 통합 대표 실험

실험 1 물체와 거울에 비친 모습 비교하기

동아출판, 금성출판사, 김영사, 비상교과서, 지학사, 천재교과서

❶ 거울을 세우고, 그 앞에 인형을 놓습니다.
❷ 거울에 비친 인형의 모습을 관찰하며, 실제 인형의 모습과 비교합니다.
❸ 글자 카드를 거울에 비추어 보며, 실제 글자와 어떤 차이점이 있는지 비교합니다.

실험 결과

• 거울에 비친 인형의 모습

공통점	실제 인형과 색깔이 같고, 머리는 위쪽, 발은 아래쪽에 있음.
차이점	실제 인형은 오른쪽 팔을 올리고 있는데 거울에 비친 인형은 왼쪽 팔을 올리고 있음.

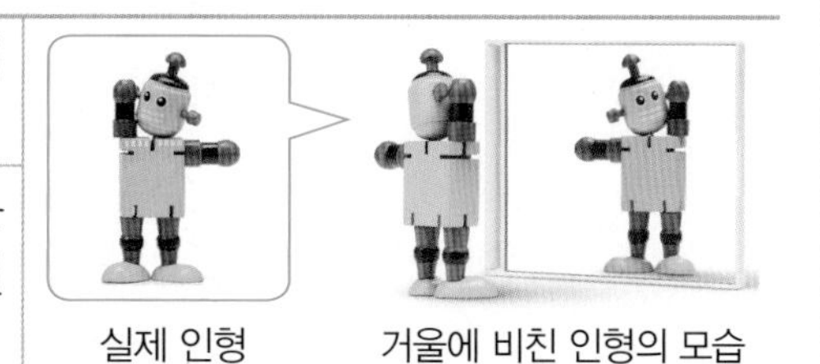

실제 인형 거울에 비친 인형의 모습

• 거울에 비친 글자의 모습

공통점	글자의 색깔이 같음.
차이점	글자의 좌우가 바뀌어 보임.

거울

실제 글자 거울에 비친 글자의 모습

➡ 거울에 비친 물체의 색깔은 실제 물체의 색깔과 같습니다. 물체를 거울에 비추어 보면 물체의 상하는 바뀌어 보이지 않고 좌우는 바뀌어 보입니다.

실험 2 거울에 부딪친 빛의 모습 관찰하기

7종 공통

❶ 흰 종이를 깔고 거울을 수직으로 세운 뒤 손전등의 불을 켭니다.
❷ 손전등 빛이 거울의 맨 아랫부분에 닿도록 비추면서 빛이 나아가는 모습을 관찰합니다.
❸ 나무 블록을 쌓아 자유롭게 구부러진 길을 만들어 길의 양쪽 끝에 인형과 손전등을 각각 놓고, 손전등 빛이 인형에 닿을 수 있도록 곳곳에 거울을 놓아 봅니다.

실험 결과

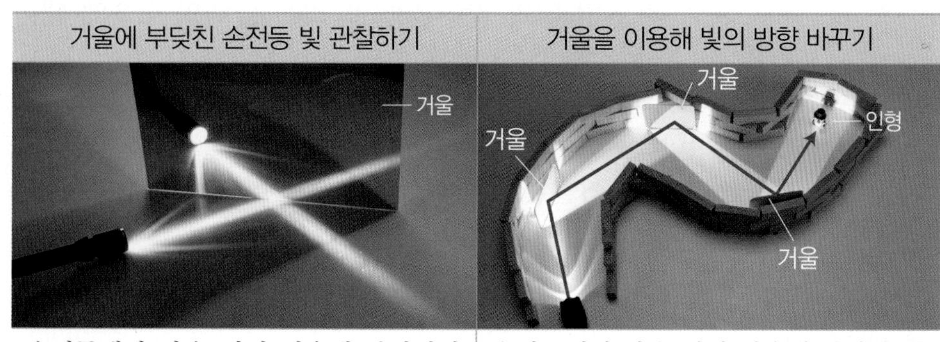

거울에 부딪친 손전등 빛 관찰하기	거울을 이용해 빛의 방향 바꾸기
손전등에서 나온 빛이 거울에 부딪치면 방향이 바뀌어 나아감.	손전등에서 나온 빛이 거울에 부딪칠 때마다 반사되어 여러 번 방향을 바꾸어 인형에 닿았음.

➡ 빛이 나아가다가 거울에 부딪치면 거울에서 빛의 방향이 바뀌어 나아갑니다.

실험 TIP !

실험동영상

• 글자 카드 대신 숫자 카드로도 실험할 수 있어요.
• 원래 모양과 거울에 비친 모양이 같은 글자나 숫자를 찾아 보는 활동을 해 볼 수 있어요.

실험+ 두 개의 거울을 이용해서 빛이 종이 모형에 닿게 하기 지학사

책상 위에 종이 모형을 세우고, 두 개의 거울을 각각 흰 종이에 수직으로 세웁니다. 두 개의 거울을 각각 움직여서 손전등 빛이 종이 모형에 닿게 하고 빛이 나아가는 모습을 관찰해 봅니다.

실험 결과

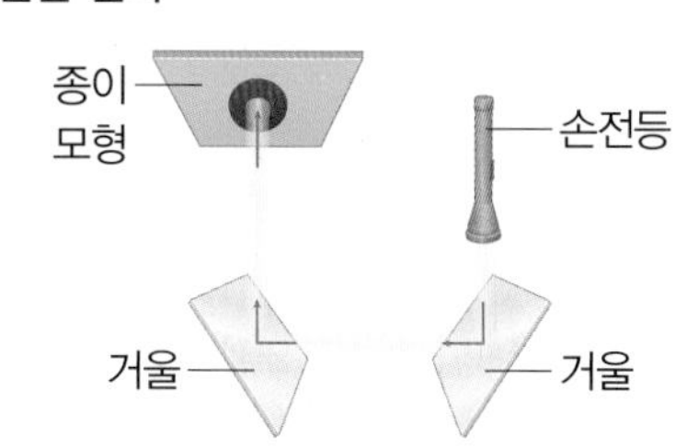

첫 번째 거울에서 방향이 꺾인 손전등 빛이 두 번째 거울에서도 방향이 꺾여 종이 모형으로 나아갑니다.

3 단원

4 거울의 성질과 이용

기본 개념 문제

1

파란색 공을 거울에 비추었을 때 거울에 비친 공의 색깔은 (　　　　　)입니다.

2

거울 앞에 글자 카드를 세워 거울에 비추어 보면 글자의 (　　　　　)이/가 바뀌어 보입니다.

3

빛이 나아가다가 거울에 부딪쳐 방향이 바뀌는 현상을 (　　　　　)(이)라고 합니다.

4

(　　　　　)은/는 빛의 반사를 이용해 물체의 모습을 비추는 도구입니다.

5

가려져서 직접 보이지 않는 곳을 비추어 보거나 빛이 나아가는 방향을 바꾸는 데 (　　　　　)을/를 사용합니다.

[6-7] 거울을 세우고, 그 앞에 오른쪽 인형을 놓아 거울에 비친 인형의 모습을 관찰하였습니다. 물음에 답하시오.

6 동아, 금성, 김영사, 비상, 지학사, 천재

위 인형이 거울에 비친 모습으로 옳은 것은 어느 것입니까? (　　　)

①

②

③

④

7 동아, 금성, 김영사, 비상, 지학사, 천재

위 **6**번 답과 같이 거울에 비친 물체의 모습에 대한 설명으로 옳은 것을 모두 골라 기호를 쓰시오.

㉠ 거울에 비친 물체는 실제 물체와 색깔이 같다.
㉡ 거울에 비친 물체의 모습은 실제 물체와 좌우가 바뀌어 보인다.
㉢ 거울에 비친 물체의 모습은 실제 물체와 상하가 바뀌어 보인다.
㉣ 거울에 비친 물체의 모습은 실제 물체와 상하좌우가 모두 바뀌어 보인다.

(　　　　　　　　　　)

[8-9] 오른쪽 글자 카드를 거울 앞에 세우고 거울에 비친 글자 카드의 모습을 관찰하였습니다. 물음에 답하시오.

4학년

8 동아, 금성, 김영사, 비상, 지학사, 천재

거울에 비친 위 글자 카드의 모습으로 옳은 것은 어느 것입니까? (　　　)

① 4학년

②

③

④

9 서술형 동아, 금성, 김영사, 비상, 지학사, 천재

위 **8**번 답을 참고하여 구급차의 앞부분에 글자의 좌우를 바꾸어 쓴 까닭은 무엇인지 쓰시오.

▲ 구급차

10 7종 공통

다음은 빛의 반사에 대한 설명입니다. (　　) 안에 들어갈 알맞은 말을 쓰시오.

빛이 나아가다가 거울에 부딪쳐서 빛의 (　　　) 이/가 바뀌어 나아가는 현상을 빛의 반사라고 한다.

(　　　　　　　　)

11 동아, 천재

파란색 화살표 방향으로 손전등 빛을 비춰 빨간색 화살표 방향으로 빛이 나오게 하려면 최소한 몇 개의 거울이 필요한지 쓰시오.

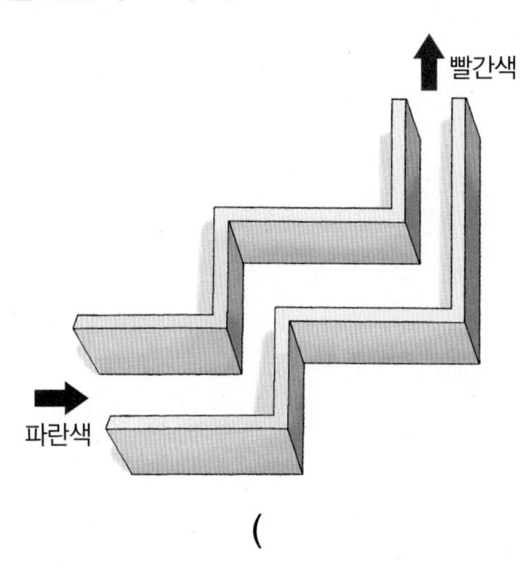

(　　　　　　　　)

12 7종 공통

다음과 같이 손전등 빛이 거울의 맨 아랫부분에 닿도록 비스듬히 비추었을 때 손전등에서 나온 빛이 나아가는 방향을 선으로 그리시오.

13 서술형 7종 공통

우리가 집에서 거울을 사용하는 예를 한 가지 쓰시오.

3 그림자와 거울

1. 그림자가 생기는 조건

(1) **그림자:** 빛이 비치는 곳에 물체가 있으면 물체 뒤쪽에는 빛이 닿지 않아 어두운 부분이 생기는데, 이 어두운 부분이 ❶ [ ] 입니다.

(2) **그림자가 생기는 조건**

① 그림자가 생기려면 빛과 ❷ [ ] 가 있어야 합니다.

② 물체를 바라보는 방향으로 빛을 비추면서 물체의 뒤쪽에 흰 종이와 같은 스크린을 대면 그림자를 볼 수 있습니다.

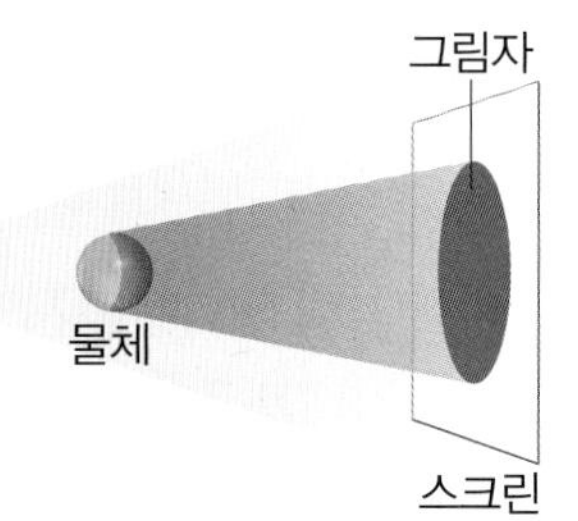

2. 투명한 물체와 불투명한 물체의 그림자

(1) **투명 플라스틱 컵과 종이컵의 그림자 비교**

구분	투명 플라스틱 컵	종이컵
그림자의 모양	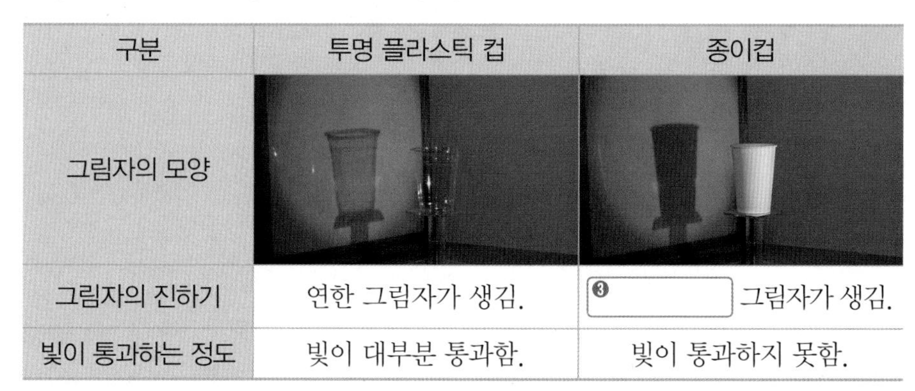	
그림자의 진하기	연한 그림자가 생김.	❸ [ ] 그림자가 생김.
빛이 통과하는 정도	빛이 대부분 통과함.	빛이 통과하지 못함.

(2) **우리 생활에서 투명한 물체와 불투명한 물체를 이용하는 예**

투명한 물체를 이용하는 예		불투명한 물체를 이용하는 예	
▲ 유리온실	▲ 유리창	▲ 그늘막	▲ 커튼

3. 물체 모양과 그림자 모양

(1) **물체 모양과 그림자 모양 비교하기**

① 곧게 나아가던 빛이 물체를 통과하지 못해 물체의 모양과 비슷한 모양의 그림자가 생깁니다.

② 같은 물체라도 물체를 놓는 방향이나 빛을 비추는 방향에 따라 그림자의 모양이 달라지기도 합니다.

(2) **빛의 직진**

① 빛이 곧게 나아가는 성질을 ❹ [ ] 이라고 합니다.

② 물체에 빛을 비추었을 때 물체의 모양과 비슷한 모양의 그림자가 생기는 까닭은 직진하는 빛이 물체를 통과하지 못하기 때문입니다.

★ 안경의 그림자

• 안경알 부분은 투명해서 빛이 대부분 통과하므로 그림자가 연하게 생깁니다.
• 안경테 부분은 불투명해서 빛이 통과하지 못하므로 그림자가 진하게 생깁니다.

★ 빛의 직진을 관찰할 수 있는 예

손전등 빛이 곧게 나아갑니다.

나뭇잎 사이로 들어온 빛이 곧게 나아갑니다.

레이저 빛이 곧게 나아갑니다.

4. 그림자의 크기 변화

(1) 물체와 스크린은 그대로 두고 손전등을 움직일 때 그림자의 크기 변화

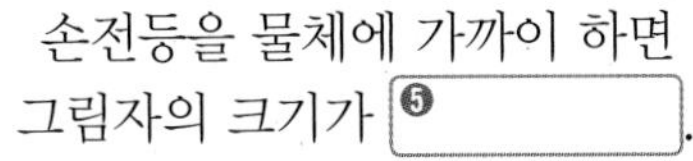

손전등을 물체에 가까이 하면 그림자의 크기가 ❺ ______.	손전등을 물체에서 멀리 하면 그림자의 크기가 작아짐.

(2) 손전등과 스크린은 그대로 두고 물체를 움직일 때 그림자의 크기 변화

물체를 손전등에 가까이 하면 그림자의 크기가 커짐.	물체를 손전등에서 멀리 하면 그림자의 크기가 ❻ ______.

★ 손전등과 물체는 그대로 두고 스크린을 움직일 때 그림자의 크기 변화

손전등과 물체는 그대로 두고 스크린을 물체에 가까이 하면 그림자의 크기가 작아지고, 스크린을 물체에서 멀리 하면 그림자의 크기가 커집니다.

5. 거울의 성질과 이용

(1) 거울에 비친 물체의 모습

① 거울에 비친 물체의 색깔은 실제 물체의 색깔과 같습니다.

② 물체를 거울에 비추어 보면 물체의 상하는 바뀌어 보이지 않고, 좌우는 바뀌어 보입니다.

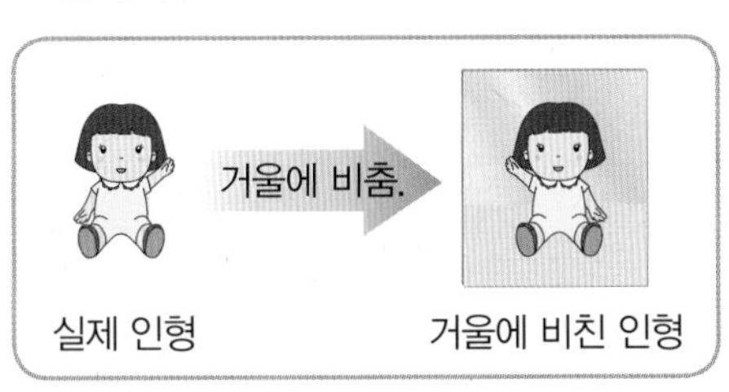

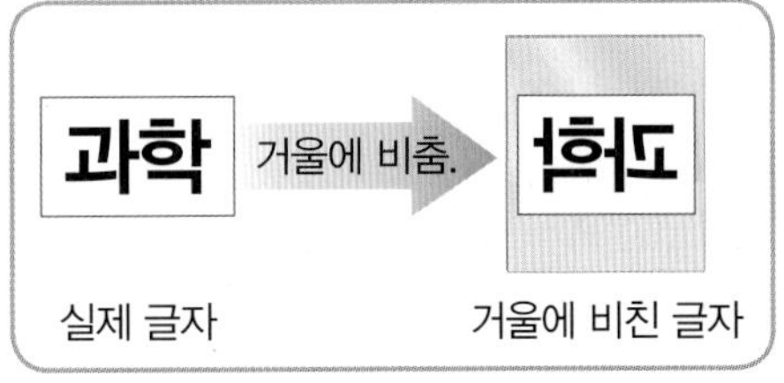

(2) 빛의 반사

① 빛이 나아가다가 거울에 부딪치면 거울에서 빛의 방향이 바뀌어 나오는데, 이러한 현상을 빛의 ❼ ______라고 합니다.

② 거울은 빛의 반사를 이용해 물체의 모습을 비추는 도구입니다.

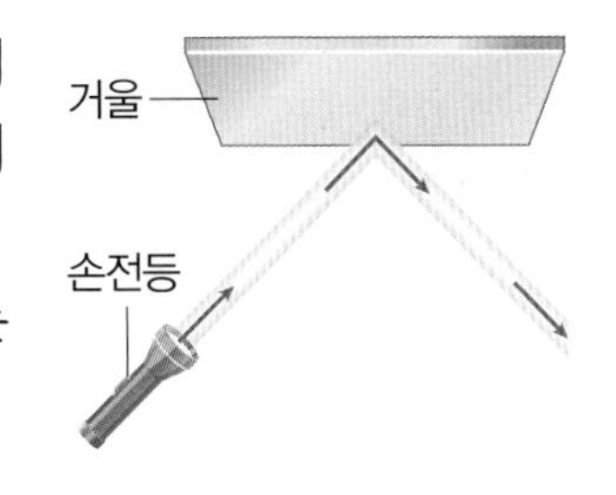

(3) 생활 속 거울의 이용

① 자신의 모습을 비추어 보는 데 쓰입니다. 예 세면대 거울

② 가려져서 직접 보이지 않는 곳을 비추어 보는 데 쓰입니다. 예 자동차 뒷거울

③ 빛이 나아가는 방향을 바꾸는 데 쓰입니다. 예 미러볼

④ 실내를 넓어 보이게 하거나 장난감 등을 만드는 데 쓰입니다. 예 승강기 거울

★ 생활 속에서 이용하는 거울

▲ 세면대 거울

▲ 자동차 뒷거울

▲ 미러볼

▲ 승강기 거울

1 서술형 동아, 금성, 김영사, 비상, 지학사, 천재

다음과 같이 손전등, 스크린, 인형 순서로 놓고 손전등 빛을 비추었을 때, 스크린에 인형의 그림자가 생기는지, 생기지 않는지 그렇게 생각한 까닭과 함께 쓰시오.

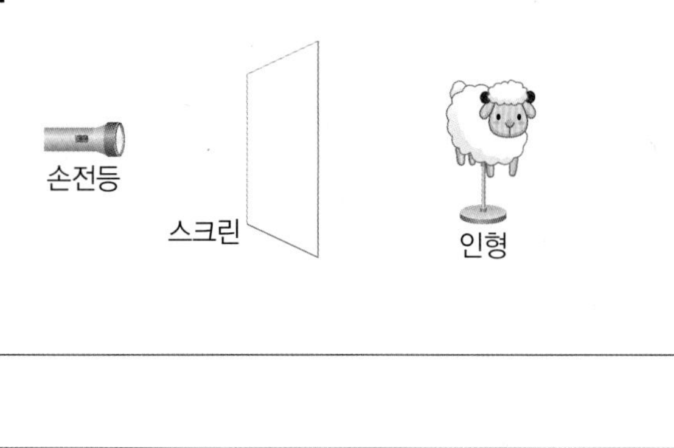

[2-3] 투명 플라스틱 컵과 종이컵의 그림자를 비교하는 실험을 하였습니다. 물음에 답하시오.

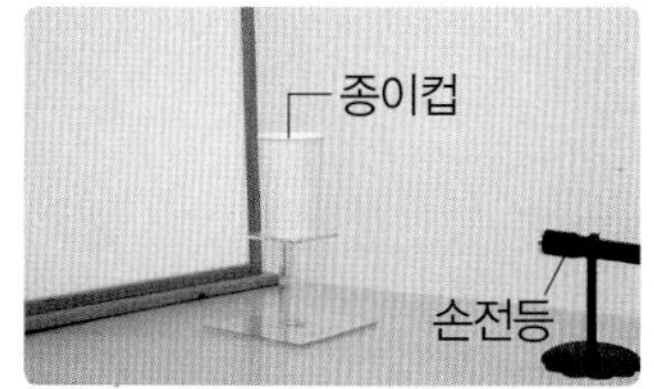

2 김영사, 비상, 천재

위 실험에서 투명 플라스틱 컵과 종이컵에 손전등 빛을 비추었을 때 생기는 그림자를 찾아 선으로 이으시오.

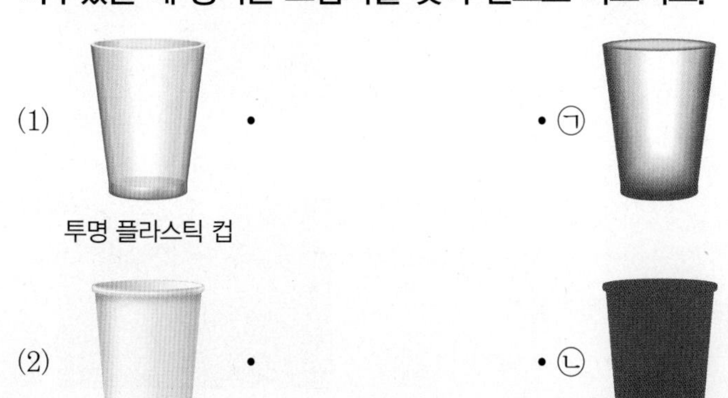

3 김영사, 비상, 천재

앞의 실험 결과를 통해 투명 플라스틱 컵과 종이컵에서 빛이 통과하는 정도를 비교하여 ◯ 안에 >, =, < 로 나타내시오.

투명 플라스틱 컵 ◯ 종이컵

4 서술형 비상, 천재

원 모양 종이와 별 모양 종이에 손전등 빛을 비추었을 때 스크린에 나타난 그림자 모양은 다음과 같았습니다. 종이의 모양과 그림자의 모양이 비슷한 까닭은 무엇인지 쓰시오.

종이의 모양	●	★
그림자의 모양	●	★

5 ✚ 7종 공통

위 **4**번 답과 관련 있는 빛의 성질을 무엇이라고 하는지 쓰시오.

( )

6 동아, 금성, 김영사, 아이스크림, 지학사

다음과 같이 손잡이가 달린 컵을 눕혀 놓고 손전등 빛을 비추었을 때 스크린에 생기는 그림자의 모양은 어느 것입니까? (　　　)

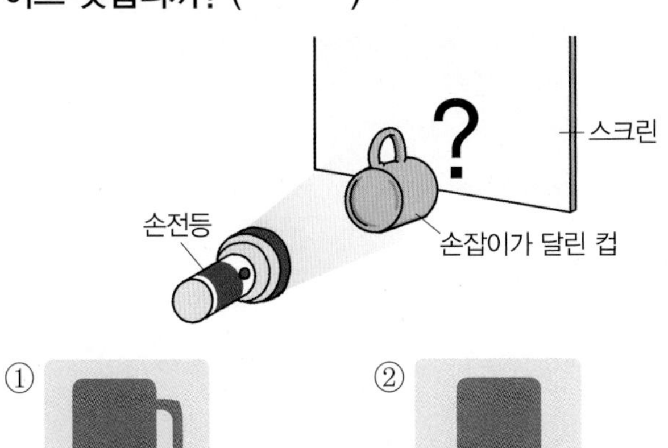

①　　　　②

③ 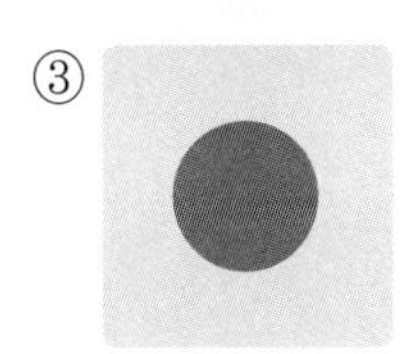　　④ 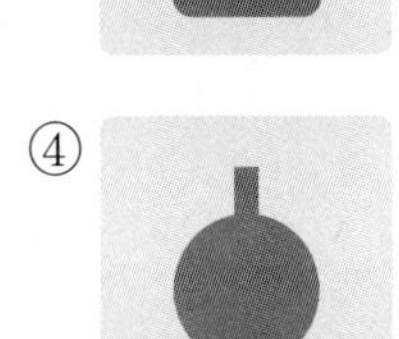

7 7종 공통

오른쪽 공에 손전등 빛을 비추어 만든 그림자에 대해 옳게 말한 사람의 이름을 쓰시오.

- 희수: 공의 방향을 바꾸어 빛을 비추면 사각형 그림자를 만들 수 있어.
- 지성: 손전등 빛은 구부러져 나아가기 때문에 공의 그림자는 찌그러진 원 모양이야.
- 아영: 스크린, 공, 손전등을 나란히 놓고 빛을 비추면 공의 방향을 바꾸어도 그림자는 원 모양이야.

(　　　　　　　　)

[8-10] 다음과 같이 장치하고, 동물 모양 종이의 그림자가 생기도록 하려고 합니다. 물음에 답하시오.

8 7종 공통

위 실험에서 동물 모양 종이와 스크린은 그대로 두고 불을 켠 손전등을 동물 모양 종이에 가깝게 할 때 그림자의 크기는 어떻게 되는지 보기 에서 골라 기호를 쓰시오.

보기
㉠ 그림자의 크기가 커진다.
㉡ 그림자의 크기가 작아진다.
㉢ 그림자의 크기는 변화가 없다.

(　　　　　　　　)

9 7종 공통

위 실험에서 동물 모양 종이와 스크린은 그대로 두고 그림자의 크기를 작게 하려면 손전등의 위치를 어떻게 해야 하는지 쓰시오.

(　　　　　　　　　　　　　　　　)

10 7종 공통

위 실험을 통해 알 수 있는 사실로 옳은 것에 ○표 하시오.

(1) 물체와 스크린을 그대로 두었을 때, 손전등과 물체 사이의 거리가 멀어지면 그림자의 크기가 커진다. (　　)

(2) 물체와 스크린을 그대로 두었을 때, 손전등과 물체 사이의 거리가 가까워지면 그림자의 크기가 커진다. (　　)

3 단원

11 서술형 동아, 금성, 김영사, 비상, 지학사, 천재

다음과 같이 인형을 거울 앞에 놓았을 때 거울에 비친 인형의 모습을 보고, 거울에 비친 모습의 특징을 실제 물체와 비교하여 쓰시오.

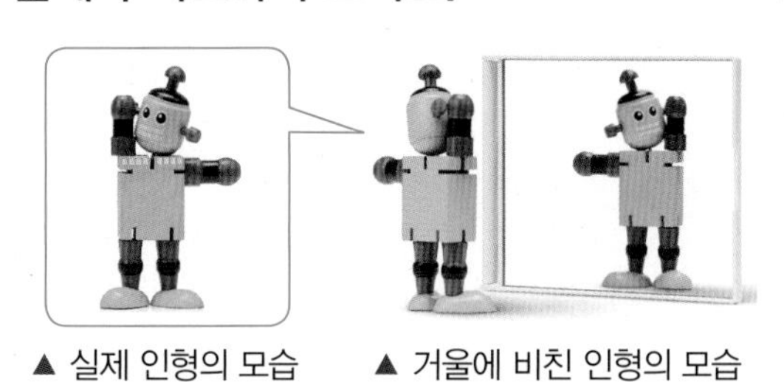

▲ 실제 인형의 모습　▲ 거울에 비친 인형의 모습

____

____

12 동아, 금성, 김영사, 비상, 지학사, 천재

다음 글자 카드 중 거울에 비친 모습과 실제 모습이 같은 글자가 아닌 것은 어느 것입니까? (　　　)

① 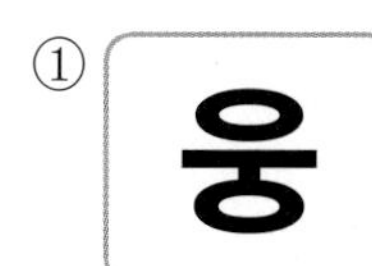

② 룰

③ 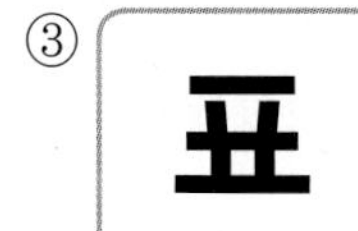

④ 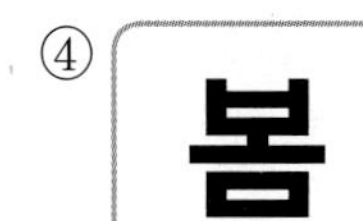

13 7종 공통

(　　) 안에 공통으로 들어갈 알맞은 말을 쓰시오.

- 빛이 나아가다가 (　　　　　)에 부딪치면 빛의 방향이 바뀌는 빛의 반사가 일어난다.
- (　　　　　)은/는 빛의 반사를 이용해 물체의 모습을 비추는 도구이다.

(　　　　　　　　　　)

14 7종 공통

손전등 빛을 거울에 비스듬히 비추었을 때 빛이 나아가는 모습으로 옳은 것은 어느 것입니까? (　　　)

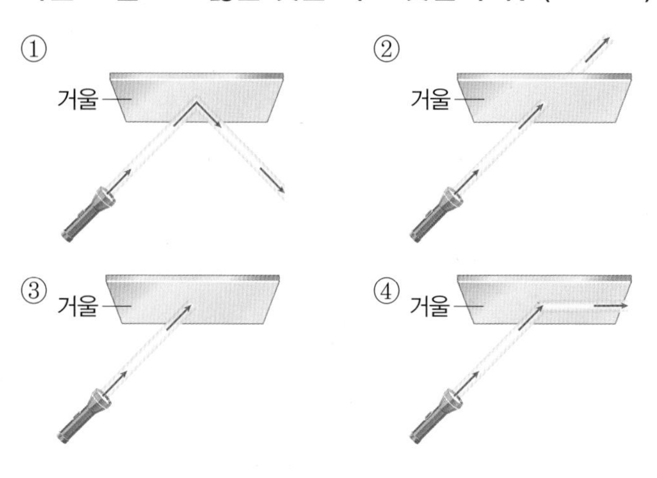

15 7종 공통

우리 생활에서 이용하는 거울과 그 쓰임새를 바르게 선으로 이으시오.

(1)	세면대 거울 •	• ㉠	직접 보이지 않는 부분의 치아를 볼 수 있음.
(2)	자동차 뒷거울 •	• ㉡	양치질을 할 때 자신의 모습을 확인할 수 있음.
(3)	치과용 거울 •	• ㉢	자동차 뒤의 도로 상황을 알 수 있음.

3. 그림자와 거울

1 7종 공통

물체의 그림자에 대한 설명으로 옳지 않은 것은 어느 것입니까? (　　　)

① 그림자가 생기려면 빛과 물체가 있어야 한다.
② 빛이 물체에 가려져 생기는 어두운 부분이다.
③ 빛이 물체를 통과하는 정도에 따라 그림자의 진하기가 달라진다.
④ 빛이 있어도 물체에 빛을 비추지 않으면 그림자가 생기지 않는다.
⑤ 물체를 바라보는 방향으로 손전등 빛을 비추면 손전등과 물체 사이에 그림자가 생긴다.

2 김영사, 아이스크림, 천재

오른쪽 안경의 그림자에 대한 설명으로 (　　) 안에 들어갈 알맞은 말을 각각 쓰시오.

안경알 부분은 (　㉠　)해서 빛이 대부분 통과해 연한 그림자가 생긴다. 안경테 부분은 (　㉡　) 해서 빛이 통과하지 못해 진한 그림자가 생긴다.

㉠ (　　　　　　　　), ㉡ (　　　　　　　　)

3 7종 공통

빛을 대부분 통과시키는 물체는 어느 것입니까? (　　　)

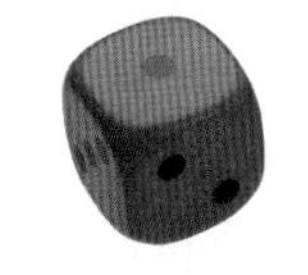
▲ 주사위

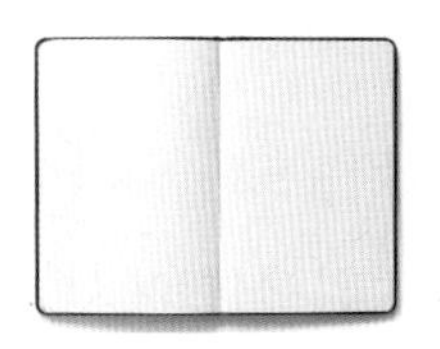
▲ 공책

③

▲ 유리 어항

④

▲ 가위

4 서술형 비상, 천재

다음과 같이 장치하고 원 모양 종이에 손전등 빛을 비추었을 때 스크린에 원 모양 그림자가 생기는 것을 통해 알 수 있는 사실을 쓰시오.

5 동아, 김영사, 지학사

다음 블록에 화살표 방향으로 손전등 빛을 비추었을 때 생기는 그림자의 모양을 잘못 짝 지은 것은 어느 것입니까? (　　　)

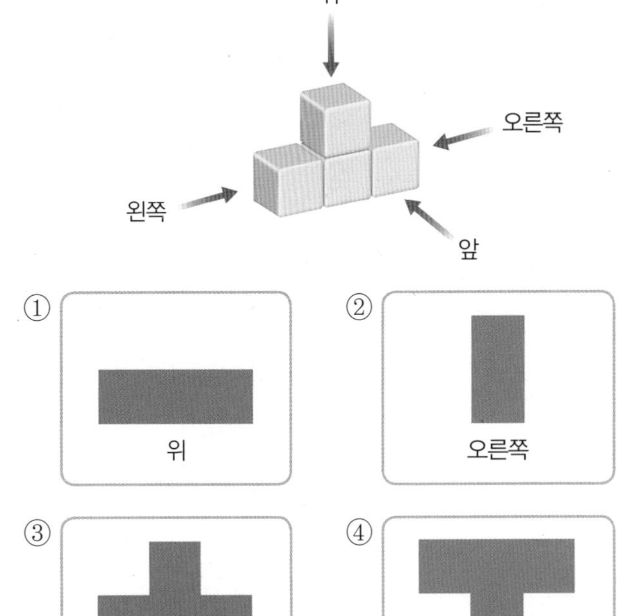

[6-7] 다음과 같이 손잡이가 달린 컵을 놓는 방향을 다르게 하여 손전등 빛을 비추었습니다. 물음에 답하시오.

컵을 세워 놓을 때 생긴 그림자

컵을 눕혀 놓을 때 생긴 그림자

6 동아, 금성, 김영사, 아이스크림, 지학사

위 실험에 대해 옳게 말한 사람의 이름을 쓰시오.

- 가인: 컵을 놓는 방향을 다르게 하여 빛을 비추어도 그림자 모양은 같아.
- 선호: 태양 빛은 직진하지만 손전등 빛은 직진하지 않기 때문에 그림자 모양이 달라지는 거야.
- 나래: 컵을 놓는 방향에 따라 그림자의 모양이 달라지는 까닭은 물체가 빛을 가리는 모양이 달라지기 때문이야.

( )

7 동아, 금성, 김영사, 아이스크림, 지학사

위 컵을 놓는 방향을 다르게 하여 손전등 빛을 비추었을 때 만들 수 없는 그림자 모양은 어느 것입니까? ( )

① 
② 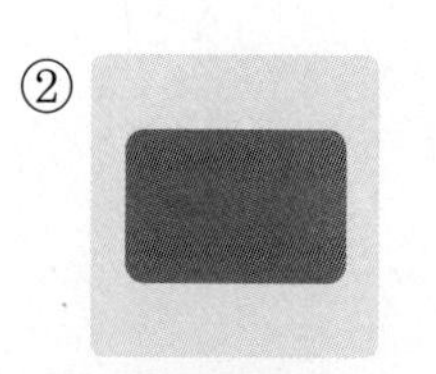
③ 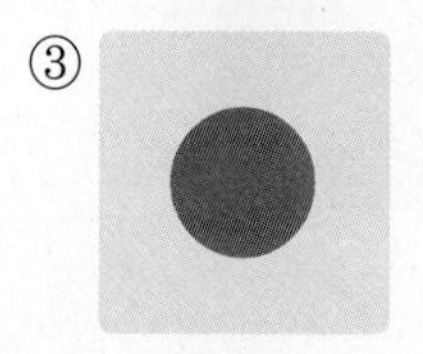
④ 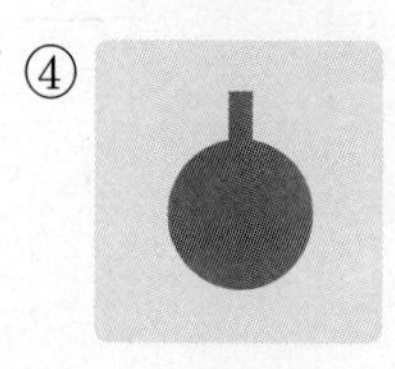

[8-10] 다음과 같이 장치하고, 동물 모양 종이 인형의 그림자를 만들었습니다. 물음에 답하시오.

8 7종 공통

위 실험에서 그림자의 크기를 작게 하기 위한 방법으로 옳은 것을 모두 골라 기호를 쓰시오.

㉠ 스크린과 손전등은 그대로 두고 종이 인형을 손전등에서 멀게 한다.
㉡ 스크린과 손전등은 그대로 두고 종이 인형을 손전등에 가깝게 한다.
㉢ 스크린과 종이 인형은 그대로 두고 손전등을 종이 인형에서 멀게 한다.

( )

9 서술형 동아, 아이스크림, 지학사, 천재

위 실험에서 손전등과 동물 모양 종이 인형은 그대로 두고 그림자의 크기를 크게 하려면 어떻게 해야 하는지 쓰시오.

10 7종 공통

다음은 위 실험에서 알 수 있는 사실입니다. ( ) 안에 들어갈 알맞은 말을 쓰시오.

물체의 그림자 크기는 손전등과 물체, 스크린 사이의 ( )에 따라 달라진다.

( )

11 동아, 금성, 김영사, 비상, 지학사, 천재

자신의 얼굴을 거울에 비추었을 때의 모습에 대해 옳게 말한 사람의 이름을 쓰시오.

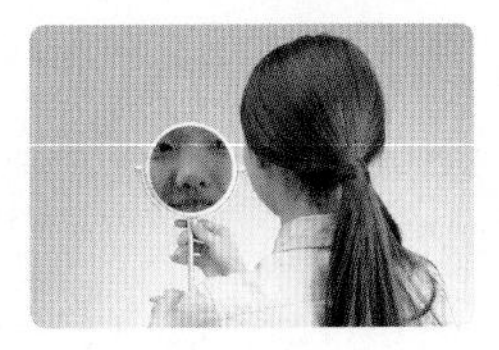

- 하우: 거울로 내 얼굴을 보면 색깔이 다르게 보여.
- 기태: 아니야. 색깔은 같게 보이지만 상하가 바뀌어 보이는 거야.
- 소연: 상하가 바뀌어 보이는 것이 아니라 좌우가 바뀌어 보이는 거야.

( )

12 동아, 금성, 김영사, 비상, 지학사, 천재

다음 글자 카드를 거울에 비추어 보면 어떻게 보이는지 그리시오.

SCIENCE ➡ [ ]

13 동아, 금성, 김영사, 비상, 지학사, 천재

거울에 비친 모습과 실제 모습이 다른 도형은 어느 것입니까? ( )

① 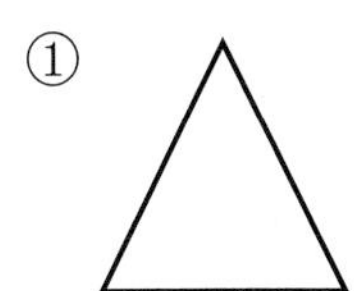
② 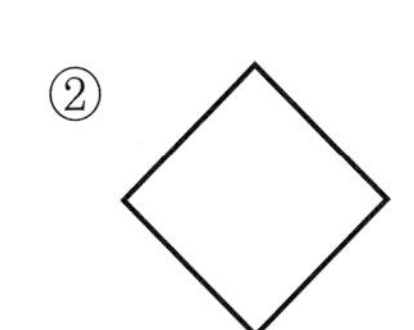
③ 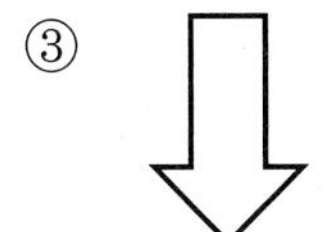
④ 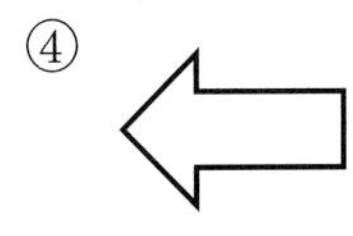

14 금성, 김영사, 비상, 아이스크림

그림과 같이 손전등과 과녁판이 있을 때 거울을 이용하여 손전등 빛을 과녁판의 가운데에 비추려고 합니다. 이 실험에 대해 옳게 설명한 것은 어느 것입니까? ( )

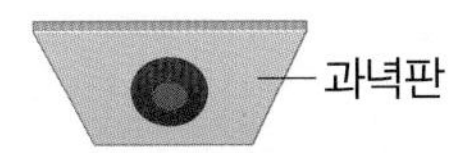

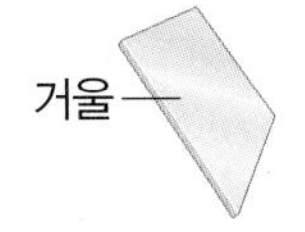

① 빛의 반사를 이용한다.
② 빛이 직진하는 성질과는 관련이 없다.
③ 빛이 나아가는 방향은 바뀌지 않는다.
④ 거울이 두 개 이상 있어야 과녁판에 빛을 비출 수 있다.
⑤ 빛은 직진하기 때문에 거울을 이용해도 과녁판에 빛을 비출 수 없다.

15 서술형 ⊕ 7종 공통

다음과 같이 승강기에 거울을 설치하였을 때 좋은 점을 두 가지 쓰시오.

3 단원

3. 그림자와 거울

정답과 풀이 12쪽

평가 주제	그림자의 크기 변화 알기
평가 목표	그림자의 크기를 조절하는 방법을 설명할 수 있다.

[1-2] 다음과 같이 두 개의 종이 인형에 손전등 빛을 비추어 스크린에 그림자를 만들려고 합니다. 물음에 답하시오.

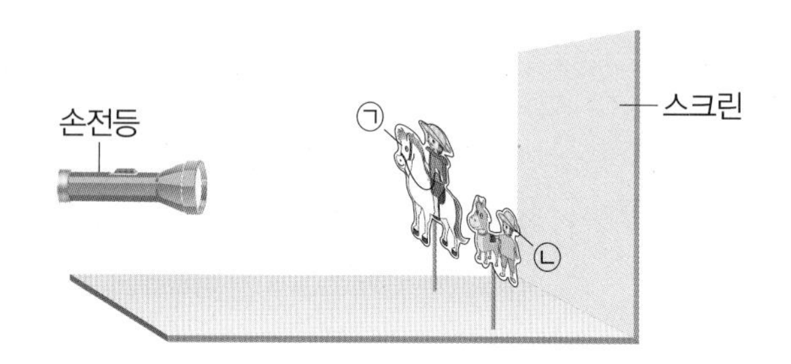

1 위 ㉠과 ㉡ 종이 인형의 그림자가 동시에 커지게 하는 방법을 한 가지 쓰시오.

도움 그림자의 크기를 변화시키려면 손전등, 물체, 스크린의 위치를 조절합니다.

2 위 ㉡ 종이 인형의 그림자만 작아지게 하는 방법을 쓰시오.

도움 손전등과 스크린은 그대로 두고 그림자의 크기를 작게 하는 방법을 생각해 봅니다.

3 다음은 물체와 스크린을 그대로 두었을 때 그림자의 크기를 변화시키는 방법입니다. 빈칸에 알맞은 말을 쓰시오.

물체와 스크린은 그대로 두고 손전등을 물체에 (   ) 하면 그림자의 크기가 커지고, 손전등을 물체에서 (   ) 하면 그림자의 크기가 작아진다.

도움 물체와 손전등 사이의 거리가 가까울수록 그림자의 크기가 커집니다.

2회

3. 그림자와 거울

정답과 풀이 12쪽

평가 주제	실제 물체와 거울에 비친 물체의 모습 비교하기
평가 목표	거울에 비친 모습의 특징을 설명할 수 있다.

[1-3] 거울에 비친 시계의 모습이 다음과 같았습니다. 물음에 답하시오.

1 거울에 비친 시계를 본 시각은 몇 시 몇 분인지 쓰시오.

( )시 ( )분

도움 실제 시계의 모습을 생각해 봅니다.

2 위 1번 답과 같이 생각한 까닭은 무엇인지 쓰시오.

도움 거울에 비친 물체의 특징을 생각해 봅니다.

3 위 2번 답을 참고하여 구급차의 앞부분에 '119 구급대'라는 글자의 좌우가 바뀌어 있어서 좋은 점은 무엇인지 쓰시오.

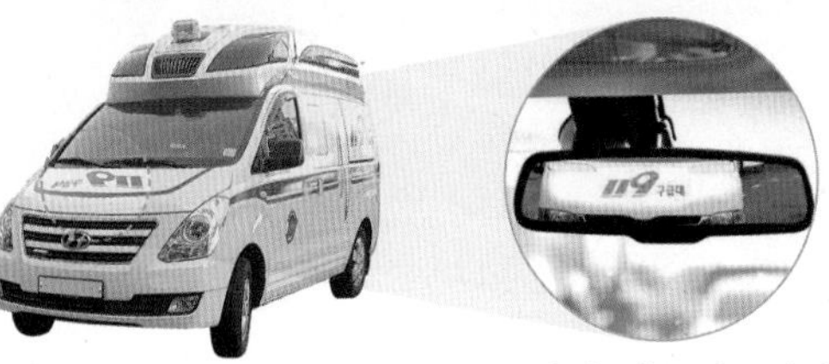

▲ 앞에 가는 자동차의 뒷거울에 비친 모습

도움 구급차는 위급한 환자를 신속하게 병원으로 실어 나르는 자동차입니다.

3 단원

쉬어 가기

미로를 따라 길을 찾아보세요.

정답 12쪽

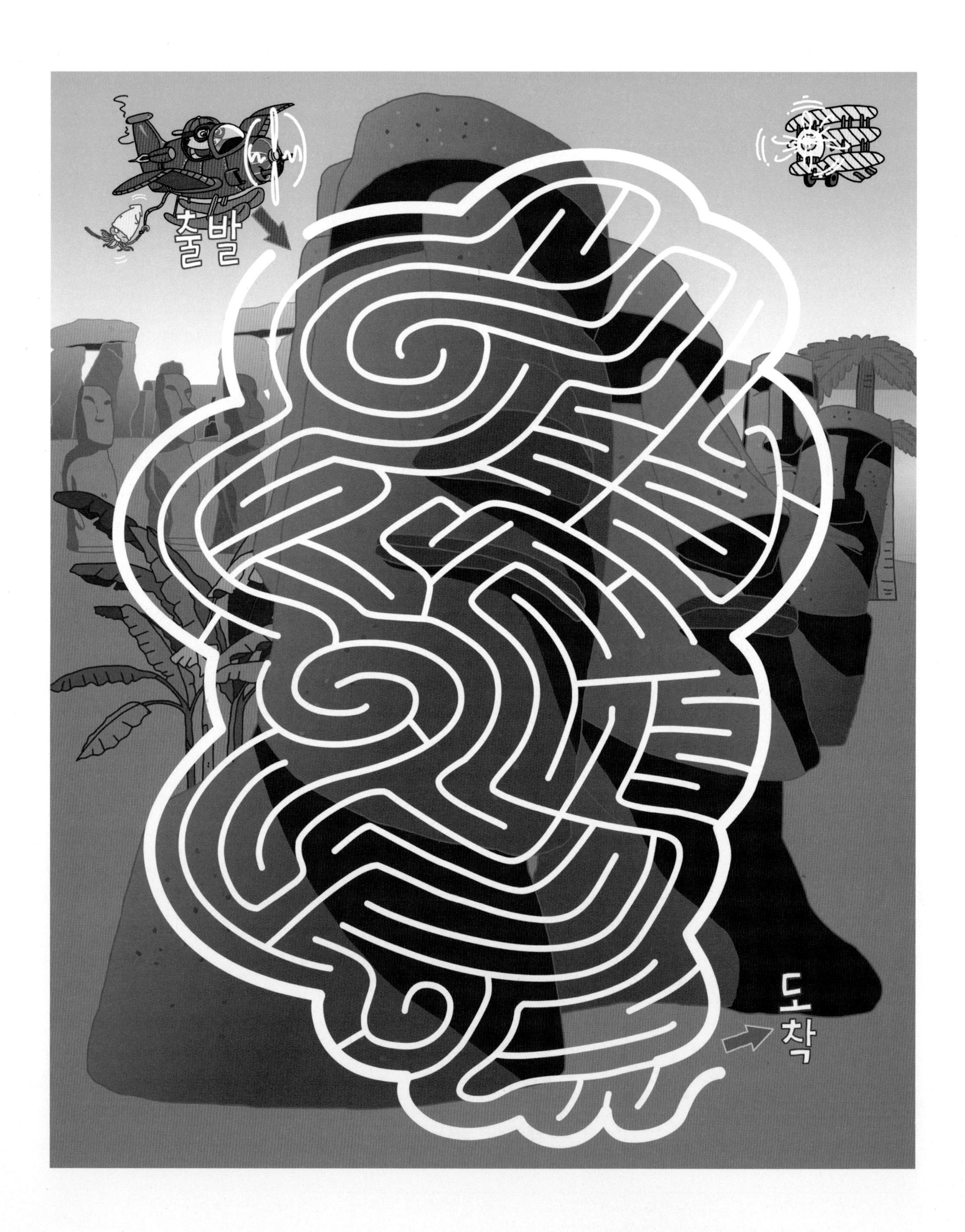

4 화산과 지진

학습 내용과 교과서별 해당 쪽수를 확인해 보세요.

학습 내용	백점 쪽수	교과서별 쪽수				
		동아출판	비상교과서	아이스크림 미디어	지학사	천재교과서
❶ 화산, 화산 활동으로 나오는 물질	86~89	82~85	84~87	86~89	80~81	86~91
❷ 화강암과 현무암, 화산 활동이 미치는 영향	90~93	86~89	88~93	90~93	82~85	92~95
❸ 지진, 지진 발생 시 대처 방법	94~97	90~95	94~97	94~99	86~91	96~101

★ 동아출판, 금성출판사, 비상교과서, 아이스크림미디어, 지학사, 천재교과서의 「4. 화산과 지진」 단원에 해당합니다.
★ 김영사의 「4. 화산 활동과 지진」 단원에 해당합니다.

1 화산, 화산 활동으로 나오는 물질

기본 개념 문제

1

(   )은/는 땅속 깊은 곳에서 암석이 녹아 만들어진 마그마가 지표 밖으로 분출하여 생긴 지형입니다.

2

화산에는 (   )이/가 분출한 분화구가 있는 것도 있습니다.

3

화산의 (   )에 물이 고여 호수가 만들어진 것도 있습니다.

4

(   )은/는 화산 활동으로 나오는 여러 가지 물질을 말합니다.

5

화산 가스는 대부분 (   )(이)며, 여러 가지 기체가 포함되어 있습니다.

6 7종 공통

다음에서 설명하는 물질로 알맞은 것은 어느 것입니까? (   )

땅속 깊은 곳에서 암석이 녹아 액체 상태로 있는 물질로, 온도가 매우 높다.

① 용암 ② 화산재
③ 마그마 ④ 화산 가스
⑤ 화산 암석 조각

7 7종 공통

위 6번 답의 물질이 지표 밖으로 분출하여 생긴 지형으로 알맞은 것을 골라 기호를 쓰시오.

㉠ 
▲ 들

㉡
▲ 사막

㉢ 
▲ 바다

㉣ 
▲ 화산

(   )

8 7종 공통

화산에 대해 옳게 말한 사람의 이름을 쓰시오.

- 남준: 분화구가 있는 것도 있어.
- 지민: 세계에서 현재 활동 중인 화산은 없어.
- 호석: 지표 밖에 있던 마그마가 땅속으로 들어가면서 만들어져.

(   )

화산과 지진

학습 내용과 교과서별 해당 쪽수를 확인해 보세요.

학습 내용	백점 쪽수	교과서별 쪽수				
		동아출판	비상교과서	아이스크림 미디어	지학사	천재교과서
1 화산, 화산 활동으로 나오는 물질	86～89	82～85	84～87	86～89	80～81	86～91
2 화강암과 현무암, 화산 활동이 미치는 영향	90～93	86～89	88～93	90～93	82～85	92～95
3 지진, 지진 발생 시 대처 방법	94～97	90～95	94～97	94～99	86～91	96～101

★ 동아출판, 금성출판사, 비상교과서, 아이스크림미디어, 지학사, 천재교과서의 「4. 화산과 지진」 단원에 해당합니다.

★ 김영사의 「4. 화산 활동과 지진」 단원에 해당합니다.

1 화산, 화산 활동으로 나오는 물질

1 화산

(1) 화산

① 화산은 땅속 깊은 곳에서 암석이 높은 열에 의하여 녹은 마그마가 지표 밖으로 분출하여 생긴 지형입니다.

② 세계 여러 나라의 화산: 현재 화산 활동이 일어나고 있는 화산도 있고, 활동하지 않는 화산도 있습니다.

▲ 한라산

▲ 킬라우에아산(미국)

▲ 후지산(일본)

▲ 베수비오산(이탈리아)

(2) 화산의 생김새와 특징

① 화산의 크기와 생김새가 다양합니다.

② 화산에는 용암이 분출한 분화구가 있는 것이 있습니다. — 화산 중에는 산꼭대기가 움푹 파여 있지 않은 것도 있어요.

③ 화산의 분화구에 물이 고여 호수가 만들어진 것도 있습니다.

④ 현재 화산 활동이 일어나고 있는 화산의 경우, 연기가 나거나 용암이 흘러나옵니다.

2 화산 활동으로 나오는 물질

(1) 화산 분출물: 화산 활동으로 나오는 여러 가지 물질을 화산 분출물이라고 하며, 화산 가스, 용암, 화산재, 화산 암석 조각 등이 있습니다.

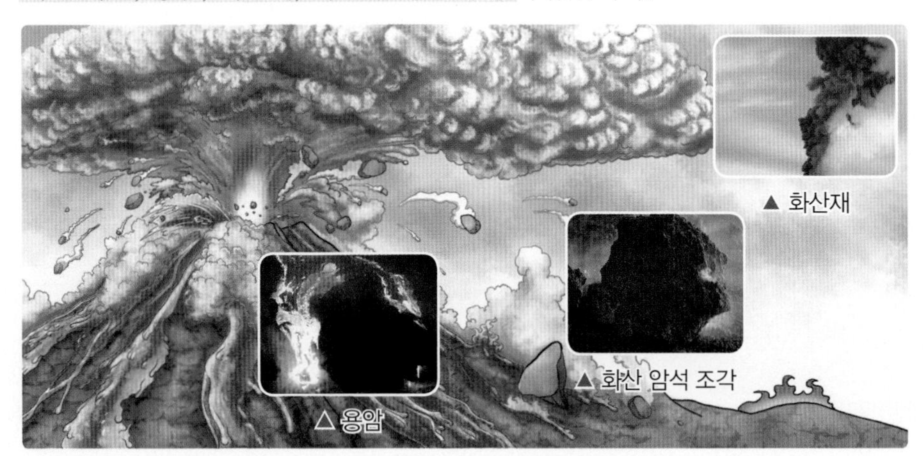

① 화산 가스: 대부분 수증기이며, 여러 가지 기체가 포함되어 있습니다.

② 용암: 땅속 마그마가 지표면을 뚫고 나와 흘러내리는 것입니다.

③ 화산재와 화산 암석 조각

화산재

화산이 분출할 때 나오는 뿌연 돌가루로 크기가 매우 작음.

화산 암석 조각

화산이 분출할 때 나오는 크고 작은 돌덩이로 크기가 다양함.

화산과 화산이 아닌 산

- 화산은 땅속의 마그마가 분출하여 생겼지만, 화산이 아닌 산은 마그마가 분출하지 않았습니다.
- 화산은 마그마가 분출한 분화구가 있는 경우가 많지만, 화산이 아닌 산에는 분화구가 없습니다.

화산의 생김새

- 화산의 생김새는 용암의 성질에 따라 달라집니다.
- 끈적임이 약하고 잘 흐르는 용암이 흘러서 만들어진 화산은 경사가 완만하고, 끈적임이 강하고 잘 흐르지 않는 용암이 흘러서 만들어진 화산은 경사가 급합니다.

▲ 경사가 완만한 화산

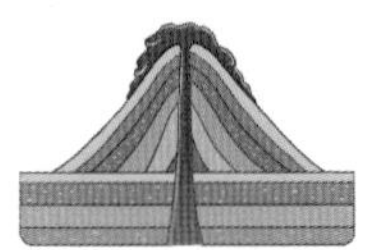
▲ 경사가 급한 화산

화산 분출물의 상태

- 기체 상태: 화산 가스
- 액체 상태: 용암
- 고체 상태: 화산재, 화산 암석 조각

고체 상태의 화산 분출물

고체 상태의 화산 분출물은 크기에 따라 구분할 수 있습니다. 지름이 $\frac{1}{16}$ mm ~2 mm 사이인 것을 화산재라고 하고, 2 mm 이상인 것을 화산 암석 조각이라고 합니다.

용어 사전

- **마그마** 땅속 깊은 곳에서 암석이 녹아 액체 상태로 있는 것.
- **지표** 지구의 표면. 또는 땅의 겉면.
- **용암** 마그마가 지표로 분출하면서 화산 가스 등의 기체 물질이 빠져나간 액체 상태의 물질.

교과서 통합 대표 실험

실험 1 마시멜로로 화산 활동 모형실험 하기

김영사, 비상교과서, 아이스크림미디어, 천재교과서

❶ 알루미늄 포일 위에 마시멜로를 여러 개 올려놓은 뒤 식용 색소를 뿌립니다.

❷ 알루미늄 포일로 마시멜로를 감싼 뒤 윗부분을 조금 열어 둡니다. (화산의 분화구를 표현한 것이에요.)

❸ 마시멜로가 들어 있는 알루미늄 포일을 은박 접시 위에 올리고, 가열 장치로 가열하면서 나타나는 현상을 관찰해 봅니다.

❹ 화산 활동 모형실험과 실제 화산 활동을 비교해 봅니다.

실험 결과

• 화산 활동 모형에서 나타나는 현상

모형 윗부분에서 연기가 피어오름.

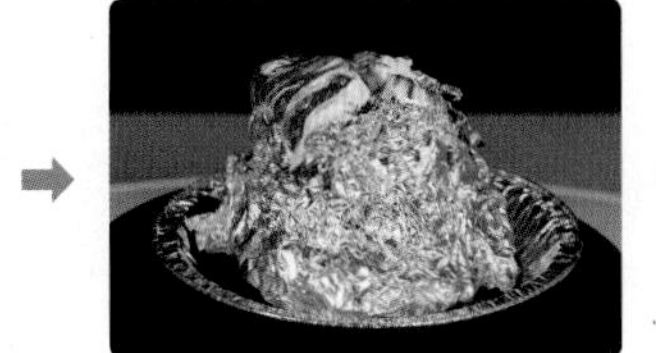

녹은 마시멜로가 모형의 윗부분으로 흘러나옴.

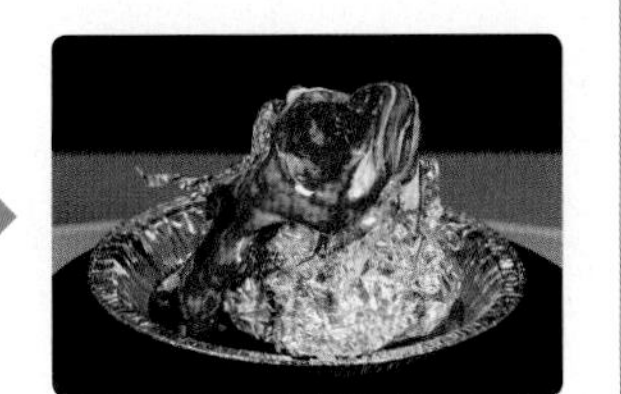

흘러나온 마시멜로는 시간이 지나면서 식어서 굳음.

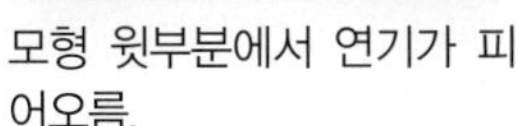

• 화산 활동 모형 실험과 실제 화산 활동 비교하기

화산 활동 모형실험	연기	흘러나오는 마시멜로	굳은 마시멜로
실제 화산 활동	화산 가스	용암	화산 암석 조각

구분	내용
공통점	• 연기가 나오고 빨간색 액체가 흘러나옴. • 시간이 지나면 흘러나온 액체가 식으면서 굳음.
차이점	• 화산 활동 모형보다 실제 화산의 크기가 더 큼. • 실제 화산에서 분출되는 물질의 양이 더 많음. • 실제 화산에서는 단단한 암석 조각이 나오지만 화산 활동 모형에서는 단단한 암석 조각이 나오지 않음.

실험 2 화산 폭발실험 하기

동아출판

❶ 접시 위에 빈 병을 올려놓습니다.

❷ 빈 병에 물감과 물을 넣고 나무 막대로 저어 섞습니다.

❸ 물감을 탄 물이 들어 있는 병에 발포정을 넣고 변화를 관찰합니다.

실험 결과

▲ 발포정을 넣기 전 ▲ 발포정을 넣은 후

• 발포정을 넣으면 물감을 탄 물이 부글거리며 올라와서 흘러내립니다.

• 물감을 탄 물이 흘러내리는 모습이 실제 화산 활동에서 용암이 흘러내리는 모습과 비슷합니다.

실험 TIP !

실험동영상

마시멜로에 빨간색 식용 색소를 뿌리면 가열했을 때 흘러나오는 마시멜로의 색깔과 실제 화산이 분출할 때 나오는 용암의 색깔을 비교할 수 있어요.

실험+ 설탕과 탄산수소 나트륨으로 화산 활동 모형실험 하기 지학사

❶ 알루미늄 포일로 화산 모형을 만들고 설탕을 넣은 뒤 가열합니다.

❷ 설탕이 녹으면 탄산수소 나트륨을 넣고 나타나는 현상을 관찰해 봅니다.

실험 결과

화산 모형 윗부분에서 연기가 나오고, 화산 모형 밖으로 물질이 흘러나옵니다. 흘러나온 물질은 식어서 굳습니다.

실험동영상

물감을 탄 물은 빈 병의 입구에서 조금 아래까지 차도록 넣어요. 물이 너무 적으면 잘 흘러나오지 않을 수 있어요.

1 화산, 화산 활동으로 나오는 물질

기본 개념 문제

1

(   )은/는 땅속 깊은 곳에서 암석이 녹아 만들어진 마그마가 지표 밖으로 분출하여 생긴 지형입니다.

2

화산에는 (   )이/가 분출한 분화구가 있는 것도 있습니다.

3

화산의 (   )에 물이 고여 호수가 만들어진 것도 있습니다.

4

(   )은/는 화산 활동으로 나오는 여러 가지 물질을 말합니다.

5

화산 가스는 대부분 (   )(이)며, 여러 가지 기체가 포함되어 있습니다.

6 7종 공통

다음에서 설명하는 물질로 알맞은 것은 어느 것입니까? (   )

> 땅속 깊은 곳에서 암석이 녹아 액체 상태로 있는 물질로, 온도가 매우 높다.

① 용암 ② 화산재
③ 마그마 ④ 화산 가스
⑤ 화산 암석 조각

7 7종 공통

위 6번 답의 물질이 지표 밖으로 분출하여 생긴 지형으로 알맞은 것을 골라 기호를 쓰시오.

㉠

▲ 들

㉡
▲ 사막

㉢
▲ 바다

㉣

▲ 화산

(   )

8 7종 공통

화산에 대해 옳게 말한 사람의 이름을 쓰시오.

> • 남준: 분화구가 있는 것도 있어.
> • 지민: 세계에서 현재 활동 중인 화산은 없어.
> • 호석: 지표 밖에 있던 마그마가 땅속으로 들어가면서 만들어져.

(   )

9 7종 공통

화산에 대한 설명으로 옳은 것은 어느 것입니까? (　　)

① 화산의 크기는 모두 같다.
② 화산의 꼭대기는 모두 뾰족하다.
③ 화산이 만들어지는 시간은 모두 같다.
④ 화산은 땅속의 마그마가 지표 밖으로 분출하여 생긴다.
⑤ 우리나라에 있는 산은 모두 화산 활동에 의해서 만들어졌다.

[10-11] 다음은 화산이 분출할 때 나오는 여러 가지 물질입니다. 물음에 답하시오.

(가) 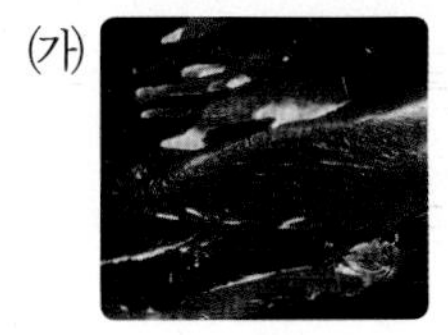
▲ 용암

(나) 
▲ 화산재

(다) ▲ 화산 암석 조각

10 7종 공통

위와 같이 화산 활동으로 나오는 여러 가지 물질을 무엇이라고 하는지 쓰시오.

(　　　　　　)

11 서술형 7종 공통

위 (가)~(다) 중 고체 상태의 화산 분출물을 모두 골라 기호를 쓰고, 둘의 차이점을 쓰시오.

(1) 고체 상태의 화산 분출물: (　　　　　　)

(2) 차이점: ______________________

____

12 7종 공통

용암에 대한 설명으로 옳은 것에 ○표 하시오.

(1) 기체 상태의 화산 분출물이다. (　　)
(2) 지표면을 따라 흐르기도 한다. (　　)
(3) 용암은 뿌연 돌가루로 알갱이의 크기가 매우 작다. (　　)

[13-14] 다음은 화산 활동 모형실험입니다. 물음에 답하시오.

(가) 마시멜로에 식용 색소를 뿌리고 알루미늄 포일로 감싼다.
(나) 알루미늄 포일의 윗부분을 조금 열어 둔다.
(다) 가열 장치 위에 은박 접시를 올린다.
(라) 마시멜로가 들어 있는 알루미늄 포일을 은박 접시 위에 올려놓는다.

13 김영사, 비상, 아이스크림, 천재

위 장치를 가열할 때 나타나는 현상으로 옳지 않은 것을 보기에서 골라 기호를 쓰시오.

보기
㉠ 알루미늄 포일 윗부분에서 연기가 피어오른다.
㉡ 알루미늄 포일 윗부분에서 녹은 마시멜로가 흘러나온다.
㉢ 알루미늄 포일 안쪽에 있는 마시멜로는 점점 차가워지며 굳어진다.

(　　　　　　)

14 김영사, 비상, 아이스크림, 천재

위 화산 활동 모형실험에서 나오는 연기는 실제 화산 분출물 중에서 무엇과 비교할 수 있는지 쓰시오.

(　　　　　　)

4 단원

2 화강암과 현무암, 화산 활동이 미치는 영향

1 화강암과 현무암

(1) 화성암

① 마그마가 식어서 굳어져 만들어진 암석을 화성암이라고 합니다. → 마그마의 활동으로 만들어져요.

② 대표적인 화성암에는 화강암과 현무암이 있습니다.

③ 화성암을 이루고 있는 알갱이의 크기는 마그마가 식는 빠르기에 따라 달라집니다.

④ 화성암의 색깔은 암석을 이루고 있는 알갱이의 성분에 따라 달라집니다.

(2) 화강암의 특징

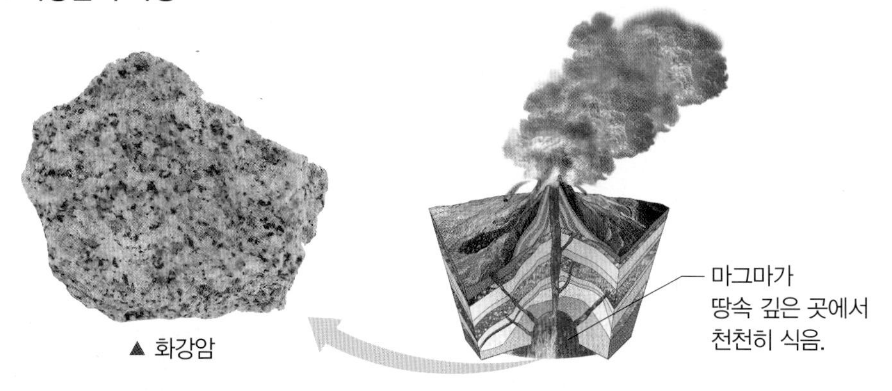

▲ 화강암

① 화강암은 마그마가 땅속 깊은 곳에서 천천히 식어 만들어집니다.

② 화강암은 대체로 색깔이 밝고, 암석을 이루는 알갱이의 크기가 현무암보다 큽니다.

③ 화강암에는 여러 가지 색깔의 알갱이가 섞여 있습니다. → 검은색 알갱이와 반짝이는 알갱이가 잘 보여요.

(3) 현무암의 특징

▲ 현무암

① 현무암은 마그마가 지표 가까이에서 빨리 식어 만들어집니다.

② 현무암은 색깔이 어둡고, 암석을 이루는 알갱이의 크기가 매우 작습니다.

③ 현무암은 표면에 구멍이 있는 것도 있고 구멍이 없는 것도 있습니다.

(4) 우리 주변에서 볼 수 있는 화강암과 현무암

① 화강암: 도봉산, 설악산, 속리산 등에서 볼 수 있으며, 건축물 등에 많이 쓰입니다.

▲ 석굴암

▲ 불국사 돌계단

▲ 컬링 스톤

▲ 비석

② 현무암: 제주도, 울릉도, 한탄강 주변 등에서 볼 수 있으며, 다양하게 쓰입니다.

▲ 돌하르방

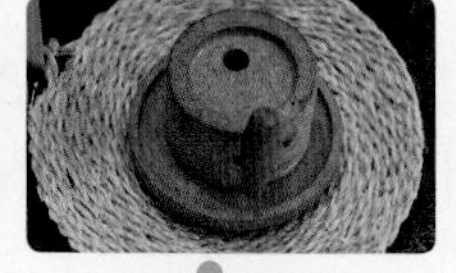

▲ 맷돌

▲ 제주도 돌담

제주도에서는 현무암을 이용한 모습을 많이 볼 수 있어.

화강암과 현무암을 이루고 있는 알갱이의 크기

- 화강암은 맨눈으로 구별할 수 있을 정도로 알갱이의 크기가 큽니다.
- 현무암은 맨눈으로 잘 보이지 않을 정도로 알갱이의 크기가 작습니다.
- 화강암은 마그마가 땅속 깊은 곳에서 천천히 식어 굳어져서 알갱이의 크기가 크고, 현무암은 마그마가 지표 가까이에서 빨리 식어 굳어져서 알갱이의 크기가 작습니다.

화강암과 현무암의 공통점과 차이점

- 공통점: 마그마가 식어 굳어져서 만들어진 암석인 화성암입니다.
- 차이점: 암석의 색깔, 암석을 이루고 있는 알갱이의 크기, 암석이 만들어지는 곳이 다릅니다.

현무암 표면의 구멍

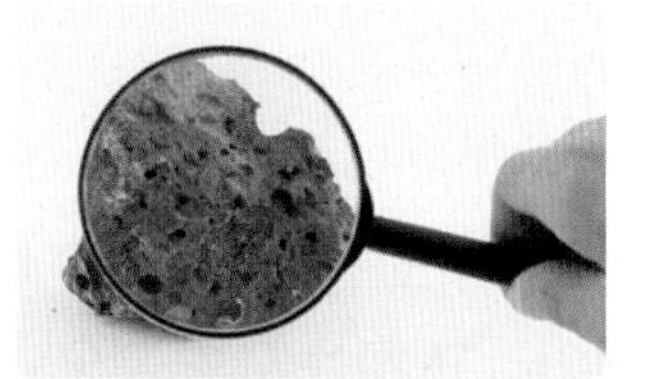

현무암 중에는 표면에 구멍이 많이 나 있는 것도 있습니다. 이것은 마그마가 식을 때 화산 가스가 빠져나가면서 생긴 것입니다.

용어 사전

- **석굴암** 경주시 토함산에 있는 석굴. 우리나라의 보물로 지정되어 있으며 화강암으로 만든 불상이 있음.
- **컬링 스톤** 컬링 경기에서 사용하는 화강암으로 만든 돌. 둥근 모양이며 손잡이가 달려 있음.
- **돌하르방** 돌로 만든 할아버지라는 뜻으로, 제주도에서 볼 수 있는 조형물.
- **맷돌** 곡식을 가는 데 쓰는 기구. 둥글넓적한 돌 두 개를 포개고 윗돌 구멍에 곡식을 넣으면서 손잡이를 돌려서 씀.

2 화산 활동이 미치는 영향

(1) 화산 활동이 주는 피해

화산 활동이 주는 피해

용암으로 인한 산불

화산재로 덮인 비행기

화산재로 덮인 하늘

화산재로 덮인 마을

① 화산 분출물이 마을을 뒤덮습니다.
② 용암이 흘러 산불을 발생시킵니다.
③ 화산재가 비행기의 운항에 영향을 줍니다. — 비행기가 오고 가는 것을 어렵게 하고 비행기 엔진을 망가뜨려 비행기 운항을 어렵게 해요.
④ 화산재와 화산 가스가 생물이 숨 쉬기 어렵게 하고, 호흡기 질병을 일으킵니다.
⑤ 화산재가 태양 빛을 가려서 날씨 변화에 영향을 주어 생물에게 피해를 줍니다.
⑥ 집이 부서지고 농경지가 용암이나 화산재에 묻혀 재산 피해가 발생합니다.

(2) 화산 활동이 주는 이로움

화산 활동이 주는 이로움

비옥해진 땅

온천

관광 자원으로 활용

용두암

지열 발전소

① 화산재가 쌓인 주변의 땅이 비옥해집니다.
② 화산재가 쌓인 땅에서 농작물이 잘 자라 많은 곡식과 과일 등을 얻을 수 있습니다.
③ 화산 주변 땅속의 열을 온천 개발에 이용합니다.
④ 온천이나 독특한 화산 지형을 관광 자원으로 활용합니다.
⑤ 화산 주변 땅속의 높은 열을 이용해 전기를 얻습니다. — '지열 발전'이라고 해요.

(3) 화산 활동이 우리 생활에 미치는 영향

① 화산 활동은 우리 생활에 피해를 주기도 하지만 이로움도 줍니다.
② 화산 활동을 우리 생활에 이용하기도 합니다.

+ 화산 활동이 농작물에 미치는 영향

- 용암이나 화산재가 논이나 밭을 덮어 피해를 줍니다. — 피해
- 화산재가 태양 빛을 가려서 기온을 낮추어 농작물에 피해를 입힙니다. — 피해
- 화산재는 오랜 시간이 지나면 화산 주변의 땅을 비옥하게 만들어 농작물이 잘 자라게 합니다. — 이로움

+ 화산 활동으로 만들어진 섬, 제주도

제주도에 사는 사람들은 화산 활동으로 만들어진 지형을 관광지로 활용합니다. 또 현무암으로 돌하르방, 생활용품을 만들어 사용합니다.

+ 지열 발전

▲ 발전소의 터빈

지열 발전이란 땅속의 높은 열을 받아들여 전기를 만드는 것으로, 고온의 증기를 이용하여 터빈(회전식 기계 장치)을 회전시키고, 이에 연결된 발전기로 전기를 만듭니다.

용어사전

- **운항** 배나 비행기가 정해진 항로나 목적지를 오고 감.
- **호흡기** 코, 폐 등과 같이 숨을 들이마시고 내쉬는 데 관여하는 기관.
- **농경지** 농사짓는 데 쓰는 땅.
- **비옥** 땅이 기름지고 양분이 많음.
- **증기** 기체 상태로 되어 있는 물. 수증기.

4 단원

2 화강암과 현무암, 화산 활동이 미치는 영향

기본 개념 문제

1

(   )은/는 마그마가 식어서 굳어져 만들어진 암석으로, 대표적으로 화강암과 현무암이 있습니다.

2

화강암은 대체로 색깔이 밝고, 암석을 이루고 있는 알갱이의 크기가 (   )니다.

3

현무암은 표면에 (   )이/가 있는 것도 있으며, 이는 화산 가스가 빠져나가면서 생긴 것입니다.

4

화산 활동으로 생긴 (   )이/가 태양 빛을 가려서 날씨 변화에 영향을 주어 생물에게 피해를 주기도 합니다.

5

화산 주변 땅속의 높은 열을 이용해 (   )을/를 만드는 지열 발전은 화산 활동이 주는 이로움입니다.

6 ✚ 7종 공통

다음 (   ) 안에 들어갈 알맞은 말은 어느 것입니까? (   )

> 화성암을 이루고 있는 알갱이의 (   )은/는 마그마가 식는 빠르기에 따라 달라진다.

① 맛 ② 크기 ③ 냄새
④ 촉감 ⑤ 아름다움

7 ✚ 7종 공통

현무암과 화강암을 특징에 알맞게 선으로 이으시오.

(1)  • • ㉠ 대체로 색깔이 밝고, 암석을 이루고 있는 알갱이의 크기가 큼.

(2)  • • ㉡ 색깔이 어둡고, 암석을 이루고 있는 알갱이의 크기가 매우 작음.

8 ✚ 7종 공통

현무암과 화강암 중 ㉠의 위치와 ㉡의 위치에서 만들어지는 암석의 이름을 각각 쓰시오.

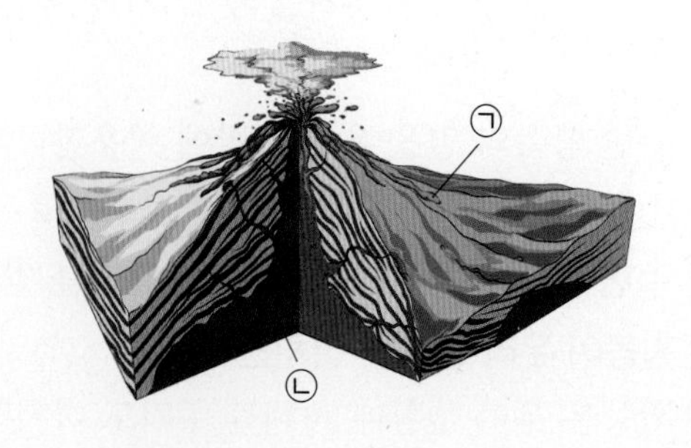

㉠ (   ), ㉡ (   )

9 서술형 7종 공통

앞 8번의 ㉡ 위치에서 만들어지는 암석을 이루고 있는 알갱이의 크기는 어떠한지 암석이 만들어지는 과정과 관련지어 쓰시오.

____

____

10 동아, 금성, 김영사, 비상

다음은 화강암과 현무암 중에서 무엇을 이용한 것인지 쓰시오.

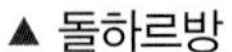

▲ 돌하르방

▲ 제주도 돌담

( )

11 동아, 금성, 김영사, 비상, 아이스크림, 천재

화산 활동이 우리 생활에 주는 피해를 보기 에서 모두 골라 기호를 쓰시오.

보기
㉠ 용암이 흘러 산불이 발생한다.
㉡ 화산재가 생물이 숨 쉬기 힘들게 한다.
㉢ 화산 주변 땅속의 높은 열을 이용해 전기를 만든다.

( )

12 김영사, 비상, 아이스크림, 천재

화산 분출물 중 다음에서 설명하는 것을 골라 기호를 쓰시오.

태양 빛을 가려 동식물에게 피해를 주기도 하지만 식물이 자라는 데 필요한 성분이 들어 있어 오랜 시간이 지나면 땅을 기름지게 한다.

㉠ ▲ 화산재 ㉡ ▲ 화산 가스 ㉢ ▲ 화산 암석 조각

( )

13 7종 공통

화산 활동이 우리 생활에 주는 이로움을 두 가지 골라 기호를 쓰시오.

㉠

▲ 온천

㉡

▲ 산불

㉢

▲ 비옥한 땅

㉣
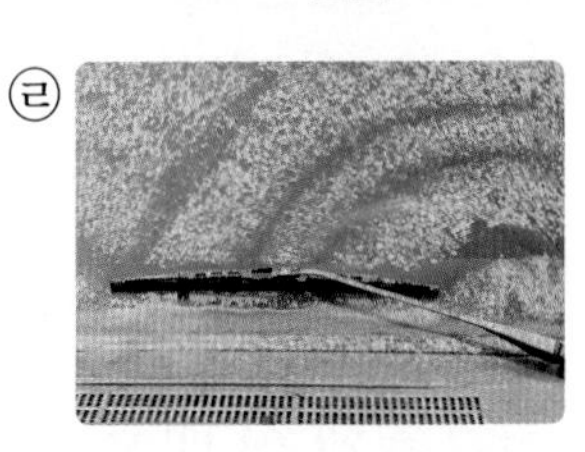

▲ 차 위에 쌓인 화산재

( )

14 7종 공통

화산 활동이 우리 생활에 주는 영향으로 옳은 것에 ○표 하시오.

(1) 화산 활동은 우리 생활에 피해만 준다. ( )

(2) 화산 활동은 우리 생활에 피해를 주기도 하지만 이로움도 준다. ( )

4 단원

3 지진, 지진 발생 시 대처 방법

1 지진

(1) **지진:** 땅(지층)이 끊어지면서 흔들리는 것을 지진이라고 합니다.

(2) **지진이 발생하는 까닭**

① 단단한 땅도 지구 내부에서 작용하는 힘을 오랫동안 받으면 휘어지거나 끊어질 수 있습니다. 이렇게 땅이 끊어지면서 지진이 발생합니다.

② 지진은 지표의 약한 부분이나 지하 동굴이 무너지거나, 화산 활동이 일어날 때 발생하기도 합니다.

(3) **지진 피해 사례**

① 지진으로 인해 건물이나 도로가 무너지고, 사람이 다치는 등 많은 인명 피해와 재산 피해가 발생할 수 있습니다.

▲ 지진으로 갈라진 땅

▲ 지진으로 무너진 건물

▲ 지진으로 끊어진 도로

② 세계 곳곳은 물론 최근 우리나라에서도 지진이 발생하여 큰 피해를 입었습니다.

발생 지역	발생 연도	규모	피해 사례
경상북도 포항시	2018년	4.6	부상자 발생, 건물과 도로 갈라짐.
경상북도 경주시	2016년	5.8	부상자 발생, 건물 무너짐, 문화재 손상됨.
일본	2018년	6.7	발전소 정지, 전기 끊김, 철도 운행 정지됨.
미국	2019년	7.1	부상자 발생, 화재와 산사태 발생함.

(4) **지진의 세기**

① 지진의 세기는 규모로 나타내며, 규모의 숫자가 클수록 강한 지진입니다. (지진이 일어날 때 발생하는 힘의 크기를 재어 규모로 나타내요.)

② 같은 규모의 지진이 발생해도 지진에 대비한 정도, 지진 경보 시기, 도시화 정도 등에 따라 피해 정도가 달라집니다.

2 지진 발생 시 대처 방법

지진이 발생하기 전

- 비상용품과 구급약품을 준비함. → 물, 구급약, 비상식량, 손전등, 라디오 등
- 흔들리기 쉬운 물건을 고정함.
- 평소에 주변의 안전을 미리 점검함.

지진이 발생했을 때

- 책상 아래로 들어가 머리와 몸을 보호함.
- 승강기 대신 계단을 이용해 밖으로 이동함.
- 머리를 보호하며 넓은 곳으로 이동함. (공원, 운동장 등)

지진이 발생한 후

- 다친 사람을 살피고 구조 요청을 함.
- 주변에 위험한 곳이 있는지 확인함.
- 지진 정보를 확인하고 정보에 따라 행동함.

① 지진은 예고 없이 발생하므로 평소에 지진 대처 방법을 알아 두어야 합니다.

② 장소와 상황에 맞는 대처 방법에 따라 침착히 행동하면 피해를 줄일 수 있습니다.

➕ 화산 활동과 지진의 비슷한 점

- 화산 활동과 지진 모두 지구 내부의 힘 때문에 발생하는 현상입니다.
- 화산 활동과 지진 모두 크고 작은 땅의 흔들림이 발생할 수 있습니다.
- 화산 활동과 지진 모두 사람들에게 피해를 줄 수 있습니다.
- 화산 활동과 지진이 자주 일어나는 지역의 분포가 비슷합니다.

➕ 지진 피해 사례

- 건물이 무너지고 다리가 부서집니다.
- 도로가 끊어지고 산사태가 납니다.
- 인명 및 재산 피해가 발생합니다.
- 바닷가에서는 지진 해일이 발생하기도 합니다.

▲ 지진 해일 피해 사례

➕ 지진 발생 시 장소에 따른 대처 방법

- 승강기 안: 모든 층의 버튼을 눌러서 가장 먼저 열리는 층에서 내려 계단으로 대피합니다.
- 바닷가: 지진 해일이 일어날 수 있으므로 높은 곳으로 대피합니다.
- 집 안: 전기와 가스를 차단하여 화재를 예방하고, 밖으로 나갈 수 있게 문을 열어 둡니다.
- 건물 밖: 건물이나 간판, 담장 등 넘어지거나 떨어질 것으로부터 멀리 떨어져서 머리를 보호하며 이동합니다.

용어사전

- **인명** 사람의 목숨.
- **분포** 일정한 범위에 흩어져 퍼져 있음.
- **해일** 지각 변동, 날씨 변화 등에 의하여 갑자기 바닷물이 크게 일어서 육지로 넘쳐 들어오는 것.

교과서 통합 대표 실험

실험 1 우드록으로 지진 발생 모형실험 하기 7종 공통

❶ 우드록을 양손으로 잡고 수평 방향으로 서서히 밀면서 우드록이 어떻게 되는지 관찰해 봅니다.
❷ 우드록이 끊어질 때 손의 느낌을 이야기해 봅니다.
❸ 지진 발생 모형실험과 실제 지진을 비교해 봅니다.

실험 결과

• 우드록의 변화

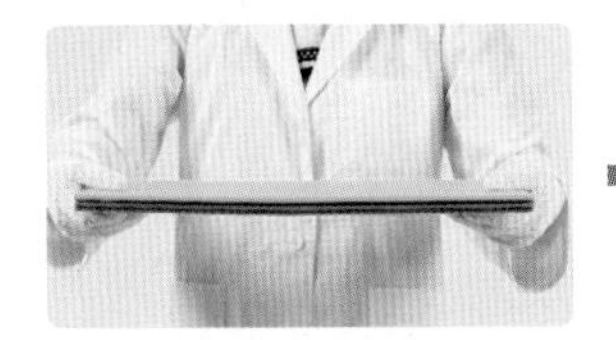
우드록의 처음 모습

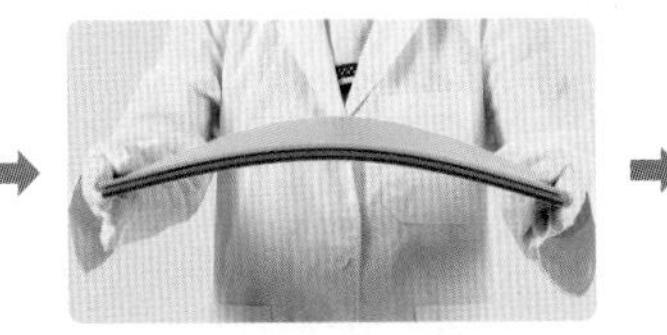
우드록의 가운데 부분이 볼록하게 올라오며 휘어짐.

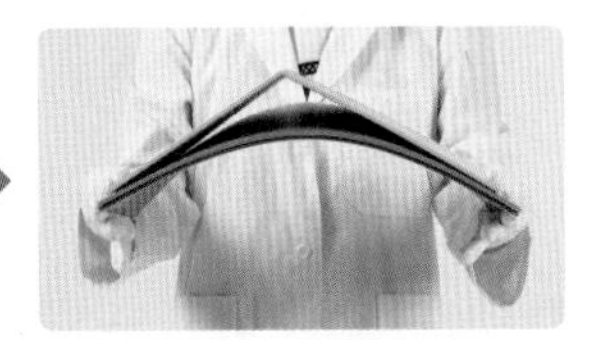
우드록이 더 크게 휘어지다가 소리를 내며 끊어짐.

• 우드록이 끊어질 때 손의 느낌: 손에 떨림(진동)이 느껴집니다.
• 지진 발생 모형실험과 실제 지진 비교하기

지진 모형실험	우드록	양손으로 미는 힘	우드록이 끊어질 때의 떨림
실제 지진	땅(지층)	지구 내부에서 작용하는 힘	지진

공통점	힘을 받아 우드록이나 땅(지층)이 끊어지고, 이로 인해 떨림이 나타남.
차이점	지진 발생 모형실험에서는 작은 힘이 짧은 시간 동안 작용하여도 우드록이 끊어지지만, 실제 지진은 지구 내부에서 작용하는 힘이 오랜 시간 동안 작용하여 발생함.

실험 2 흔들림 지진판으로 지진 발생실험 하기 동아출판

❶ 흔들림 지진판 위에 블록을 쌓아 건물의 모습을 만들어 봅니다.
❷ 흔들림 지진판을 위아래, 양옆으로 흔들며 블록 건물의 변화를 관찰해 봅니다.
❸ 지진 발생실험과 실제 지진의 공통점과 차이점은 무엇인지 이야기해 봅니다.

실험 결과

• 블록 건물은 땅 위의 건물이나 도로에 해당해요.

• 흔들림 지진판을 흔들 때의 떨림은 실제 지진이 발생할 때 지구 내부의 힘에 의한 땅의 떨림에 비교할 수 있어요.

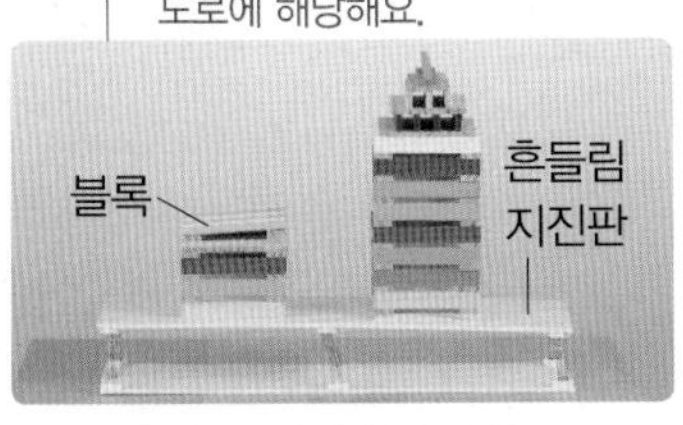

▲ 흔들림 지진판의 처음 모습

▲ 흔들림 지진판을 흔들었을 때

• 공통점: 흔들림 지진판을 흔들 때 떨림이 전달되어 블록 건물이 무너진 것처럼 실제 지진에서도 지구 내부의 힘에 의한 땅의 떨림이 전달되어 건물이나 도로가 무너집니다.
• 차이점: 지진 발생 모형실험은 짧은 시간 동안 작은 힘 때문에 블록 건물이 무너지지만, 실제 지진은 오랜 시간 동안 지구 내부의 힘이 쌓인 큰 힘 때문에 발생합니다.

실험 TIP !

실험동영상

우드록이 휘는 현상을 관찰할 수 있도록 처음부터 우드록을 너무 세게 밀지 않도록 해요.

우드록이 끊어지면서 작은 조각이 눈에 튈 수 있으므로 보안경을 쓰고 실험해요.

실험동영상

블록을 너무 높게 쌓을 경우 실험 과정에서 블록이 떨어져 다칠 수 있으므로 주의해요.

흔들림 지진판을 처음에는 약하게 흔들다가 점점 세게 흔들어요.

3 지진, 지진 발생 시 대처 방법

기본 개념 문제

1

(　　　　　)은/는 땅(지층)이 끊어지면서 흔들리는 것입니다.

2

지구 (　　　　　)에서 작용하는 힘을 오랫동안 받으면 땅(지층)이 휘어지거나 끊어질 수 있습니다.

3

지진의 세기는 (　　　　　)(으)로 나타내며, 숫자가 (　　　　)수록 강한 지진입니다.

4

지진이 발생했을 때 승강기 대신에 (　　　　　)을/를 이용해서 대피합니다.

5

지진이 발생하면 먼저 (　　　　　)와/과 몸을 보호하며, 흔들림이 멈추었을 때 안전한 곳으로 대피합니다.

6 7종 공통

다음 (　) 안에 들어갈 알맞은 말끼리 옳게 짝 지은 것은 어느 것입니까? (　　　)

> (㉠)은/는 땅(지층)이 지구 내부에서 작용하는 (㉡)을/를 받아 끊어지면서 흔들리는 것이다.

	㉠	㉡
①	화산	힘
②	화산	용암
③	지진	힘
④	지진	규모
⑤	떨림	진동

7 7종 공통

지진이 발생하는 까닭을 잘못 말한 사람의 이름을 쓰시오.

> • 은우: 화산이 폭발할 때 지진이 발생할 수 있어.
> • 서정: 지하 동굴이 무너질 때 지진이 발생하기도 해.
> • 혜진: 비가 많이 내리거나 태풍이 생기는 과정에서 지진이 발생해.

(　　　　　　　　　　)

8 7종 공통

오른쪽과 같이 양손으로 우드록을 잡고 수평 방향으로 밀었을 때 우드록의 변화 모습으로 옳은 것은 어느 것입니까? (　　　)

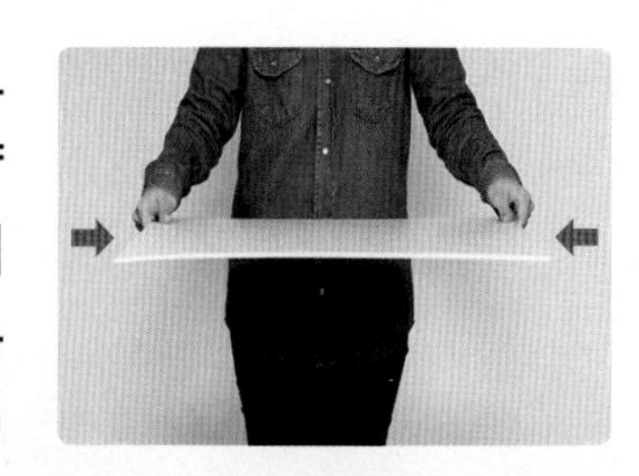

	서서히 밀었을 때	계속 힘을 주어 밀었을 때
①	휘어짐.	끊어짐.
②	끊어짐.	휘어짐.
③	많이 휘어짐.	조금 휘어짐.
④	조금 휘어짐.	아무런 변화가 없음.
⑤	아무런 변화가 없음.	아무런 변화가 없음.

9 7종 공통

앞 8번 지진 발생 모형실험과 실제 지진을 비교하여, 다음에 해당하는 것을 보기 에서 골라 각각 쓰시오.

보기
지진, 땅, 지구 내부에서 작용하는 힘

(1) 우드록: (   )
(2) 양손으로 미는 힘: (   )
(3) 손에 느껴지는 떨림: (   )

10 7종 공통

지진이 발생할 때 나타나는 현상이 아닌 것을 보기 에서 골라 기호를 쓰시오.

보기
㉠ 땅이 더 단단해진다.
㉡ 땅이 흔들리고 갈라진다.
㉢ 산사태가 발생하기도 한다.

(   )

11 서술형 7종 공통

각기 다른 두 지역에서 발생한 지진의 세기를 어떻게 비교할 수 있는지 쓰시오.

[12-13] 다음은 최근에 여러 나라에서 발생한 지진 피해 사례입니다. 물음에 답하시오.

발생 지역	연도	규모	피해 사례
대한민국	2018	4.6	부상자 발생, 도로 갈라짐.
일본	2018	6.7	전기 끊김, 철도 운행 정지됨.
미국	2019	7.1	부상자 발생, 산사태 발생함.

12 7종 공통

위 표를 보고, 가장 강한 지진이 발생한 나라는 어디인지 쓰시오.

(   )

13 7종 공통

위 표를 보고 알 수 있는 내용으로 옳은 것을 보기 에서 골라 기호를 쓰시오.

보기
㉠ 지진이 발생해도 별다른 피해가 발생하지 않는다.
㉡ 지진의 규모가 작을수록 부상자가 많이 발생한다.
㉢ 지진이 발생하면 크고 작은 피해가 발생하기도 한다.

(   )

14 7종 공통

지진이 발생했을 때의 대처 방법으로 옳은 것은 어느 것입니까? (   )

① 책상 위로 올라간다.
② 문을 닫고 불을 켠다.
③ 승강기를 이용해 빠르게 대피한다.
④ 넘어지거나 떨어질 물건으로부터 멀리 피한다.
⑤ 흔들림이 가장 심할 때 빠르게 건물 안으로 대피한다.

4 단원

4 화산과 지진

★ 화산과 화산이 아닌 산

▲ 화산(다이아몬드헤드산)

▲ 화산이 아닌 산

★ 화산의 다양한 생김새

▲ 경사가 완만한 화산

▲ 경사가 급한 화산

★ 화산 폭발실험

물감을 탄 물이 들어 있는 병에 발포정을 넣었을 때 액체가 흘러내리는 모습은 실제 화산 활동에서 용암이 흘러내리는 모습과 비슷합니다.

1. 화산, 화산 활동으로 나오는 물질

(1) 화산

① 화산은 땅속 깊은 곳에서 암석이 높은 열에 의하여 녹은 ❶ (   )가 지표 밖으로 분출하여 생긴 지형입니다.

② 화산은 크기와 생김새가 다양합니다.

▲ 분화구가 있는 화산

▲ 분화구에 물이 고여 호수가 만들어진 화산

▲ 현재 화산 활동이 일어나고 있는 화산

(2) **화산 활동으로 나오는 물질**: ❷ (   )은 화산 활동으로 나오는 여러 가지 물질이며 화산 가스, 용암, 화산재, 화산 암석 조각 등이 있습니다.

▲ 용암

▲ 화산재

▲ 화산 암석 조각

화산 분출물의 종류	특징
화산 가스	대부분 수증기이며, 여러 가지 기체가 포함되어 있음.
❸ ( )	땅속 마그마가 지표면을 뚫고 나와 흘러내리는 것임.
화산재	화산이 분출할 때 나오는 뿌연 돌가루로 크기가 매우 작음.
화산 암석 조각	화산이 분출할 때 나오는 크고 작은 돌덩이로 크기가 다양함.

(3) **화산 분출물의 상태**: 화산 가스는 기체, 용암은 액체, 화산재와 화산 암석 조각은 고체 상태입니다.

(4) **화산 활동 모형실험과 실제 화산 활동 비교하기**

화산 활동 모형실험	실제 화산 활동
연기	❹ ( )
흘러나오는 마시멜로	용암
굳은 마시멜로	화산 암석 조각

① 화산 활동 모형실험과 실제 화산 활동에서 모두 연기가 나오고 액체가 흘러나옵니다. 흘러나온 액체는 시간이 지나면 식으면서 굳습니다.

② 화산 활동 모형실험보다 실제 화산에서 분출되는 물질의 양이 더 많습니다.

③ 실제 화산 활동에서는 단단한 암석 조각이 나오지만 화산 활동 모형실험에서는 단단한 암석 조각이 나오지 않습니다.

2. 화강암과 현무암, 화산 활동이 미치는 영향

(1) 화강암과 현무암의 특징

구분	❺	❻
색깔	대체로 밝은색임.	어두운색임.
모습	여러 가지 색깔의 알갱이가 섞여 있음.	표면에 구멍이 있는 것도 있고 없는 것도 있음.
암석을 이루고 있는 알갱이의 크기	현무암보다 크며, 알갱이를 맨눈으로 구별할 수 있음.	맨눈으로 잘 보이지 않을 정도로 알갱이의 크기가 작음.
알갱이의 크기가 다른 까닭	마그마가 땅속 깊은 곳에서 천천히 식어 만들어져 알갱이의 크기가 큼.	마그마가 지표 가까이에서 빨리 식어 만들어져 알갱이의 크기가 작음.

(2) 화산 활동이 미치는 영향

피해	• 용암이 흘러 산불을 발생시킴. • 화산재가 생물이 숨 쉬기 어렵게 하고, 태양 빛을 가려 피해를 줌.
이로움	• 화산재가 쌓인 주변의 땅이 비옥해짐. • 온천이나 화산 지형을 관광 자원으로 활용함. • 화산 주변 땅속의 높은 열을 이용해 전기를 얻음.

3. 지진, 지진 발생 시 대처 방법

(1) 지진

① 땅(지층)이 끊어지면서 흔들리는 것을 지진이라고 합니다.

② 땅이 ❼ 내부에서 작용하는 힘을 오랫동안 받으면 휘어지거나 끊어지는데, 이렇게 땅이 끊어지면서 지진이 발생합니다.

(2) 지진 발생 모형실험과 실제 지진 비교하기

① 지진 발생 모형실험과 실제 지진 모두 힘을 받아 우드록이나 땅(지층)이 끊어지고, 이로 인해 떨림이 나타납니다.

② 지진 발생 모형실험에서는 작은 힘이 짧은 시간 동안 작용하여 우드록이 끊어지지만, 실제 지진은 지구 내부에서 작용하는 힘이 오랜 시간 동안 작용하여 발생합니다.

(3) 지진 발생 시 대처 방법

넘어지거나 떨어질 것으로부터 머리와 몸을 보호함.

승강기 대신 계단을 이용해 밖으로 이동함.

전기와 가스를 차단하고, 나갈 수 있게 문을 열어 둠.

★ 화강암과 현무암

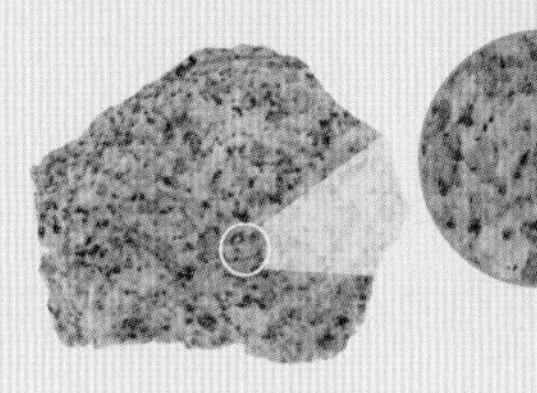
▲ 화강암

▲ 현무암

★ 우리 주변에서 볼 수 있는 화강암과 현무암 예

• 화강암: 석굴암, 불국사 돌계단, 컬링 스톤, 비석 등
• 현무암: 돌하르방, 맷돌, 제주도 돌담 등

★ 지진의 피해

▲ 지진으로 갈라진 땅

▲ 지진으로 무너진 건물

★ 지진의 세기

지진의 세기는 규모로 나타내며, 규모의 숫자가 클수록 강한 지진입니다. 같은 규모의 지진이 발생해도 지진에 대비한 정도, 지진 경보 시기, 도시화 정도 등에 따라 피해 정도가 달라집니다.

4. 화산과 지진

1 7종 공통

다음의 밑줄 친 '이것'은 무엇인지 쓰시오.

> 땅속 깊은 곳에서 마그마가 지표 밖으로 분출하여 생긴 지형으로, 세계 여러 곳에서는 지금도 활동 중인 이것을 볼 수 있다.

( )

2 7종 공통

세계 여러 곳의 화산에 대한 설명입니다. 옳지 않은 것에 ×표 하시오.

(1) 생김새와 크기가 다양하다. ( )

(2) 꼭대기에 분화구가 있는 것도 있다. ( )

(3) 모든 화산 꼭대기에는 분화구가 한 개 있다. ( )

3 7종 공통

다음은 시원이가 화산 분출물을 관찰하고 기록한 것입니다. 시원이가 관찰한 화산 분출물은 무엇인지 이름을 쓰시오.

> • 크기가 매우 다양하다.
> • 손으로 만져 보면 표면이 거칠다.
> • 고체 상태이다.
>
> 

( )

4 김영사, 비상, 아이스크림, 천재

다음 화산 활동 모형실험에서 민영이가 설명하는 화산 분출물에 해당하는 것을 골라 기호를 쓰고, 화산 분출물의 이름을 쓰시오.

마그마가 지표 밖으로 분출하여 화산 가스 등의 기체가 빠져 나간 것으로, 지표면을 따라 흘러.

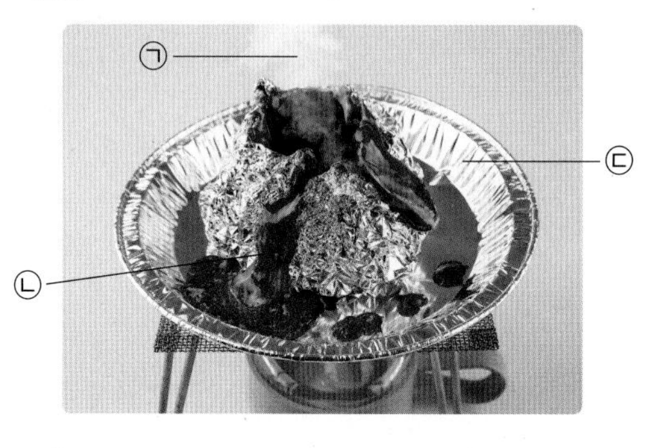

(1) 기호: ( )

(2) 화산 분출물의 이름: ( )

5 서술형 7종 공통

화산 분출물 중 화산 가스의 특징을 한 가지 쓰시오.

[6-8] 다음 화성암을 보고, 물음에 답하시오.

(가) (나)

6 7종 공통

위 두 암석의 이름을 각각 쓰시오.

(가) (   ), (나) (   )

7 7종 공통

위 (가) 암석을 이루는 알갱이와 (나) 암석을 이루는 알갱이의 크기를 비교했을 때 알갱이의 크기가 큰 것의 기호를 쓰시오.

(   )

8 서술형 7종 공통

위 (가) 암석과 (나) 암석이 만들어지는 장소는 어떻게 다른지 다음 ㉠, ㉡ 위치와 관련지어 쓰시오.

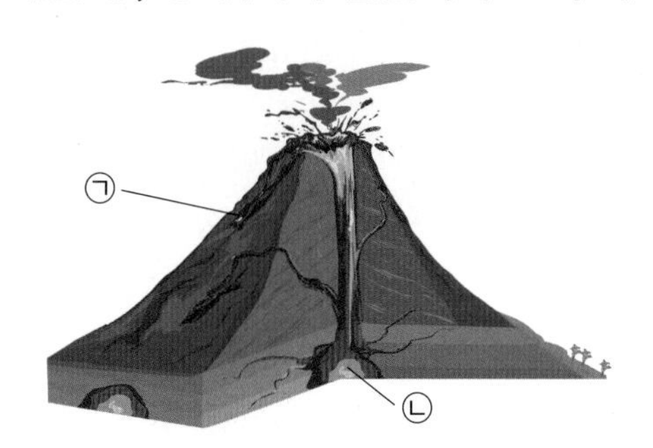

9 7종 공통

다음은 화산 활동이 우리 생활에 주는 영향을 생각그물로 나타낸 것입니다. (가)와 (나)에 들어가기에 알맞은 것을 각각 보기 에서 골라 기호를 쓰시오.

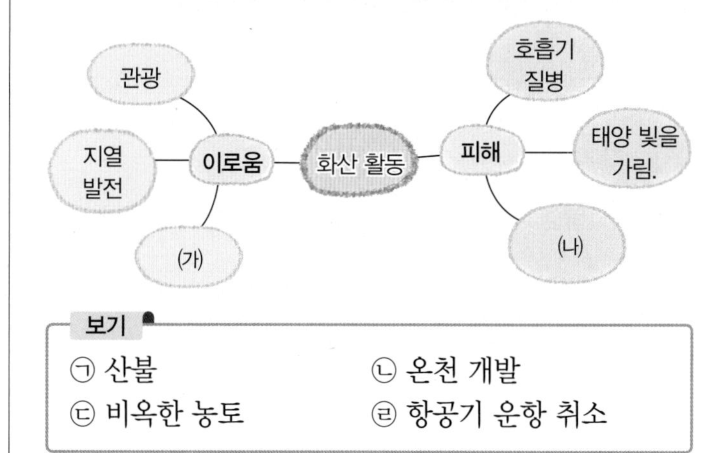

보기
㉠ 산불 ㉡ 온천 개발
㉢ 비옥한 농토 ㉣ 항공기 운항 취소

(가) (   ), (나) (   )

10 7종 공통

지진의 세기가 가장 약한 지진은 어느 것입니까? (   )

① 규모 1.1 ② 규모 2.5
③ 규모 3.8 ④ 규모 4.0
⑤ 규모 7.4

[11-12] 다음 모형실험을 보고, 물음에 답하시오.

(가) 양손으로 우드록을 잡고 수평 방향으로 밀어 본다.
(나) 우드록이 끊어질 때까지 우드록을 밀어 본다.
(다) 우드록이 끊어질 때 손에서 느껴지는 느낌을 느껴 본다.

11 7종 공통

위 탐구 활동에 대한 설명으로 옳은 것을 두 가지 고르시오. (   )

① 화산의 발생 원인을 알아보는 활동이다.
② (가) 과정에서 우드록에는 아무런 변화가 없다.
③ (나) 과정에서 우드록이 끊어질 때 소리가 난다.
④ 모형실험에 사용된 우드록은 실제 자연 현상에서 땅(지층)에 해당한다.
⑤ 모형실험에서 양손으로 우드록을 미는 힘과 실제 자연 현상의 지구 내부에서 작용하는 힘의 크기는 같다.

12 서술형 7종 공통

위 (다) 과정에서 손에서 느껴지는 느낌은 어떠한지 쓰시오.

13 7종 공통

다음 지진 발생 내용을 보고 알 수 있는 내용이 아닌 것은 어느 것입니까? (   )

2016년 9월 12일 경상북도 경주시 남서쪽 9 km 지역에서 발생한 규모 5.8의 지진은 한반도에서 발생한 역대 최대 규모이다. 이 지진으로 23명이 부상을 입었다. 지붕, 차량 파손 등의 피해는 5,000여 건이 넘었다.

① 지진의 규모
② 지진 발생 날짜
③ 지진 발생 위치
④ 지진 발생 지역의 날씨
⑤ 지진으로 인한 피해 정도

14 7종 공통

다음은 지진이 발생하여 건물 밖으로 대피하는 모습입니다. 옳게 대피한 경우에 ○표 하시오.

(1)

승강기를 타고 빠르게 대피하기
(   )

(2)

계단으로 빠르게 대피하기
(   )

15 7종 공통

지진이 발생했을 때의 대처 방법으로 옳은 것을 두 가지 고르시오. (   )

① 가방이나 손으로 머리를 보호하며 대피한다.
② 지하철에 있을 때에는 문을 열고 뛰어내린다.
③ 학교에 있을 때에는 책상 위로 재빨리 올라간다.
④ 집에 있을 때에는 가스 밸브를 잠가 화재를 예방한다.
⑤ 백화점에서는 물건이 가장 높게 진열된 선반 옆으로 몸을 피한다.

4. 화산과 지진

1 7종 공통

화산이 생기는 과정에 대한 설명으로 옳은 것에 ○표 하시오.

(1) 지층이 휘어지면서 생긴다. ( )
(2) 땅속의 마그마가 지표 밖으로 분출하여 생긴다. ( )
(3) 물이 운반한 자갈, 모래, 진흙이 쌓인 후 굳어져서 생긴다. ( )

2 7종 공통

화산과 화산이 아닌 산에 대한 설명으로 옳은 것을 보기에서 골라 기호를 쓰시오.

보기
㉠ 화산이 아닌 산에는 모두 분화구가 있다.
㉡ 화산의 분화구에 물이 고여 있는 것도 있다.
㉢ 화산이 아닌 산은 마그마가 분출하여 생긴 지형이다.

( )

3 7종 공통

화산 분출물에 대한 설명으로 옳은 것은 어느 것입니까? ( )

① 화산 분출물은 모두 고체 상태이다.
② 고체 화산 분출물은 크기가 다양하다.
③ 화산 가스는 액체 상태의 화산 분출물이다.
④ 마그마는 기체 상태, 용암은 액체 상태이다.
⑤ 화산이 분출한 후에 만들어진 지형을 뜻한다.

[4-5] 다음은 화산 활동 모형실험입니다. 물음에 답하시오.

(가) 알루미늄 포일 위에 마시멜로를 여러 개 놓고 빨간색 식용 색소를 뿌린다.
(나) 알루미늄 포일로 마시멜로를 감싼 뒤 윗부분을 열어 둔다.
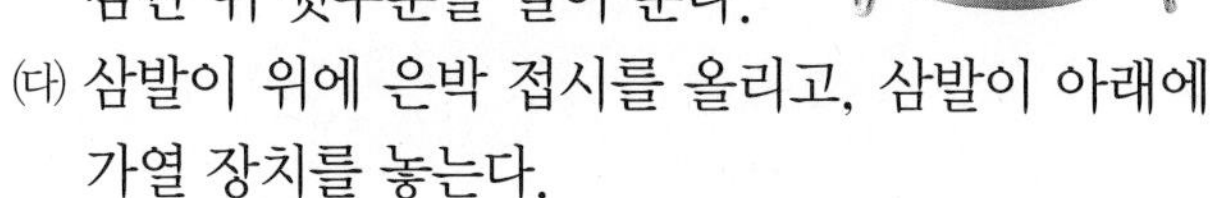
(다) 삼발이 위에 은박 접시를 올리고, 삼발이 아래에 가열 장치를 놓는다.
(라) (나)를 은박 접시에 올리고 가열 장치로 가열한다.

4 김영사, 비상, 아이스크림, 천재

다음은 위 실험에서 마시멜로에 빨간색 식용 색소를 뿌리는 까닭입니다. ㉠~㉢ 중 밑줄 친 '이것'에 해당하는 것을 골라 기호를 쓰시오.

실제 화산이 분출했을 때 나오는 <u>이것</u> 색깔을 비교하여 관찰하기 위해서이다.

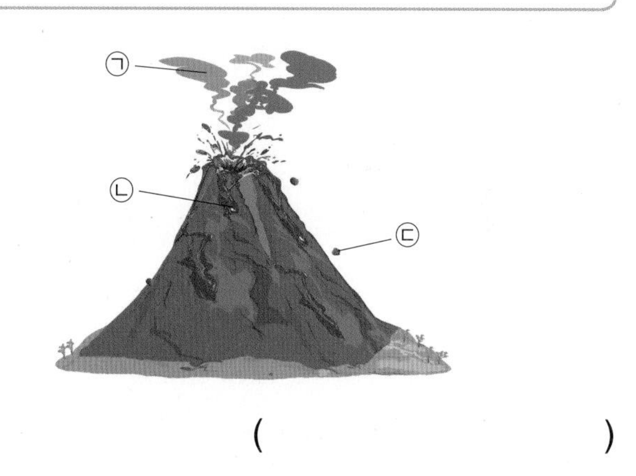

( )

5 서술형 김영사, 비상, 아이스크림, 천재

위 화산 활동 모형실험과 실제 화산 활동을 비교하여 같은 점을 두 가지 쓰시오.

6 7종 공통

마그마의 활동으로 ㉠ 위치에서 만들어진 암석에 대해 옳게 말한 사람의 이름을 쓰시오.

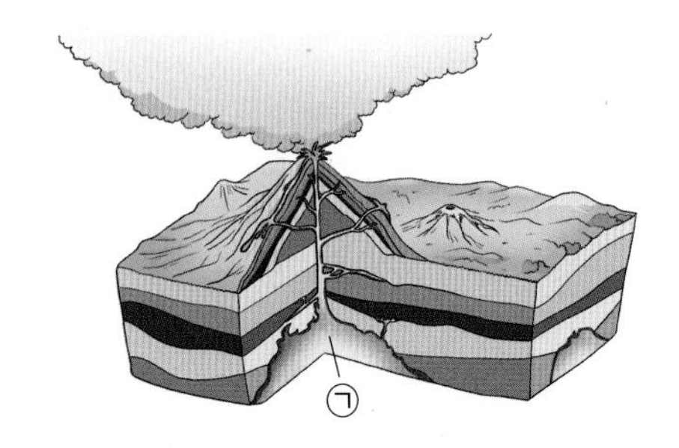

- 수영: 반짝이는 알갱이가 보여.
- 혜빈: 표면에 구멍이 뚫려 있는 것도 있어.
- 우진: 대체로 색깔이 밝고 암석을 이루는 알갱이가 눈에 보이지 않을 정도로 매우 작아.

( )

7 동아, 금성, 김영사, 비상

오른쪽 돌하르방을 만들 때 사용한 화성암의 이름을 쓰시오.

( )

8 서술형 동아, 김영사, 비상, 아이스크림, 지학사

다음 기사를 읽고, ( ) 안에 들어갈 화산 분출물의 이름과 이 화산 분출물이 줄 수 있는 피해를 한 가지 쓰시오.

일본 규슈의 화산이 지난 6일 분화하여 회색 빛 연기가 최고 4,500 m 높이까지 치솟았다. 산 아래 마을은 지름이 2 mm 이하로 매우 작은 화산 분출물인 ( )(으)로 뒤덮였다.

(1) 화산 분출물의 이름: ( )

(2) 줄 수 있는 피해: ______________________

9 7종 공통

다음 ㉠~㉢을 우드록을 이용한 지진 발생 모형실험과 실제 지진에 해당하는 내용으로 분류하여 각각 기호를 쓰시오.

㉠ 짧은 시간 동안 가해진 힘에 의해 끊어진다.
㉡ 땅이 흔들리거나 갈라지고 건물이 무너진다.
㉢ 오랜 시간 동안 지구 내부의 힘이 점점 쌓여서 발생한다.

(1) 지진 발생 모형실험: ( )
(2) 실제 지진: ( )

10 동아

오른쪽 지진 발생실험과 실제 지진을 비교한 내용으로 옳지 <u>않은</u> 것을 보기 에서 골라 기호를 쓰시오.

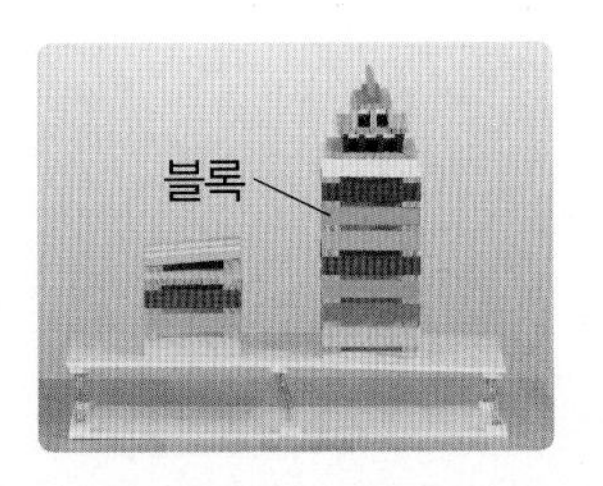

보기

㉠ 흔들림 지진판에 쌓은 블록 건물은 화산 분출물에 해당한다.
㉡ 지진 발생실험에서는 짧은 시간 동안 작은 힘이 가해져서 블록이 무너진다.
㉢ 흔들림 지진판을 흔들 때의 떨림은 실제 지진이 발생할 때 지구 내부의 힘에 의한 땅의 떨림에 비교할 수 있다.

( )

[11-12] 다음 표는 최근에 우리나라에서 발생한 지진에 대해 조사한 것입니다. 물음에 답하시오.

발생 지역	연도	규모	피해 사례
경상북도 포항시	2018년	4.6	부상자 발생함.
경상북도 포항시	2017년	5.4	부상자 발생, 건물 훼손됨.
경상북도 경주시	2016년	5.8	부상자 발생, 건물 균열 생김.
제주특별자치도 제주시	2016년	2.9	피해 없음.

11 7종 공통

위 표에서 밑줄 친 규모에 대한 설명으로 옳은 것은 어느 것입니까? (　　　)

① 지진의 세기를 나타낸다.
② 지진 발생 위치를 나타낸다.
③ 숫자가 작을수록 강한 지진이다.
④ 지진이 발생한 횟수를 나타낸다.
⑤ 대체로 숫자가 작을수록 피해가 크다.

12 7종 공통

위 표에 대한 설명으로 옳은 것을 보기에서 골라 기호를 쓰시오.

보기

㉠ 우리나라는 지진으로부터 안전하다.
㉡ 피해가 없을 수도 있으므로, 지진에 대비할 필요는 없다.
㉢ 최근 우리나라에서도 지진이 여러 차례 발생했으며, 피해를 입었다.

(　　　　　　　　　　)

13 7종 공통

다음 지진에 대한 설명으로 옳은 것을 골라 기호를 쓰시오.

지진은 ㉠ 예고 없이 발생할 수 있으므로 ㉡ 멀리 떨어진 안전한 곳으로 빨리 대피하는 것이 좋다. 지진은 ㉢ 한번 발생하면 이후로는 다시 발생하지 않으므로 평소대로 생활하면 된다.

(　　　　　　　　　　)

14 7종 공통

다음은 지진 대피 훈련을 하는 모습입니다. 잘못된 행동을 하는 친구의 이름을 쓰시오.

책상 아래로 들어가 몸을 보호하는 지민

선생님을 따라서 질서 있게 대피하는 호연

안내 방송을 듣지 않고 장난치는 재이

(　　　　　　　　　　)

15 7종 공통

지진이 발생한 후의 대처 방법으로 옳은 것을 모두 고른 것은 어느 것입니까? (　　　)

㉠ 다친 사람을 살핀다.
㉡ 지진 정보를 확인한다.
㉢ 가스 밸브를 열어 놓는다.
㉣ 대피한 자리에서 움직이지 않는다.

① ㉠　② ㉠, ㉡
③ ㉠, ㉣　④ ㉡, ㉢
⑤ ㉡, ㉢, ㉣

4 단원

1회

4. 화산과 지진

정답과 풀이 16쪽

평가 주제	화산 활동으로 나오는 물질 알아보기
평가 목표	화산 활동 모형실험으로 실제 화산 분출물과 화산 활동이 미치는 영향을 설명할 수 있다.

[1-2] 다음은 화산 활동 모형실험입니다. 물음에 답하시오.

1 알루미늄 포일 위에 마시멜로를 여러 개 올려놓고 식용 색소를 뿌린 뒤, 알루미늄 포일로 마시멜로를 감싸고 윗부분 조금 열어 두기
2 삼발이 위에 은박 접시를 올리고 삼발이 아래에 가열 장치 놓기
3 마시멜로가 들어 있는 알루미늄 포일을 은박 접시에 올리기

1 위 실험에서 마시멜로가 들어 있는 알루미늄 포일을 가열했을 때 나타나는 현상을 한 가지 쓰시오.

도움 화산 활동 모형실험은 실제 화산 활동과 비교하여 화산 활동으로 나오는 여러 가지 물질을 알 수 있게 합니다.

2 위 화산 활동 모형실험과 실제 화산 활동을 비교하여 다음 ㉠~㉢에 알맞은 화산 분출물을 각각 쓰시오.

화산 활동 모형	연기	흘러나오는 마시멜로	굳은 마시멜로
실제 화산 활동	㉠	㉡	㉢

도움 화산 활동 모형실험에서 연기는 기체 상태, 흘러나오는 마시멜로는 액체 상태, 굳은 마시멜로는 고체 상태의 화산 분출물과 비교할 수 있습니다.

3 다음 기사를 읽고, (　　) 안에 공통으로 들어갈 알맞은 말을 쓰시오.

스페인 라팔마섬 화산 폭발

카나리아제도 라팔마섬에서 화산 폭발이 계속되면서 피해가 늘어나고 있다. 검붉은 (　　)은/는 산비탈을 따라 계속 흘러내리며 모든 것을 집어삼키고 있다. 지금까지 수백 채의 건물이 (　　)에 묻혔고 뜨거운 열로 인해 산불까지 발생했다.

(　　　　　　　　　　)

도움 화산 활동으로 나오는 여러 가지 물질 중 검붉은색이며 흘러내리는 성질이 있는 것은 무엇인지 생각해 봅니다.

2회

4. 화산과 지진

정답과 풀이 16쪽

평가 주제	지진의 규모에 따른 피해 정도 알아보기
평가 목표	지진의 규모에 따른 피해 정도와 피해 사례를 해석하여 지진에 대비해야 하는 까닭을 이해할 수 있다.

[1-3] 다음은 같은 해에 서로 다른 나라에서 땅(지층)이 끊어지면서 흔들리는 현상으로 인해 발생한 피해 사례입니다. 물음에 답하시오.

발생 지역	발생 연도	규모	피해 정도
네팔	2015년	7.8	사망자 및 실종자 발생, 건물 붕괴됨.
일본	2015년	8.1	부상자 13명 발생함.
칠레	2015년	8.3	인명 피해, 재산 피해 발생함.
대만	2015년	6.3	사망자 1명 발생함.

1 **위와 같은 피해가 발생한 것은 어떤 자연 현상 때문인지 보기 에서 골라 기호를 쓰시오.**

보기
㉠ 가뭄 ㉡ 홍수 ㉢ 지진 ㉣ 태풍

( )

도움 땅(지층)이 끊어지면서 흔들리는 현상은 무엇인지 생각해 봅니다.

4 단원

2 **위 1번 답의 자연 현상이 발생하는 까닭을 쓰시오.**

도움 땅(지층)이 끊어지려면 어떤 힘이 어디에서 작용해야 할지 생각해 봅니다.

3 **위의 네 나라 중에서 1번 답의 자연 현상이 가장 강하게 발생한 나라의 이름을 쓰고, 그렇게 생각한 까닭을 쓰시오.**

(1) 나라 이름: ( )

(2) 그렇게 생각한 까닭:

도움 강하고 약한 정도를 비교하기 위해서는 어떤 사람이든지 같은 결과를 낼 수 있도록 객관적인 기준이 필요합니다.

쉬어 가기

숨은 그림을 찾아보세요.

정답 16쪽

로봇이 6가지 화석들을 찾고 있어요.

5

물의 여행

▶ 학습 내용과 교과서별 해당 쪽수를 확인해 보세요.

학습 내용	백점 쪽수	교과서별 쪽수				
		동아출판	비상교과서	아이스크림 미디어	지학사	천재교과서
1 물의 순환	110～113	106～109	110～113	112～115	102～105	112～115
2 물이 중요한 까닭, 물 부족 현상을 해결하기 위한 방법	114～117	110～113	114～117	116～119	106～109	116～119

1 물의 순환

1 물의 세 가지 상태

(1) 우리 주변에서 볼 수 있는 물 예

① 구름에도 물방울이 있으며 비나 눈도 물입니다.
② 바닷물이나 강에는 물이 많이 있습니다.
③ 하늘에도 눈에 보이지 않는 물이 있습니다.

(2) 물의 세 가지 상태 → 물은 세 가지 상태로 존재해요.

고체 상태	액체 상태	기체 상태
얼음	물	공기 중의 수증기

① 물의 상태는 물이 머물러 있는 곳에 따라 다르고, 이동하면서 달라지기도 합니다.
② 물은 한곳에 머무르지 않고 상태를 바꾸면서 육지, 바다, 공기, 생물 등 여러 곳을 끊임없이 돌아다닙니다.

지구에 있는 물의 상태
- 하늘에는 기체 상태의 물이 있습니다.
- 바닷물이나 강에는 액체 상태의 물이 있습니다.
- 빙하, 얼음, 눈에는 고체 상태의 물이 있습니다.

2 물의 순환

(1) **물의 순환**: 물이 상태가 변하면서 육지와 바다, 공기, 생명체 등 지구 여러 곳을 끊임없이 돌고 도는 과정을 말합니다.

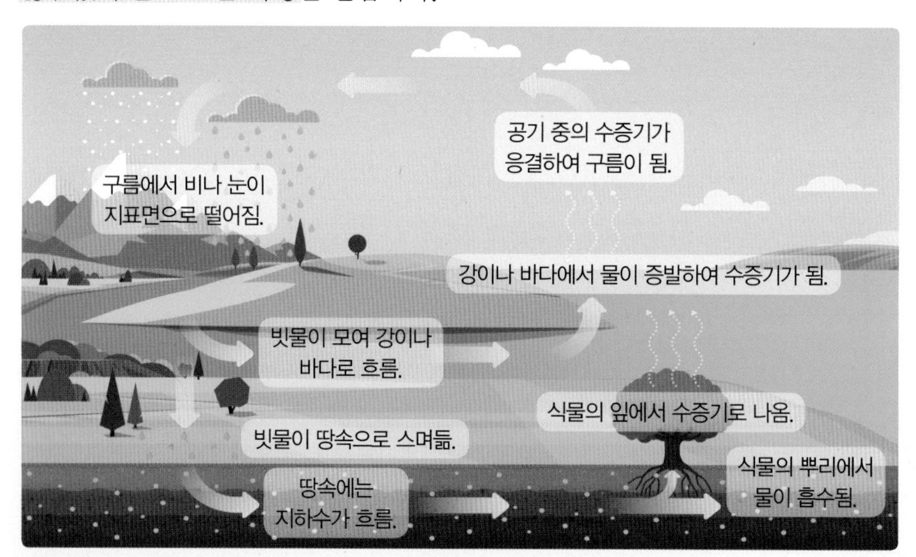

① 바다, 강, 호수, 땅 등에 있는 물은 증발하여 수증기가 됩니다.
② 식물의 뿌리로 흡수된 물이 잎에서 수증기가 되어 공기 중으로 빠져나가기도 합니다. → 사람이 마신 물은 몸 곳곳을 돌며 생명을 유지해 줘요. 그리고 소변이나 땀 등을 통해 다시 몸 밖으로 나와요.
③ 공기 중에 있는 수증기가 하늘 높이 올라가면 응결하여 구름이 되고, 구름에서 비나 눈이 되어 바다나 육지에 내립니다.
④ 육지에 내린 비나 눈은 땅 위를 흘러 강, 호수 등에 모이거나 땅속으로 스며들어 지하수가 됩니다.

(2) 물의 순환을 통해 알 수 있는 것

① 우리가 사용하는 물은 계속 순환하고 있습니다.
② 지구에서 끊임없이 순환하는 물은 새로 생기거나 없어지지 않고 고체, 액체, 기체로 상태만 변합니다.
③ 그러므로 지구 전체에 있는 물의 양은 항상 일정합니다.

사막에서의 물의 순환
- 사막은 다른 지역에 비해 건조하지만 이곳에서도 물의 순환이 일어납니다.
- 구름에서 비가 내려 땅에 작은 물웅덩이가 생기거나 땅속으로 빗물이 스며들고, 이 물은 다시 증발하여 공기 중의 수증기가 됩니다.
- 사막에 사는 생명체가 물을 마시고, 이 물은 다시 생명체의 밖으로 나와 수증기로 증발하기도 합니다.

물이 순환하면서 일어나는 현상
- 생명 현상: 식물이 말라 죽지 않고 자라도록 하며, 사람을 비롯한 동물은 물을 마시며 생명을 유지합니다.
- 지형 변화: 하늘에서 내린 비가 강이나 계곡을 흐르면서 지표의 모습을 변화시킵니다.

용어 사전
- **순환** 주기적으로 자꾸 되풀이하여 돎. 또는 그런 과정.
- **지형** 땅의 생긴 모양이나 상태.

교과서 통합 대표 실험

실험 1 물의 이동 과정 알아보기 지학사, 천재교과서

❶ 물의 상태 변화와 이동 과정을 알아보는 실험 장치를 꾸며 봅시다.

컵에 젖은 모래를 비스듬히 담고, 벽면을 따라 물을 천천히 붓기

평평하게 만든 모래 위에 얼음을 올려놓기

컵 뚜껑을 뒤집어 구멍을 랩으로 막고 얼음을 넣은 뒤, 컵 위에 올려놓기

❷ 열 전구를 플라스틱 컵에서 약 20 cm 정도 떨어진 곳에 놓고, 불을 켭니다.

❸ 시간이 흐름에 따라 컵 안에서 일어나는 변화를 관찰해 봅니다.

실험 결과 — 열 전구를 태양, 컵 안을 지구라고 생각하며 관찰해 보세요. 물은 바다·강·호수를, 모래는 땅·육지를, 얼음은 눈·얼음·빙하를, 물방울은 비·이슬로 생각할 수 있어요.

시간	관찰한 내용	
5분 후	• 모래 위에 있는 얼음이 모두 녹음. • 컵 안쪽 벽면에 뿌옇게 김이 서리기 시작함.	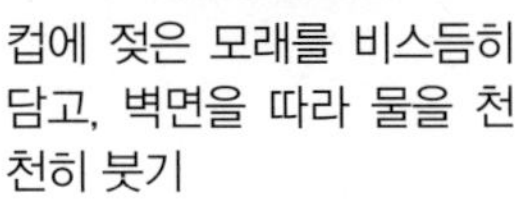
10분 후	• 컵 안쪽 뚜껑 밑면에 작은 물방울들이 맺혀 있음. • 컵 안쪽 벽면에 물방울이 맺혀 있음.	
15분 후	• 컵 안쪽 벽면에 전체적으로 김이 서려 있음. • 컵 안쪽 뚜껑 밑면에 있는 물방울들이 커졌음.	
30분 후	• 컵 내부가 뿌옇게 흐려져 있음. • 컵 안쪽 뚜껑 밑면에 큰 물방울이 많이 맺혀 있음.	

- 고체 상태의 얼음이 녹은 물이 아래쪽 모래로 스며듭니다. — 열 전구의 열로 얼음이 녹고, 물이 증발하여 수증기가 돼요.
- 액체 상태의 물이 기체 상태의 수증기로 변해 공기 중으로 올라가고, 수증기가 차가운 컵 뚜껑 밑면이나 벽면에 닿으면 물로 변해 맺힌 뒤 아래로 흘러 이동합니다.

실험 2 물의 순환 과정 알아보기 동아출판, 김영사, 아이스크림미디어

❶ 식물을 심은 작은 컵을 물과 얼음이 담긴 컵에 넣습니다.

❷ 다른 컵을 ❶의 컵 위에 거꾸로 올리고, 컵과 컵 사이를 셀로판테이프로 붙입니다.

❸ 햇빛이 드는 창가에 컵을 두고 컵 안에서 일어나는 변화를 관찰해 봅니다. — 열 전구에서 50 cm 떨어진 곳에 두고 실험할 수도 있어요.

실험 결과

- 컵 안의 얼음이 녹아 물이 되고, 물의 일부는 증발하여 공기 중의 수증기가 됩니다.
- 컵 안의 수증기는 다시 응결하여 플라스틱 컵의 안쪽 벽면에 작은 물방울로 맺히고, 작은 물방울이 점점 커져서 벽면을 타고 아래(식물을 심은 컵)로 떨어집니다.
- 식물의 뿌리에서 흡수된 물은 잎에서 수증기로 나옵니다.

➡ 물의 상태가 변하면서 컵 안을 순환하는 것을 알 수 있습니다.
└ 물의 순환 과정을 통해, 작은 컵 안의 식물은 물을 주지 않아도 살 수 있어요.

실험 TIP !

젖은 모래를 숟가락으로 조금씩 여러 번 넣으면서 꼭꼭 눌러 위쪽을 평평한 모양으로 만들어요.

열 전구는 뜨거우므로 화상에 주의해서 실험하도록 해요.

실험동영상

실험+ 지퍼 백을 이용한 물의 순환 과정 알아보기 금성출판사

❶ 지퍼 백에 태양, 구름, 육지 등을 그리고, 파란색 물감을 탄 물을 넣습니다.

❷ 입구를 닫아 햇빛이 드는 유리창에 붙이고, 2~3일 동안 지퍼 백 안쪽의 변화를 관찰합니다.

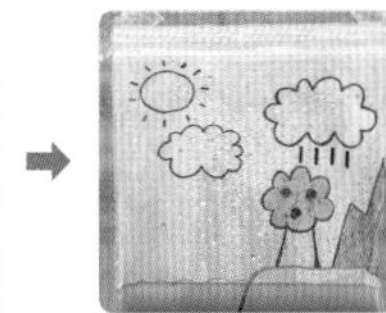

실험 결과

지퍼 백 안쪽 윗부분에 물방울이 맺히고, 물방울의 크기도 점점 커집니다. 커진 물방울이 흘러내립니다.

1 물의 순환

기본 개념 문제

1

(　　　　　　)은/는 공기 중에 있는 물의 기체 상태를 말합니다.

2

물의 (　　　　　)(이)란 물이 상태가 변하면서 지구 여러 곳을 끊임없이 돌고 도는 과정을 말합니다.

3

수증기가 하늘 높이 올라가서 (　　　　　)하면 구름이 됩니다.

4

육지에 내린 (　　　　　　)은/는 강, 호수 등에 모이거나 땅속으로 스며들어 지하수가 됩니다.

5

물이 순환할 때 지구 전체에 있는 (　　　　　)의 양은 항상 일정합니다.

6 7종 공통

물이 상태가 변하면서 끊임없이 돌고 도는 과정을 무엇이라고 합니까? (　　　　)

① 물의 순환　　② 물의 응결
③ 물의 증발　　④ 물의 변화
⑤ 물의 회전

7 7종 공통

다음 물방울의 이야기를 보고, 물방울의 현재 상태로 알맞은 것을 보기 에서 골라 쓰시오.

보기

눈,　　물,　　얼음,　　수증기

(　　　　　　　　)

8 7종 공통

다음 중 물의 순환에 대해 옳게 말한 사람의 이름을 쓰시오.

- 준: 물의 상태는 변하지 않아.
- 서빈: 물은 끊임없이 돌고 돌아.
- 훈모: 물이 순환할수록 물의 양이 점점 늘어나.

(　　　　　　　　)

9 7종 공통

다음은 물의 순환 과정을 나타낸 것입니다. 순환 과정에서 볼 수 있는 ㉠~㉢으로 알맞은 것을 보기 에서 각각 골라 쓰시오.

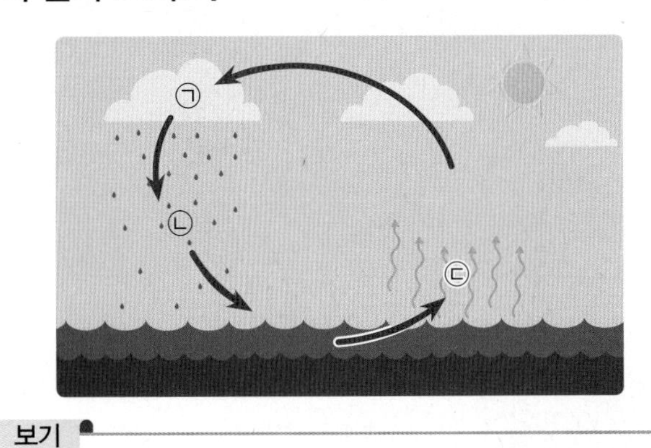

보기
비, 땅속, 수증기, 구름

㉠ (　　　　　　　), ㉡ (　　　　　　　)
㉢ (　　　　　　　)

[10-11] 다음은 물의 이동 과정을 알아보는 실험 장치를 꾸미는 과정입니다. 물음에 답하시오.

1. 컵에 젖은 모래를 비스듬히 담고, 물을 천천히 붓는다.
2. 평평하게 만든 모래 위에 얼음을 올려놓는다.
3. 컵 뚜껑을 뒤집어 구멍을 랩으로 막고 얼음을 넣은 뒤, 컵 위에 올려놓는다.

10 지학사, 천재

완성된 위 실험 장치에서 약 20 cm 정도 떨어진 곳에 열 전구를 켜고, 30분 동안 관찰할 수 있는 현상으로 알맞은 것에 모두 ○표 하시오.

(1) 얼음이 더 단단해진다. (　　)
(2) 컵 안쪽 벽면에 전체적으로 김이 서린다. (　　)
(3) 컵 안쪽 뚜껑 밑면에 물방울들이 맺힌다. (　　)

11 지학사, 천재

앞 실험 장치에서 30분 동안 일어난 물의 순환 과정으로 (　　) 안에 들어갈 가장 알맞은 말은 어느 것입니까? (　　　)

얼음 → 물 → (　　　) → 물방울

① 눈　② 강
③ 빙하　④ 얼음
⑤ 수증기

12 서술형 동아, 김영사, 아이스크림

오른쪽은 물의 순환 과정을 알아보는 실험 장치입니다. 작은 컵 안의 식물에 물을 주지 않아도 살 수 있는 까닭을 쓰시오.

13 금성

오른쪽은 지퍼 백에 물감을 탄 물을 넣고 입구를 닫아 햇빛이 드는 유리창에 붙인 것입니다. 무엇을 알아보기 위한 것인지 쓰시오.

물의 (　　　　　　　　　　) 과정

2 물이 중요한 까닭, 물 부족 현상을 해결하기 위한 방법

1 물이 중요한 까닭

(1) 하루 동안 물을 이용한 경험 이야기하기 예

① 아침에 일어나서 이를 닦고 세수를 할 때 물을 이용했습니다.
② 목이 말라서 물을 마셨습니다.
③ 비눗방울 놀이를 할 때 물을 사용하여 거품을 만들었습니다.
④ 교실의 화분에 물을 주었습니다.
⑤ 체육 수업이 끝나고 손을 씻었습니다.
⑥ 저녁 식사 후 설거지를 도울 때 물을 이용했습니다.
⑦ 화장실을 사용하고 변기의 물을 내렸습니다.

(2) 우리 주변에서 물을 이용하는 모습 예

동물

식물

사람

▲ 생물이 생명을 유지하기 위해서 물을 마심.

물이 떨어지는 높이 차이를 이용하여 전기를 만들어요.

▲ 농작물을 키움.

▲ 씻을 때 이용함.

▲ 전기를 만듦.

▲ 공장에서 이용함.

▲ 불을 끌 때 이용함.

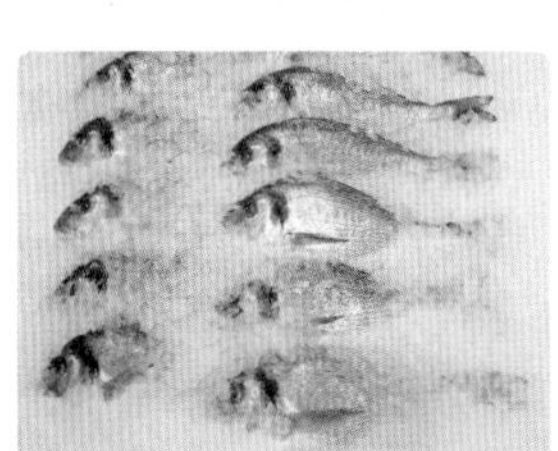
▲ 음식을 신선하게 보관함.

▲ 물건을 나를 때 이용함.

▲ 취미 생활에 이용함.

▲ 화장실에서 이용함.

(3) 물이 중요한 까닭

① 물은 모든 생물이 생명을 유지하는 데 없어서는 안 됩니다.

물이 없다면 식물이 자랄 수 없고, 사람도 생명을 유지할 수 없어요.

② 우리는 일상생활에서 물을 다양하게 이용하고 물을 이용해 생활에 필요한 것을 얻기도 합니다.
③ 인구 증가, 산업 발달 등으로 물의 이용량이 증가하여 우리가 쓸 수 있는 물이 점점 부족해지면서 어려움을 겪는 곳이 많아지고 있습니다.
④ 그러므로 우리에게 꼭 필요한 물을 아끼고, 소중히 여겨야 합니다.

집에 물이 나오지 않을 때 생길 수 있는 일 예

- 화장실에서 물을 사용할 수 없어 변기나 하수구 냄새가 심하게 날 것입니다.
- 물을 이용하여 밥을 짓거나 요리를 할 수 없을 것입니다.

물이 만든 지형의 변화 이용하기

흐르는 물이 만든 다양한 지형을 관광 자원으로 이용할 수도 있습니다.

물 부족 현상 알아보기

- 마실 물이 부족해져 먼 곳까지 가서 물을 가져와야 합니다.
- 강이나 호수에 있는 물이 말라 그곳에서 살아가는 동물이나 식물이 살 수 없게 됩니다.
- 물을 사용하는 시설을 이용하기 어려워집니다.

용어 사전

- **인구** 일정한 지역에 사는 사람의 수.
- **산업** 인간의 생활을 경제적으로 풍요롭게 하기 위하여 물건이나 서비스를 생산하는 사업.

2 물 부족 현상을 해결하기 위한 방법

(1) 물이 부족한 까닭
① 지구상의 물은 대부분 바닷물이라서 사용할 수 있는 민물의 양이 매우 적습니다.
② 비가 아주 적게 오거나 특정한 시기에만 오는 지역, 기후 변화로 가뭄이나 폭염 등이 지속적으로 발생하는 곳에서는 물을 보존하기 어렵습니다.
③ 인구가 증가하여 더 많은 양의 물을 필요로 합니다.
④ 산업이 발달하면서 물의 사용량이 크게 늘었습니다.
⑤ 오염된 물이 하천으로 흐르면서 우리가 이용할 수 있는 깨끗한 물이 줄어듭니다.
⑥ 사람들이 물을 낭비하는 습관도 물 부족의 원인이 됩니다.

기후 변화

인구 증가

산업 발달

환경 오염

(2) 물 부족 현상을 해결하기 위한 방법
물 부족 현상을 해결하거나 물을 효과적으로 이용하기 위해 과학자와 기술자들은 그 지역에 맞는 창의적인 기술을 개발해요.

① 세계 여러 나라에서는 물 부족 현상을 해결하기 위해 많은 노력을 하고 있습니다.
② 바닷물에서 소금 성분을 제거하여 마실 수 있는 물을 얻을 수 있는 장치를 설치합니다. (해수 담수화 장치라고 해요.)
③ 안개나 빗물을 모아서 사용할 수 있는 물을 얻기도 합니다.

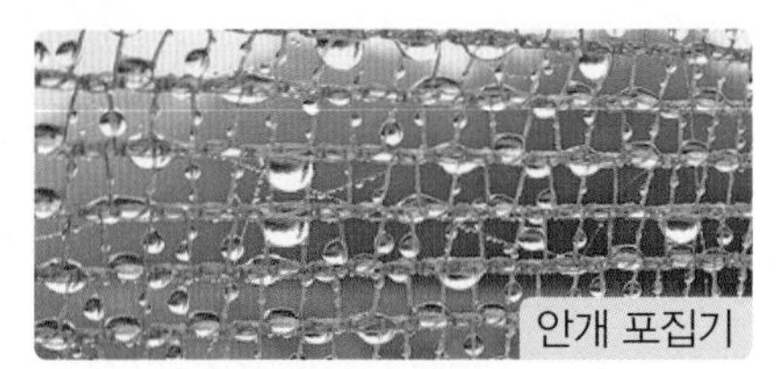
안개 포집기

안개가 발생하는 곳에 그물을 설치해 공기 중의 작은 물방울을 수집할 수 있음.

빗물 저장 장치(빗물 저금통)

빗물을 모아 일상생활에 다양하게 이용할 수 있음.

④ 한번 사용한 물을 깨끗하게 만들어 다시 사용하는 방법처럼 물을 절약할 수 있는 기술을 개발하기도 합니다.
⑤ 절수용 수도꼭지, 절수용 샤워기, 절수용 변기 등과 같이 물을 아껴 쓰기 위한 다양한 도구를 이용합니다.

(3) 가정이나 학교에서 물 부족 현상을 해결할 수 있는 방법
① 양치질할 때는 컵을 사용합니다.
② 설거지할 때는 물을 받아서 합니다.
③ 손을 씻을 때는 물을 잠그고 비누칠을 합니다.
④ 샤워 시간을 줄이고, 샴푸를 많이 사용하지 않습니다.
⑤ 빨래는 모아서 한꺼번에 합니다.
⑥ 빗물을 모아 실외 청소를 하거나 식물에 물을 줍니다.

양치질할 때 컵에 물을 받아서 사용하기

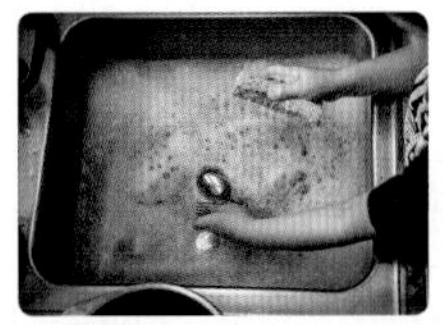
설거지할 때 물 받아서 사용하기

빨래는 모아서 한꺼번에 하기

빗물 이용하기

물이 부족하여 어려움을 겪는 경우 예
- 우리나라: 2017년 5월 오랫동안 비가 오지 않아 전국에 있는 강과 저수지가 말랐고, 농작물이 잘 자라지 않았습니다.
- 터키: 1990년 댐에 물을 채우기 위해 한 달간 유프라테스강을 막아서 시리아, 이라크와 물 분쟁이 있었습니다.
- 물이 부족한 곳에서는 많은 어린이가 마실 물을 구하기 위해 학교에 가지 못하고 있습니다. 또 더러운 물을 마시면서 설사병, 전염병 등에 걸리는 경우가 많습니다.

와카워터

공기 중의 수증기를 물로 모으는 장치로, 낮과 밤의 기온 차이가 큰 아프리카와 같은 지역에 설치합니다. 밤에 기온이 내려가면 공기 중의 수증기가 그물망에 응결하여 물을 모을 수 있습니다.

용어 사전
- **민물** 강이나 호수 등과 같이 염분이 없는 물. 담수라고도 함.
- **폭염** 매우 심한 더위.
- **해수** 바다에 괴어 있는 짠물.
- **절수** 물을 아껴서 사용함.

5 단원

2 물이 중요한 까닭, 물 부족 현상을 해결하기 위한 방법

기본 개념 문제

1

이를 닦고 세수를 할 때 (   )을/를 이용합니다.

2

물은 (   )이/가 생명을 유지하는 데 없어서는 안 됩니다.

3

지구상의 물은 대부분 (   )(이)라서 사용할 수 있는 민물의 양이 매우 적습니다.

4

사람들이 물을 낭비하는 습관은 '물 (   ) 현상'의 원인이 됩니다.

5

절수용 수도꼭지, 절수용 샤워기, 절수용 변기 등은 모두 (   )을/를 아껴 쓰기 위한 도구입니다.

6 7종 공통

다음은 일상생활에서 공통적으로 무엇을 이용하는 모습인지 쓰시오.

(   )

7 7종 공통

오른쪽과 같이 우리가 마신 물에 대한 설명으로 옳은 것을 보기 에서 두 가지 골라 기호를 쓰시오.

보기
- ㉠ 몸속을 순환한다.
- ㉡ 영양분을 몸 곳곳에 전달한다.
- ㉢ 우리 몸속에서 물이 하는 역할은 없다.

(   )

8 비상, 지학사

우리 주변에서 물을 이용하는 모습으로 옳은 것에 ○표 하시오.

(1) 농작물이 자라지 못하게 한다. (   )
(2) 연필로 글씨를 쓰고 그림을 그린다. (   )
(3) 음식이 상하지 않도록 얼음을 이용한다. (   )

9 7종 공통

한 번 이용한 물이 어떻게 되는지에 대해 옳게 말한 사람의 이름을 쓰시오.

(　　　　　　　　　)

10 금성, 김영사, 비상, 아이스크림, 지학사, 천재

지구에 있는 물 중에서 소금 성분이 없어 사용할 수 있는 물을 무엇이라고 합니까? (　　　)

① 사물　② 민물　③ 은물
④ 오물　⑤ 재물

11 7종 공통

물 부족 현상을 해결하기 위해 가정에서 직접 실천할 수 있는 일로 알맞지 않은 것은 어느 것입니까? (　　　)

① 빨래는 모아서 한꺼번에 한다.
② 빗물을 모아 실외 청소를 한다.
③ 설거지할 때는 물을 받아서 한다.
④ 세숫대야에 물을 받아서 세수를 한다.
⑤ 샴푸를 적게 쓰고, 샤워 시간을 두 배로 늘린다.

[12-13] 다음은 물이 부족한 여러 가지 까닭입니다. 물음에 답하시오.

▲ 물을 낭비하는 습관

▲ 산업의 발달

▲ 기후의 변화

12 서술형 7종 공통

위 경우를 제외하고, 물이 부족한 까닭을 한 가지 쓰시오.

13 7종 공통

위와 같은 물 부족 현상을 해결하기 위해 과학자와 기술자들이 개발한 것이 아닌 하나를 골라 기호를 쓰시오.

㉠

▲ 와카워터

㉡

▲ 안개 포집기

㉢

▲ 식기세척기

㉣

▲ 빗물 저장 장치

(　　　　　　　　　)

5 단원

5 물의 여행

★ 물을 볼 수 있는 곳

▲ 비나 눈

▲ 바다나 강

1. 물의 순환

(1) 물의 ❶ [ ] 가지 상태: 물은 한곳에 머무르지 않고 상태를 바꾸면서 육지, 바다, 공기, 생물 등 여러 곳을 끊임없이 돌아다닙니다.

▲ 고체 상태

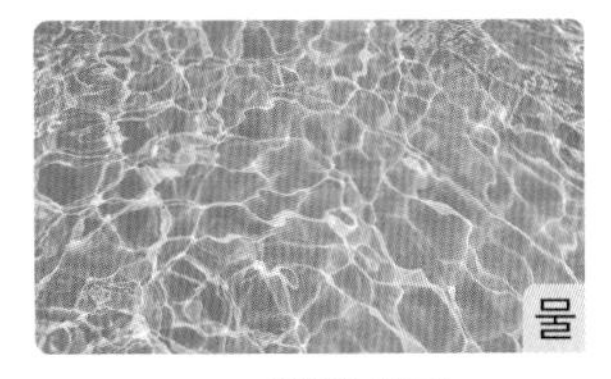

▲ 액체 상태

▲ 기체 상태

(2) 물의 순환

① 물이 상태가 변하면서 육지와 바다, 공기, 생명체 등 지구 여러 곳을 끊임없이 돌고 도는 과정을 물의 순환이라고 합니다.

② 우리가 사용하는 물은 새로 생기거나 없어지지 않고 고체, 액체, 기체로 상태만 변하면서 순환하기 때문에 지구 전체 ❷ [ ]의 양은 항상 일정합니다.

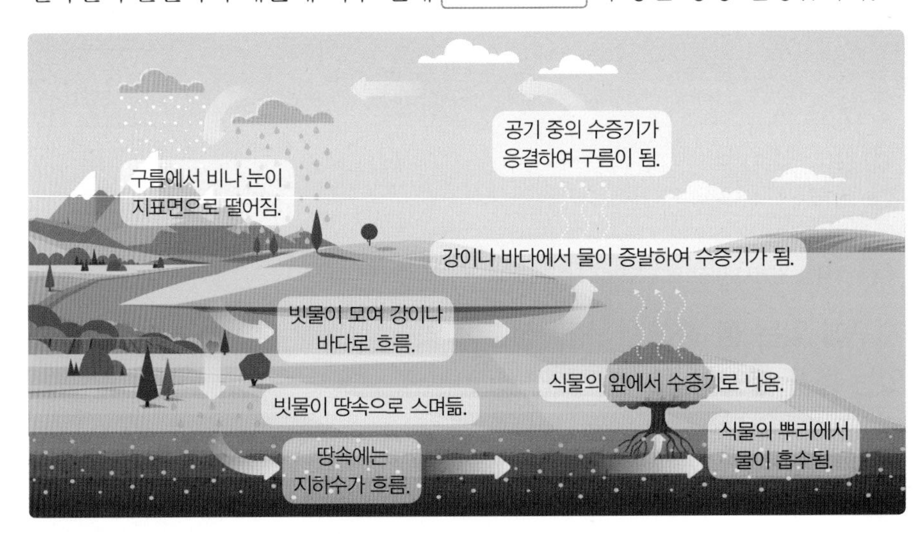

★ 물이 순환하는 동안의 물의 상태

물의 모습	상태
눈, 빙하 등	고체
강, 바다, 사람 몸속, 식물, 땅속 등	액체
하늘, 공기 중	기체

(3) 물의 순환으로 일어나는 현상 예

① 식물과 동물이 생명을 유지할 수 있습니다.

② 구름이 만들어지고, 비나 눈이 내립니다.

③ 비가 모여 땅 위를 흐르면서 지표의 모습을 변화시킵니다.

(4) 물의 순환 과정을 알아보는 실험과 실제 자연 비교하기

① 고체 상태의 ❸ [ ]이 녹은 물이 아래쪽 모래로 스며듭니다.

② 액체 상태의 물이 기체 상태의 ❹ [ ]로 변해 공기 중으로 올라가고, 수증기가 차가운 컵 뚜껑 밑면이나 벽면에 닿으면 물로 변합니다.

물의 순환 과정실험	실제 자연
열 전구	태양
컵 안의 물	바다, 강, 호수
컵 안의 ❺ [ ]	땅, 육지
컵 안의 얼음	눈, 얼음, 빙하
컵 안에 맺힌 물방울	비, 이슬

★ 물의 순환 과정을 알아보는 실험에서 관찰할 수 있는 모습

- 컵 내부가 뿌옇게 흐려집니다.
- 컵 안쪽 뚜껑 밑면에 작은 물방울들이 맺히고, 시간이 지남에 따라 물방울들이 커져 흘러내립니다.

● 정답과 풀이 17쪽

2. 물이 중요한 까닭, 물 부족 현상을 해결하기 위한 방법

(1) **물이 중요한 까닭:** 물은 생물이 ❻ ____________ 을 유지하는 데 반드시 필요하며, 우리는 일상생활에서 물을 다양하게 이용하고 물을 이용해 생활에 필요한 것을 얻습니다.

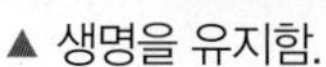

▲ 생명을 유지함.

▲ 농작물을 키움.

▲ 음식을 신선하게 보관함.

(2) **물이 부족한 까닭**

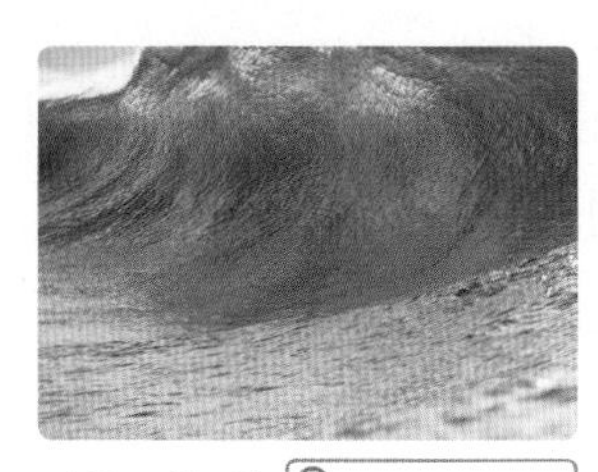

사용 가능한 ❼ ____________ 의 양이 매우 적음.

지역에 따라 가뭄이나 폭염 등이 지속되는 곳에서는 물을 보존하기 어려움.

인구가 증가하여 더 많은 양의 물이 필요함.

산업이 발달하면서 물의 사용량이 늘어남.

오염된 물이 하천으로 흐르면서 이용할 수 있는 깨끗한 물이 줄어듦.

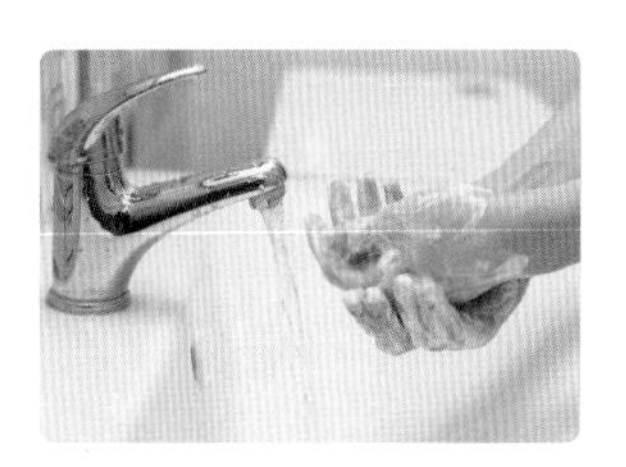

사람들이 물을 낭비하는 습관도 물이 부족한 원인이 됨.

(3) **물 부족 현상을 해결하기 위한 방법**

▲ 해수 담수화 장치

▲ 안개 포집기

▲ 빗물 저장 장치

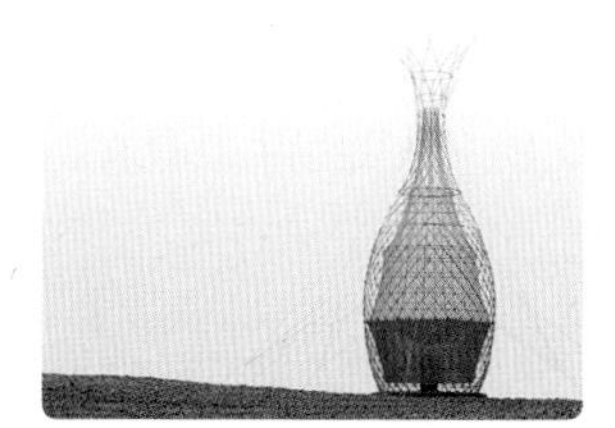

▲ 와카워터

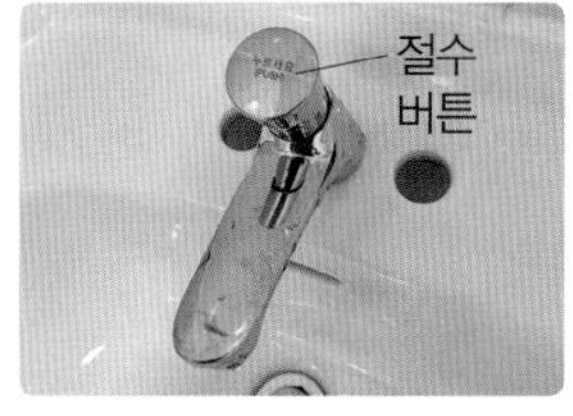

▲ 절수용 수도꼭지

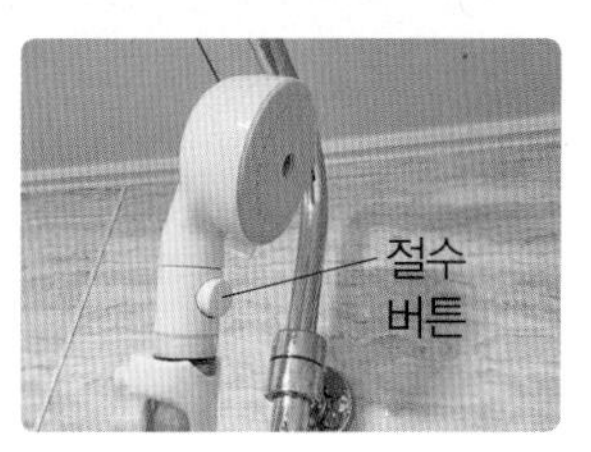

▲ 절수용 샤워기

① 세계 여러 나라에서는 물 부족 현상을 해결하기 위해 많은 노력을 하고 있습니다.

② 가정이나 학교에서도 생활에서 실천할 수 있는 물 절약 방법을 지킵니다.

★ **물을 이용하는 모습** 예

▲ 이를 닦을 때 이용함.

▲ 비눗방울 놀이를 함.

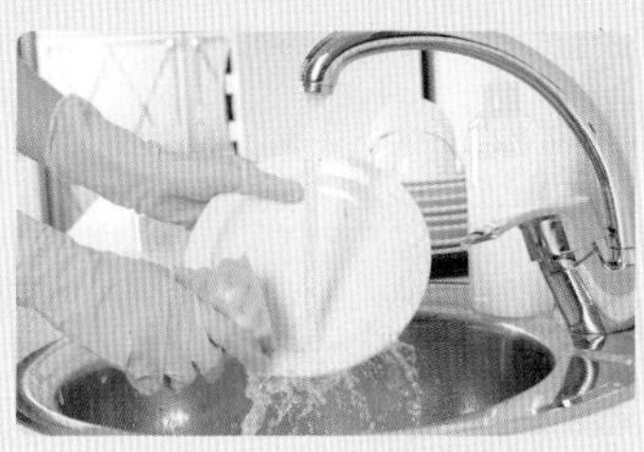

▲ 설거지를 함.

5 단원

★ **물 부족 현상을 해결하기 위한 기술**

▲ 솔라 볼(Solar ball)

오염된 물을 솔라 볼에 넣은 뒤, 햇볕이 잘 드는 곳에 두면 태양열에 의해 물만 공기 중의 수증기로 증발합니다. 증발된 수증기는 솔라 볼 위쪽에 설치된 바깥 저장고에서 다시 응결되어 이용할 수 있는 물이 됩니다.

5. 물의 여행

1 7종 공통

다음 (　　) 안에 들어갈 알맞은 말을 순서대로 옳게 짝 지은 것은 어느 것입니까? (　　　)

> 구름은 증발한 수증기가 (㉠)하여 만들어지는데, 구름 속의 물방울이 많이 모이면 (㉡)이/가 되어 내린다.

	㉠	㉡		㉠	㉡
①	응결	비	②	증발	눈
③	끓음	우박	④	감소	비
⑤	회전	눈			

2 7종 공통

오른쪽과 같이 땅에 내린 비에 대한 설명으로 옳지 않은 것은 어느 것입니까? (　　　)

① 강으로 흘러간다.
② 식물의 뿌리로 흡수된다.
③ 땅속에서 지하수로 흐른다.
④ 땅속으로 흡수되어 모두 사라진다.
⑤ 바다로 흘렀다가 공기 중으로 증발한다.

3 7종 공통

물의 순환 과정에 대한 설명으로 옳은 것을 보기 에서 골라 기호를 쓰시오.

> 보기
> ㉠ 물의 상태는 끊임없이 변한다.
> ㉡ 밤에는 물이 순환하지 않는다.
> ㉢ 물의 순환으로 지구 전체 물의 양이 점점 늘어난다.

(　　　　　　　　　　　　)

[4-5] 다음은 물의 이동 과정을 알아보는 실험 장치입니다. 물음에 답하시오.

4 천재, 지학사

위 장치에서 열 전구를 켠 뒤, 시간이 지남에 따라 볼 수 있는 변화를 관찰한 내용으로 옳은 것에 ○표, 옳지 않은 것에 ×표 하시오.

(1) 처음에는 컵 안의 얼음이 녹는다. (　　)
(2) 5분이 지나면 컵 안의 물이 얼음으로 변하기 시작한다. (　　)
(3) 시간이 지남에 따라 컵 안쪽 뚜껑 밑면에 큰 물방울이 많이 맺힌다. (　　)

5 서술형 천재, 지학사

위 실험 장치의 처음 무게가 130 g이었을 때, 열 전구를 켜고 30분 후의 무게로 가장 알맞은 것의 기호를 고르고, 그렇게 생각한 까닭을 쓰시오.

> 보기
> ㉠ 약 100 g　㉡ 약 110 g　㉢ 약 120 g
> ㉣ 약 130 g　㉤ 약 140 g　㉥ 약 150 g

(1) 30분 후의 무게: (　　　　　　　　)

(2) 그렇게 생각한 까닭: ______________________

____

____

6 동아, 아이스크림, 김영사

오른쪽 실험 장치 안에서의 물의 순환 과정을 옳게 말한 사람의 이름을 쓰시오.

- 재문: 컵 안의 물이 응결하여 수증기가 돼.
- 선영: 식물의 뿌리에서 흡수된 물은 잎에서 수증기로 나와.
- 정산: 컵 안의 수증기는 증발하여 컵 안쪽 벽면에 작은 물방울로 맺혀.

( )

[7-8] 다음은 우리 주변에서 물을 이용하는 모습입니다. 물음에 답하시오.

㉠ 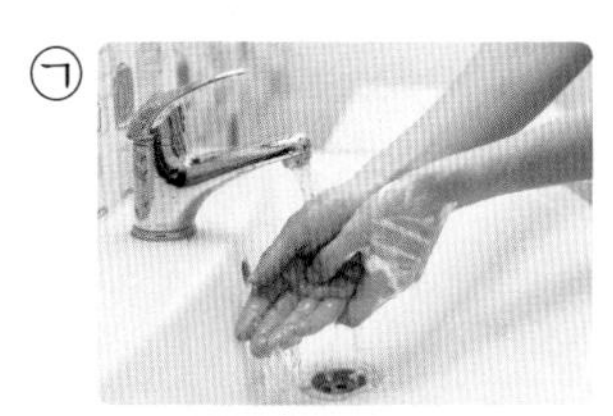

▲ 씻을 때 이용함.

㉡  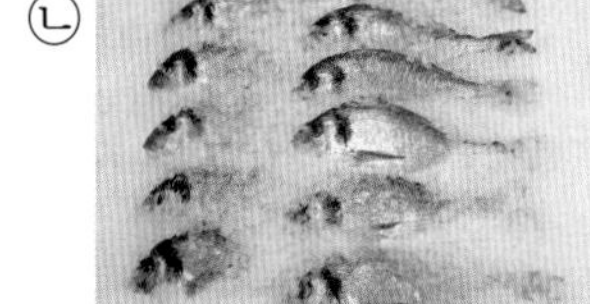

▲ 음식을 신선하게 보관함.

㉢ 

▲ 전기를 만듦.

㉣ 

▲ 농작물을 키움.

7 7종 공통

위에서 액체 상태의 물을 이용하는 모습을 모두 골라 기호를 쓰시오.

( )

8 7종 공통

앞 ㉣에서 준 물이 순환하는 과정으로 다음 ( ) 안에 들어갈 알맞은 말을 보기 에서 골라 기호를 쓰시오.

흙 속의 물 → ( ) → 식물의 잎에서 공기 중으로 나온 수증기

보기
㉠ 사람이 마시는 물
㉡ 구름에서 내리는 비
㉢ 식물의 뿌리로 흡수된 물

( )

9 7종 공통

물의 이용에 대한 설명으로 옳은 것은 어느 것입니까? ( )

① 물은 한 번 이용하면 사라진다.
② 이용한 물은 돌고 돌아 다시 만날 수 있다.
③ 동물이 마신 물은 동물의 몸속을 순환하며 몸속에 계속 남는다.
④ 우리가 이용할 수 있는 물은 끊임없이 생겨나므로, 자유롭게 이용한다.
⑤ 식물이 마신 물은 식물의 뿌리를 통해 응결되어 수증기의 형태로 나온다.

10 7종 공통

물이 부족한 까닭으로 옳은 것을 보기 에서 골라 기호를 쓰시오.

보기
㉠ 하수 처리 시설을 많이 만들었기 때문이다.
㉡ 인구가 감소하면서 물 이용량이 줄어들었기 때문이다.
㉢ 환경이 오염되어 이용할 수 있는 물의 양이 줄어들었기 때문이다.

( )

11 서술형 7종 공통

물 부족 현상을 해결할 수 있는 방법을 한 가지 쓰시오.

____

____

12 7종 공통

물을 컵에 받아 양치할 때와 물을 틀어 놓고 양치할 때의 물 이용량을 비교해 보았습니다. 물 부족을 해결하기 위한 방법으로 알맞은 것에 ○표 하시오.

(1)

물을 컵에 받아 양치할 때: 1컵

( )

(2)

물을 틀어 놓고 양치할 때: 25컵

( )

13 7종 공통

물 부족 현상을 해결하는 방법 중에서 실천할 수 있는 것을 골라 물 절약 카드를 만들었습니다. 알맞지 않은 것을 골라 기호를 쓰시오.

㉠ 약속, 물 절약!
설거지를 할 때 물을 받아서 해요.

㉡ 약속, 물 절약!
어두워지기 전에 집에 들어가요.

㉢ 약속, 물 절약!
손을 씻을 때 물을 잠그고 비누칠을 해요.

㉣ 약속, 물 절약!
샤워 시간을 줄여요.

( )

14 7종 공통

다음은 가정에서 빨래를 하는 모습입니다.

㉠

빨래할 때 세제를 적당히 사용한다.

㉡

빨래할 때 세제를 많이 사용한다.

(1) 위 ㉠, ㉡ 중 물을 절약할 수 있는 모습으로 알맞은 것의 기호를 쓰시오.

( )

(2) 가정에서 빨래를 할 때 물 부족 현상을 해결하기 위한 방법을 위 답과 관련지어 쓰시오.

____

____

15 동아, 금성, 김영사, 비상, 아이스크림, 천재

물 부족 현상을 해결하기 위해 안개나 빗물을 모아서 사용할 수 있는 장치를 만들려고 합니다. 장치를 만들기 전에 생각해야 할 점으로 알맞지 않은 것은 어느 것입니까? ( )

① 필요한 재료
② 물을 모으는 방법
③ 설치할 곳의 환경
④ 장치의 모양이나 형태
⑤ 안개나 비 구름을 없애는 방법

5. 물의 여행

[1-4] 다음은 물이 이동하는 과정입니다. 물음에 답하시오.

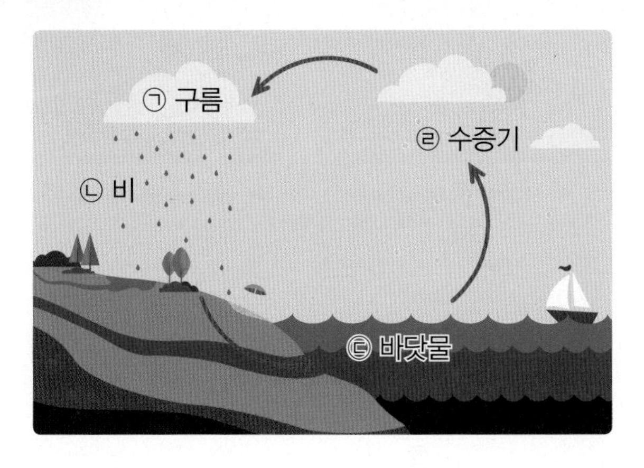

1 7종 공통

위 ㉡, ㉢, ㉣ 중 사람 몸속에 있는 물의 상태와 상태가 같은 것을 모두 골라 기호를 쓰시오.

(　　　　　　　　)

2 7종 공통

위 ㉢ 바닷물이 ㉣ 수증기로 변하는 현상을 무엇이라고 하는지 (　　) 안에 들어갈 알맞은 말을 쓰시오.

> 바다, 강, 호수, 땅 등에 있는 물은 (　　　　)하여 수증기가 됩니다.

(　　　　　　　　)

3 서술형 7종 공통

위 ㉠ 구름에서 물이 이동하여 다시 구름이 되기까지 물이 이동하는 과정을 쓰시오.

____

____

4 7종 공통

앞 물이 이동하는 과정에서 알 수 있는 것으로 옳은 것은 어느 것입니까? (　　　　)

① 바다에만 물이 존재한다.
② 물의 순환은 끊임없이 이루어진다.
③ 물의 순환은 한곳에서만 일어난다.
④ 물이 증발하여 수증기가 되면 사라진다.
⑤ 물이 이동할 때에는 상태가 변하지 않는다.

5 7종 공통

물이 순환할 때 지구 전체 물의 양은 어떻게 되는지 옳게 말한 사람의 이름을 쓰시오.

(　　　　　　　　)

[6-7] 물의 이동 과정을 알아보는 오른쪽 실험 장치에 열전구를 비추었습니다. 물음에 답하시오.

6 지학사, 천재

30분 후, 위 실험 장치의 각 부분에서 볼 수 있는 현상으로 알맞은 것을 보기 에서 모두 골라 기호를 쓰시오.

보기
㉠ 뿌옇게 흐려진다.
㉡ 얼음이 녹아서 물이 된다.
㉢ 물방울이 맺히고, 흘러내린다.

(1) 뚜껑에 넣은 얼음: ( )
(2) 모래 위에 놓은 얼음: ( )
(3) 컵 안쪽과 벽면: ( )

7 서술형 지학사, 천재

위 6번의 (3)에서 볼 수 있는 현상은 물의 어떤 이동 과정을 거친 것인지 쓰시오.

8 7종 공통

다음 중 물을 이용하는 경우가 아닌 모습의 기호를 쓰시오.

㉠ 
▲ 수영을 할 때

㉡ 
▲ 창문을 열고 닫을 때

( )

9 7종 공통

물이 중요한 까닭과 관계 없는 것은 어느 것입니까? ( )

① 물건이나 주변을 깨끗하게 만든다.
② 얼음을 이용하여 고기를 신선하게 보관할 수 있다.
③ 빗물이 땅속에 스며들어 풀과 나무를 자라게 한다.
④ 우리가 마신 물은 몸 곳곳으로 영양분을 전달해 준다.
⑤ 물이 산 위에 있는 흙과 돌을 아래로 모두 운반하여 땅을 평평하게 한다.

10 동아, 김영사, 비상, 아이스크림, 지학사, 천재

다음과 같이 물이 떨어지는 높이의 차이를 이용하여 무엇을 만들 수 있는지 쓰시오.

( )

11 7종 공통

다음과 같이 초원이었던 곳이 사막과 같이 변하는 곳이 많아지면서 나타날 수 있는 현상으로 옳은 것은 어느 것입니까? (　　　)

➡

① 지하수가 늘어난다.
② 물이 고체 상태로만 변한다.
③ 물이 깨끗해지는 속도가 빨라진다.
④ 사람이 이용할 수 있는 물이 부족해진다.
⑤ 지구에 있는 물의 양이 조금씩 늘어난다.

12 7종 공통

물 부족 현상을 해결할 방법으로 옳지 않은 것을 보기 에서 골라 기호를 쓰시오.

보기
㉠ 빗물을 저장 장치에 모아서 재활용한다.
㉡ 바닷물을 마실 수 있는 물로 바꾸는 장치를 이용한다.
㉢ 우리 생활에서 이용한 물은 즉시 모아서 바다로 흘러가게 한다.

(　　　　　　　　)

13 7종 공통

물이 부족한 까닭으로 옳지 않은 것은 어느 것입니까? (　　　)

① 도시가 발달하고 사람이 많아졌기 때문이다.
② 물을 절약하기 위해 모두 노력했기 때문이다.
③ 환경이 오염되어 이용 가능한 물이 줄어들었기 때문이다.
④ 지역이나 기후에 따라 이용할 수 있는 물의 양이 다르기 때문이다.
⑤ 지구상의 물이 대부분 바닷물이어서 사용할 수 있는 민물의 양이 적기 때문이다.

14 천재

다음은 2017년 신문기사의 일부입니다. 잘 읽고 이와 관련된 설명으로 옳은 것에 ○표, 옳지 않은 것에 ×표 하시오.

바싹 마른 대한민국
4~5월 내내, 단 하루도 비가 오지 않아 전국에 있는 강과 저수지가 바싹 말랐습니다. 이에 따라 딸기와 참외, 토마토 등 제철 과일의 가격이 크게 올랐습니다.

(1) 우리나라는 물이 부족하여 어려움을 겪은 경험이 없다. (　　)
(2) 오랫동안 비가 오지 않으면 농작물이 잘 자라지 않아 가격이 오를 수 있다. (　　)

15 서술형 7종 공통

물 부족 현상을 해결하기 위해 가정이나 학교에서 물을 절약하는 방법에 대해 토의하려 합니다. 알맞은 물 절약 방법을 한 가지 쓰시오.

5 단원

5. 물의 여행

정답과 풀이 19쪽

평가 주제	물의 순환 알아보기
평가 목표	물의 이동 과정을 알아보는 실험을 통해 실제 물이 순환하는 과정을 설명할 수 있다.

[1-2] 오른쪽과 같이 물의 이동 과정을 알아보는 실험 장치에서 약 20 cm 정도 떨어진 곳에 열 전구를 놓고 불을 켰습니다. 물음에 답하시오.

1 위 실험 장치와 지구에서의 물의 순환 과정을 비교하여 비슷한 과정끼리 짝 지어 선으로 이으시오.

(1) 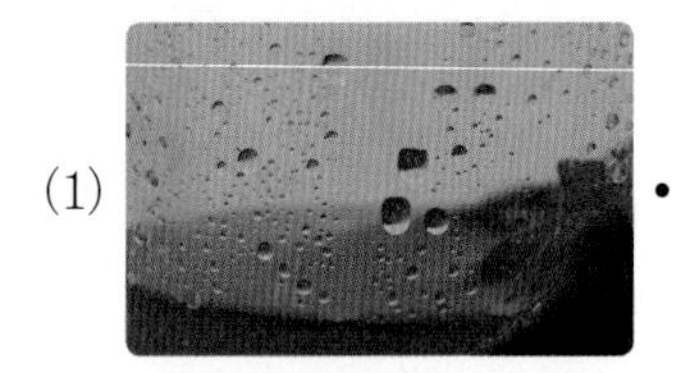 •

모래 위 얼음이 녹은 물이 수증기로 증발함.

• ㉠ 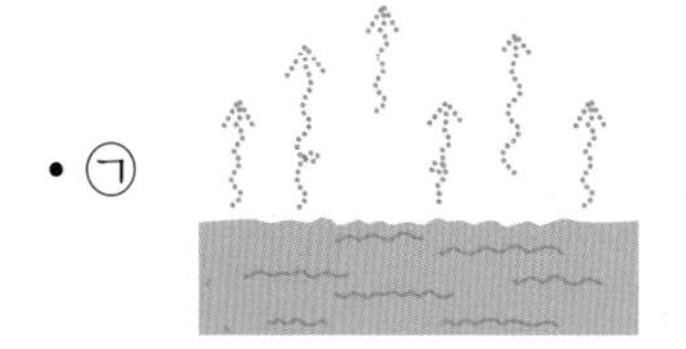

바다나 강 등에 있는 물이 증발하여 수증기가 됨.

(2)  •

컵 안쪽 벽면에 물방울이 많이 맺힘.

• ㉡ 

비나 눈이 되어 바다나 육지에 내림.

(3) 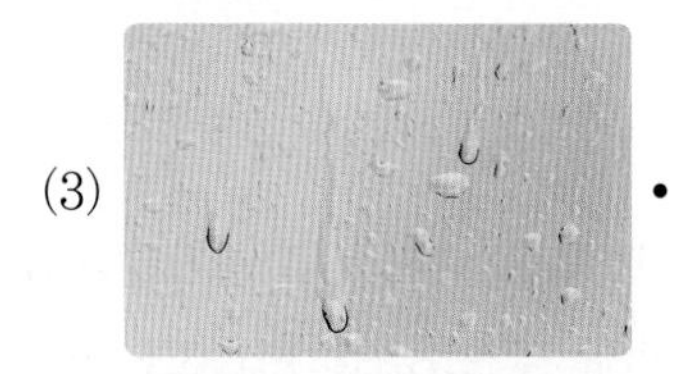 •

컵 안쪽 벽면에 맺힌 물방울이 커져서 아래로 흘러내림.

• ㉢ 

수증기가 응결하여 구름이 됨.

도움 열 전구를 태양, 컵 안을 지구라고 생각해 봅니다. 물은 바다나 강 또는 호수를, 모래는 땅이나 육지, 얼음은 눈이나 얼음, 흘러내리는 물방울은 비로 생각할 수 있습니다.

2 위 실험 장치에서 존재하는 물의 세 가지 상태로 알맞은 말을 각각 빈칸에 쓰시오.

고체 상태	액체 상태	기체 상태
㉠	㉡	㉢

도움 지구의 공기 중에는 기체 상태, 바닷물이나 강에는 액체 상태, 빙하나 눈에는 고체 상태의 물이 있습니다.

5. 물의 여행

정답과 풀이 19쪽

평가 주제	물 부족 현상을 해결하기 위한 방법 알아보기
평가 목표	물의 중요성을 알고 물 부족 현상을 해결하기 위한 사례를 이해하고 설명할 수 있다.

[1-2] 다음은 우리 주변에서 볼 수 있는 다양한 물의 모습입니다. 물음에 답하시오.

(가) 
빗물

(나) 
안개

(다) 
바닷물

1 다음은 위 (가)~(다)를 우리가 이용할 수 있는 물로 바꾸는 방법입니다. 관련 있는 것의 기호를 각각 쓰시오.

(1) 물에서 소금 성분을 제거하여 마실 수 있는 물을 얻는다.
( )

(2) 그물을 설치해 공기 중의 작은 물방울을 수집하여 사용할 수 있는 물을 얻는다.
( )

(3) 저장 장치를 이용하여 모은 뒤 일상생활에 다양하게 이용한다.
( )

도움 소금 성분이 있는 물, 공기 중의 작은 물방울, 모아서 바로 사용할 수 있는 물과 (가)~(다)의 특징을 비교하여 생각합니다.

2 다음은 물 부족 현상을 해결하기 위해 위 (다)를 이용하는 장치에 대한 설명입니다. ( ) 안에 들어갈 알맞은 말을 각각 쓰시오.

> 바닷물을 끓이면 바닷물에서 물이 (㉠)하여 수증기가 된다. 이 수증기를 차갑게 하면 (㉡)하여 마실 수 있는 물을 얻을 수 있다. 이 장치를 해수 담수화 장치라고 한다.

㉠ ( ), ㉡ ( )

도움 액체 상태의 물이 기체 상태의 수증기가 되는 현상과 기체 상태의 수증기가 액체 상태의 물이 되는 현상을 무엇이라고 하는지 '물의 순환' 과정에서 배웠던 내용을 떠올려 봅니다.

3 가정이나 학교에서 물 부족 현상을 해결할 수 있는 방법으로 옳은 것에 ○표 하시오.

(1) 빗물을 모아 실외 청소를 하거나 식물에 물을 준다. ( )

(2) 물을 아끼기 위해 빨래를 하지 않으며, 오래 입어 더러워진 옷은 버린다. ( )

도움 일상생활에서 직접 실천한다고 가정하고, 물 부족 현상을 해결할 수 있는 방법인지 판단해 봅니다.

쉬어 가기

다른 그림을 찾아보세요.

정답 19쪽

다른 곳이 15군데 있어요.

강의가 더해진, **교과서 맞춤 학습**

백점

과학 4·2

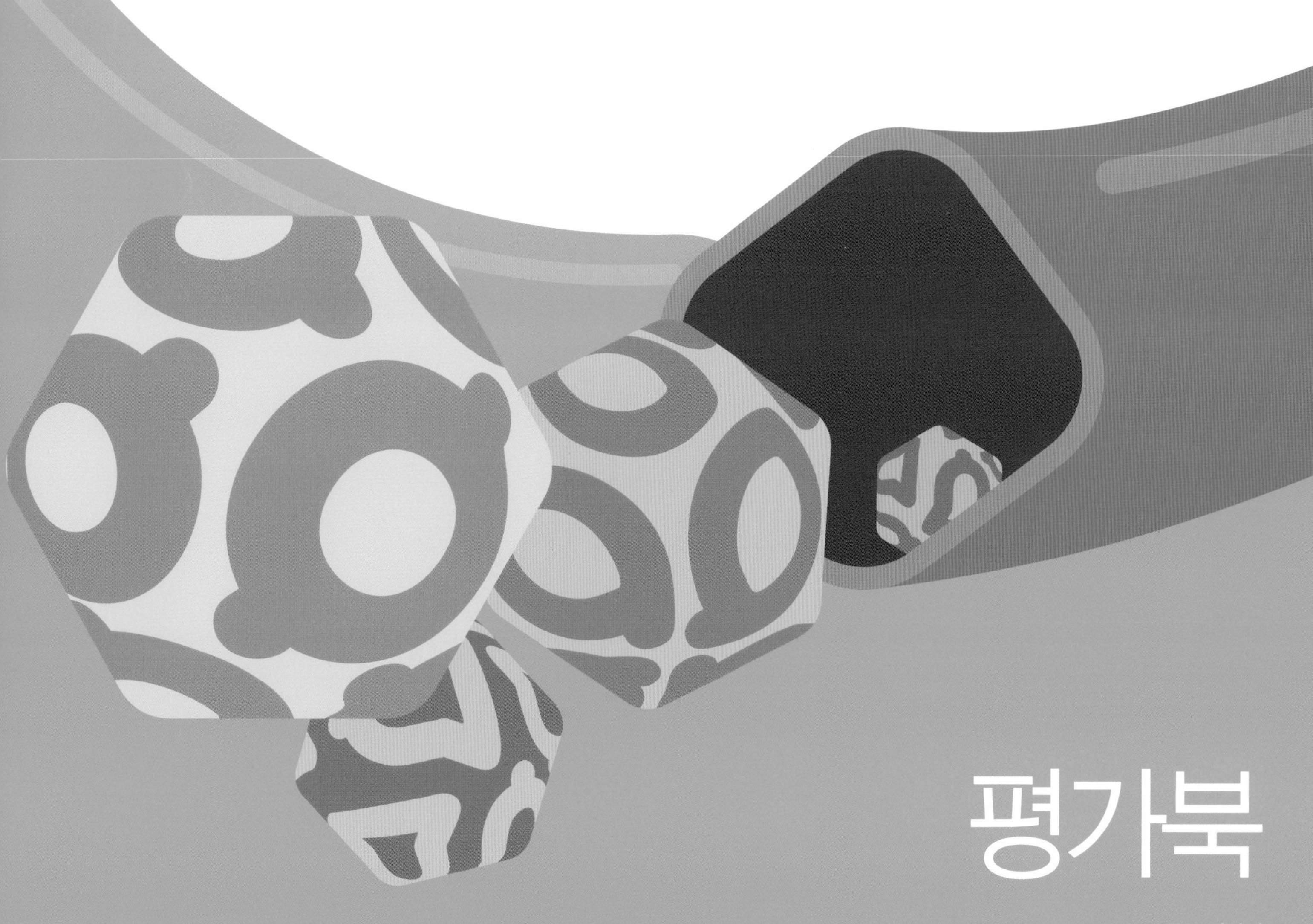

평가북

- 묻고 답하기
- 단원 평가
- 수행 평가

동아출판

평가북 구성과 특징

1 **단원별 개념 정리**가 있습니다.

- **묻고 답하기**: 단원의 핵심 내용을 묻고 답하기로 빠르게 정리할 수 있습니다.

2 **단원별 다양한 평가**가 있습니다.

- **단원 평가, 수행 평가**: 다양한 유형의 문제를 풀어봄으로써 수시로 실시되는 학교 시험을 완벽하게 대비할 수 있습니다.

백점

BOOK 2 평가북

차례

과학 4·2

정답과 풀이 20쪽

빈칸에 알맞은 답을 쓰세요.

1 나무는 한해살이 식물입니까, 여러해살이 식물입니까?

2 풀과 나무 중 키가 작고, 줄기가 가는 것은 무엇입니까?

3 토끼풀과 잣나무 중 잎의 끝 모양이 바늘처럼 뾰족한 식물은 무엇입니까?

4 검정말, 개구리밥, 연꽃 중 물에 떠서 사는 식물은 무엇입니까?

5 부레옥잠이 물에 떠서 살 수 있는 까닭은 잎자루에 무엇이 들어 있기 때문입니까?

6 생물이 오랜 기간에 걸쳐 주변 환경에 적합하게 변화되어 가는 것을 무엇이라고 합니까?

7 선인장, 용설란, 회전초는 주로 어떤 환경에서 사는 식물입니까?

8 선인장의 굵은 줄기에는 무엇을 저장하고 있습니까?

9 바오바브나무, 북극다람쥐꼬리, 갯방풍 중 바닷가에 사는 식물은 무엇입니까?

10 도꼬마리 열매와 단풍나무 열매 중 찍찍이 테이프를 만드는 데 활용한 것은 무엇입니까?

✎ 빈칸에 알맞은 답을 쓰세요.

1 강아지풀과 단풍나무 중 잎이 손바닥 모양이며 여러 갈래로 갈라져 있는 식물은 무엇입니까?

2 감나무와 잣나무 중 잎의 전체 모양이 넓적한 것으로 분류할 수 있는 식물은 무엇입니까?

3 물수세미, 나사말, 부들 중 물속에 잠겨서 사는 식물이 아닌 것은 무엇입니까?

4 수련과 연꽃 중 뒤집힌 우산 모양의 잎이 물 위로 솟아 있는 식물은 무엇입니까?

5 부레옥잠은 어느 부분에 수많은 공기주머니가 있습니까?

6 검정말과 갈대 중 줄기와 잎이 가늘고 부드러워서 물속에서 힘을 덜 받는 식물은 무엇입니까?

7 선인장의 잎과 줄기 중 가시 모양인 부분은 무엇입니까?

8 사막에 사는 식물 중 굴러다니면서 씨를 뿌리다가 비가 오면 크게 번식하는 식물은 무엇입니까?

9 선인장의 줄기를 자른 면에 화장지를 대면 화장지가 젖는 것을 통해 줄기에 무엇이 있다는 것을 알 수 있습니까?

10 도꼬마리 열매와 단풍나무 열매 중 바람을 타고 빙글빙글 돌면서 날아가는 특징을 모방해 선풍기 날개를 만드는 데 활용한 것은 무엇입니까?

1 동아, 김영사, 비상, 아이스크림, 지학사, 천재

다음 두 식물의 공통점으로 옳은 것은 어느 것입니까? (　　)

▲ 해바라기

▲ 밤나무

① 뿌리가 없다.
② 필요한 양분을 스스로 만든다.
③ 어른의 키와 비슷한 정도까지 자란다.
④ 겨울에는 죽기 때문에 줄기를 볼 수 없다.
⑤ 여러해살이 식물이며, 해마다 조금씩 자란다.

2 김영사, 아이스크림, 천재

다음에서 설명하는 식물의 이름을 쓰시오.

- 잎이 한곳에서 뭉쳐나고 하나의 잎은 톱니 모양으로 갈라져 있다.
- 꽃은 노란색이며, 하얀 솜털같은 열매는 바람에 날아간다.

(　　　　　　)

3 동아, 김영사, 비상, 아이스크림, 지학사, 천재

풀과 나무의 특징을 비교한 내용으로 옳은 것은 어느 것입니까? (　　)

구분	풀	나무
① 키	비교적 큼.	비교적 작음.
② 꽃	피지 않음.	핌.
③ 뿌리	있음.	없음.
④ 줄기	나무보다 굵음.	풀보다 가늚.
⑤ 한살이	대부분 한해살이 식물임.	모두 여러해살이 식물임.

[4-5] 들이나 산에 사는 여러 가지 식물의 잎을 보고, 물음에 답하시오.

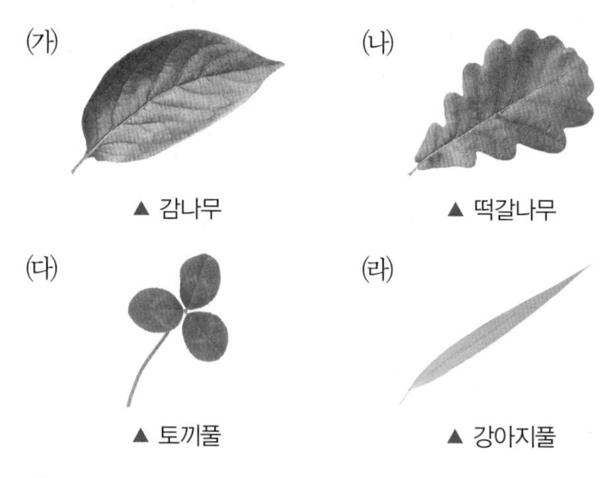
(가) ▲ 감나무
(나) ▲ 떡갈나무
(다) ▲ 토끼풀
(라) ▲ 강아지풀

4 동아, 금성, 비상, 아이스크림, 천재

위 (가)~(라) 중 길쭉한 모양이며 끝부분은 뾰족하고 가장자리가 매끄러운 잎을 골라 기호를 쓰시오.

(　　　　　　)

5 ⊕ 7종 공통

유경이네 반 학생들은 모둠별로 분류 기준을 정해 위 식물의 잎을 분류하고자 합니다. 분류 기준을 알맞게 정한 모둠은 몇 모둠인지 쓰고, 그 분류 기준에 맞게 위 (가)~(라)를 분류하여 기호를 쓰시오.

- 1모둠: 잎의 크기가 큰가?
- 2모둠: 잎의 모양이 예쁜가?
- 3모둠: 잎을 먹었을 때 맛있는가?
- 4모둠: 한곳에 나는 잎의 개수가 여러 개인가?

(1) 분류 기준을 알맞게 정한 모둠: (　　　　　　)
(2) 분류하기

분류 기준:	
그렇다.	그렇지 않다.

6 서술형 ✚ 7종 공통

식물의 생활 방식이 나머지와 다른 식물을 골라 기호를 쓰고, 어떻게 다른지 잎의 위치와 관련지어 쓰시오.

㉠ 
▲ 수련

㉡ 
▲ 연꽃

㉢ 
▲ 가래

㉣ 
▲ 마름

7 ✚ 7종 공통

다음 설명에 해당하는 식물끼리 옳게 짝 지은 것은 어느 것입니까? (　　　)

- 잎이 물 위로 높이 자란다.
- 뿌리는 물속이나 물가의 땅에 있다.
- 대부분 키가 크고 줄기가 단단하다.

① 부들, 갈대, 창포
② 물수세미, 나사말, 줄
③ 생이가래, 부들, 마름
④ 개구리밥, 물상추, 갈대
⑤ 순채, 개구리밥, 물질경이

[8-10] 다음은 부레옥잠과 검정말의 모습입니다. 물음에 답하시오.

▲ 부레옥잠

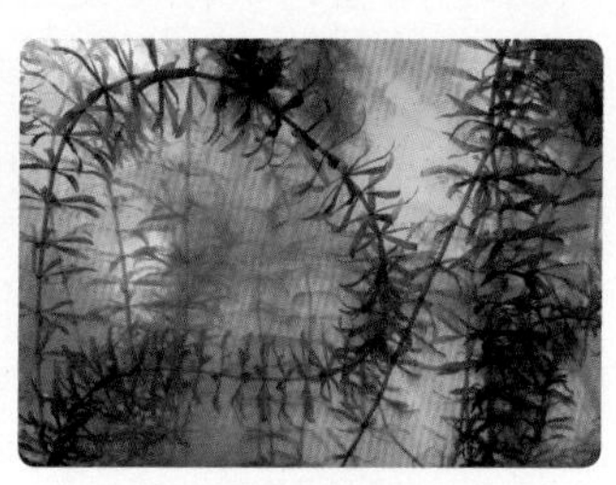
▲ 검정말

8 ✚ 7종 공통

위 부레옥잠의 특징을 알아보기 위해 일부를 칼로 잘라 보았더니 다음과 같았습니다. 어느 부분을 자른 것인지 쓰시오.

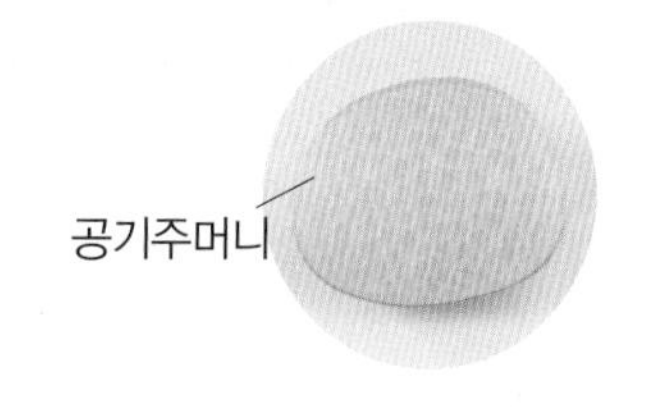

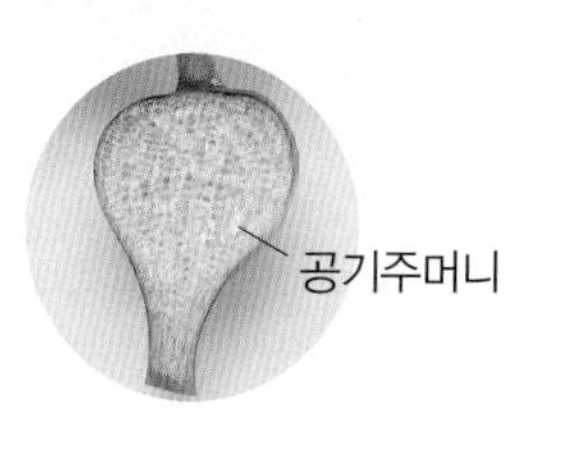

(　　　　　　　　)

9 ✚ 7종 공통

위 검정말의 잎과 줄기를 관찰한 내용으로 옳지 않은 것은 어느 것입니까? (　　　)

① 잎이 얇고 부드럽다.
② 줄기가 가늘고 부드럽다.
③ 잎은 좁고 뾰족한 모양이다.
④ 잎이 한 군데에 여러 개가 돌려 난다.
⑤ 검정말을 물속에 넣고 흔들면 줄기가 쉽게 꺾여 부러진다.

10 ✚ 7종 공통

위 부레옥잠과 검정말의 특징은 강이나 연못에 살기에 적합하게 변한 것입니다. 이처럼 생물이 오랜 기간에 걸쳐 주변 환경에 적합하게 변화되어 가는 것을 무엇이라고 하는지 쓰시오.

(　　　　　　　　)

11 동아, 금성, 김영사, 아이스크림, 천재

다음에서 설명하는 환경은 어느 곳인지 보기 에서 찾아 기호를 쓰시오.

- 비가 적게 오고, 건조하다.
- 대부분 모래로 이루어져 있다.
- 햇빛이 강하고, 낮과 밤의 기온 차가 크다.

보기

( )

12 동아, 금성, 김영사, 아이스크림, 지학사, 천재

다음 식물들에 대한 설명으로 옳지 <u>않은</u> 것을 골라 기호를 쓰시오.

㉠ 용설란은 굵은 잎에 물을 저장한다.
㉡ 회전초는 굴러다니면서 씨를 뿌린다.
㉢ 바오바브나무는 잎이 넓고 커서 햇빛을 많이 받을 수 있다.
㉣ 메스키트나무는 뿌리가 땅속 깊이까지 뻗어서 지하수를 흡수하여 저장한다.

( )

[13-14] 다음 두 식물을 보고, 물음에 답하시오.

▲ 금호선인장

▲ 기둥선인장

13 동아, 금성, 김영사, 아이스크림, 지학사, 천재

위 두 식물의 공통점으로 알맞은 것은 어느 것입니까? ( )

① 줄기가 가늘고 약하다.
② 줄기에 물을 저장하고 있다.
③ 비가 많이 오는 곳에서만 살 수 있다.
④ 햇빛을 많이 받기 위해서 잎이 넓적하다.
⑤ 굵은 줄기를 잘라 보면 많은 공기주머니를 관찰할 수 있다.

14 서술형 동아, 금성, 김영사, 아이스크림, 천재

위 선인장의 잎이 가시 모양이기 때문에 사막에서 살기에 좋은 점을 두 가지 쓰시오.

15 금성, 아이스크림, 천재

북극다람쥐꼬리, 남극개미자리와 같은 식물이 사는 환경에 대한 설명으로 옳은 것에 ○표 하시오.

(1) 덥고 비가 많이 온다. ( )
(2) 모래바람이 많이 분다. ( )
(3) 온도가 매우 낮고, 바람이 강하다. ( )

1 단원

16 동아, 금성

다음 식물들이 주로 사는 환경을 찾아 각각 선으로 이으시오.

(1)  • • ㉠ 덥고 비가 많이 오는 곳

▲ 갯방풍

(2)  • • ㉡ 바닷가

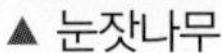
▲ 눈잣나무

(3)  • • ㉢ 높은 산

▲ 야자나무

17 동아, 금성, 아이스크림, 천재

다음 물체들은 단풍나무 열매의 특징을 모방해 활용한 것입니다. 단풍나무 열매의 어떤 특징을 활용하였습니까? (   )

▲ 회전하는 드론

▲ 헬리콥터 날개

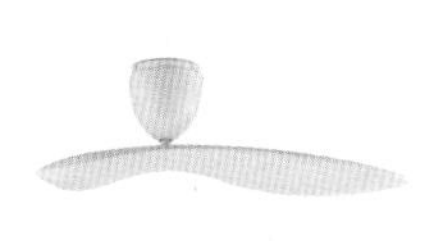
▲ 선풍기 날개

① 열매가 가벼워서 물에 뜬다.
② 열매에서 달콤한 향기가 난다.
③ 열매 끝에 갈고리 모양의 가시가 있다.
④ 열매가 바람을 타고 빙글빙글 돌면서 날아간다.
⑤ 열매의 표면이 울퉁불퉁해서 잘 굴러가지 않는다.

[18-19] 다음을 보고, 물음에 답하시오.

(가) 
▲ 연잎

(나) 
▲ 덩굴장미

18 7종 공통

다음 보기 의 물체들은 위 (가)와 (나) 중 어느 식물의 특징을 모방해 만들었는지 골라 기호를 쓰시오.

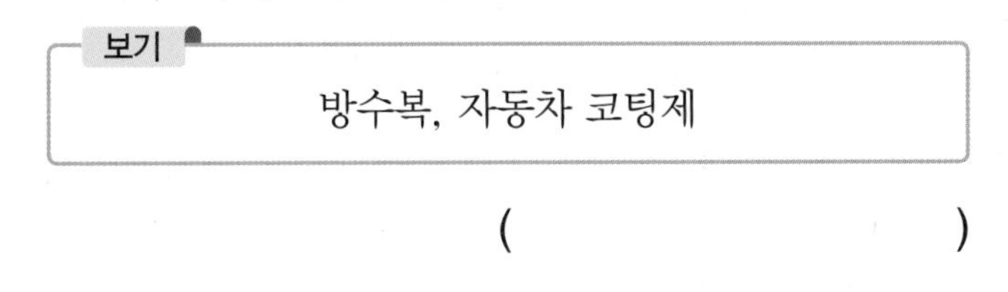

보기

방수복, 자동차 코팅제

(   )

19 7종 공통

위 **18**번 답의 어떤 특징을 모방했는지 쓰시오.

(   )

20 서술형 동아, 금성, 김영사, 비상, 아이스크림, 천재

도꼬마리 열매의 특징을 활용하여 찍찍이 테이프를 만들었습니다. 식물의 어떤 특징을 활용한 것인지 쓰시오.

▲ 도꼬마리 열매

▲ 찍찍이 테이프

[1-3] 들이나 산에 사는 여러 가지 식물을 보고, 물음에 답하시오.

(가)

(나)

(다)

(라)

1 동아, 김영사, 비상, 아이스크림, 지학사, 천재

위 (가)~(라) 식물을 풀과 나무로 분류하였을 때 나머지와 다른 하나는 어느 것인지 골라 기호를 쓰시오.

( )

2 동아, 금성

다음에서 설명하는 식물을 위에서 찾아 기호를 쓰시오.

- 한해살이풀이다.
- 잎은 심장 모양으로, 잔털이 나 있다.
- 꽃은 늦여름에 피며 꽃잎은 노란색이다.
- 키는 어른의 키와 비슷한 정도까지 자란다.

( )

3 동아, 김영사, 비상, 아이스크림, 지학사, 천재

다음은 위 식물들의 공통점을 정리한 것입니다. 빈칸에 공통으로 들어갈 알맞은 말을 쓰시오.

들이나 산에 사는 식물은 잎, ( ), 뿌리가 있고, ( )에는 잎, 꽃, 열매가 달린다. 대부분 땅속으로 뿌리를 내리며 땅 위로 ( )와 잎이 자란다.

( )

4 동아, 금성, 비상, 아이스크림, 천재

잎의 전체적인 모양이 길쭉한 것은 어느 것입니까?

( )

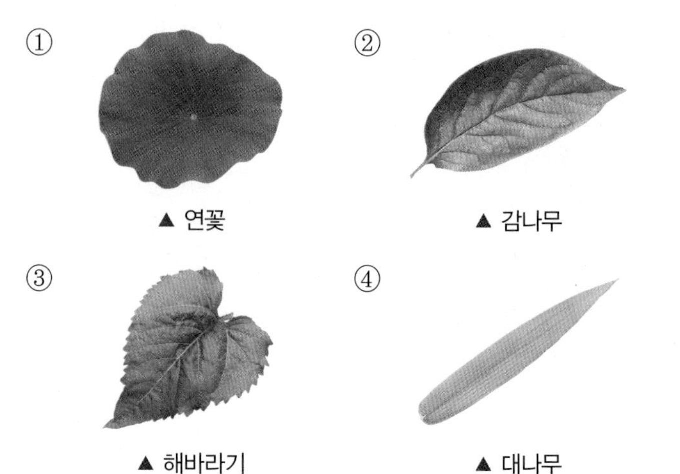

5 서술형 ✚ 7종 공통

식물의 잎을 모양에 따라 다음과 같이 분류했을 때 ( ) 안에 들어갈 분류 기준으로 알맞은 것을 한 가지 쓰시오.

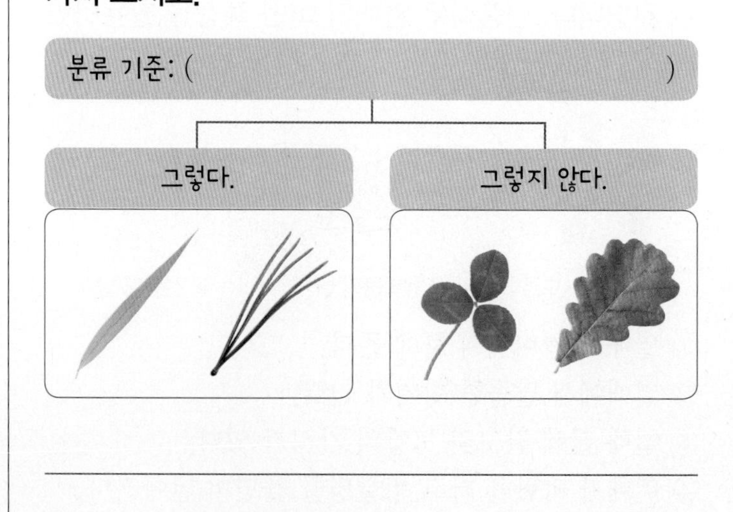

6 금성, 아이스크림, 지학사, 천재

잎의 생김새에서 각 부분의 이름을 옳게 짝 지은 것은 어느 것입니까? (　　　)

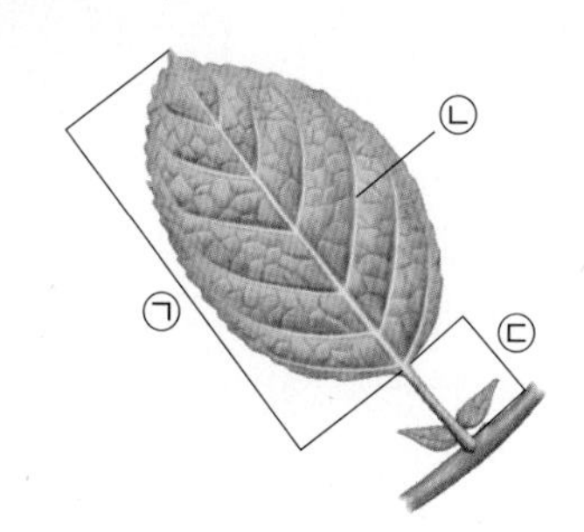

	㉠	㉡	㉢
①	잎몸	잎맥	잎자루
②	잎몸	잎자루	잎맥
③	잎맥	잎몸	잎자루
④	잎맥	잎자루	잎몸
⑤	잎자루	잎몸	잎맥

7 ✚ 7종 공통

다음 식물에 대한 설명으로 옳지 <u>않은</u> 것은 어느 것입니까? (　　　)

부레옥잠

① 물속에 잠겨서 사는 식물이다.
② 잎자루가 볼록하게 부풀어 있다.
③ 잎자루 속에 수많은 공기주머니가 있다.
④ 잎은 광택이 있고, 만지면 매끈매끈하다.
⑤ 잎자루를 물속에서 눌러 보면 공기 방울이 생긴다.

[8-10] 다음은 강이나 연못에 사는 식물입니다. 물음에 답하시오.

(가) 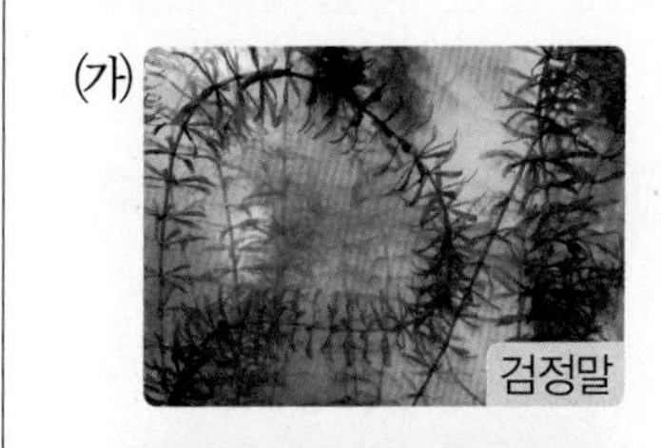
검정말

(나) 
물상추

(다) 
수련

(라) 
연꽃

8 ✚ 7종 공통

위 (가)~(라) 중 물에 떠서 사는 식물을 골라 기호를 쓰시오.

(　　　　　　　　　　)

9 ✚ 7종 공통

위 (가)~(라) 중 다음 식물들과 생활 방식이 같은 식물을 골라 기호를 쓰시오.

> 부들, 창포, 갈대, 줄

(　　　　　　　　　　)

10 서술형 ✚ 7종 공통

위 (가)의 특징을 강이나 연못에 살기에 적합한 점과 관련지어 한 가지 쓰시오.

11 7종 공통

다음 두 식물의 공통점을 옳게 말한 사람의 이름을 쓰시오.

▲ 가래

▲ 마름

- 찬이: 식물의 몸 전체가 물속에 잠겨서 사는 식물이야.
- 미정: 잎과 꽃이 물 위에 떠 있고, 뿌리는 물속의 땅에 있어.
- 준우: 뿌리는 물속이나 물가의 땅에 있고, 잎이 물 위로 높이 자라는 식물이야.
- 유진: 수염처럼 생긴 뿌리가 물속으로 뻗어 있고, 공기주머니가 있어서 쉽게 물에 뜰 수 있어.

( )

12 동아, 금성, 김영사, 아이스크림, 천재

다음에서 설명하는 식물이 사는 곳을 보기 에서 골라 쓰시오.

- 용설란은 두꺼운 잎에 물을 저장한다.
- 잎의 가장자리에 날카로운 가시가 있다.

보기

물속, 바닷가, 들이나 산, 사막, 극지방

( )

13 동아, 금성, 김영사, 아이스크림, 천재

오른쪽 선인장의 특징으로 빈칸에 들어갈 말끼리 옳게 짝 지은 것은 어느 것입니까? ( )

(㉠)이/가 가시 모양이라서 물이 밖으로 빠져나가는 것을 막고, 굵은 (㉡)에 물을 저장하여 사막에서 살 수 있다.

	㉠	㉡
①	잎	뿌리
②	줄기	잎
③	잎	줄기
④	줄기	뿌리
⑤	뿌리	줄기

14 서술형 동아, 금성, 김영사, 아이스크림, 천재

오른쪽 바오바브나무가 사막에서 살기에 좋은 점을 한 가지 쓰시오.

15 금성, 아이스크림, 천재

극지방에 사는 식물에 대한 설명으로 옳지 않은 것에 ×표 하시오.

(1) 키가 작아 강한 바람을 견딜 수 있다. ( )

(2) 잎이 얇아 높은 기온에서도 잘 자란다. ( )

(3) 깊은 땅속은 일 년 내내 얼어 있어 땅속 깊이 뿌리를 내리지 않는다. ( )

16 동아, 지학사

바닷가에 사는 식물이 아닌 것은 어느 것입니까? ( )

① 
▲ 해홍나물

② 
▲ 순비기나무

③ 
▲ 퉁퉁마디

④ 
▲ 메스키트나무

17 동아, 금성, 김영사, 비상, 아이스크림, 천재

다음 글을 읽고 연지의 바지에 붙어 있는 열매를 모방하여 만든 물체는 무엇인지 골라 기호를 쓰시오.

연지는 학교에서 공원으로 소풍을 다녀왔다. 그런데 집에 와서 보니 바지에 가시 끝이 갈고리 모양인 열매가 군데군데 붙어 있었다.

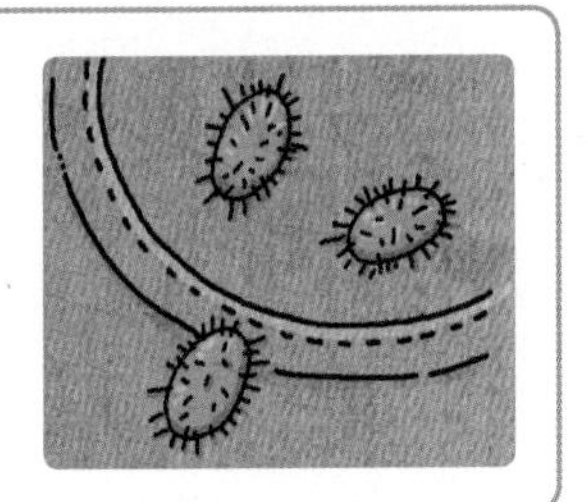

보기

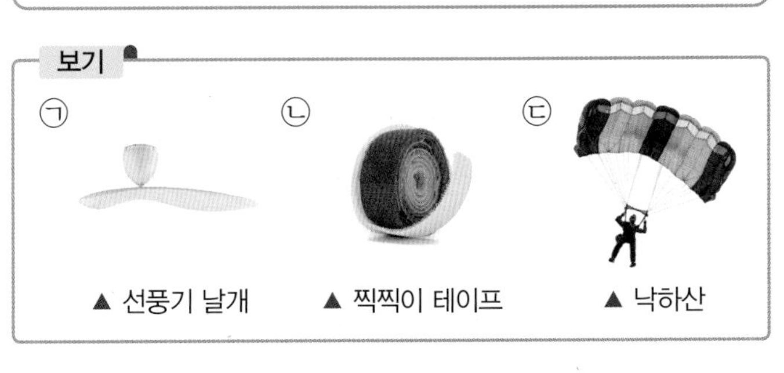

㉠ ▲ 선풍기 날개 ㉡ ▲ 찍찍이 테이프 ㉢ ▲ 낙하산

( )

18 동아, 금성, 아이스크림, 천재

오른쪽과 같이 빙글빙글 돌며 날아가는 단풍나무 열매의 특징을 모방해 활용한 것은 어느 것입니까? ( )

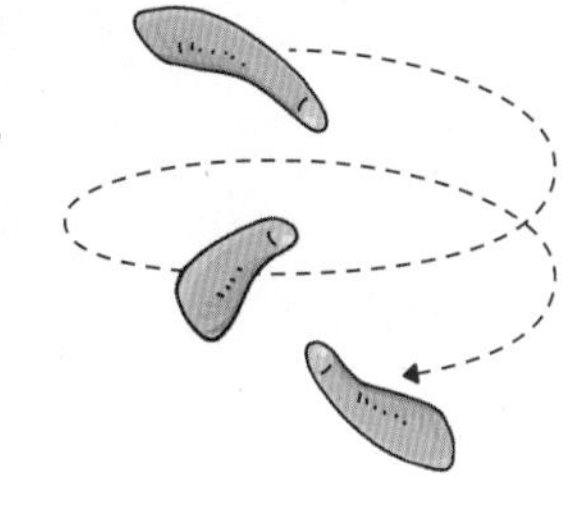

① 가시철조망
② 헬리콥터 날개
③ 물에 잘 뜨는 튜브
④ 비에 젖지 않는 우산
⑤ 독특한 향기가 나는 방향제

19 천재

사막을 굴러다니는 오른쪽 식물의 특징을 모방하여 동그란 행성 탐사 로봇을 만들었습니다. 이 식물의 이름을 쓰시오.

( )

20 서술형 동아, 금성, 김영사, 비상, 아이스크림, 천재

다음은 비가 온 뒤 연잎에 고인 물방울의 모습입니다. 이것을 통해 알 수 있는 연잎의 특징을 우리 생활에서 모방한 예와 함께 쓰시오.

▲ 연잎

정답과 풀이 22쪽

평가 주제 잎의 생김새에 따라 분류하기

평가 목표 잎의 생김새에 따른 분류 기준을 세워 분류할 수 있다.

[1-3] 다음 여러 가지 식물의 잎을 보고, 물음에 답하시오.

1 위 (가)~(바) 잎의 생김새를 관찰하고, 끝부분의 모양이 어떠한지 각각 쓰시오.

(가)		(라)	
(나)		(마)	
(다)		(바)	

2 위 **1**번에서 정리한 잎의 끝부분 모양을 참고하여 분류 기준에 따라 잎을 분류하시오.

분류 기준: 잎의 끝부분이 뾰족한가?

그렇다.	그렇지 않다.
(1)	(2)

3 위 잎을 분류할 때 '잎의 크기가 큰가?'라는 분류 기준은 적당하지 않습니다. 그 까닭은 무엇인지 쓰시오.

정답과 풀이 22쪽

평가 주제	다양한 환경에 사는 식물의 생김새와 특징
평가 목표	다양한 환경에 사는 식물의 생김새와 생활 방식이 환경에 적응했음을 알 수 있다.

[1-3] 다음은 다양한 환경에서 사는 식물입니다. 물음에 답하시오.

(가) ▲ 수련 (나) ▲ 소나무 (다) ▲ 강아지풀 (라) ▲ 금호선인장
(마) ▲ 부레옥잠 (바) ▲ 용설란 (사) ▲ 바오바브나무 (아) ▲ 토끼풀

1 위 (가)~(아) 식물이 사는 환경에 따라 분류하여 기호를 쓰시오.

들이나 산에 사는 식물	강이나 연못에 사는 식물	사막에 사는 식물
(1)	(2)	(3)

2 위 (마) 식물의 특징을 환경에 적응한 점과 관련지어 한 가지 쓰시오.

3 위 (사) 식물이 사는 환경의 특징을 두 가지 쓰시오.

정답과 풀이 23쪽

빈칸에 알맞은 답을 쓰세요.

1 고체 상태의 물을 무엇이라고 합니까?

2 물이 서로 다른 상태로 변하는 것을 무엇이라고 합니까?

3 물이 얼어 얼음이 되면 부피는 줄어듭니까, 늘어납니까?

4 액체인 물이 표면에서 기체인 수증기로 상태가 변하는 현상을 무엇이라고 합니까?

5 온도가 낮을 때와 온도가 높을 때 중 증발이 더 잘 일어나는 경우는 언제입니까?

6 물이 끓고 난 후 물의 높이는 물이 끓기 전보다 높아집니까, 낮아집니까?

7 물을 끓일 때 보이는 하얀 김은 물입니까, 수증기입니까?

8 기체인 수증기가 액체인 물로 상태가 변하는 현상을 무엇이라고 합니까?

9 수증기가 높은 하늘에서 응결해 작은 물방울 상태로 떠 있는 기상 현상은 무엇입니까?

10 가습기는 물이 무엇으로 변하는 상태 변화를 이용한 것입니까?

정답과 풀이 23쪽

빈칸에 알맞은 답을 쓰세요.

1 기체 상태의 물을 무엇이라고 합니까?

2 물이 얼어 얼음이 되면 무게는 변합니까, 변하지 않습니까?

3 물에 젖은 화장지가 마르는 까닭은 물이 무엇으로 변해 공기 중으로 날아갔기 때문입니까?

4 펼쳐 놓은 물휴지와 접어 놓은 물휴지 중 더 빨리 마르는 것은 어느 것입니까?

5 물의 표면뿐만 아니라 물속에서도 액체인 물이 기체인 수증기로 상태가 변하는 현상을 무엇이라고 합니까?

6 증발과 끓음 중 물의 양이 더 빨리 줄어드는 현상은 어느 것입니까?

7 증발과 끓음 모두 물이 무엇으로 상태가 변하는 것입니까?

8 냉장고에서 차가운 음료수 캔을 꺼내 놓으면 캔 표면에 무엇이 생깁니까?

9 새벽에 차가워진 나뭇가지나 풀잎 등에 수증기가 응결해 생긴 작은 물방울을 무엇이라고 합니까?

10 스키장에서 인공 눈을 만드는 것은 물이 무엇으로 상태가 변하는 현상을 이용한 것입니까?

[1-2] 다음은 물의 세 가지 상태에 따른 특징을 나타낸 것입니다. 물음에 답하시오.

구분	㉠	㉡	㉢
모양	일정함.	일정하지 않음.	일정하지 않음.
특징	단단함.	흘러내림.	우리 눈에 보이지 않음.

1 7종 공통

위 ㉠~㉢에 해당하는 물의 상태를 옳게 짝 지은 것은 어느 것입니까? (　　　)

	㉠	㉡	㉢
①	물	얼음	수증기
②	물	수증기	얼음
③	얼음	물	수증기
④	얼음	수증기	물
⑤	수증기	물	얼음

2 7종 공통

위 ㉠~㉢에 대해 옳게 말한 사람의 이름을 쓰시오.

- 예나: 겨울에 내리는 눈은 ㉢ 상태야.
- 재성: 목이 마를 때 마시는 물은 ㉠ 상태야.
- 은희: 주전자에 물을 끓일 때 주전자 입구에서 하얗게 보이는 것은 ㉡ 상태야.
- 미란: ㉠에서 ㉡으로 상태가 변할 수 있지만, ㉡에서 ㉠으로 상태가 변할 수는 없어.

(　　　　　　　　)

[3-4] 다음 실험 과정을 보고, 물음에 답하시오.

1 시험관에 물을 넣고 마개로 막은 다음 파란색 유성 펜으로 물의 높이를 표시한다.
2 전자저울로 1의 시험관의 무게를 측정한다.
3 소금을 섞은 얼음이 든 비커에 2의 시험관을 꽂는다.
4 물이 완전히 얼면 시험관을 꺼내 빨간색 유성 펜으로 얼음의 높이를 표시하고, 전자저울로 무게를 측정한다.

3 7종 공통

위 실험에서 알아보고자 하는 것은 무엇인지 골라 기호를 쓰시오.

㉠ 물이 얼 때의 온도 변화
㉡ 물이 얼 때의 부피와 무게 변화
㉢ 얼음이 녹을 때의 부피와 무게 변화
㉣ 물의 무게 변화에 따른 시험관의 부피 변화

(　　　　　　　　)

4 서술형 7종 공통

위 4 과정에서 측정한 얼음의 높이와 무게는 처음 측정한 물의 높이와 무게에 비해 어떻게 변하였는지 쓰시오.

____

____

5 7종 공통

얼음이 녹을 때의 변화에 대한 설명으로 옳은 것에 ○표 하시오.

(1) 얼음이 녹으면 부피가 늘어난다. (　　)
(2) 얼음이 녹아도 무게는 변하지 않는다. (　　)
(3) 얼음이 녹을 때 부피와 무게가 모두 줄어든다. (　　)

6 서술형 동아, 비상, 지학사, 천재

다음과 같은 현상이 일어나는 공통적인 까닭은 무엇인지 쓰시오.

한겨울 수도 계량기가 터진다.

겨울철 물을 가득 담아 둔 장독이 깨진다.

____

____

7 7종 공통

얼린 생수병을 따뜻한 곳에 놓아두었더니 볼록하던 생수병이 줄어들었습니다. 그 까닭은 무엇입니까?

( )

① 물이 얼어 무게가 늘어났기 때문이다.
② 물이 얼어 부피가 줄어들었기 때문이다.
③ 얼음이 녹아 부피가 늘어났기 때문이다.
④ 얼음이 녹아 부피가 줄어들었기 때문이다.
⑤ 얼음이 녹아 무게가 줄어들었기 때문이다.

8 동아, 김영사, 아이스크림, 지학사

다음 ( ) 안에 들어갈 알맞은 말을 각각 쓰시오.

> 비커에 물을 넣고 며칠 뒤 관찰하면 물의 양이 줄어든 것을 확인할 수 있다. 이처럼 액체인 물이 표면에서 기체인 (㉠)(으)로 상태가 변하는 현상을 (㉡)(이)라고 한다.

㉠ ( ), ㉡ ( )

9 7종 공통

보기 중 증발 현상과 관련 있는 경우를 골라 기호를 쓰시오.

> 보기
> ㉠ 고드름이 녹는다.
> ㉡ 겨울이 되면 강물이 언다.
> ㉢ 운동을 한 후 흐르는 땀이 마른다.

( )

10 7종 공통

다음과 같이 젖은 빨래나 오징어를 널어 놓으면 마르는 까닭은 무엇입니까? ( )

젖은 빨래를 햇볕에 널어 말린다.

오징어를 햇볕에 널어 말린다.

① 얼음이 녹아 부피가 줄어들었기 때문이다.
② 얼음이 녹아 물로 상태가 변했기 때문이다.
③ 물이 얼어 얼음으로 상태가 변했기 때문이다.
④ 수증기가 물로 상태가 변해 물방울로 맺혔기 때문이다.
⑤ 물이 수증기로 상태가 변해 공기 중으로 날아갔기 때문이다.

11 아이스크림

크기와 모양이 같은 물휴지 두 장을 준비해 하나는 펼치고, 다른 하나는 작게 접어 같은 장소에 두었습니다. 이 실험에 대한 설명으로 옳은 것을 골라 기호를 쓰시오.

㉠ 증발과 끓음을 비교하기 위한 실험이다.
㉡ 두 장의 물휴지가 다 마르는 데 걸리는 시간이 같다.
㉢ 펼쳐 놓은 물휴지가 접어 놓은 물휴지보다 빨리 마른다.

( )

12 7종 공통

물이 끓을 때 ㉠과 같은 기포가 발생하는 것과 관계있는 물의 상태 변화는 어느 것입니까? ( )

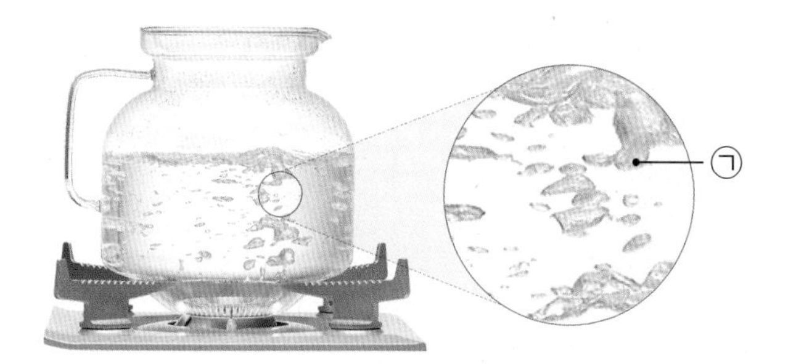

① 얼음 → 물
② 물 → 얼음
③ 수증기 → 물
④ 물 → 수증기
⑤ 얼음 → 수증기

13 아이스크림, 천재

세 명의 학생이 각자 비커에 물을 넣고 물의 높이를 측정한 후 5분 동안 가열하여 끓였습니다. 실험 결과를 잘못 기록한 학생은 누구인지 이름을 쓰시오.

구분	가열하기 전 물의 높이(cm)	가열한 후 물의 높이(cm)
찬양	8	7.5
나리	6	5
미나	7	7.5

( )

14 7종 공통

두 개의 비커에 같은 양의 물을 넣고 물의 높이를 표시한 뒤 하나는 그대로 두고, 다른 하나는 가열해 끓였을 때 결과가 다음과 같았습니다. 가열해 끓인 비커의 모습을 골라 ○표 하시오.

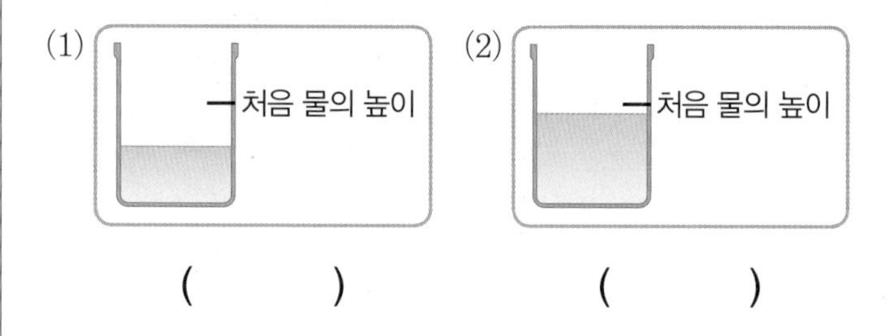

( ) ( )

15 서술형 7종 공통

다음과 같이 감을 말려 곶감을 만들고, 달걀을 삶는 과정에서 일어나는 물의 상태 변화의 공통점을 한 가지 쓰시오.

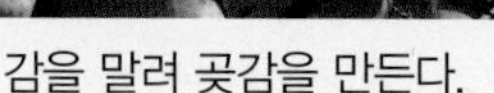
감을 말려 곶감을 만든다.

끓은 물에 달걀을 넣어 삶는다.

[16-18] 플라스틱 컵에 주스와 얼음을 넣고 뚜껑을 덮은 뒤 페트리 접시에 올려 전자저울로 무게를 측정하였습니다. 물음에 답하시오.

16 동아, 금성, 김영사, 천재

위 실험에 대한 설명으로 옳지 않은 것은 어느 것입니까? (　　　)

① 컵 표면에 액체 방울이 생긴다.
② 컵 표면에 생긴 액체는 색깔이 없다.
③ 컵 표면에 생긴 액체는 주스 맛이 난다.
④ 컵 표면에 생긴 액체는 흘러내려 페트리 접시에 고인다.
⑤ 시간이 지난 뒤 무게를 다시 측정하면 처음보다 무게가 늘어난다.

17 7종 공통

위 플라스틱 컵의 표면에서 일어나는 물의 상태 변화를 무엇이라고 하는지 쓰시오.

(　　　　　　　　　　)

18 아이스크림, 천재

위 실험과 같은 원리로 일어나는 현상을 두 가지 고르시오. (　　　)

① 가뭄에 논 바닥이 갈라진다.
② 겨울철 지붕 밑에 고드름이 생긴다.
③ 맑은 날 아침 풀잎에 이슬이 맺힌다.
④ 추운 날 유리창 안쪽에 물방울이 맺힌다.
⑤ 물이 담긴 페트병을 냉동실에 넣어 두면 페트병이 볼록해진다.

[19-20] 다음은 일상생활에서 물의 상태 변화를 이용한 예입니다. 물음에 답하시오.

(가)

▲ 음식 찌기

(나)

▲ 이글루 만들기

(다)

▲ 인공 눈 만들기

(라)
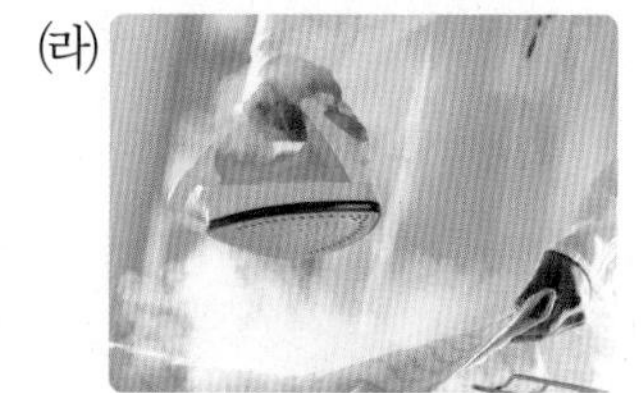
▲ 스팀다리미 이용하기

19 7종 공통

위 (가)~(라)에서 이용된 물의 상태 변화가 같은 것끼리 분류하여 기호를 쓰시오.

물이 얼음으로 상태가 변하는 것을 이용	물이 수증기로 상태가 변하는 것을 이용
(1)	(2)

20 서술형 7종 공통

우리 생활에서 위 (가)와 같은 물의 상태 변화를 이용하는 경우를 한 가지 쓰시오.

[1-2] 다음은 물의 세 가지 상태를 나타낸 것입니다. 물음에 답하시오.

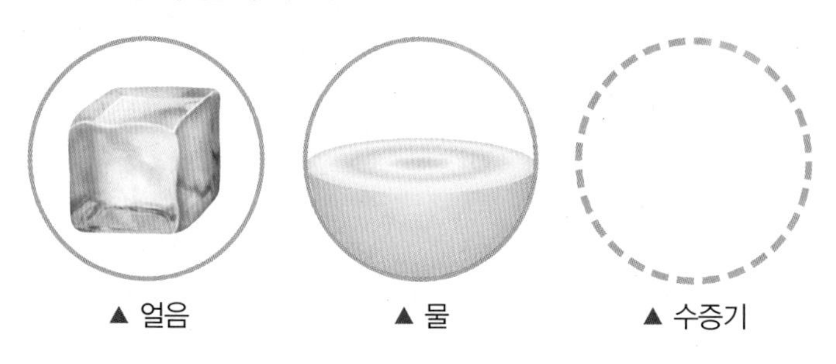
▲ 얼음 ▲ 물 ▲ 수증기

1 7종 공통

위 물의 세 가지 상태에 대해 잘못 말한 사람의 이름을 쓰시오.

- 윤아: 얼음은 눈에 보이지만, 수증기는 눈에 보이지 않아.
- 시원: 얼음은 고체 상태, 물은 액체 상태, 수증기는 기체 상태야.
- 재준: 물은 모양이 일정하지만, 수증기는 모양이 일정하지 않아.
- 수정: 얼음은 단단해서 손으로 잡을 수 있지만, 물은 흘러서 손으로 잡을 수 없어.

( )

2 서술형 7종 공통

위 얼음을 손바닥에 올려놓으면 시간이 지나면서 얼음이 녹아 물이 됩니다. 덜 녹은 얼음을 내려놓고, 시간이 지나면 손에 묻은 물이 어떻게 되는지 쓰시오.

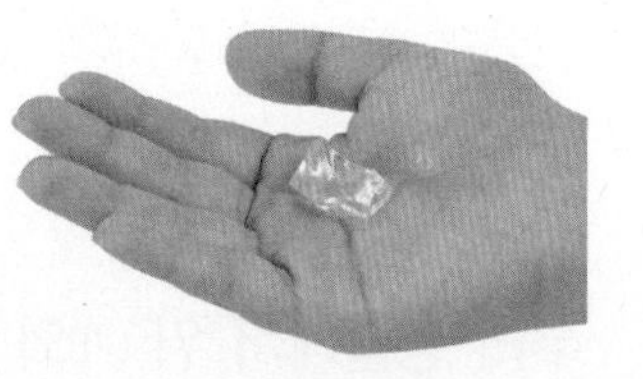

3 7종 공통

물이 들어 있는 페트병(㉠)과 냉동실에 넣어 얼린 뒤에 꺼낸 페트병(㉡)의 모습입니다. ㉠과 ㉡에 대한 설명으로 옳은 것은 어느 것입니까? ( )

① ㉠과 ㉡의 무게는 같다.
② ㉠과 ㉡의 부피는 같다.
③ ㉠보다 ㉡이 더 무겁다.
④ ㉡보다 ㉠이 더 무겁다.
⑤ ㉡보다 ㉠의 부피가 더 크다.

4 동아, 금성, 김영사, 비상, 아이스크림, 천재

물이 가득 담긴 유리병을 냉동실에 넣으면 위험한 까닭으로 ( ) 안에 들어갈 알맞은 말을 쓰시오.

물이 얼면 ( )이/가 늘어나 유리병이 깨질 수 있기 때문이다.

( )

5 7종 공통

( ) 안에 들어갈 알맞은 말을 골라 각각 쓰시오.

얼음이 녹아 물이 되면 부피는 ㉠(늘어나고, 줄어들고) 무게는 ㉡(변한다, 변하지 않는다).

㉠ ( ), ㉡ ( )

6 아이스크림

다음과 같이 크기가 같은 시험관에 물과 얼음이 각각 같은 높이로 들어 있을 때 두 시험관을 옳게 비교한 것을 두 가지 고르시오. (　　　　)

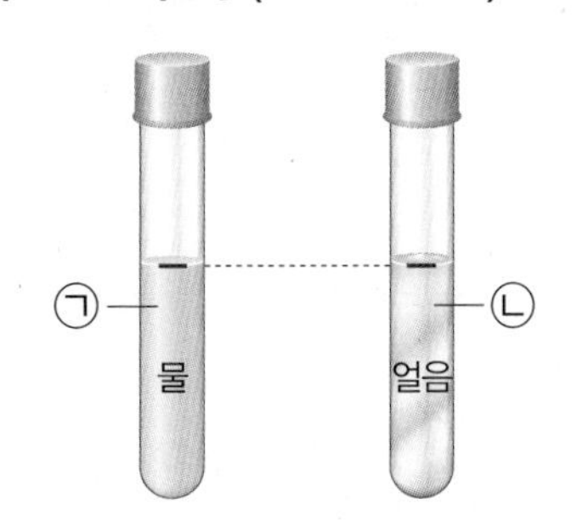

① ㉠과 ㉡의 무게는 같다.
② ㉠이 ㉡보다 더 무겁다.
③ ㉡이 ㉠보다 더 무겁다.
④ ㉡의 얼음이 완전히 녹으면 ㉠의 물보다 높이가 낮아진다.
⑤ ㉡의 얼음이 완전히 녹으면 ㉠의 물보다 높이가 높아진다.

7 7종 공통

세 친구가 페트병에 각각 다른 양의 물을 넣고 얼려 무게를 측정한 뒤, 다시 완전히 녹여 무게를 측정하였습니다. 다음 표를 보고 옳게 측정한 사람의 이름을 쓰시오.

구분	얼렸을 때의 무게(g)	녹은 후의 무게(g)
미래	375	369
기준	409	409
하은	250	257

(　　　　　　　　)

[8-9] 다음과 같이 화장지 한 칸을 떼어 내어 분무기로 물을 한 번 뿌려 적신 후 관찰하였습니다. 물음에 답하시오.

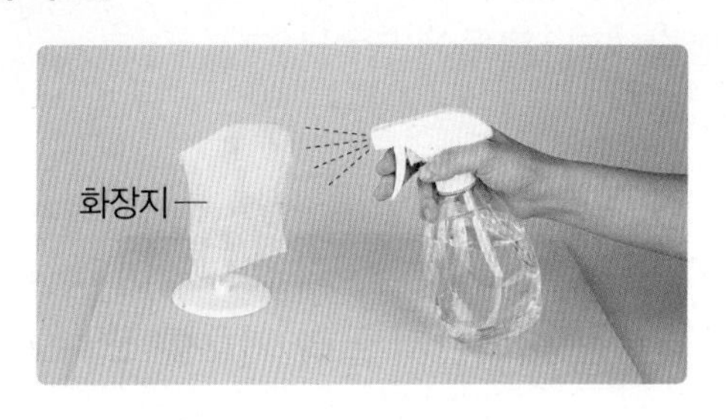

8 아이스크림, 천재

시간이 지나면서 화장지의 변화를 관찰한 내용으로 옳은 것을 골라 기호를 쓰시오.

㉠ 시간이 지나도 화장지에는 변화가 없다.
㉡ 시간이 지나면서 화장지의 물기가 점점 많아진다.
㉢ 시간이 지나면서 화장지의 물기가 거의 없어진다.

(　　　　　　　　)

9 서술형 7종 공통

위 8번 답과 같은 변화가 나타나는 까닭은 무엇인지 쓰시오.

10 7종 공통

증발에 대한 설명으로 옳은 것에 ○표, 옳지 않은 것에 ×표 하시오.

(1) 기체인 수증기가 액체인 물로 상태가 변한다. (　　)
(2) 겨울에 수도 계량기가 터지는 것은 증발 현상 때문이다. (　　)
(3) 공기 중에 있는 수증기의 양이 적을수록 증발이 잘 일어난다. (　　)

[11-12] 오른쪽과 같이 비커에 물을 넣어 물의 높이를 표시하고, 가열하여 끓인 뒤 다시 물의 높이를 표시하였습니다. 물음에 답하시오.

11 7종 공통

위 실험에서 처음 물의 높이와 비교하여 나중에 측정한 물의 높이는 어떠한지 골라 기호를 쓰시오.

㉠ 처음과 같다.
㉡ 처음보다 낮아진다.
㉢ 처음보다 높아진다.

( )

12 7종 공통

위 실험에서 물이 끓을 때의 변화를 옳게 설명한 것은 어느 것입니까? ( )

① 물이 양이 늘어난다.
② 물 표면이 울퉁불퉁해진다.
③ 물속에서는 아무 변화도 일어나지 않는다.
④ 공기 중의 수증기가 물속으로 들어가 기포가 생긴다.
⑤ 물이 끓기 전에는 기포가 많이 생기지만, 물이 끓을 때는 기포가 생기지 않는다.

13 서술형 7종 공통

일상생활에서 볼 수 있는 끓음과 관련된 예를 두 가지 쓰시오.

14 7종 공통

증발과 끓음의 차이점을 비교하여 정리한 표입니다. 빈칸에 들어갈 알맞은 말끼리 짝 지은 것은 어느 것입니까? ( )

구분	증발	끓음
상태 변화가 일어나는 곳	(㉠)	물 표면과 물속
물이 줄어드는 빠르기	끓음보다 (㉡).	증발보다 (㉢).

	㉠	㉡	㉢
①	물 표면	느림	빠름
②	물 표면	빠름	느림
③	물속	느림	빠름
④	물속	빠름	느림
⑤	물 표면과 물속	느림	빠름

15 동아, 김영사, 지학사, 천재

설명에 해당하는 기상 현상을 보기 에서 찾아 이름을 쓰시오.

보기
이슬, 안개, 구름

(1) 수증기가 높은 하늘에서 응결해 작은 물방울 상태로 떠 있는 현상 ( )
(2) 새벽에 차가워진 나뭇가지나 풀잎 등에 수증기가 응결해 생긴 작은 물방울 ( )
(3) 수증기가 지표면 근처에서 응결해 공기 중에 작은 물방울 상태로 떠 있는 현상 ( )

[16-17] 다음 실험 과정을 보고, 물음에 답하시오.

> **1** 플라스틱 컵에 주스와 얼음을 넣은 후 뚜껑을 덮는다.
> **2** **1**의 컵을 페트리 접시에 올려놓고 전자저울로 무게를 측정한다.
> **3** 시간이 지난 뒤에 페트리 접시에 올려진 컵의 무게를 측정하고 처음 측정한 무게와 비교한다.

16 7종 공통

위 실험에서 알아보고자 하는 현상은 어느 것인지 골라 기호를 쓰시오.

> ㉠ 수증기가 응결하는 현상
> ㉡ 물이 얼어 얼음이 되는 현상
> ㉢ 물이 끓어 수증기가 되는 현상

(　　　　　　　　　　)

17 동아, 금성, 김영사, 천재

위 실험 과정 2에서 측정한 무게가 236.0 g이었을 때, 3에서 측정한 무게로 가장 알맞은 것은 어느 것입니까? (　　　)

① 118.0 g　② 230.0 g　③ 236.0 g
④ 237.0 g　⑤ 472.0 g

18 서술형 7종 공통

오른쪽과 같이 냄비에 국을 끓이면 냄비 뚜껑 안쪽에 물방울이 맺히는 과정에서 일어나는 물의 상태 변화 두 가지를 설명하시오.

____

____

19 7종 공통

다음 중 나머지와 다른 물의 상태 변화를 이용한 경우는 어느 것입니까? (　　　)

①
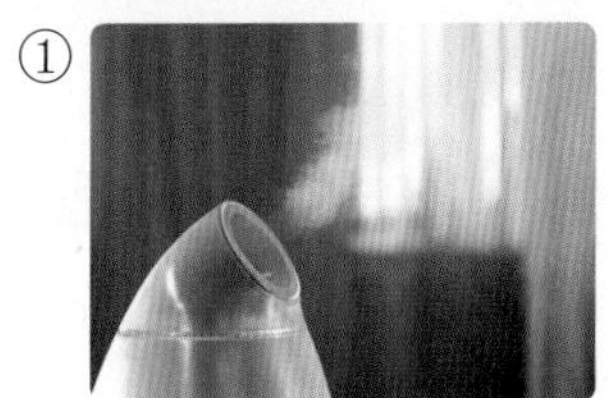
▲ 가습기 이용하기

②

▲ 얼음 작품 만들기

③
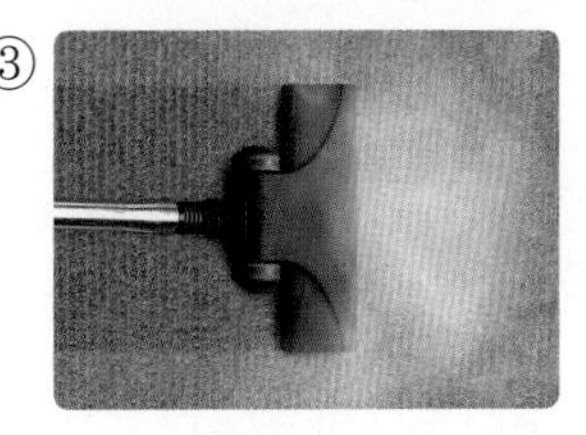
▲ 스팀 청소기 이용하기

④

▲ 음식 찌기

20 7종 공통

다음 과학 정리 노트를 읽고, 잘못된 문장을 찾아 번호를 쓰시오.

> 제목: 놀라운 물의 변신
> ① 과학 시간에 물은 세 가지 상태로 있고, 서로 다른 상태로 변할 수 있다고 배웠다.
> ② 집에 와서 보니 다양한 물의 상태 변화를 생활에 이용하고 있었다.
> ③ 엄마는 물을 얼려 만든 얼음을 갈아 팥빙수를 만들어 주셨다.
> ④ 그리고 스팀다리미에 수증기를 넣어 물로 변화시켜 구겨진 옷을 다리셨다.
> ⑤ 물의 상태가 변하지 않는다면 우리 생활이 많이 불편해질 것 같다고 생각했다.

(　　　　　　　　　　)

평가 주제 얼음이 녹을 때의 부피와 무게 변화 알기

평가 목표 얼음이 녹아 물이 될 때 부피와 무게의 변화를 설명할 수 있다.

[1-2] 다음 실험 과정을 보고, 물음에 답하시오.

1

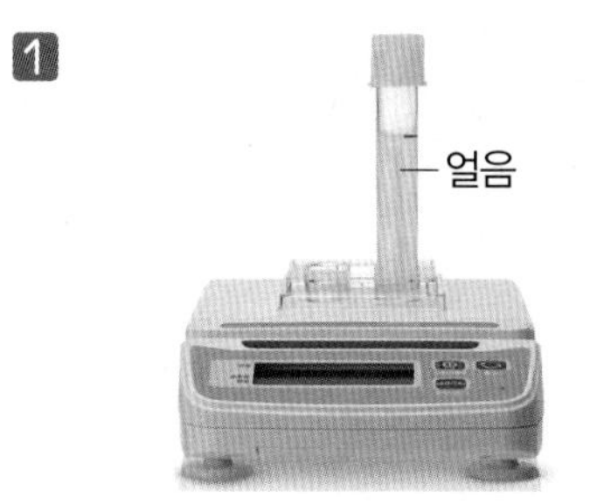

물이 얼어 있는 플라스틱 시험관에 얼음의 높이를 빨간색 유성 펜으로 표시하고, 전자저울로 무게를 측정한다.

2

물이 얼어 있는 플라스틱 시험관을 따뜻한 물이 든 비커에 넣는다.

3

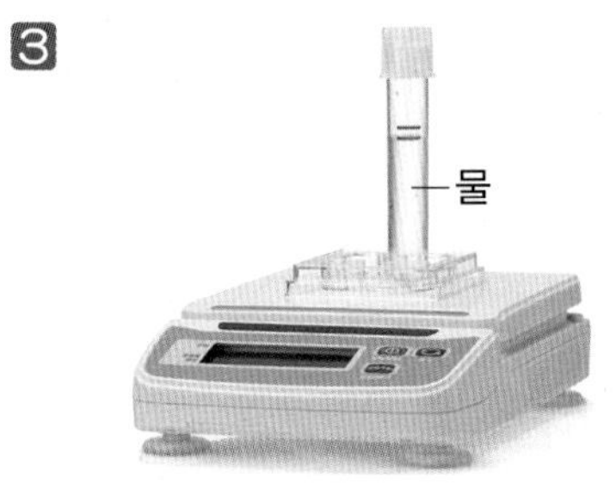

얼음이 완전히 녹으면 물의 높이를 파란색 유성 펜으로 표시하고, 전자저울로 무게를 측정한다.

1 **다음은 위 실험 결과를 정리한 것입니다. 실험 결과를 통해 알 수 있는 사실을 쓰시오.**

부피(얼음과 물의 높이)		무게(g)	
녹기 전	녹은 후	녹기 전	녹은 후
		35.0	35.0

2 **위 1번과 같이 얼음이 녹을 때의 부피 변화와 관련된 생활 속의 예를 두 가지 쓰시오.**

평가 주제	우리 생활에서 물의 상태 변화를 이용한 예 알기
평가 목표	물이 얼음으로 상태가 변하는 예와 물이 수증기로 상태가 변하는 예를 설명할 수 있다.

[1-2] 우리 생활에서 물의 상태 변화를 이용한 예입니다. 물음에 답하시오.

(가)

▲ 스키장에서 인공 눈을 만들 때

(나)

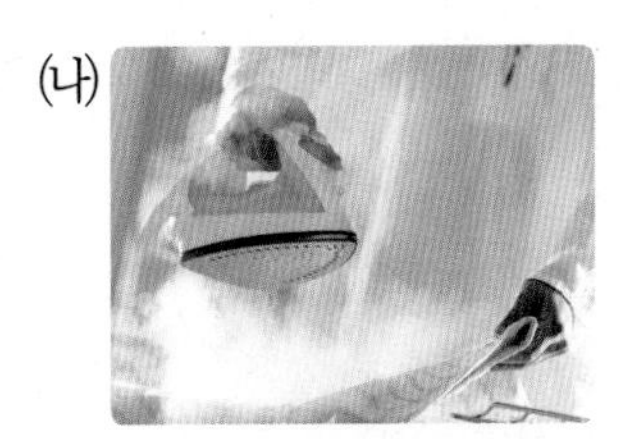

▲ 스팀다리미로 옷을 다릴 때

(다)

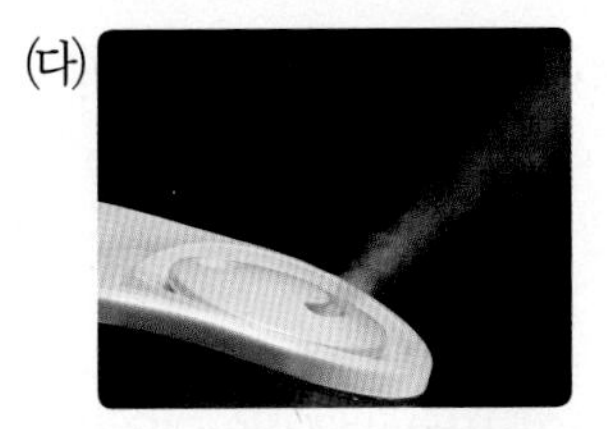

▲ 가습기를 이용할 때

(라)

▲ 얼음 스케이트장을 만들 때

2 단원

1 **보기 를 참고하여 위 (가)~(라)에 이용한 물의 상태 변화를 각각 쓰시오.**

보기

팥빙수를 만들 때: 액체인 물이 고체인 얼음으로 변하는 상태 변화

(가) 스키장에서 인공 눈을 만들 때: ______________________

(나) 스팀다리미로 옷을 다릴 때: ______________________

(다) 가습기를 이용할 때: ______________________

(라) 얼음 스케이트장을 만들 때: ______________________

2 **오른쪽은 여러 개의 얼음 조각으로 만든 작품입니다. 얼음 조각을 어떻게 붙였을지 물의 상태 변화와 관련지어 쓰시오.**

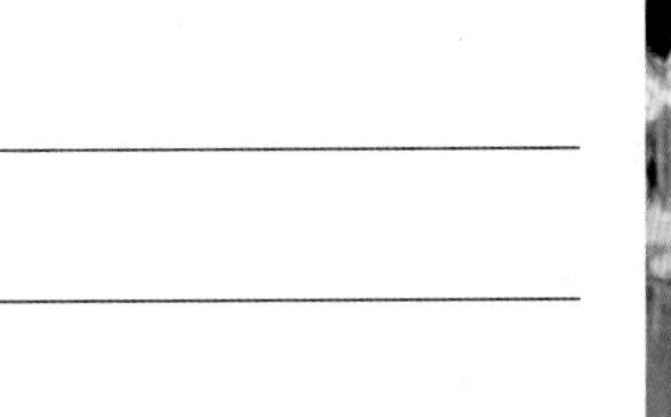

____

____

____

정답과 풀이 25쪽

빈칸에 알맞은 답을 쓰세요.

1 빛이 나아가다가 물체에 막혀 물체 뒤쪽에 생기는 어두운 부분을 무엇이라고 합니까?

2 유리컵 그림자와 종이컵 그림자 중 더 진한 그림자는 어느 것입니까?

3 빛이 곧게 나아가는 성질을 무엇이라고 합니까?

4 물체와 스크린은 그대로 두고 손전등을 물체에 가까이 하면 그림자의 크기는 어떻게 됩니까?

5 그림자의 크기를 작게 하려면 손전등을 물체에 가까이 합니까, 멀리 합니까?

6 거울에 비친 물체의 모습은 상하가 바뀌어 보입니까, 좌우가 바뀌어 보입니까?

7 숫자 4, 6, 8 중 거울에 비추어 보았을 때, 거울에 비친 숫자의 모습이 실제 숫자의 모습과 같은 것은 어느 것입니까?

8 빛이 나아가다가 거울에 부딪쳐서 거울에서 빛의 방향이 바뀌는 성질을 무엇이라고 합니까?

9 빛의 반사를 이용해 물체의 모습을 비추는 도구는 무엇입니까?

10 자동차의 뒷거울로 뒤에 있는 구급차를 보았을 때 '119 구급대' 글자가 바르게 보이게 하려면 구급차의 앞부분에 글자의 좌우와 상하 중 무엇을 바꾸어 써야 합니까?

정답과 풀이 25쪽

빈칸에 알맞은 답을 쓰세요.

1 그림자가 생기기 위해서 반드시 필요한 두 가지는 무엇입니까?

2 도자기 컵과 유리컵 중 빛이 대부분 통과하는 물체는 어느 것입니까?

3 도자기 컵과 유리컵 중 불투명한 물체는 어느 것입니까?

4 손전등과 스크린은 그대로 두고 물체를 손전등에 가까이 하면 그림자의 크기는 어떻게 됩니까?

5 손전등과 물체는 그대로 두고 스크린을 물체에 가까이 하면 그림자의 크기는 어떻게 됩니까?

6 거울에 비친 물체의 색깔과 실제 물체의 색깔은 같습니까, 다릅니까?

7 '웅', '산', '몸' 글자 중 거울에 비추어 보았을 때, 거울에 비친 글자의 모습이 실제 글자의 모습과 다른 것은 어느 것입니까?

8 빛이 나아가다가 거울에 부딪치면 거울에서 빛의 무엇이 바뀝니까?

9 옷 가게에서 자신의 모습을 비추어 보거나 자동차 운전자가 뒤에 오는 차의 모습을 보기 위해 공통적으로 이용하는 도구는 무엇입니까?

10 주로 잠수함에서 사용되며, 두 개의 거울을 이용해 눈으로 직접 볼 수 없는 곳에 있는 물체를 볼 수 있게 해 주는 도구는 무엇입니까?

1 동아, 금성, 김영사, 비상, 지학사, 천재

공을 흰 종이 앞에 놓은 뒤 불을 켠 손전등을 다음과 같이 네 방향으로 비추어 보았을 때 흰 종이에 공의 그림자가 생기는 경우는 어느 것입니까? (　　　)

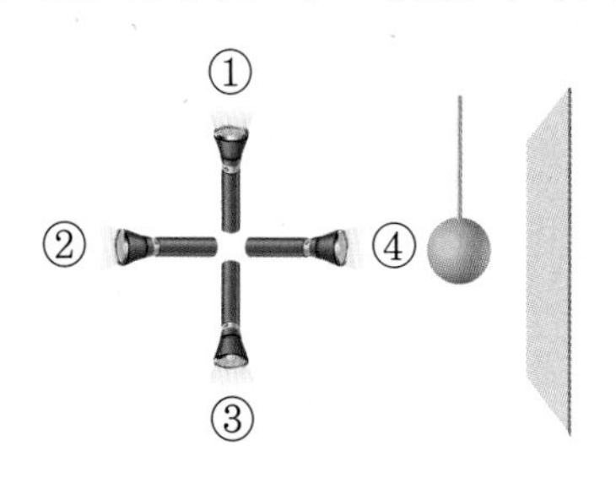

2 동아, 금성, 김영사, 비상, 지학사, 천재

다음과 같이 손전등의 빛을 비추었을 때 ㉠~㉢ 중 어느 곳에 물체를 놓아야 그림자가 생기는지 골라 기호를 쓰시오.

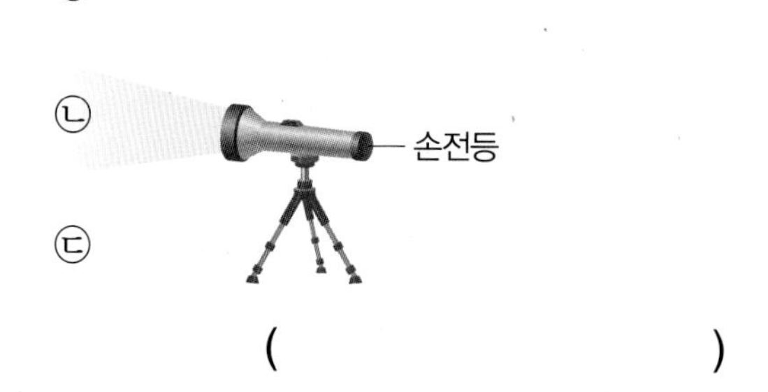

(　　　　　　　　)

3 서술형 ✚ 7종 공통

그림자가 생기는 원리는 무엇인지 보기 의 용어를 모두 사용하여 설명하시오.

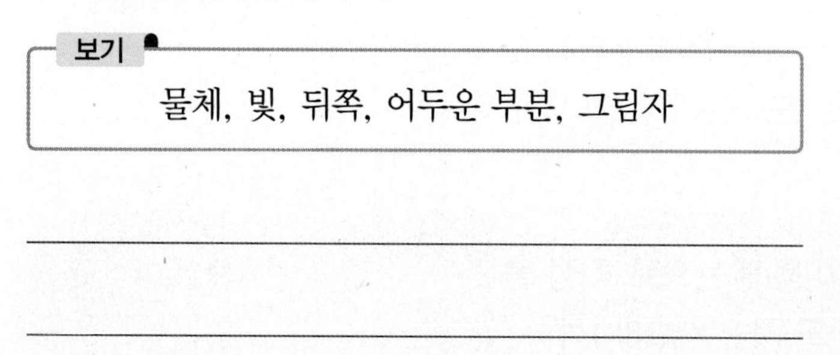

보기

물체, 빛, 뒤쪽, 어두운 부분, 그림자

[4-5] 다음과 같이 장치하고 유리컵과 도자기 컵의 그림자를 만드는 실험을 하였습니다. 물음에 답하시오.

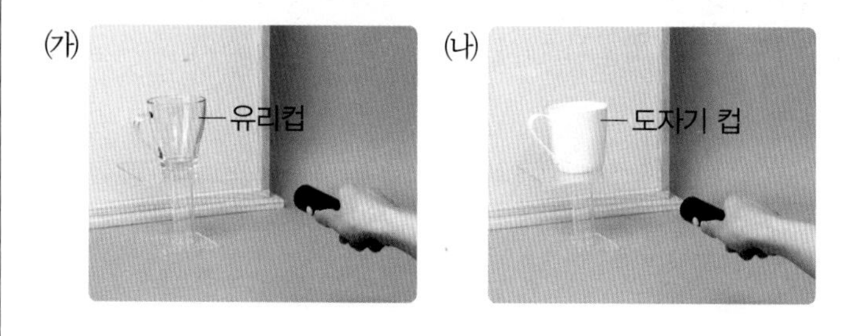

4 김영사, 비상, 천재

위에서 손전등으로 빛을 비추었을 때의 결과로 옳은 것에 모두 ○표 하시오.

(1) (가)는 진한 그림자가 생긴다. (　　)
(2) (가)는 연한 그림자가 생긴다. (　　)
(3) (나)는 진한 그림자가 생긴다. (　　)
(4) (나)는 연한 그림자가 생긴다. (　　)

5 김영사, 비상, 천재

위 4번 답과 같은 결과가 나타나는 까닭을 옳게 말한 사람의 이름을 쓰시오.

- 은성: 유리컵은 무겁고, 도자기 컵은 가볍기 때문이야.
- 채윤: 유리컵은 불투명하고, 도자기 컵은 투명하기 때문이야.
- 재민: 유리컵은 깨지기 쉽고, 도자기 컵은 깨지지 않기 때문이야.
- 가희: 유리컵은 빛을 대부분 통과시키고, 도자기 컵은 빛을 통과시키지 못하기 때문이야.

(　　　　　　　　)

6 서술형 동아, 금성, 김영사, 비상, 천재

우리 생활에서 투명한 물체와 불투명한 물체를 이용하여 빛의 세기를 조절하는 예를 각각 한 가지씩 쓰시오.

(1) 투명한 물체를 이용하는 예

____

____

(2) 불투명한 물체를 이용하는 예

____

____

7 ✚ 7종 공통

오른쪽과 같이 종이의 모양과 그림자 모양이 비슷한 까닭은 빛의 어떤 성질 때문입니까?
( )

① 빛이 휘어지는 성질
② 빛이 곧게 나아가는 성질
③ 빛이 종이에 흡수되는 성질
④ 빛이 종이를 통과하는 성질
⑤ 빛이 종이에 닿으면 강해지는 성질

8 동아, 김영사, 지학사

오른쪽 실험 결과를 통해 알 수 있는 사실에 ○표 하시오.

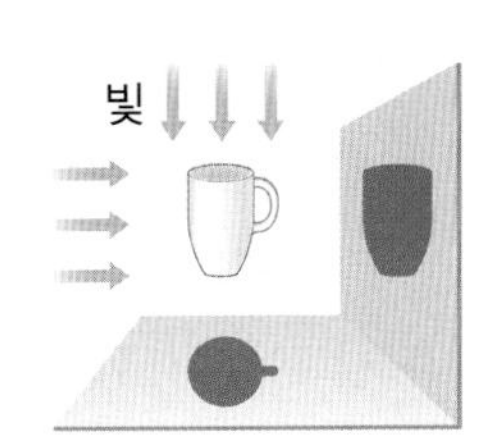

(1) 물체를 놓는 방향에 따라 그림자의 모양이 달라지기도 한다. ( )
(2) 빛을 비추는 방향에 따라 그림자의 모양이 달라지기도 한다. ( )

9 천재

스크린과 손전등 사이에 둥근 기둥 모양 블록을 놓고, 블록의 방향을 바꾸어 가며 만들 수 있는 그림자의 모양이 아닌 것은 어느 것입니까? ( )

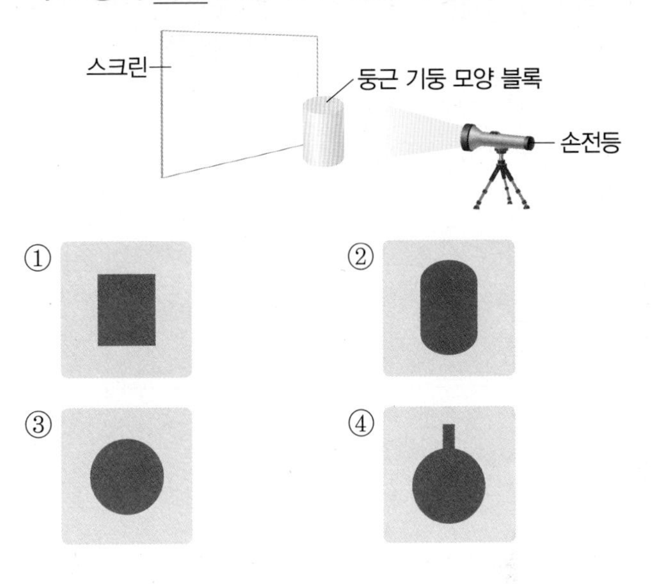

10 ✚ 7종 공통

손잡이가 달린 컵이 놓인 방향을 다르게 하여 손전등 빛을 비추었을 때 생기는 그림자를 찾아 선으로 이으시오.

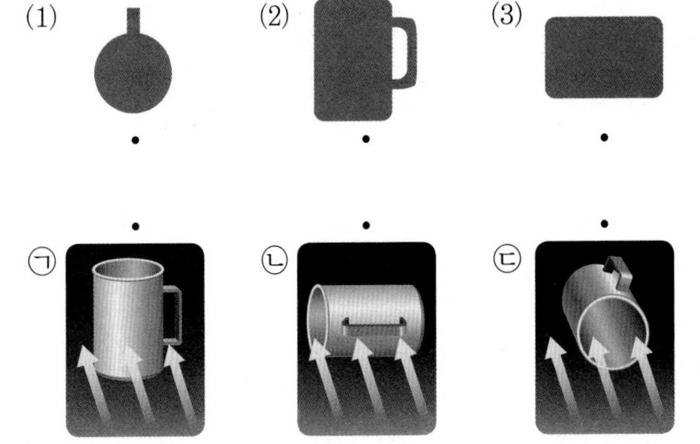

3 단원

[11-13] 다음과 같이 장치하고 종이 인형의 그림자를 관찰하였습니다. 물음에 답하시오.

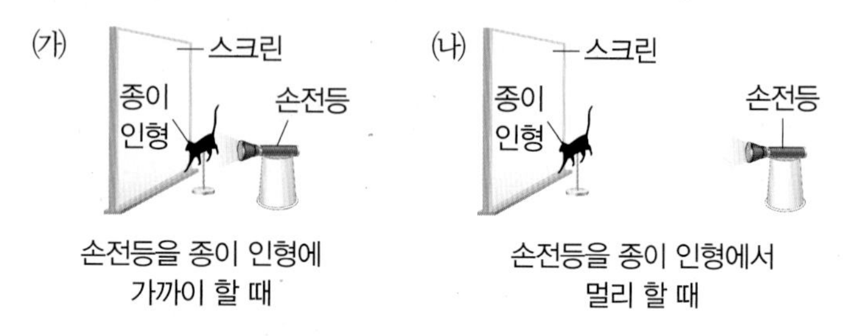

11 7종 공통

위 실험에서 알아보고자 하는 것은 무엇인지 보기 에서 찾아 기호를 쓰시오.

보기
- ㉠ 물체의 크기에 따른 그림자의 크기
- ㉡ 물체의 위치에 따른 그림자의 크기
- ㉢ 손전등의 위치에 따른 그림자의 크기
- ㉣ 스크린의 위치에 따른 그림자의 크기

(　　　　　　　　)

12 7종 공통

위 (가)와 (나) 중 손전등을 켰을 때 스크린에 생기는 그림자의 크기가 더 큰 경우는 어느 것인지 기호를 쓰시오.

(　　　　　　　　)

13 7종 공통

다음은 위 실험 결과를 정리한 것입니다. ㉠과 ㉡에 들어갈 알맞은 말을 각각 쓰시오.

물체와 스크린은 그대로 두고 손전등을 물체에 (㉠) 하면 물체의 그림자 크기가 커지고, 손전등을 물체에서 (㉡) 하면 물체의 그림자 크기가 작아진다.

㉠ (　　　　　　　), ㉡ (　　　　　　　)

14 7종 공통

손전등과 스크린 사이에 고양이 모양 종이 인형을 놓고 종이 인형을 손전등에 가까이 할 때, 그림자에 대한 설명으로 옳은 것은 어느 것입니까? (　　　)

① 그림자가 사라진다.
② 그림자가 두 개 생긴다.
③ 그림자의 크기가 커진다.
④ 그림자의 크기가 작아진다.
⑤ 그림자의 크기에 변화가 없다.

15 서술형 동아, 금성, 김영사, 비상, 지학사, 천재

거울에 비친 물체의 모습을 잘못 설명한 사람의 이름을 모두 쓰고, 그렇게 생각한 까닭을 쓰시오.

- 석훈: 거울에 비친 물체는 상하가 바뀌어 보여.
- 루나: 거울에 비친 물체는 좌우가 바뀌어 보여.
- 유리: 거울에 비친 물체의 색깔은 실제 물체의 색깔과 같아.
- 보영: 거울에 비친 물체의 모습은 상하좌우가 모두 바뀌어 보여.

(1) 잘못 설명한 사람: (　　　　　　　　)

(2) 그렇게 생각한 까닭: ______________________

____

____

16 동아, 금성, 김영사, 비상, 지학사, 천재

다음 글자 카드 중 거울 앞에 세워 비추었을 때 거울에 비친 글자가 바르게 보이는 것을 골라 기호를 쓰시오.

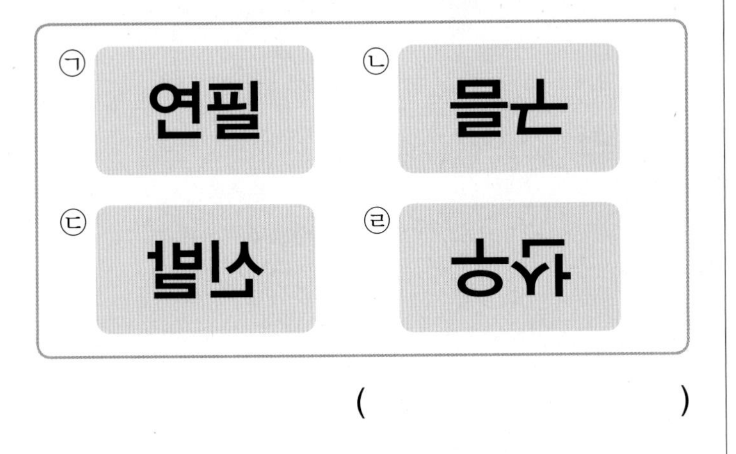

( )

17 아이스크림

다음과 같이 거울 앞에 주사위가 놓여 있을 때 거울에 비친 주사위의 모습이 잘못된 것은 어느 것입니까? (단, 주사위의 마주 보는 면에 있는 점의 개수의 합은 7입니다.) ( )

18 7종 공통

치과에서 잘 보이지 않는 치아의 안쪽면을 거울로 볼 수 있는 까닭으로 옳은 것은 어느 것입니까? ( )

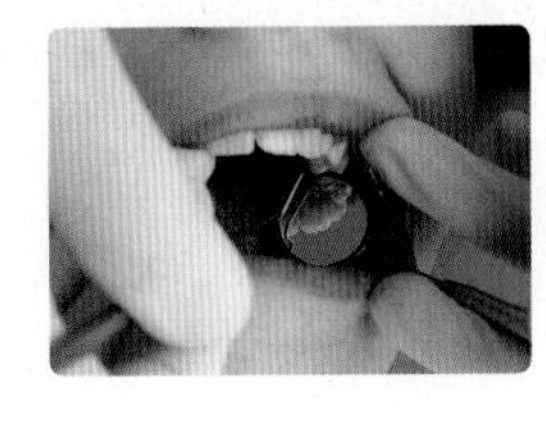

① 거울이 빛을 반사하기 때문이다.
② 빛은 거울에 대부분 흡수되기 때문이다.
③ 빛이 거울에 닿으면 사라지기 때문이다.
④ 빛이 거울에 닿으면 거울을 그대로 통과하기 때문이다.
⑤ 거울이 있으면 빛이 없어도 물체를 볼 수 있기 때문이다.

19 7종 공통

잠수함에서 물 위의 모습을 관찰하는 데 주로 사용되며, 두 개의 거울을 이용해 눈으로 직접 볼 수 없는 곳에 있는 물체를 볼 수 있게 해 주는 도구의 이름을 쓰시오.

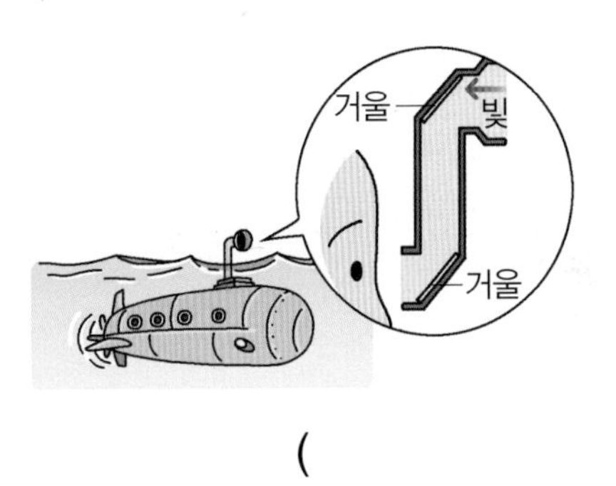

( )

20 서술형 7종 공통

다음과 같이 자동차에 뒷거울과 옆 거울이 있어 좋은 점은 무엇인지 쓰시오.

▲ 자동차 뒷거울

▲ 자동차 옆 거울

1 7종 공통

그림자가 생기기 위해 반드시 필요한 것은 어느 것입니까? (　　　)

① 물　② 빛
③ 공기　④ 거울
⑤ 수증기

2 동아, 금성, 김영사, 비상, 지학사, 천재

다음 중 손전등을 켜서 스크린에 공의 그림자를 만들 수 있는 경우에 ○표 하시오.

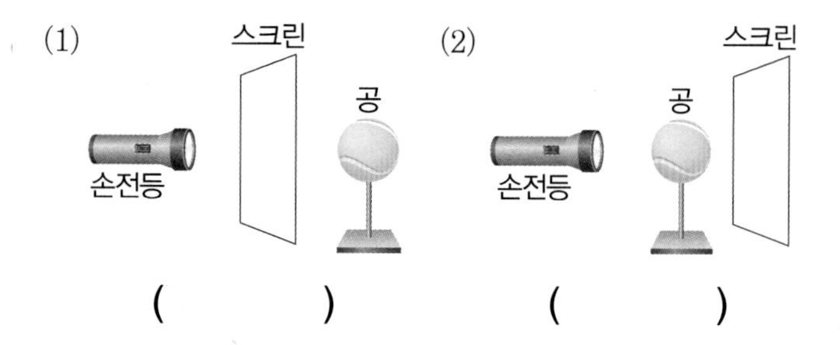

(　　　)　(　　　)

3 김영사, 아이스크림, 천재

오른쪽 안경에 빛을 비추었을 때 관찰한 내용으로 옳은 것은 어느 것입니까? (　　　)

① 안경테 부분은 투명하다.
② 안경알 부분은 불투명하다.
③ 안경알 부분은 빛이 대부분 통과한다.
④ 안경알 부분의 그림자가 진하게 생긴다.
⑤ 안경테 부분의 그림자가 연하게 생긴다.

[4-5] 다음과 같이 장치하고 손전등을 켰습니다. 물음에 답하시오.

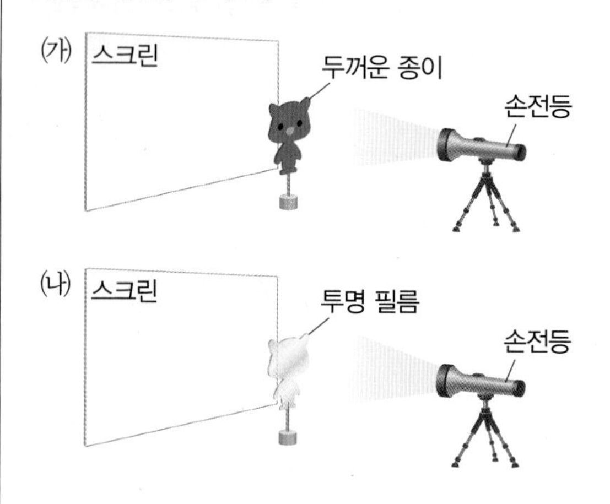

4 서술형 동아, 금성, 비상, 아이스크림, 천재

위 실험에서 (가)와 (나) 스크린에 생기는 그림자의 차이점을 쓰시오.

____

____

5 김영사, 비상, 천재

다음 중 손전등 빛을 비추어 그림자를 만들었을 때, 위 (나) 그림자와 비슷한 결과가 나타나는 물체를 골라 기호를 쓰시오.

(　　　　　)

6 서술형 동아, 금성, 김영사, 비상, 천재

커튼, 모자, 색안경의 공통점을 빛과 관련지어 쓰시오.

7 아이스크림

햇빛이 비치는 창가에 있는 유리컵에 우유를 부으면서 유리컵의 그림자를 관찰했을 때의 설명으로 옳은 것은 어느 것입니까? (　　　)

① 컵 위쪽부터 그림자가 진해진다.
② 컵 위쪽부터 그림자가 연해진다.
③ 컵 아래쪽부터 그림자가 진해진다.
④ 컵 아래쪽부터 그림자가 연해진다.
⑤ 그림자에 변화가 없다.

8 7종 공통

오른쪽과 같이 공에 손전등 빛을 비추었더니 원 모양 그림자가 생겼습니다. 공의 방향을 돌려 가며 그림자를 만들었을 때 만들 수 있는 그림자 모양을 그리시오.

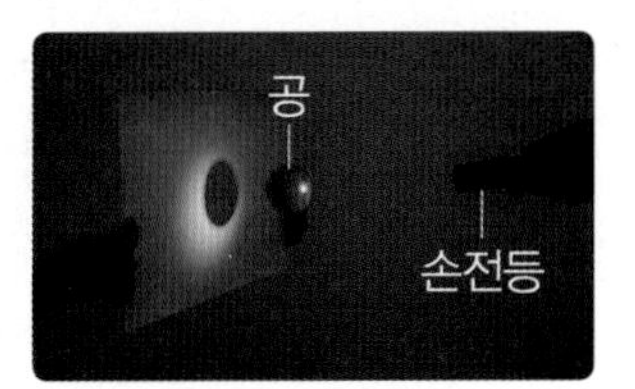

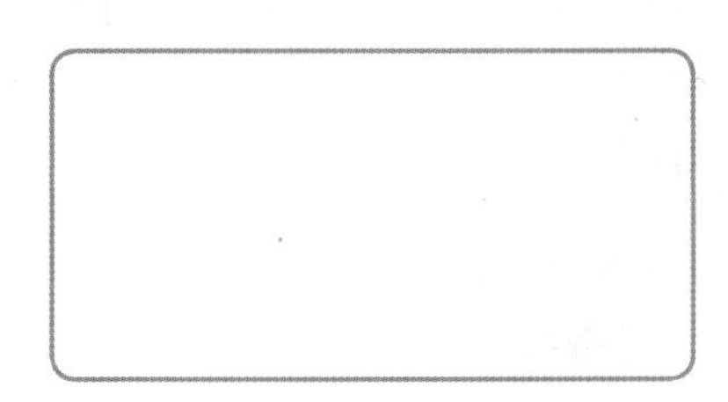

9 동아, 금성, 김영사, 아이스크림, 지학사, 천재

스크린과 손전등 사이에 물체를 놓고, 물체의 방향을 바꾸어 가며 그림자를 만들었을 때, 사각형 그림자를 만들 수 없는 물체는 어느 것입니까? (　　　)

①

②
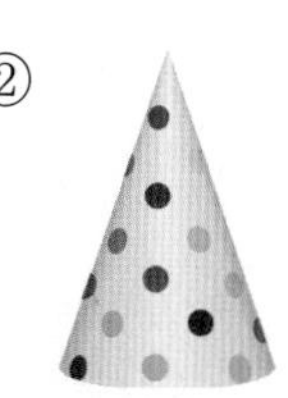

③
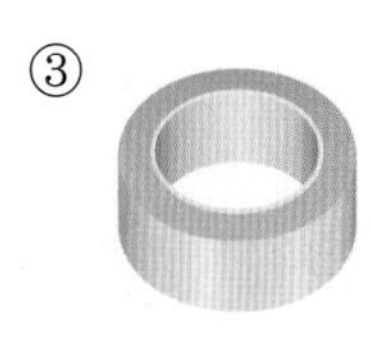

④

10 동아, 금성, 김영사, 아이스크림, 지학사

그림자에 대한 대화를 읽고, 잘못 말한 사람의 이름을 쓰시오.

(　　　　　　　　)

[11-12] 다음과 같이 장치하고 종이 인형의 그림자를 관찰하였습니다. 물음에 답하시오.

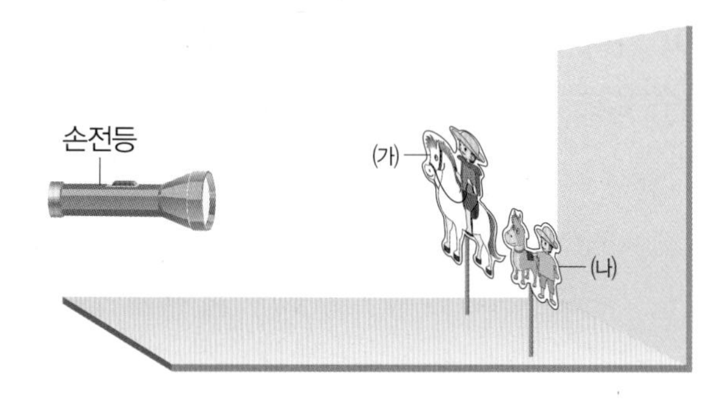

11 7종 공통

다음 보기 중 (가)와 (나) 종이 인형의 그림자를 동시에 작아지게 하는 방법으로 옳은 것을 골라 기호를 쓰시오.

보기
㉠ 손전등을 (가)와 (나)에 가깝게 한다.
㉡ 스크린을 (가)와 (나)에서 멀게 한다.
㉢ (가)와 (나)를 손전등에 가깝게 한다.
㉣ (가)와 (나)를 손전등에서 멀게 한다.

( )

12 서술형 7종 공통

위 (가) 종이 인형의 그림자 크기만 커지게 하기 위한 방법을 쓰시오.

13 7종 공통

다음 빈칸에 들어갈 수 있는 말을 보기 에서 모두 찾아 ○표 하시오.

물체의 그림자 크기를 변화시키려면 ( )의 위치를 조절한다.

보기
물체, 손전등, 스크린

14 7종 공통

거울에 대한 설명으로 옳은 것을 두 가지 고르시오.

( )

① 거울은 투명한 물체이다.
② 거울은 빛을 통과시키는 성질이 있다.
③ 거울을 사용해서 빛이 나아가는 방향을 바꿀 수 있다.
④ 거울은 빛의 반사를 이용해 물체의 모습을 비추는 도구이다.
⑤ 빛이 나아가다가 거울에 부딪치면 빛의 색깔이 바뀌어 계속 나아간다.

15 동아, 금성, 김영사, 비상, 지학사, 천재

다음과 같이 거울에 오른손을 비추어 보았습니다. 거울에 비친 손의 모습은 오른손과 왼손 중 어느 손처럼 보이는지 쓰시오.

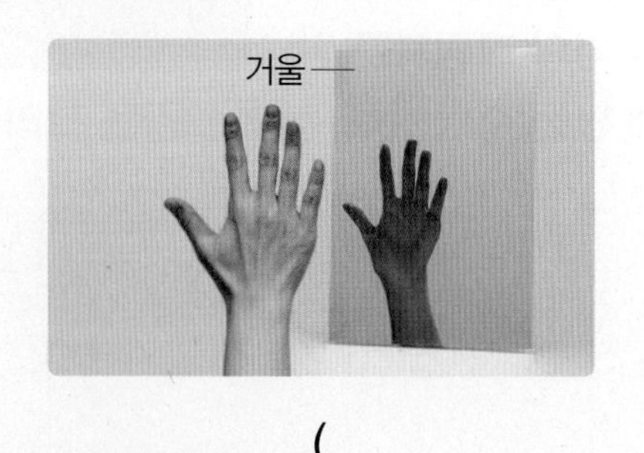

( )

[16-17] 다음은 좌우를 바꾸어 쓴 글자 카드의 모습입니다. 물음에 답하시오.

> 빛은 거울에 부딪치면 방향이 바뀌어요.
> 이런 빛의 성질을 무엇이라고 할까요?

16 동아, 금성, 김영사, 비상, 지학사, 천재

위 글자 카드를 쉽게 읽는 데 도움을 줄 수 있는 도구는 어느 것입니까? (　　　)

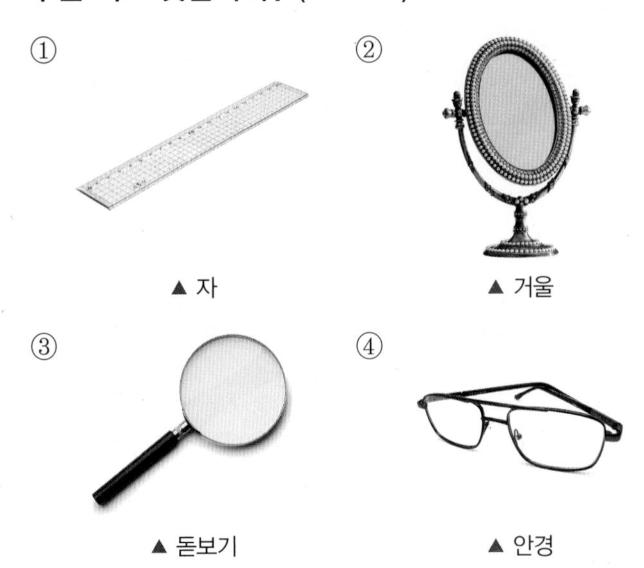

① ▲ 자　② ▲ 거울　③ ▲ 돋보기　④ ▲ 안경

17 동아, 금성, 김영사, 비상, 지학사, 천재

위 **16**번 답의 도구를 사용하여 글자 카드를 읽었을 때 글자 카드의 질문에 알맞은 답은 무엇인지 쓰시오.

(　　　　　　　　　　)

18 동아, 금성, 김영사, 비상, 지학사, 천재

오른쪽 글자 카드를 거울에 비추어 보았을 때 거울에 보이는 글자의 모습을 그리시오.

19 서술형 금성, 김영사, 비상, 아이스크림

굽어진 복도의 ㉠에 있는 친구가 손전등으로 ㉡에 있는 친구에게 빛을 보낼 수 있는 방법을 쓰시오.

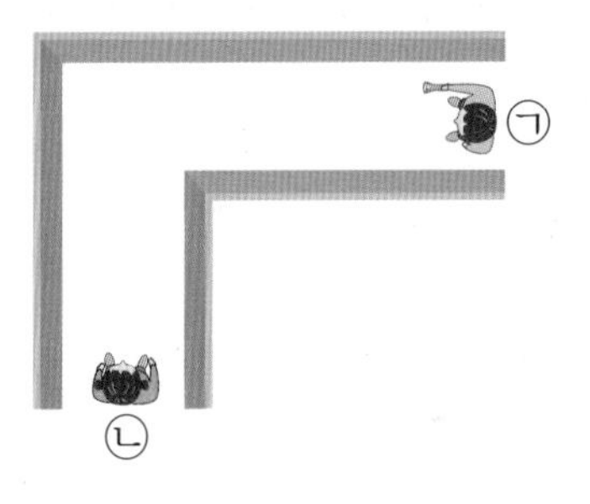

20 ✪ 7종 공통

우리 생활에서 거울을 이용하는 경우가 <u>아닌</u> 것은 어느 것입니까? (　　　)

① 치과에서 치아의 안쪽을 살펴볼 때
② 작은 개미의 모습을 자세히 관찰할 때
③ 미용실에서 자신의 머리 모양을 볼 때
④ 신발 가게에서 신발을 신은 모습을 볼 때
⑤ 운전하면서 뒤쪽에서 오는 자동차의 위치를 확인할 때

평가 주제 그림자의 모양으로 물체의 모양 추리하기

평가 목표 그림자의 모양과 물체의 모양이 비슷한 까닭을 설명할 수 있다.

[1-3] 여러 가지 물체 중에서 하나를 골라 그림자를 만들고, 어떤 물체인지 맞히는 놀이를 하였습니다. 물음에 답하시오.

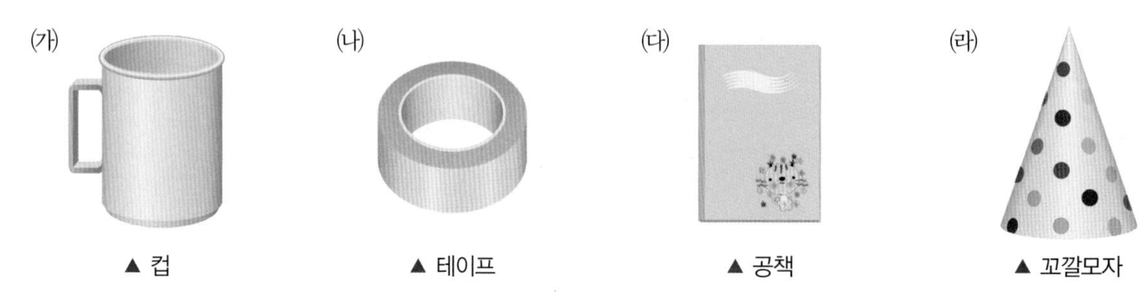

(가) ▲ 컵 (나) ▲ 테이프 (다) ▲ 공책 (라) ▲ 꼬깔모자

1 위 물체 중 하나를 골라 오른쪽과 같이 그림자 맞히기 놀이를 하였습니다. 어떤 물체를 골랐는지 기호를 쓰시오.

( )

2 위 **1**번과 같이 그림자의 모양을 보고 물체를 맞힐 수 있는 까닭은 물체의 모양과 그림자의 모양이 비슷하기 때문입니다. 그 까닭은 무엇인지 쓰시오.

3 위 (가) 물체로 다음과 같이 여러 가지 모양의 그림자를 만들려면 어떻게 해야 하는지 쓰시오.

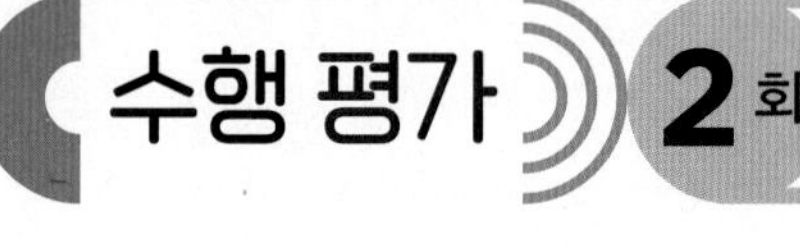

2회 3. 그림자와 거울

● 정답과 풀이 27쪽

평가 주제	빛이 거울에 부딪쳐 나아가는 모습 알기
평가 목표	거울을 사용해 빛의 방향을 바꿀 수 있다.

[1-3] 오른쪽과 같이 종이 상자를 만들어 종이 상자 입구에 손전등 빛을 비추었습니다. 물음에 답하시오.

꽃

1 종이 상자 입구에 손전등 빛을 비추어 종이 상자 속 꽃에 손전등 빛을 보내려면 거울이 최소 몇 개가 필요한지 쓰시오.

( )개

3 단원

2 위 **1**번 답과 같이 거울의 위치를 표시하고, 손전등 빛이 나아가는 모습을 그림으로 그리시오.

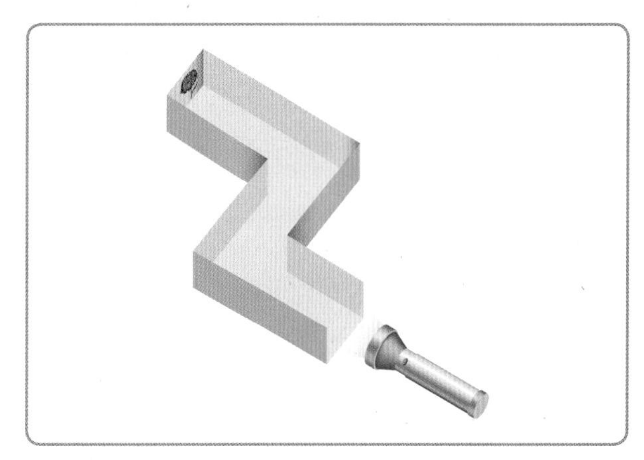

3 위 **2**번 답과 같이 거울을 이용해 빛을 꽃에 보낼 수 있는 까닭은 무엇인지 빛의 성질과 관련지어 쓰시오.

정답과 풀이 28쪽

빈칸에 알맞은 답을 쓰세요.

1 땅속의 마그마가 지표 밖으로 분출하여 생긴 지형을 무엇이라고 합니까?

2 화산 활동으로 나오는 여러 가지 물질을 무엇이라고 합니까?

3 마그마가 지표로 분출하면서 화산 가스 등의 기체 물질이 빠져나간 액체 상태의 물질을 무엇이라고 합니까?

4 현무암과 화강암 중 땅속 깊은 곳에서 천천히 식어 만들어진 암석은 무엇입니까?

5 화산 분출물 중에서 비행기의 운항을 어렵게 하여 피해를 주기도 하지만, 쌓이고 오랜 시간이 지나면 땅을 비옥하게 하는 것은 무엇입니까?

6 땅이 지구 내부에서 작용하는 힘을 오랫동안 받아 끊어지면서 흔들리는 것을 무엇이라고 합니까?

7 우드록을 이용한 지진 발생 모형실험에서 우드록이 끊어질 때 손에 느껴지는 떨림은 실제의 어떤 자연 현상에 비교할 수 있습니까?

8 규모의 숫자가 클수록 강한 지진입니까, 약한 지진입니까?

9 학교에 있을 때 지진이 발생하면 책상 아래로 들어가 무엇을 보호해야 합니까?

10 건물 안에 있을 때 지진이 발생하면 승강기와 계단 중에서 무엇을 이용해서 대피해야 합니까?

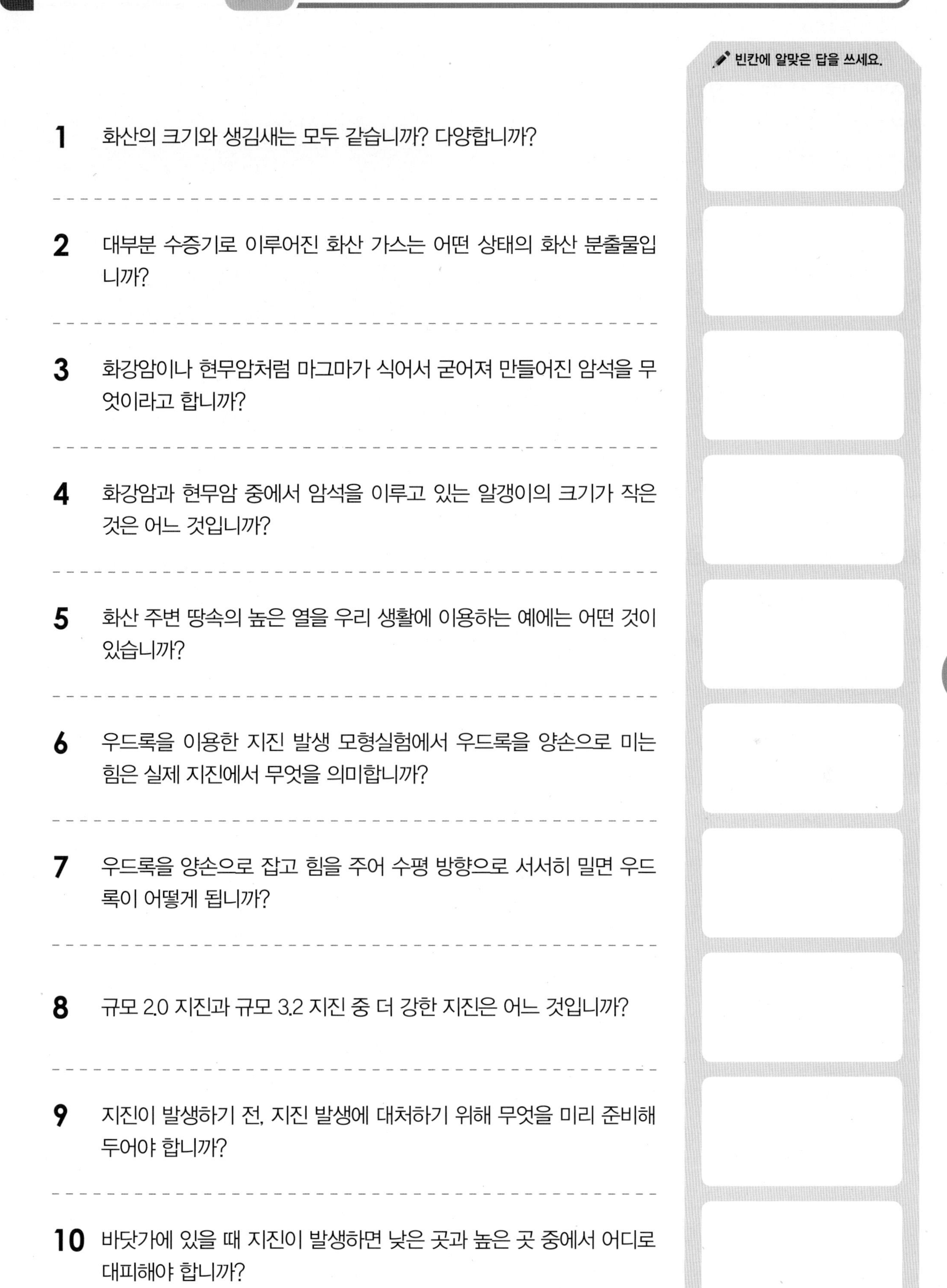

빈칸에 알맞은 답을 쓰세요.

1 화산의 크기와 생김새는 모두 같습니까? 다양합니까?

2 대부분 수증기로 이루어진 화산 가스는 어떤 상태의 화산 분출물입니까?

3 화강암이나 현무암처럼 마그마가 식어서 굳어져 만들어진 암석을 무엇이라고 합니까?

4 화강암과 현무암 중에서 암석을 이루고 있는 알갱이의 크기가 작은 것은 어느 것입니까?

5 화산 주변 땅속의 높은 열을 우리 생활에 이용하는 예에는 어떤 것이 있습니까?

6 우드록을 이용한 지진 발생 모형실험에서 우드록을 양손으로 미는 힘은 실제 지진에서 무엇을 의미합니까?

7 우드록을 양손으로 잡고 힘을 주어 수평 방향으로 서서히 밀면 우드록이 어떻게 됩니까?

8 규모 2.0 지진과 규모 3.2 지진 중 더 강한 지진은 어느 것입니까?

9 지진이 발생하기 전, 지진 발생에 대처하기 위해 무엇을 미리 준비해 두어야 합니까?

10 바닷가에 있을 때 지진이 발생하면 낮은 곳과 높은 곳 중에서 어디로 대피해야 합니까?

1 7종 공통

화산에 대한 설명으로 옳지 않은 것은 어느 것입니까? (　　　)

① 생김새가 다양하다.
② 주변 지형보다 높다.
③ 분화구가 있는 것도 있다.
④ 마그마가 분출하지 않은 화산도 있다.
⑤ 땅속의 마그마가 분출하여 생긴 지형이다.

2 서술형 김영사, 비상, 아이스크림, 천재

화산이 아닌 산을 골라 기호를 쓰고, 그렇게 생각한 까닭을 쓰시오.

㉠ 
▲ 후지산

㉡ 
▲ 킬라우에아산

㉢ 
▲ 설악산

(1) 화산이 아닌 산: (　　　　　　　　　)

(2) 그렇게 생각한 까닭: ________________

____

3 7종 공통

다음 (　　) 안에 들어갈 알맞은 말을 쓰시오.

> 화산에는 (㉠)이/가 분출한 (㉡)이/가 있는 것이 있다. 이 (㉡)에는 물이 고여 호수가 만들어지기도 한다.

㉠ (　　　　　　　　), ㉡ (　　　　　　　　)

[4-6] 다음은 화산이 활동하는 모습을 그림으로 나타낸 것입니다. 물음에 답하시오.

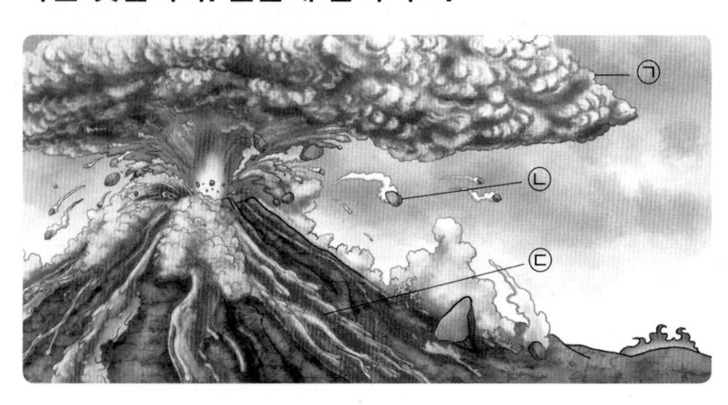

4 7종 공통

위 ㉠~㉢ 중 액체 상태의 화산 분출물을 골라 기호와 이름을 쓰시오

(　　　　　　　　　　　　)

5 7종 공통

오른쪽은 위 ㉠ 화산 분출물의 실제 모습입니다. ㉠에 대한 설명으로 옳은 것은 어느 것입니까? (　　　)

① 액체 상태이다.
② 크기가 매우 크다.
③ 지표면을 따라 흐른다.
④ 흘러내린 뒤 식으면서 굳는다.
⑤ 크기가 매우 작은 화산재이다.

6 서술형 7종 공통

앞 ㉡ 화산 분출물의 특징을 크기를 포함하여 쓰시오.

____

____

____

[7-9] 다음은 화산 활동 모형실험에서 관찰할 수 있는 모습입니다. 물음에 답하시오.

㉠ 

녹은 마시멜로가 흘러나옴.

㉡ 

마시멜로가 식어서 굳음.

㉢ 

연기가 피어오름.

㉣ 

알루미늄 포일이 들썩거림.

7 김영사, 비상, 아이스크림, 천재

위 화산 활동 모형실험에서 나타나는 모습의 순서대로 기호를 쓰시오.

㉣ → (　　　　) → (　　　　) → (　　　　)

8 김영사, 비상, 아이스크림, 천재

위 ㉠~㉣ 중 실제 화산 활동에서 용암이 흐르는 모습과 비교할 수 있는 것의 기호를 쓰시오.

(　　　　　　　　)

9 김영사, 비상, 아이스크림, 천재

앞 화산 활동 모형실험과 실제 화산 활동을 비교하여 관계있는 것끼리 선으로 이으시오.

(1)	연기 •	• ㉠	용암
(2)	굳은 마시멜로 •	• ㉡	화산 가스
(3)	흘러나오는 마시멜로 •	• ㉢	화산 암석 조각

10 7종 공통

현무암과 화강암에 대한 설명으로 옳은 것은 어느 것입니까? (　　　)

① 화강암은 현무암보다 색깔이 밝다.
② 화강암은 화산재가 굳어져 만들어진 암석이다.
③ 화강암은 색깔이 어둡고, 표면에 구멍이 있는 것도 있다.
④ 현무암은 화강암보다 암석을 이루는 알갱이의 크기가 크다.
⑤ 현무암은 마그마가 땅속에서 천천히 식어서 만들어진 암석이다.

[11-12] 다음은 화성암이 만들어지는 장소를 나타낸 것입니다. 물음에 답하시오.

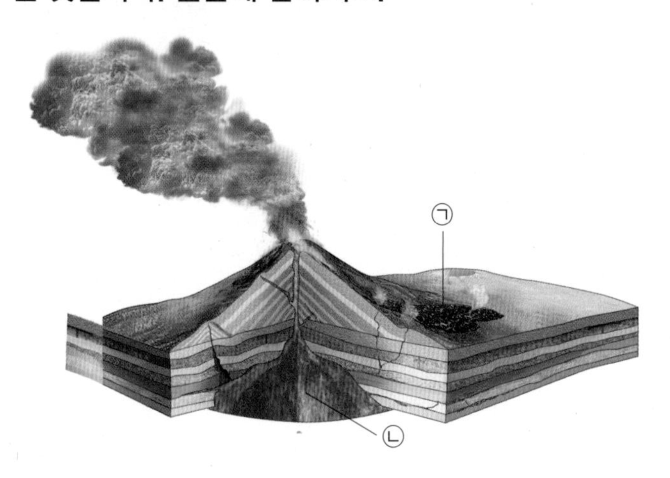

11 7종 공통

위 ㉠과 ㉡ 중 색깔이 어둡고, 표면에 구멍이 있는 것도 있는 암석이 만들어지는 장소로 알맞은 곳의 기호와 그 암석의 이름을 쓰시오.

(1) 암석이 만들어지는 곳: (   )
(2) 암석의 이름: (   )

12 서술형 동아, 금성, 비상

다음은 경주의 불국사에 있는 돌계단입니다. 이 돌계단은 위 ㉠과 ㉡ 중 어느 곳에서 만들어진 암석을 이용한 것인지 기호와 그렇게 생각한 까닭을 쓰시오.

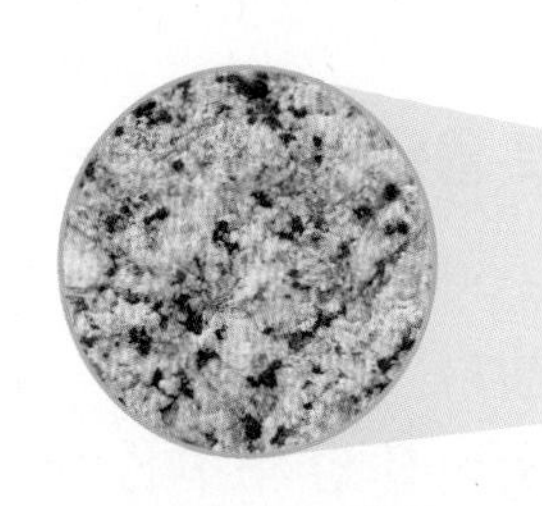

(1) 암석이 만들어지는 곳: (   )

(2) 그렇게 생각한 까닭: ____________________

____

____

13 동아, 금성, 김영사, 아이스크림, 천재

용암이 우리 생활에 주는 피해로 알맞은 것은 어느 것입니까? (   )

① 태양 빛을 가린다.
② 산불을 발생시킨다.
③ 온천을 개발할 수 있다.
④ 지진의 발생을 막아 준다.
⑤ 전기를 얻을 수 있게 한다.

14 7종 공통

화산 활동이 주는 이로움이 아닌 것은 어느 것입니까? (   )

①

▲ 온천

②

▲ 지열 발전

③

▲ 관광 자원

④

▲ 꽃놀이

15 7종 공통

다음은 우드록을 이용한 지진 발생 모형실험에 대한 설명입니다. ㉠~㉢ 중 실제 지진에 비교할 수 있는 것을 골라 기호를 쓰시오.

> ㉠ 우드록의 가운데가 휘어진다.
> ㉡ 우드록을 양손으로 잡고 서서히 민다.
> ㉢ 우드록이 끊어질 때 손에 떨림이 느껴진다.

(   )

16 7종 공통

다음은 지진 발생 모형실험과 실제 지진을 비교한 것입니다. (　　) 안의 알맞은 말에 ○표 하시오.

지진 발생 모형실험에서는 작은 힘이 ㉠ (짧은, 오랜) 시간 동안 작용하여도 우드록이 끊어지지만, 실제 지진은 지구 내부에서 작용하는 힘이 ㉡ (짧은, 오랜) 시간 동안 작용하여 발생한다.

17 7종 공통

지진의 피해 사례에 대해 조사하려고 합니다. 조사할 내용으로 옳지 않은 것은 어느 것입니까? (　　　)

① 지진의 규모
② 지진 발생 위치
③ 지진 발생 날짜
④ 지진 발생 지역의 날씨
⑤ 지진으로 인한 피해 정도

18 서술형 7종 공통

다음은 우리나라에서 발생한 지진의 피해 사례를 정리한 것입니다. 규모는 무엇을 나타내는지 쓰고, 규모의 숫자에 따라 어떤 차이가 있는지 쓰시오.

발생 지역	연도	규모	피해 사례
경상북도 포항시	2018년	4.6	부상자 발생함.
경상북도 포항시	2017년	5.4	부상자 및 이재민 발생함.
경상북도 경주시	2016년	5.8	건물 균열, 부상자 발생함.

19 7종 공통

지진이 발생했을 때의 대처 방법으로 옳은 것은 어느 것입니까? (　　　)

① 화장실 근처로 간다.
② 책장 옆에 서 있는다.
③ 책상 아래로 들어가 몸을 보호한다.
④ 승강기를 이용해 옥상으로 대피한다.
⑤ 지진으로 흔들리는 동안에만 움직여서 이동한다.

20 7종 공통

지진이 발생한 후의 대처 방법으로 옳은 것에 ○표, 옳지 않은 것은 ×표 하시오.

(1) 다친 사람을 살피고 구조 요청을 한다. (　　)
(2) 지진 정보를 확인하고 정보에 따라 행동한다. (　　)
(3) 지진으로 인해 화재가 발생한 곳을 발견하면 직접 불을 끈다. (　　)

4 단원

1 7종 공통

다음은 화산에 대한 설명입니다. (　　) 안에 들어갈 알맞은 말을 쓰시오.

> 땅속 깊은 곳에서 암석이 녹은 (　　　　)이/가 지표 밖으로 분출하여 생긴 지형을 화산이라고 한다.

(　　　　　　　　　　)

2 동아, 비상, 아이스크림, 천재

다음 마그마가 분출한 흔적이 있는 두 산에 대한 설명으로 옳지 않은 것은 어느 것입니까? (　　　)

㉠ 

㉡ 

① 꼭대기 모습이 다르다.
② 두 산의 경사가 다르다.
③ 두 산의 생김새가 다르다.
④ 마그마가 다시 분출할 수도 있다.
⑤ ㉠은 화산이고, ㉡은 화산이 아니다.

3 김영사, 비상, 아이스크림, 천재

다음은 화산 활동 모형실험에서 관찰할 수 있는 모습입니다. ㉠~㉢과 실제 화산 분출물을 옳게 짝 지은 것은 어느 것입니까? (　　　)

① ㉠ – 화산 암석 조각　② ㉡ – 용암
③ ㉡ – 화산 가스　④ ㉢ – 수증기
⑤ ㉢ – 화산 분화구

[4-5] 다음은 화산 분출물의 모습입니다. 물음에 답하시오.

㉠ ▲ 용암　㉡ ▲ 화산재

㉢ ▲ 화산 가스

㉣ 

▲ 화산 암석 조각

4 7종 공통

위 ㉠~㉣ 중 액체 상태의 화산 분출물을 골라 기호를 쓰시오.

(　　　　　　　　　　)

5 7종 공통

위 ㉠~㉣ 중 다음과 같은 특징이 있는 것을 골라 기호를 쓰고 어떤 상태의 화산 분출물인지 골라 ○표 하시오.

> 대부분 수증기이며, 여러 가지 기체가 포함되어 있다.

(1) 기호: (　　　　　　　　)
(2) 화산 분출물의 상태

기체,　　액체,　　고체

6 ✚ 7종 공통

다음에서 설명하는 암석의 이름을 쓰시오.

- 마그마가 식어서 굳어져 만들어 진다.
- 표면에 구멍이 있는 것도 있고 구멍이 없는 것도 있다.
- 암석을 이루는 알갱이의 크기가 맨눈으로 잘 보이지 않을 정도로 작고, 색깔이 어둡다.

(　　　　　　　　　　)

7 서술형 ✚ 7종 공통

위 6번 답의 암석을 이루는 알갱이의 크기가 작은 까닭을 쓰시오.

____

____

8 ✚ 7종 공통

다음 (　　) 안에 들어갈 알맞은 말에 ○표 하시오.

화강암은 마그마가 땅속 깊은 곳에서 ㉠ (천천히, 빠르게) 식어서 만들어져 암석을 이루는 알갱이의 크기가 ㉡ (작다, 크다).

9 동아, 금성, 김영사, 비상

화강암을 우리 생활에 이용하는 모습으로 알맞은 것을 골라 기호를 쓰시오.

㉠ ▲ 맷돌　㉡ ▲ 비석　㉢ ▲ 도로　㉣ ▲ 돌하르방

(　　　　　　　　　　)

10 ✚ 7종 공통

다음은 화산 활동이 우리 생활에 미치는 영향입니다. 화산 활동이 주는 피해와 이로움으로 구분하여 각각 기호를 쓰시오.

㉠ 화산재가 태양 빛을 가린다.
㉡ 용암이 흘러 산불이 발생한다.
㉢ 화산재가 쌓인 주변의 땅이 비옥해진다.
㉣ 온천을 개발해 관광 자원으로 활용한다.

(1) 피해: (　　　　　　　　)
(2) 이로움: (　　　　　　　　)

11 서술형 7종 공통

다음은 우리 생활에서 볼 수 있는 모습입니다. 두 지형의 공통점을 쓰시오.

▲ 온천

▲ 화산 지형(용암 동굴)

[12-14] 다음은 지진 발생 모형실험을 하는 모습입니다. 물음에 답하시오.

㉠

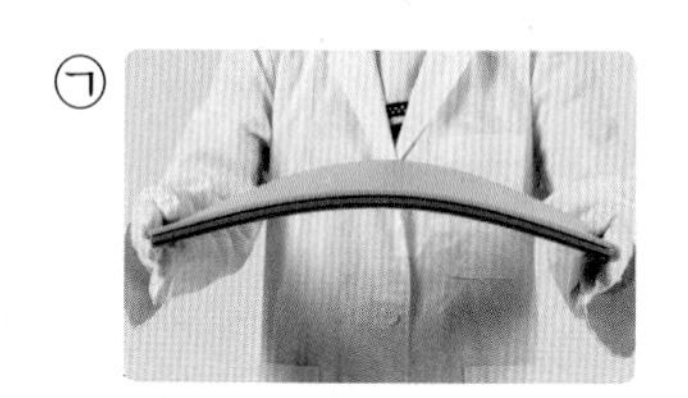
우드록이 볼록하게 올라오며 휘어짐.

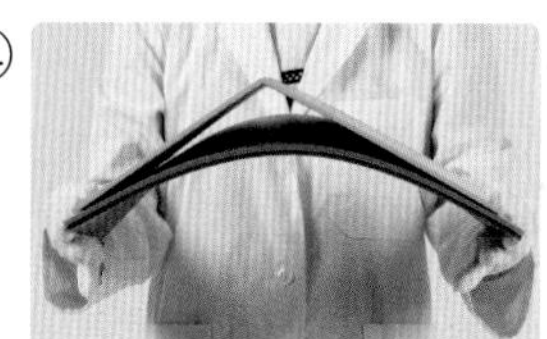
우드록이 끊어지며 떨림.

12 7종 공통

위 실험에서 이용한 우드록은 실제 지진과 비교하였을 때 어떤 것에 해당하는지 쓰시오.

( )

13 7종 공통

위 ㉠과 ㉡을 실제 지진과 비교하여 옳게 말한 사람의 이름을 쓰시오.

- 지한: ㉠은 지진이 발생한 후의 모습이야.
- 규연: ㉡은 땅이 끊어져 흔들릴 때의 모습이야.
- 아린: ㉡은 지구 내부의 힘이 작용하기 전의 모습이야.

( )

14 7종 공통

앞 실험을 통해 알 수 있는 사실로 옳은 것은 어느 것입니까? ( )

① 지진이 발생하면 땅이 흔들린다.
② 지진은 높은 산 위에서만 발생한다.
③ 지진은 지구 내부에서 작용하는 힘과는 관련이 없다.
④ 지진은 짧은 시간 동안 가해진 작은 힘에 의해서 발생한다.
⑤ 지진이 발생하는 까닭은 땅속 마그마의 높은 열 때문이다.

15 7종 공통

다음은 우리나라에서 발생한 지진 피해 사례를 나타낸 것입니다. 이 내용을 보고 알 수 있는 사실로 옳지 않은 것은 어느 것입니까? ( )

발생 지역	연도	규모	피해 사례
경상북도 포항시	2018년	4.6	부상자 발생함.
경상북도 포항시	2017년	5.4	부상자 및 이재민 발생, 건물 훼손됨.
경상북도 경주시	2016년	5.8	부상자 발생, 건물 균열 생김.

① 지진으로 인해 부상자가 발생했다.
② 규모 5.0 이상의 지진도 두 차례 발생했다.
③ 우리나라도 지진에 대비하는 자세가 필요하다.
④ 위 사례 중 가장 강한 지진이 발생한 지역은 경상북도 경주시이다.
⑤ 우리나라에서는 강한 지진이 발생하지 않으므로 지진에 안전한 지역이라고 할 수 있다.

16 ✚ 7종 공통

지진에 대한 설명으로 옳은 것을 두 가지 고르시오.
( )

① 지진의 세기는 규모로 나타낸다.
② 규모의 숫자가 작을수록 강한 지진이다.
③ 지진의 규모가 같으면 피해 정도도 같다.
④ 지진이 발생하면 건물이 무너지기도 한다.
⑤ 지표의 약한 부분에서는 지진이 발생하지 않는다.

17 ✚ 7종 공통

지진이 발생하기 전에 해야 할 일로 알맞은 것을 보기 에서 골라 기호를 쓰시오.

보기
㉠ 구조 요청을 한다.
㉡ 다친 사람을 살핀다.
㉢ 비상용품과 구급약품을 준비한다.
㉣ 건물 옥상 등의 높은 곳으로 대피한다.

( )

18 ✚ 7종 공통

지진이 발생했을 때 화재를 예방하기 위한 대처 방법으로 옳은 것에 ○표 하시오.

(1) 계단을 이용해 대피한다. ( )
(2) 부상자를 살펴 응급 처치를 한다. ( )
(3) 전깃불을 끄고 가스 밸브를 잠근다. ( )

19 서술형 ✚ 7종 공통

다음과 같이 학교 교실 안에 있을 때 지진이 발생할 경우의 대처 방법을 한 가지 쓰시오.

____

____

20 ✚ 7종 공통

마트에 있을 때 지진이 발생할 경우의 대처 방법으로 가장 옳은 것을 보기 에서 골라 기호를 쓰시오.

보기
㉠ 크게 소리를 지른다.
㉡ 코를 막고 입으로 숨을 쉰다.
㉢ 넘어질 수 있는 선반은 몸으로 지탱한다.
㉣ 떨어질 물건으로부터 머리와 몸을 보호한다.

( )

수행 평가 1회 4. 화산과 지진

● 정답과 풀이 30쪽

평가 주제 화강암과 현무암 알아보기

평가 목표 화강암과 현무암의 생성 과정과 특징, 우리 생활에서 사용되는 예를 알 수 있다.

[1-3] 다음은 화성암이 만들어지는 장소를 나타낸 것입니다. 물음에 답하시오.

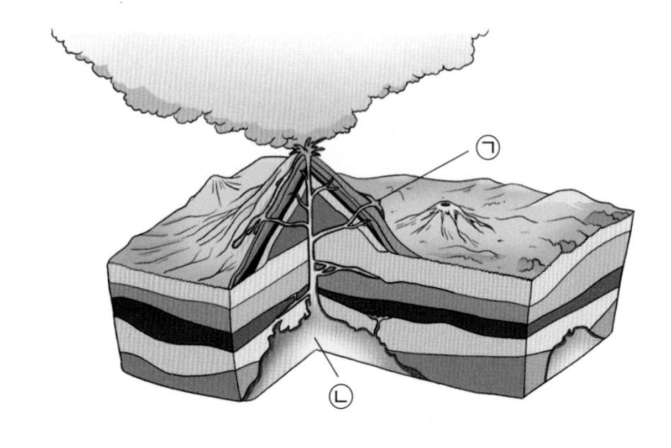

1 다음 두 암석이 만들어지는 장소의 기호와 암석의 이름을 각각 쓰시오.

(1) 장소: (　　　　　　)
(2) 암석 이름: (　　　　　　)

(3) 장소: (　　　　　　)
(4) 암석 이름: (　　　　　　)

2 위 1번의 두 암석을 이루는 알갱이의 크기를 비교하여 ○ 안에 >, =, <로 나타내고, 알갱이의 크기가 다른 까닭을 암석이 만들어지는 장소와 관련지어 쓰시오.

(1) 알갱이의 크기 비교하기

 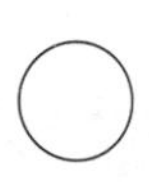 

(2) 알갱이의 크기가 다른 까닭: ______________________

3 오른쪽 건축물은 위 1번의 두 암석 중 하나를 이용하여 만들었습니다. 이 암석에 대한 설명으로 옳은 것에 ○표 하시오.

▲ 석굴암

(1) 암석을 이루는 알갱이의 크기가 매우 작다. (　　)
(2) 마그마가 식어서 굳어져 만들어진 암석이다. (　　)
(3) 대체로 색깔이 어둡고, 표면에 구멍이 많이 뚫려 있다. (　　)

● 정답과 풀이 30쪽

평가 주제	지진 발생 시 대처 방법 알아보기
평가 목표	지진 피해 사례를 통해 지진 발생 시 대처 방법의 중요성을 알고, 올바른 지진 대처 방법을 설명할 수 있다.

[1-3] 다음은 지진 관련 영화를 만든 영화 감독과의 인터뷰 장면입니다. 물음에 답하시오.

1 위 영화 내용에서 발생한 지진의 세기를 쓰시오.

(   )

2 위 영화 내용과 같이 바닷가에 있을 때 지진이 발생한 경우, 대피 방법으로 알맞은 것을 골라 기호를 쓰고, 그렇게 생각한 까닭을 쓰시오.

㉠

주변의 가장 높은 곳으로 대피함.

㉡

가장 가까운 곳에 멈춰 있는 배에 탐.

㉢

가까운 건물의 지하 주차장에서 흔들림이 멈출 때까지 기다림.

(1) 알맞은 대피 방법: (   )

(2) 그렇게 생각한 까닭: ____________________

____

3 위 영화 장면에서 정훈이의 행동으로 잘못된 점을 찾아 바르게 고쳐 쓰시오.

____

____

4 단원

정답과 풀이 31쪽

빈칸에 알맞은 답을 쓰세요.

1 우리 주변에서 볼 수 있는 물에는 어떤 것이 있습니까?

2 물이 상태가 변하면서 지구 여러 곳을 끊임없이 돌고 도는 과정을 무엇이라고 합니까?

3 물은 지구에서 몇 가지 상태로 존재합니까?

4 공기 중에 있는 수증기가 하늘 높이 올라가서 구름이 될 때와 관련있는 현상은 증발입니까, 응결입니까?

5 공기 중에 있는 기체 상태의 물을 무엇이라고 합니까?

6 물이 순환하면서 지구 전체 물의 양은 어떻게 변합니까?

7 목이 마를 때나 손을 씻을 때, 농작물을 키울 때에는 무엇을 이용합니까?

8 생명을 유지하는 데 물이 필요한 것은 식물입니까, 동물입니까, 모든 생물입니까?

9 물이 부족한 까닭은 인구가 감소했기 때문입니까, 증가했기 때문입니까?

10 물 부족 현상을 해결하기 위해 샤워 시간을 줄여야 합니까, 늘려야 합니까?

1 7종 공통

지구에 있는 물에 대한 설명으로 옳은 것에 ○표 하시오.

(1) 물은 다른 곳으로 이동하지 않는다. ( )
(2) 지구 전체 물의 양은 변하지 않는다. ( )

2 7종 공통

다음 ( ) 안에 들어갈 알맞은 말을 순서대로 옳게 짝 지은 것은 어느 것입니까? ( )

- 땅에 내린 빗물이 (㉠)하면 수증기로 변한다.
- 구름은 증발한 수증기가 (㉡)하여 만들어진다.

	㉠	㉡		㉠	㉡
①	증발	부족	②	증발	응결
③	응결	증발	④	증가	활발
⑤	이동	축소			

3 서술형 7종 공통

'물의 순환'이란 무엇을 의미하는지 쓰시오.

____

____

____

[4-5] 다음은 물의 이동 과정을 알아보는 실험 장치입니다. 물음에 답하시오.

4 지학사, 천재

위 장치의 열 전구를 켜고, 10분 후 관찰한 내용으로 옳은 것은 어느 것입니까? ( )

① 아무 변화도 없다.
② 얼음이 녹지 않고 그대로 있다.
③ 처음보다 얼음의 양이 많아졌다.
④ 컵 안쪽 뚜껑 밑면에 물방울이 맺혔다.
⑤ 플라스틱 컵 안쪽에 물이 전혀 남아 있지 않다.

5 지학사, 천재

처음 위 실험 장치의 물의 양과 30분 후 실험 장치의 물의 양을 비교하여 ○ 안에 >, =, <로 나타내시오. (단, 물의 양에는 물의 모든 상태를 포함합니다.)

처음 물의 양 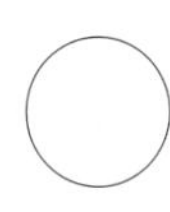 30분 후 물의 양

정답과 풀이 31쪽

6 7종 공통

다음 중 우리 주변에서 물을 이용하는 모습이 아닌 것은 어느 것입니까? (　　　)

① 세수할 때　　② 요리할 때
③ 청소할 때　　④ 책을 읽을 때
⑤ 생선을 신선하게 보관할 때

7 7종 공통

우리가 마신 물에 대한 설명으로 옳은 것을 보기 에서 골라 기호를 쓰시오.

보기
㉠ 몸속에서 모두 없어진다.
㉡ 땀의 형태로만 몸 밖으로 빠져나간다.
㉢ 몸속을 순환하면서 영양분을 전달하는 등 생명을 유지시켜 준다.

(　　　　　　　　)

8 7종 공통

물의 중요성에 대한 설명으로 옳지 않은 것은 어느 것입니까? (　　　)

① 나무와 풀을 자라게 한다.
② 물을 이용하여 전기를 만들 수 있다.
③ 모든 생물의 생명 유지에 반드시 필요하다.
④ 우리 생활에서 다양하게 이용되므로 중요하다.
⑤ 고체 상태의 물이 액체 상태의 물보다 중요하다.

9 7종 공통

물 부족 현상을 해결하기 위해 우리가 실천할 수 있는 일을 옳게 말한 사람의 이름을 쓰시오.

- 미란: 양치를 하루에 한 번만 하자.
- 탐희: 세제를 최대한 많이 사용해야 해.
- 윤호: 샤워할 때 물을 계속 틀어 놓지 않도록 해.

(　　　　　　　　)

10 동아, 김영사, 비상, 지학사

다음은 아프리카의 어느 마을에 설치된 와카워터의 모습입니다. 이 장치에 대한 설명으로 옳은 것은 어느 것입니까? (　　　)

① 물을 모으는 장치이다.
② 비가 오도록 하는 장치이다.
③ 물을 깨끗하게 하는 정화 장치이다.
④ 물을 땅속에서 끌어올리는 장치이다.
⑤ 오염된 공기를 깨끗하게 하는 공기 청정 장치이다.

1 7종 공통

물을 볼 수 있는 곳에 대해 옳게 말한 사람의 이름을 쓰시오.

- 준서: 구름 속에만 물이 있어.
- 호율: 강이나 호수에서만 볼 수 있어.
- 아민: 땅 위, 공기, 땅속 등 지구 곳곳에서 볼 수 있어.

( )

2 7종 공통

다음은 물의 순환 과정을 나타낸 것입니다. ㉠~㉣은 각각 무엇에 해당하는지 들어갈 알맞은 말을 보기 에서 골라 빈칸에 써넣으시오.

보기

비, 태양, 구름, 바닷물, 수증기

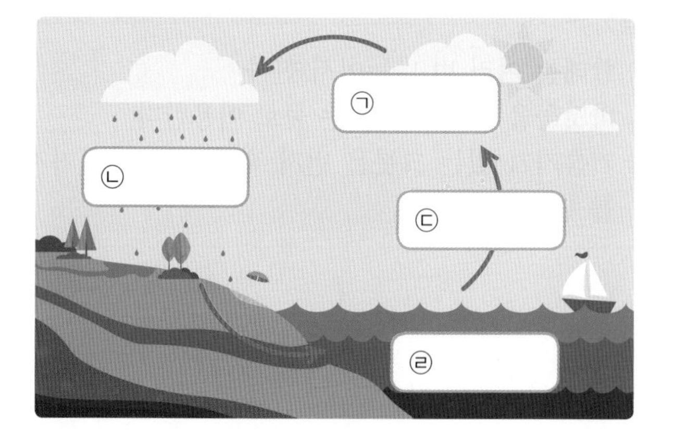

3 7종 공통

물의 순환에 대한 설명으로 옳지 <u>않은</u> 것을 보기 에서 골라 기호를 쓰시오.

보기

㉠ 물은 상태가 변하면서 이동한다.
㉡ 물은 여러 곳을 끊임없이 돌고 돈다.
㉢ 물의 상태에 관계없이 물이 머무르는 위치는 일정하다.

( )

[4-5] 다음은 물의 순환 과정을 알아보는 실험 장치를 꾸미는 과정입니다. 물음에 답하시오.

1 식물을 심은 작은 컵을 물과 얼음이 담긴 컵에 넣는다.
2 다른 컵을 1의 컵 위에 거꾸로 올리고, 컵과 컵 사이를 테이프로 붙인다.
3 햇빛이 드는 창가에 컵을 두고 컵 안에서 일어나는 변화를 관찰한다.

4 동아, 김영사, 아이스크림

완성된 위 실험 장치에서 일어나는 변화로 옳지 <u>않은</u> 것은 어느 것입니까? ( )

① 컵 안의 얼음이 녹아 물이 된다.
② 물의 일부는 증발하여 얼음이 된다.
③ 물의 일부는 식물의 뿌리에서 흡수된다.
④ 컵 안의 수증기가 응결하여 컵의 안쪽 벽면에 맺힌다.
⑤ 컵의 안쪽 벽면에 맺힌 물방울이 점점 커져서 벽면을 타고 아래로 흘러내린다.

5 동아, 김영사, 아이스크림

위 실험 장치에서 컵의 안쪽 벽면에 맺힌 물방울이 벽면을 타고 아래로 흘러내리는 것은 실제 지구에서 볼 수 있는 물의 순환 과정 중에서 무엇에 해당하는지 쓰시오.

( )

정답과 풀이 31쪽

6 서술형 금성

다음은 지퍼 백을 이용하여 물의 순환 과정을 알아보는 실험 장치입니다. 이 지퍼 백을 햇빛이 드는 유리창에 붙이고 2~3일 동안 관찰한 결과를 쓰시오.

____

____

____

7 7종 공통

물이 우리 생활에서 중요한 까닭으로 옳은 것에 모두 ○표 하시오.

(1) 빗물이 땅속에 스며들면서 나무와 풀을 자라게 한다. ( )

(2) 흐르는 물이 지표면의 모양을 변하지 않도록 유지시킨다. ( )

(3) 식물이나 동물의 몸속을 순환하면서 생명을 유지하게 한다. ( )

8 7종 공통

물의 이용에 대한 설명으로 옳은 것은 어느 것입니까? ( )

① 물은 공장에서 물건을 만들 때에만 이용된다.
② 우리가 이용할 수 있는 물은 한 가지 형태뿐이다.
③ 우리가 이용한 물은 돌고 돌아 다시 이용할 수 있다.
④ 인구가 증가함에 따라 이용할 수 있는 물도 점점 늘어난다.
⑤ 식물의 뿌리에서 흡수된 물은 식물의 줄기에 계속 머문다.

9 7종 공통

물 부족 현상을 해결하기 위한 방법으로 옳은 것을 보기 에서 골라 기호를 쓰시오.

보기
㉠ 빨래는 여러 번 나누어서 한다.
㉡ 바닷물을 그대로 마시는 물로 이용한다.
㉢ 기름기가 있는 그릇은 먼저 휴지로 닦고 설거지를 한다.

( )

10 7종 공통

물 부족 현상을 해결하기 위해 물을 모으기 위한 방법을 옳게 말한 사람의 이름을 쓰시오.

( )

정답과 풀이 32쪽

평가 주제	물의 순환 알아보기
평가 목표	물의 순환 과정을 알아보는 실험을 통해 물의 순환을 지표면, 생명체, 공기 중에서 일어나는 여러 가지 현상으로 설명할 수 있다.

[1-2] 오른쪽과 같이 물의 순환 과정을 알아보는 실험 장치를 꾸미고, 햇빛이 드는 창가에 두었습니다. 물음에 답하시오.

1 다음은 위 실험 장치에서 일어나는 현상을 설명한 것입니다. ( ) 안에 들어갈 알맞은 말을 보기 에서 각각 골라 기호를 쓰시오.

- 실험 장치 안에 있는 얼음은 햇빛이 비추는 열로 인해 (㈎   ).
- 식물의 뿌리에서 흡수된 물은 잎에서 (㈏   ).
- 실험 장치 안의 수증기는 컵 안쪽 벽면에 (㈐   ).

보기
㉠ 녹아서 물이 된다.
㉡ 응결하여 물방울로 맺힌다.
㉢ 수증기로 나와 공기 중에 머무른다.

㈎ (   ), ㈏ (   ), ㈐ (   )

2 위 1번과 관련지어 오른쪽 그림에서 볼 수 있는 지구에서의 물의 순환 과정을 보기 의 단어를 모두 포함하여 쓰시오.

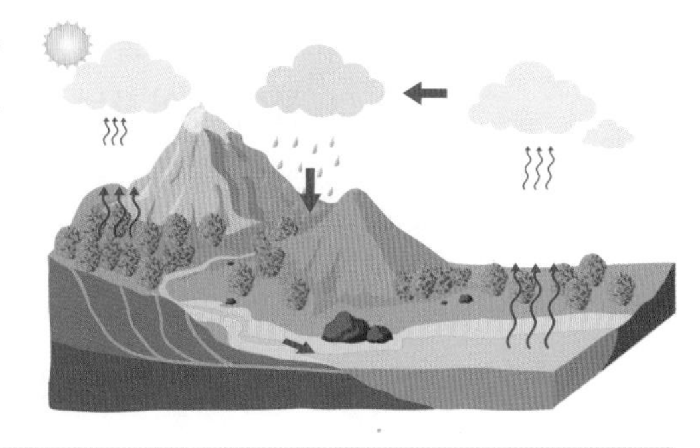

보기
증발, 응결, 비나 눈, 땅, 식물, 공기

정답과 풀이 32쪽

평가 주제 물이 중요한 까닭 알아보기

평가 목표 우리 주변에서 물이 이용되고 있는 예를 통해 물의 중요성을 알고, 물을 소중히 여겨야 하는 까닭을 이해할 수 있다.

[1-3] 다음은 우리 주변에서 물을 이용하는 여러 가지 모습을 나타낸 것입니다. 물음에 답하시오.

㉠ 
㉡ 
㉢ 
㉣ 
㉤ 
㉥ 

1 위 ㉠~㉥ 중 물이 생물의 생명 유지를 위해서 이용되는 모습인 것을 골라 기호를 쓰시오.

( )

2 다음 설명에 해당하는 모습으로 알맞은 것을 위 ㉠~㉥에서 골라 각각 기호를 쓰시오.

(1) 취미 생활에 물이 이용되기도 한다. ( )
(2) 공장에서 물건을 만들 때 물을 이용한다. ( )
(3) 물이 떨어지는 높이 차이를 이용하여 전기를 만들 수 있다. ( )

3 물이 중요한 까닭에 대한 설명으로 옳은 것에 ○표, 옳지 않은 것에 ×표 하시오.

(1) 물은 모든 생물이 생명을 유지하는 데 없어서는 안 되기 때문이다. ( )

(2) 지구 전체에 있는 물의 양이 10년 전에 비해 절반으로 줄어들었기 때문이다. ( )

(3) 우리가 쓸 수 있는 물이 점점 부족해지면서 어려움을 겪는 곳이 많아지고 있기 때문이다. ( )

초등 고학년을 위한 중학교 필수 영역 초고필

국어

비문학 독해 1·2 / 문학 독해 1·2 / 국어 어휘 / 국어 문법

수학

유리수의 사칙연산 / 방정식 / 도형의 각도

한국사

한국사 1권 / 한국사 2권

백점 과학 4·2

초등학교 학년 반 번 이름

강의가 더해진, **교과서 맞춤 학습**

백점

과학 4·2

모바일 빠른 정답

친절한 해설북

- 한눈에 보이는 **정확한 답**
- 한번에 이해되는 **자세한 풀이**

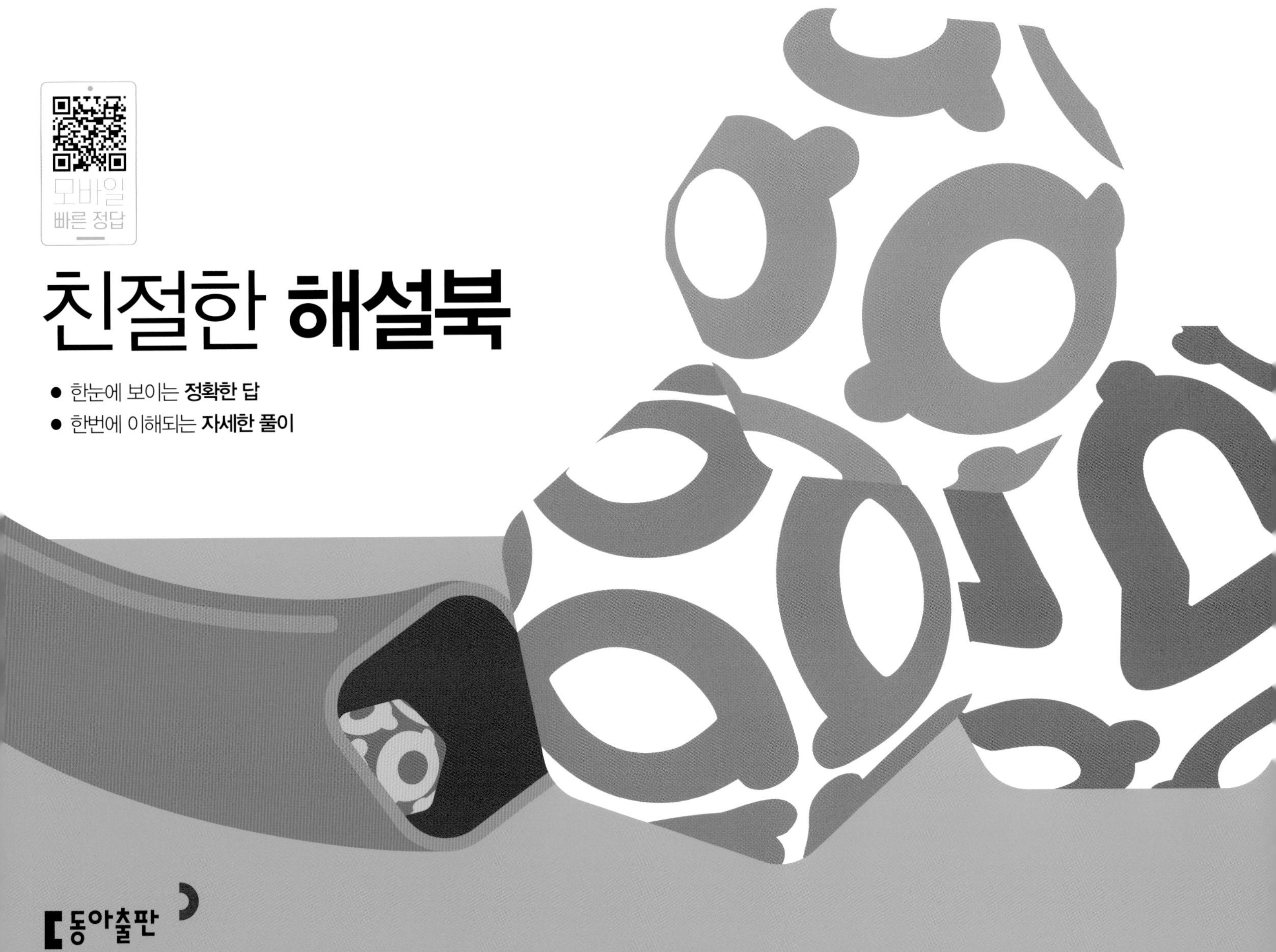

동아출판

친절한 해설북 구성과 특징

1 해설로 개념 다시보기

• 문제와 관련된 해설을 다시 한번 확인하면서 학습 내용에 대해 깊이 있게 이해할 수 있습니다.

2 서술형 채점 TIP

• 서술형 문제 풀이에는 채점 기준과 채점 TIP을 구체적으로 제시하고 있습니다.

차례

백점 과학 빠른 정답

QR코드를 찍으면 **정답과 해설**을 쉽고 빠르게 확인할 수 있습니다.

1. 식물의 생활

❶ 들이나 산에 사는 식물, 식물의 잎 분류

8쪽~9쪽 문제 학습

1 풀, 나무 **2** 뿌리 **3** 풀 **4** 여러해살이 **5** 무궁화 **6** (1) 풀 (2) 나무 (3) 풀 (4) 나무 **7** (2) ○ **8** ㉡ **9** (1) ㉡ (2) ㉠ **10** ④ **11** ② **12** 잣나무, 강아지풀 **13** 잣나무, 토끼풀 **14** (1) 예 매끈합니다. (2) 예 울퉁불퉁합니다.

6 해바라기와 쑥은 풀이고, 단풍나무와 소나무는 나무입니다.

7 토끼풀은 들이나 산에 사는 풀입니다. 잎은 보통 세 장씩 달리고, 흰색 꽃이 둥근 모양으로 핍니다. 땅을 뒤덮을 정도로 키가 작습니다.

8 들이나 산에는 다양한 종류의 풀과 나무가 삽니다. 풀은 한해살이 또는 여러해살이이고, 나무는 모두 여러해살이입니다.

9 풀은 보통 나무보다 키가 작고, 줄기가 가늡니다. 나무는 풀보다 키가 크고 줄기가 굵습니다.

10 ① 감나무 잎과 토끼풀 잎은 둘 다 잎 가장자리가 갈라지지 않았습니다. ② 감나무 잎은 토끼풀 잎보다 크고 두껍습니다. ③ 감나무 잎은 끝부분이 뾰족하고, 토끼풀 잎은 끝부분이 둥근 모양입니다. ⑤ 감나무 잎은 가장자리가 매끈하지만, 토끼풀 잎은 가장자리가 톱니 모양입니다.

11 분류 기준을 정할 때에는 '크다, 무겁다, 예쁘다, 아름답다' 등과 같이 사람마다 다르게 분류할 수 있는 기준은 세우지 않습니다.

12 잣나무와 강아지풀 잎의 전체 모양은 길쭉합니다.

13 잣나무는 잎이 한곳에 다섯 개가 뭉쳐나고, 토끼풀은 잎이 한곳에 세 개가 납니다.

14 잎의 가장자리 모양을 기준으로 다섯 가지 잎을 분류했을 때, 감나무, 강아지풀, 잣나무의 잎은 가장자리 모양이 매끈하고, 해바라기, 떡갈나무의 잎은 가장자리 모양이 울퉁불퉁합니다.

채점 tip 감나무, 강아지풀, 잣나무의 잎은 가장자리가 매끈하고, 해바라기, 떡갈나무의 잎은 가장자리가 울퉁불퉁하다는 내용을 쓰면 정답으로 합니다.

❷ 강이나 연못에 사는 식물

12쪽~13쪽 문제 학습

1 뿌리 **2** 뿌리 **3** 적응 **4** 잎자루 **5** 공기 방울 **6** (2) ○ (3) ○ **7** ㉣ **8** ④ **9** (1) ㈐ (2) ㈎, ㈏, ㈑, ㈒, ㈓ **10** 나사말 **11** 우혁 **12** (1) 잎자루 (2) 예 잎자루에 공기주머니가 있어서 물에 떠서 살기에 적합합니다. **13** (1) ○ **14** ③

6 연꽃은 잎이 물 위로 높이 자랍니다. 수련은 잎과 꽃이 물 위에 떠 있습니다.

7 잎이 물 위로 높이 자라는 식물은 뿌리는 물속이나 물가의 땅에 있으며, 대부분 키가 크고 줄기가 단단합니다. 연꽃, 부들, 창포, 갈대 등이 있습니다.

8 물속에 잠겨서 사는 식물은 줄기가 부드럽고 잎이 가늘어서 흐르는 물에 줄기와 잎이 잘 구부러져 쉽게 꺾이지 않습니다. ②는 잎이 물에 떠 있는 식물, ③은 잎이 물 위로 높이 자라는 식물, ⑤는 물에 떠서 사는 식물의 공통점입니다.

9 물수세미는 잎이 물속에 있는 식물이고, 부들, 갈대, 개구리밥, 마름, 물상추는 잎이 물 위에 있는 식물입니다.

10 물수세미와 나사말은 물속에 잠겨서 사는 식물입니다. 줄기와 잎이 좁고 긴 모양이며, 줄기와 잎이 물의 흐름에 따라 잘 휘어지는 특징이 있어 물속에 잠겨서 살기에 적합합니다.

11 부들과 갈대는 잎이 물 위로 높이 자라는 식물이고, 개구리밥은 물에 떠서 사는 식물입니다. 마름은 잎이 물에 떠 있는 식물이고, 물상추는 물에 떠서 사는 식물입니다.

12 부레옥잠이 잎자루에 공기주머니가 있어서 물에 뜰 수 있는 것은 물이 많은 환경에 적응한 것입니다.

채점 tip 잎자루에 공기주머니가 있어 물에 떠서 살기에 적합하다는 내용을 쓰면 정답으로 합니다.

13 부레옥잠의 잎자루를 가로로 자른 면은 속이 꽉 차 있지 않고, 구멍이 많이 있습니다.

14 검정말은 줄기와 잎이 가늘고 부드러워서 물속에서 힘을 덜 받기 때문에 쉽게 꺾이지 않아 물속에 살기에 알맞습니다.

3 특수한 환경에 사는 식물, 식물의 활용

16쪽~17쪽 문제 학습

1 줄기 2 잎 3 바닷가 4 바람 5 회전초 6 ③ 7 선우, 미희 8 예 화장지에 물이 묻습니다. 9 ②, ④ 10 ㉢ 11 ㉣ 12 ㈎ 13 ㈏ 14 (1) ㉡ (2) ㉠

6 사막은 낮에는 햇빛이 강해서 뜨겁고, 낮과 밤의 온도 차가 큽니다. 비가 적게 오고 건조하여 물이 적은 환경입니다.

7 선인장의 잎이 가시 모양이라서 물을 필요로 하는 동물의 공격과 물이 밖으로 빠져나가는 것을 막을 수 있습니다.

8 선인장의 줄기를 자른 면은 미끄럽고 축축합니다. 줄기를 자른 면에 마른 화장지를 대면 물이 묻어 젖습니다.

채점 tip 화장지에 물이 묻는다고 쓰거나 화장지가 물에 젖는다는 내용을 쓰면 정답으로 합니다.

9 용설란, 기둥선인장, 메스키트나무는 덥고 건조한 사막에 적응하여 사는 식물입니다. 북극버들, 남극개미자리는 춥고 바람이 많이 부는 극지방에 적응하여 사는 식물입니다.

10 덥고 비가 많이 오는 곳에 사는 식물은 일 년 내내 잎이 푸르고, 잎이 길고 끝이 뾰족한 모양이 많습니다. 잎이 잘 휘어져서 빗방울을 쉽게 흘려보냅니다. 햇빛이 강하고 비가 많이 와서 매우 크게 자라는 나무가 많습니다.

11 회전초는 사막에 사는 식물이고, 북극이끼장구채와 남극구슬이끼는 극지방에 사는 식물입니다.

12 도꼬마리 열매 가시 끝이 갈고리처럼 굽어져 있어 동물의 털이나 사람의 옷에 잘 붙는 특징을 활용하여 찍찍이 테이프를 만들었습니다.

13 바람을 타고 빙글빙글 돌며 떨어지는 단풍나무 열매의 특징을 활용하여 회전하는 드론, 헬리콥터 날개, 선풍기 날개 등을 만들었습니다.

14 물에 젖지 않는 연잎의 특징을 활용하여 물이 스며들지 않는 옷감을 만들었습니다. 사람이나 동물이 접근하기 어려운 장미 가시의 생김새를 활용하여 철조망을 만들었습니다.

18쪽~19쪽 교과서 통합 핵심 개념

❶ 여러해 ❷ 적응 ❸ 잎자루 ❹ 줄기 ❺ 잎 ❻ 물

20쪽~22쪽 단원 평가 ❶회

1 토끼풀 2 (1) 쑥, 토끼풀, 민들레 (2) 감나무, 단풍나무, 잣나무 3 ① 4 ① 5 ㉡ 6 ③, ⑤ 7 ㈐, 예 줄기가 부드럽고 잎이 가늘어서 물의 흐름에 따라 잘 휘어져 쉽게 꺾이지 않습니다. 8 ㉠ 환경 ㉡ 적응 9 예 물속에서 잎자루를 누르면 공기 방울이 나와 물 위로 올라갑니다. 10 희수 11 ㉡, ㉢ 12 ㉠ 잎 ㉡ 물 13 예 키가 작아서 낮은 기온과 차고 강한 바람을 견딜 수 있습니다. 14 예 회전하는 드론, 선풍기 날개, 헬리콥터 날개 15 (1) ㉠ (2) ㉢ (3) ㉡

1 토끼풀은 주로 들이나 산에 살고, 땅을 뒤덮을 정도로 키가 작습니다. 잎은 보통 세 장씩 달리고, 흰색 꽃이 둥근 모양으로 핍니다.

2 쑥, 토끼풀, 민들레는 풀이고, 감나무, 단풍나무, 잣나무는 나무입니다.

3 들이나 산에 사는 식물은 잎, 줄기, 뿌리가 있고, 줄기에는 잎, 꽃, 열매가 달립니다.

4 분류 기준으로 크다, 무겁다, 예쁘다 등과 같이 사람마다 다르게 분류할 수 있는 기준은 적합하지 않습니다.

5 해바라기와 감나무 잎은 잎의 전체 모양이 넓적한 것이고, 강아지풀과 잣나무 잎은 잎의 전체 모양이 길쭉한 것입니다.

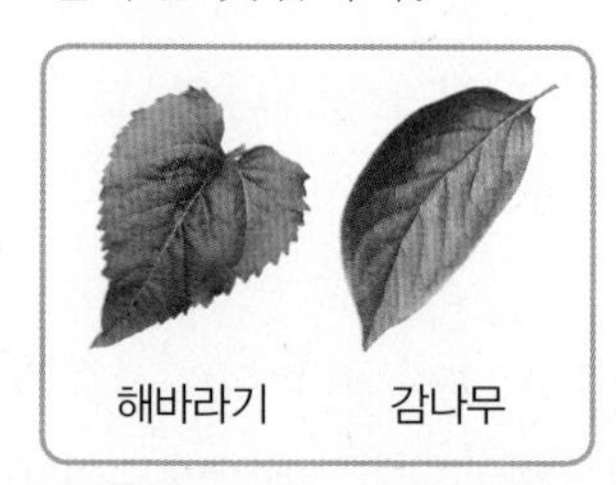
해바라기 감나무

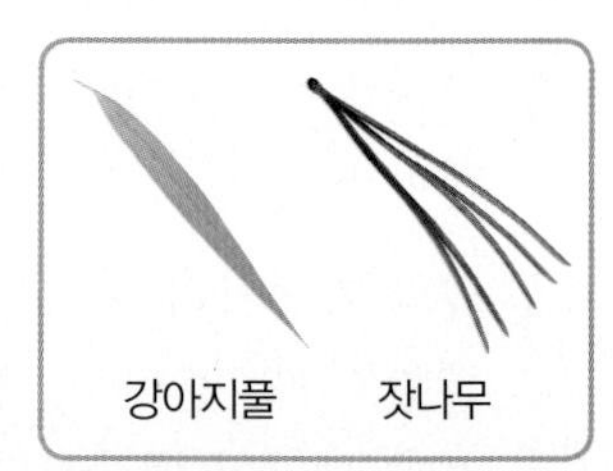
강아지풀 잣나무

6 ㈎ 마름은 잎이 물에 떠 있는 식물이고, ㈏ 개구리밥은 물에 떠서 사는 식물입니다. ㈐ 나사말은 물속에 잠겨서 사는 식물이고, ㈑ 부들은 잎이 물 위로 높이 자라는 식물입니다.

7 나사말은 줄기가 부드럽고 잎이 가늘어서 흐르는 물에 줄기와 잎이 잘 구부러져 쉽게 꺾이지 않아 물속에 잠겨서 살기에 적합합니다.

채점 tip 줄기가 부드러워 물의 흐름에 따라 잘 휘어진다는 내용을 쓰면 정답으로 합니다.

8 식물의 생김새와 생활 방식은 그 식물이 사는 곳의 환경에 따라 다릅니다. 적응이란 생물이 오랜 기간에 걸쳐 주변 환경에 적합하게 변화되어 가는 것을 말합니다.

9 자른 부레옥잠의 잎자루를 물속에서 누르면 공기 방울이 생기면서 위로 올라가고, 세게 누르면 더 많은 공기 방울이 생깁니다.

채점 tip 공기 방울이 나온다는 내용을 쓰면 정답으로 합니다.

10 물속에서 부레옥잠의 잎자루를 누르면 공기 방울이 나오는 것을 통해 잎자루 속에 공기가 들어 있다는 것을 알 수 있습니다.

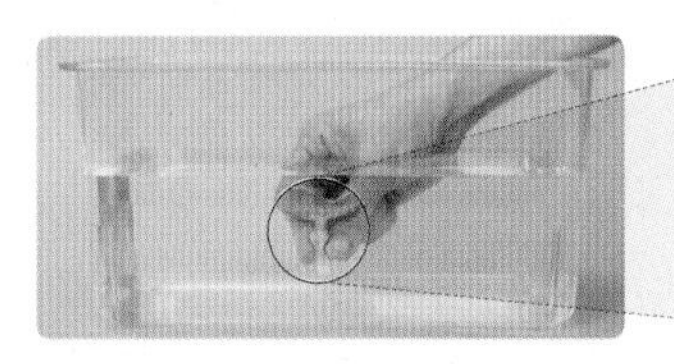
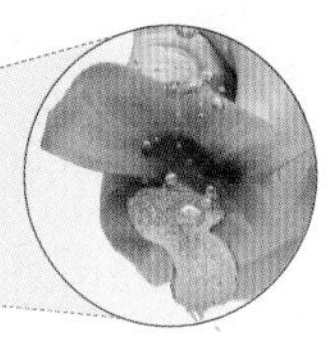

11 야자나무는 덥고 비가 많이 오는 곳에 사는 식물이고, 갯방풍은 바닷가에 사는 식물입니다.

12 선인장의 잎은 가시 모양이라서 물을 필요로 하는 동물의 공격과 물이 밖으로 빠져나가는 것을 막을 수 있습니다. 또한 선인장은 굵은 줄기에 물을 저장하여 사막에서 살 수 있습니다.

13 극지방에 사는 식물은 키가 작아서 추위와 바람의 영향을 적게 받습니다.

채점 tip 키가 작아서 추위를 견딜 수 있다는 내용을 쓰면 정답으로 합니다.

14 단풍나무 열매가 떨어지면서 바람을 타고 빙글빙글 회전하는 특징을 모방한 물체에는 회전하는 드론, 선풍기 날개, 헬리콥터 날개 등이 있습니다.

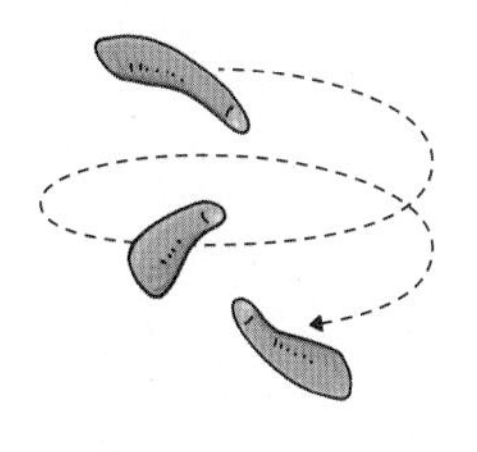

15 천에 붙으면 잘 떨어지지 않는 도꼬마리 열매의 특징을 활용하여 찍찍이 테이프를 만들었습니다. 태양열 발전소의 거울을 해바라기 꽃의 모양을 따라 설치하여 더 많은 빛을 모을 수 있습니다. 사막을 굴러다니는 회전초의 모습을 본떠 동그란 행성 탐사 로봇을 만들었습니다.

23쪽~25쪽 단원 평가 ❷회

1 유진 2 예 풀과 나무는 필요한 양분을 스스로 만듭니다. 3 ㉠ 풀 ㉡ 나무 4 ⑤ 5 ㉠ 잎맥 ㉡ 잎몸 6 ④ 7 (1) 개구리밥 (2) 마름 (3) 검정말 (4) 창포 8 예 키가 크고, 줄기가 단단합니다. 9 ④ 10 (1) 연꽃 (2) 수련 11 예 선인장은 굵은 줄기에 물을 저장하여 사막에서 살기에 알맞게 적응하였습니다. 12 (3) ○ 13 ㉢ 14 (가) ㉠ (나) ㉣ 15 (2) ×

1 일반적으로 나무는 소나무, 은행나무 등과 같이 키가 크지만, 개나리와 같이 키가 작은 나무도 있습니다.

2 풀과 나무는 광합성을 통해 필요한 양분을 스스로 만듭니다.

채점 tip 필요한 양분을 스스로 만든다는 내용을 쓰면 정답으로 합니다.

3 풀은 대부분 한해살이 식물이며, 나무보다 키가 작고 줄기가 가늡니다. 나무는 모두 여러해살이 식물이며, 풀보다 키가 크고 줄기가 굵습니다.

4 장미와 토끼풀 잎은 한곳에 나는 잎의 개수가 여러 개이고, 시금치와 감자 잎은 한곳에 나는 잎의 개수가 한 개입니다.

5 ㉠은 잎맥, ㉡은 잎몸입니다. 잎맥은 잎에서 선처럼 보이는 부분이고, 잎몸은 잎맥이 퍼져 있는 잎의 납작한 부분입니다.

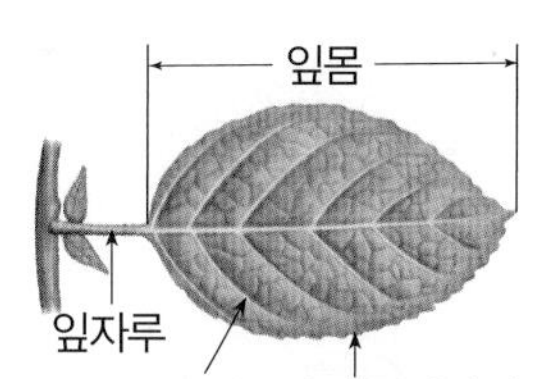

6 연꽃, 물상추, 물수세미는 강이나 연못에 사는 식물이고, 용설란은 사막에 사는 식물입니다.

7 창포는 잎이 물 위로 높이 자라는 식물이고, 검정말은 물속에 잠겨서 사는 식물입니다. 마름은 잎이 물에 떠 있는 식물이고, 개구리밥은 물에 떠서 사는 식물입니다.

8 부들, 갈대, 연꽃, 창포, 줄 등과 같이 잎이 물 위로 높이 자라는 식물은 대부분 키가 크고, 줄기가 단단합니다.

채점 tip 키가 크고, 줄기가 단단하다는 내용을 쓰면 정답으로 합니다.

9 부레옥잠은 잎자루에 있는 공기주머니의 공기 때문에 물에 떠서 살 수 있습니다.

10 수련은 잎과 꽃이 물 위에 떠 있고, 뿌리는 물속의 땅에 있습니다. 연꽃은 잎이 물 위로 높이 자라는 식물입니다. 뿌리는 물속이나 물가의 땅에 있으며, 키가 크고 줄기가 단단합니다.

11 선인장의 줄기를 자른 면에 화장지를 대면 물이 묻어 나오는 것을 통해 선인장의 줄기에 물이 있다는 것을 알 수 있습니다.

채점 tip 선인장의 줄기에 물을 저장한다는 내용을 쓰면 정답으로 합니다.

12 극지방에 사는 식물에는 남극좀새풀, 남극개미자리, 남극구슬이끼, 북극다람쥐꼬리, 북극이끼장구채, 북극버들 등이 있습니다. 바오바브나무는 사막에 사는 식물이고, 갈대는 강이나 연못에 사는 식물입니다. 야자나무는 덥고 비가 많이 오는 곳에 사는 식물입니다.

13 사막에 사는 선인장은 잎이 가시 모양이어서 물이 쉽게 빠져나가는 것을 막을 수 있습니다.

14 동물의 털이나 사람의 옷에 붙으면 잘 떨어지지 않는 도꼬마리 열매의 특징을 활용하여 찍찍이 테이프를 만들었습니다. 물에 젖지 않는 연잎의 특징을 활용하여 물이 스며들지 않는 옷감을 만들었습니다.

15 생활에서 식물의 생김새나 생활 방식 등 다양한 특징을 모방해 활용합니다. 단풍나무 열매를 모방해 활용한 선풍기 날개, 헬리콥터 날개, 회전하는 드론 등 한 가지 식물의 특징을 다양한 물체에 활용할 수 있습니다.

26쪽 수행 평가 ❶회

1 (1) ㈎, ㈐, ㈑ / ㈏, ㈒, ㈓ (2) 예 풀은 대부분 한해살이 식물이고, 나무는 모두 여러해살이 식물입니다.
2 (1) ㈏, ㈐, ㈑, ㈓ (2) ㈎, ㈒

1 들이나 산에 사는 식물은 크게 풀과 나무로 분류할 수 있습니다. 토끼풀, 강아지풀, 국화는 풀이고, 단풍나무, 잣나무, 떡갈나무는 나무입니다. 풀은 대부분 한해살이 식물이지만, 여러해살이풀도 있습니다. 나무는 모두 여러해살이 식물입니다.

채점 tip 풀은 대부분 한해살이 식물이고, 나무는 모두 여러해살이 식물이라고 쓰면 정답으로 합니다.

2 토끼풀과 잣나무 잎은 한곳에 나는 잎이 여러 개입니다. 단풍나무, 강아지풀, 국화, 떡갈나무는 한곳에 나는 잎이 한 개입니다.

27쪽 수행 평가 ❷회

1 (1) 검정말, 물수세미 (2) 예 줄기가 가늘고 부드러워 물속에서 힘을 덜 받기 때문에 쉽게 꺾이지 않습니다.
2 (1) 부레옥잠 (2) 예 잎자루에 있는 공기주머니의 공기 때문에 물에 떠서 살 수 있습니다.
3 예 선인장과 바오바브나무는 굵은 줄기에 물을 저장하고, 용설란은 두꺼운 잎에 물을 저장합니다.

1 물속에 잠겨서 사는 식물은 줄기가 가늘고 부드러워 물의 흐름에 따라 잘 휘어집니다.

채점 tip 줄기가 가늘고 부드러워 물속에서 잘 휘어진다는 내용을 쓰면 정답으로 합니다.

2 부레옥잠은 잎자루 안의 공기주머니에 공기가 들어 있기 때문에 물에 떠서 살 수 있습니다.

채점 tip 잎자루에 공기주머니가 있기 때문이라는 내용을 쓰면 정답으로 합니다.

3 사막은 햇빛이 강하고 물이 적은 환경입니다. 사막에 사는 바오바브나무와 선인장은 굵은 줄기에 물을 저장하고, 용설란은 두꺼운 잎에 물을 저장합니다.

채점 tip 선인장과 바오바브나무는 줄기에 물을 저장하고, 용설란은 잎에 물을 저장한다는 내용을 쓰면 정답으로 합니다.

28쪽 쉬어가기

2. 물의 상태 변화

1 물의 세 가지 상태, 물이 얼 때와 얼음이 녹을 때의 변화

32쪽~33쪽 문제 학습

1 액체 2 수증기 3 상태 변화 4 부피 5 30.0 6 ㈎ 7 ㈎ 8 (1) ㉡ (2) ㉢ (3) ㉠ 9 ① 10 변화가 없다 11 ㉡ 12 (1) ○ 13 15.0 14 예 얼음과자의 부피가 줄어들었기 때문입니다.

6 고체인 얼음은 손으로 잡을 수 있고, 모양이 일정하며 단단합니다. 액체인 물은 손으로 잡을 수 없고, 모양이 일정하지 않습니다.

7 눈은 얼음과 같은 고체 상태입니다.

8 물은 고체인 얼음, 액체인 물, 기체인 수증기의 세 가지 상태로 있고, 서로 다른 상태로 변할 수 있습니다. 이것을 물의 상태 변화라고 합니다.

9 물이 얼어 얼음이 되면 부피는 늘어나지만 무게는 변하지 않습니다. 페트병에 물을 가득 넣어 얼리면 물의 부피가 늘어나 페트병이 커집니다.

10 물이 얼어 얼음이 되어도 무게는 변하지 않습니다.

11 추운 겨울날 수도 계량기가 터지거나 유리병에 물을 가득 넣어 얼리면 유리병이 깨지는 것은 물이 얼어 부피가 늘어났기 때문에 발생하는 현상입니다.

12 얼음이 녹아 물이 되면 부피는 줄어듭니다.

13 얼음이 녹아 물이 되어도 무게는 변하지 않습니다.

14 얼음이 녹아 물이 되면 부피가 줄어듭니다. 용기를 가득 채우고 있던 얼음과자가 녹으면 부피가 줄어들어 빈 공간이 생기게 됩니다.

채점 tip 얼음과자의 부피가 줄어들었기 때문이라는 내용을 쓰면 정답으로 합니다.

2 물이 증발할 때의 변화

36쪽~37쪽 문제 학습

1 수증기 2 증발 3 작습니다 4 햇볕에 놓아둔 물휴지 5 증발 6 ㉡ 7 수증기 8 (4) ○ 9 ㉢ 10 증발 11 ㉢ 12 ④ 13 ③ 14 예 바닷물을 증발시켜 물이 수증기로 변해 공기 중으로 날아가면 소금을 얻을 수 있습니다.

6 처음에는 물휴지에 물기가 가득하지만, 시간이 지나면 물휴지에 있던 물이 말라 덜 축축해집니다.

7 시간이 지나면서 물휴지에 있던 물이 수증기로 변해 공기 중으로 흩어졌기 때문에 물휴지가 처음보다 덜 축축해집니다.

8 공기와의 접촉면이 넓을수록, 온도가 높을수록 증발이 잘 일어나기 때문에 펼쳐서 햇볕에 놓아둔 물휴지가 가장 빨리 마릅니다.

9 시간이 지나면 비커의 물이 점점 줄어들어 물의 높이가 낮아집니다. 그러므로 며칠 뒤 관찰했을 때 비커의 물의 높이는 처음에 검은색 유성 펜으로 표시한 물의 높이보다 낮은 ㉢입니다.

10 액체인 물이 표면에서 기체인 수증기로 상태가 변하는 현상을 증발이라고 합니다.

11 ㉠은 액체인 물이 얼어 고체인 얼음으로 상태가 변한 것입니다. ㉡은 고체인 얼음이 녹아 액체인 물로 상태가 변한 것입니다. ㉢은 액체인 물이 기체인 수증기로 상태가 변하는 증발 현상을 나타낸 것입니다.

12 ①, ②, ③은 액체인 물이 기체인 수증기로 상태가 변하는 증발 현상을 이용한 예입니다. ④는 액체인 물이 고체인 얼음으로 상태가 변하는 예입니다.

13 증발은 액체인 물이 표면에서 기체인 수증기로 상태가 변하는 현상입니다.

14 바닷물을 모아 햇볕에 증발시키면 물이 수증기로 변해 공기 중으로 날아가고, 소금이 남습니다.

채점 tip 바닷물을 증발시켜 소금을 얻는다는 내용을 쓰면 정답으로 합니다.

3 물이 끓을 때의 변화

40쪽~41쪽 문제 학습

1 기포 2 끓음 3 수증기 4 끓음 5 공기 6 ㉢ 7 액체(물) 8 ③ 9 ㈏ 10 수증기 11 (1) ㈏ (2) ㈎ 12 ③ 13 ④ 14 수현, 예 증발은 물 표면에서만 상태 변화가 일어나.

6 물을 가열하면 처음에는 변화가 없는 것처럼 보입니다. 시간이 지나면서 작은 기포가 조금씩 생기고, 기포가 물 표면으로 올라와 터지며 물 표면이 울퉁불퉁해집니다. 계속 가열하면 큰 기포가 계속 생겨납니다.

7 물이 끓을 때 보이는 하얀 김은 수증기가 공기 중에서 냉각되어 액체 상태의 작은 물방울로 변한 것입니다.

8 물이 끓을 때 물속에서 생기는 기포는 물이 수증기로 변한 것으로, 위로 올라와 터지면서 공기 중으로 날아갑니다.

9 (가) 비커에서는 물 표면에서 증발만 일어나기 때문에 변화가 없는 것처럼 보입니다. (나) 비커에서는 물이 끓으면서 기포가 생기고, 보글보글 소리가 납니다.

10 물을 계속 가열하면 물속에서 기포가 생깁니다. 이 기포는 물이 수증기로 변한 것입니다.

11 물을 그대로 놓아두어 증발시켰을 때에는 물의 양이 매우 천천히 줄어들고, 물을 가열했을 때에는 증발할 때보다 물의 양이 빠르게 줄어듭니다.

12 오징어 말리기는 물의 증발을 이용하는 경우입니다.

13 증발과 끓음은 액체인 물이 기체인 수증기로 상태가 변하는 현상입니다.

14 증발은 물의 표면에서 액체인 물이 기체인 수증기로 상태가 변하는 현상이고, 끓음은 물의 표면과 물속에서 모두 액체인 물이 기체인 수증기로 상태가 변하는 현상입니다.

채점 tip '수현'을 쓰고, 증발은 물 표면에서만 상태 변화가 일어난다는 내용을 쓰면 정답으로 합니다.

4 수증기의 응결, 물의 상태 변화 이용

44쪽~45쪽 문제 학습

1 물방울(물) 2 응결 3 구름 4 얼음 5 가습기 6 ㉠ 수증기 ㉡ 응결 7 연수 8 < 9 ⑤ 10 응결 11 ㉡ 12 (1) ○ 13 ② 14 예 물이 얼음으로 변하는 상태 변화를 이용했습니다.

6 기체인 수증기가 차가운 물체의 표면에 닿으면 액체인 물로 상태가 변하는 현상을 응결이라고 합니다.

7 차가운 컵 표면에 생긴 물질을 휴지로 닦으면 휴지가 젖고, 아무 색깔도 나타나지 않는 것으로 보아 주스가 빠져나온 것이 아님을 확인할 수 있습니다.

8 공기 중의 수증기가 차가운 음료수 캔 표면에 닿아 물방울로 맺힙니다. 따라서 맺힌 물방울의 무게만큼 무게가 늘어납니다.

9 추운 겨울날 밖에 있다가 실내로 들어오면 안경알이 뿌옇게 되거나, 욕실의 차가운 거울 표면에 물방울이 맺히는 것은 수증기가 응결하기 때문입니다.

10 냄비에 국을 끓이면 수증기가 냄비 뚜껑 안쪽에서 응결하여 물방울이 맺힙니다. 맑은 날 아침에 수증기가 응결하여 거미줄이나 풀잎에 물방울이 맺힙니다.

11 이슬은 새벽에 차가워진 나뭇가지나 풀잎 등에 수증기가 응결해 생긴 작은 물방울입니다. 구름은 수증기가 높은 하늘에서 응결해 작은 물방울 상태로 떠 있는 현상입니다.

12 스팀다리미는 물을 가열하여 만들어진 수증기로 옷의 주름을 폅니다. 얼음 스케이트장을 만들 때는 물이 얼음으로 상태가 변하는 현상을 이용합니다.

13 가습기는 물을 수증기로 변화시켜 공기 중으로 내보내 건조함을 줄여주는 장치입니다.

14 이글루, 얼음 작품, 팥빙수는 물이 얼음으로 변하는 상태 변화를 이용하는 예입니다.

채점 tip 물이 얼음으로 변하는 상태 변화를 이용했다는 내용을 쓰면 정답으로 합니다.

46쪽~47쪽 교과서 통합 핵심 개념

❶ 수증기 ❷ 변화 없음 ❸ 끓음 ❹ 증발 ❺ 응결

48쪽~50쪽 단원 평가 1회

1 ② 2 (2) ○ 3 찬희 4 예 물이 얼어 얼음으로 상태가 변할 때 부피가 늘어나기 때문에 유리병이 깨집니다. 5 ㉢ 6 (1) ㉡ (2) 예 물의 표면에서 액체인 물이 기체인 수증기로 변해 공기 중으로 날아갔기 때문입니다. 물의 표면에서 증발이 일어나 물이 수증기로 변했기 때문입니다. 7 (1) ○ (4) ○ 8 ⑤ 9 ④ 10 ② 11 ㉠ 수증기 ㉡ 증발 ㉢ 끓음 12 ③ 13 예 맑은 날 아침 풀잎이나 열매에 물방울이 맺힙니다. 추운 겨울 유리창 안쪽에 물방울이 맺힙니다. 14 ㉡ 15 (1) ㉡ (2) ㉠

1 얼음은 고체 상태로, 모양이 일정하고 단단합니다. 손으로 만져보면 차갑고, 잡을 수 있습니다.

2 물이 얼고 난 후의 높이가 높아진 것을 통해 물이 얼면서 부피가 늘어난다는 것을 알 수 있습니다.

3 물이 얼어 얼음이 되어도 무게는 변하지 않습니다.

4 물을 냉동실에 넣어 두면 물이 얼음으로 상태가 변합니다. 물이 얼면서 부피가 늘어나 유리병이 깨집니다.

채점 tip 물이 얼음으로 상태가 변하면서 부피가 늘어나기 때문이라는 내용을 쓰면 정답으로 합니다.

5 포도와 건포도는 색깔이 다르고, 건포도는 포도보다 크기가 작습니다. 건포도는 표면에 물기가 거의 없습니다. 이렇게 차이가 있는 까닭은 포도를 말려 건포도를 만들 때 포도 속의 물이 증발하기 때문입니다.

6 물이 담긴 비커를 그대로 놓아두면 시간이 지날수록 물의 표면에서 물이 수증기로 변해 공기 중으로 날아가기 때문에 물의 높이가 점점 낮아집니다.

채점 tip 물의 표면에서 물이 수증기로 변했기 때문이라는 내용을 쓰면 정답으로 합니다.

7 온도가 높을수록, 공기 중에 있는 수증기의 양이 적을수록(건조할수록), 바람이 많이 불수록, 공기와의 접촉면이 넓을수록 증발이 잘 일어납니다.

8 액체인 물이 표면에서 기체인 수증기로 상태가 변하는 현상을 증발이라고 합니다.

9 물을 계속 가열하면 물이 끓으면서 물속에서 기포가 생겨 위로 올라와 터집니다. 이 기포는 물이 수증기로 변한 것입니다.

10 물의 표면뿐만 아니라 물속에서도 물이 수증기로 상태가 변하는 현상을 끓음이라고 합니다. ①, ③, ④는 증발의 예입니다.

11 증발은 물의 양이 매우 천천히 줄어들지만, 끓음은 물의 양이 빠르게 줄어듭니다.

12 공기 중의 수증기가 차가운 플라스틱 컵 표면에 닿아 물방울로 맺힙니다. 따라서 맺힌 물방울의 무게만큼 무게가 늘어납니다.

13 이외에도 다양한 예가 있습니다. 겨울철 밖에서 따뜻한 실내로 들어오면 안경알이 뿌옇게 됩니다. 욕실의 차가운 거울 표면에 물방울이 맺힙니다.

채점 tip 우리 생활에서 볼 수 있는 응결의 예를 한 가지 쓰면 정답으로 합니다.

14 ㉠, ㉣은 물이 얼음으로 변하는 상태 변화를 이용한 예입니다. ㉢은 물이 수증기로 변하는 상태 변화를 이용한 예입니다. 제습기는 공기 중의 수증기를 물로 변화시켜 방 안 습기를 없애는 장치입니다.

15 스키장에서 인공 눈을 만들거나 이글루를 만들 때 물이 얼음으로 변하는 상태 변화를 이용합니다. 음식을 찌거나 가습기를 이용할 때 물이 수증기로 변하는 상태 변화를 이용합니다.

51쪽~53쪽 단원 평가 ❷회

1 가빈 **2** 예 고체인 얼음이 녹아 액체인 물이 되고, 물은 기체인 수증기로 변해 공기 중으로 날아갑니다. **3** ① **4** ㉠ 줄어들고 ㉡ 변화가 없다 **5** ③ **6** ㉡ **7** (1) ㉠, ㉢ (2) ㉡, ㉣ **8** ㉠, 예 물이 끓으면 액체인 물이 기체인 수증기로 변한다. **9** 예 줄어듭니다. 낮아집니다. **10** (1) 증발 (2) 끓음 (3) 증발 **11** < **12** ⑤ **13** (1) 물이 수증기로 변하는 상태 변화 (2) 물이 얼음으로 변하는 상태 변화 **14** (3) ○ **15** 예 가습기는 물을 수증기로 변화시켜 공기 중으로 내보내 실내의 건조함을 줄여줍니다.

1 수증기는 기체 상태로, 우리 눈에 보이지 않습니다.

2 얼음을 공기 중에 놓아두면 녹아 물이 되고, 물은 수증기로 변해 공기 중으로 날아갑니다.

채점 tip 얼음이 녹아 물이 되고, 물이 수증기로 변한다는 내용을 쓰면 정답으로 합니다.

3 뚫린 구멍 안에 있던 물이 얼면서 부피가 늘어나기 때문에 바위가 쪼개집니다.

4 얼음이 녹아 물이 되면 부피는 줄어들고, 무게는 변화가 없습니다.

5 오징어나 생선을 햇볕에 말리는 것은 물이 수증기로 상태가 변하는 증발 현상을 이용한 것입니다.

6 색 도화지가 마르는 것은 물이 표면에서 수증기로 변해 공기 중으로 날아갔기 때문입니다.

7 빨래를 햇볕에 널어 말리거나 젖은 머리카락을 머리 말리개로 말리는 것은 증발, 라면이나 국을 끓이기 위해 물을 가열하는 것은 끓음을 이용한 예입니다.

8 물이 끓으면 물의 표면뿐만 아니라 물속에서도 액체인 물이 기체인 수증기로 상태가 변합니다.

채점 tip ㉠을 쓰고, 물이 끓으면 액체인 물이 기체인 수증기로 변한다고 쓰면 정답으로 합니다.

9 어항 속의 물의 높이가 점점 낮아지는 까닭은 어항 속의 물이 증발하여 공기 중으로 날아가기 때문입니다.

10 증발은 물 표면에서 물이 수증기로 상태가 변하는 현상이고, 끓음은 물 표면과 물속에서 모두 물이 수증기로 상태가 변하는 현상입니다. 증발은 물의 양이 매우 천천히 줄어들지만, 끓음은 빠르게 줄어듭니다.

11 주스와 얼음이 담긴 컵은 차갑기 때문에 공기 중의 수증기가 차가운 컵 표면에 닿아 물방울로 맺힙니다. 따라서 맺힌 물방울의 무게만큼 무게가 늘어납니다.

12 얼음물이 담긴 컵 표면에 맺힌 물방울은 공기 중의 수증기가 차가운 컵 표면에 닿아 액체인 물로 상태가 변한 것입니다.

13 물을 끓이면 물이 수증기로 변하는 것을 이용해 음식을 찝니다. 물을 얼려 팥빙수를 만들어 먹습니다.

14 눈이 적게 내리면 스키장에서는 액체인 물을 고체인 얼음으로 바꾸어 인공 눈을 만듭니다.

15 가습기는 실내가 건조할 때 물을 수증기로 변화시켜 뿜어냄으로써 습도를 조절해 주는 전기 기구입니다.

채점 tip 물을 수증기로 변화시켜 공기 중으로 내보낸다는 내용을 쓰면 정답으로 합니다.

54쪽 수행 평가 ①회

1 ㉠ ①에서 측정한 물의 높이보다 ③에서 측정한 얼음의 높이가 더 높습니다.
2 ㉠ 물이 얼어 얼음이 되면 부피가 늘어나기 때문입니다.
3 ㉠ 페트병에 물을 가득 넣어 얼리면 페트병이 커집니다. 유리병에 물을 가득 넣어 얼리면 유리병이 깨집니다. 한겨울에 수도 계량기가 얼어서 터집니다.

1 물이 얼기 전 물의 높이보다 완전히 얼고 난 후 얼음의 높이가 더 높아집니다.

채점 tip 물이 얼기 전 물의 높이보다 얼고 난 후 얼음의 높이가 높아진다는 내용을 쓰면 정답으로 합니다.

2 물이 얼어 얼음이 되면 부피가 늘어나기 때문에 물이 얼기 전보다 얼고 난 후 높이가 더 높아집니다.

채점 tip 물이 얼어 얼음이 되면 부피가 늘어난다는 내용을 쓰면 정답으로 합니다.

3 페트병에 물을 가득 넣어 얼리면 페트병이 커지고, 유리병에 물을 가득 넣어 얼리면 유리병이 깨집니다. 한겨울에 수도관에 설치된 계량기가 터지기도 하는데, 이것은 물이 얼어 부피가 늘어나기 때문에 나타나는 현상입니다.

채점 tip 이외에도 물이 얼어 얼음이 되면서 부피가 늘어나기 때문에 나타나는 현상을 두 가지 쓰면 정답으로 합니다.

55쪽 수행 평가 ②회

1 ㉠ 처음에는 변화가 없다가 시간이 지나면서 물속에서 작은 기포가 조금씩 생깁니다. 계속 가열하면 물이 끓으면서 물속에서 기포가 많이 생기고 위로 올라와 터지면서 물 표면이 울퉁불퉁해집니다.
2 ㉠ 액체인 물이 기체인 수증기로 상태가 변합니다.
3 (가), ㉠ 빨래를 햇볕에 널어 말립니다. 머리를 감은 뒤 젖은 머리를 말립니다. 염전에서 소금을 얻습니다.

1 물을 가열하면 시간이 지나면서 작은 기포가 조금씩 생기고, 기포가 물 표면으로 올라와 터지며 물 표면이 울퉁불퉁해집니다.

채점 tip 물속에서 기포가 생겨 물 표면으로 올라와 터져 물 표면이 울퉁불퉁해진다는 내용을 쓰면 정답으로 합니다.

2 증발과 끓음 모두 액체인 물이 기체인 수증기로 상태가 변하는 현상입니다.

채점 tip 물이 수증기로 상태가 변한다는 내용을 쓰면 정답으로 합니다.

3 비가 와서 젖은 운동장의 물이 마르는 것은 물이 수증기로 변해 공기 중으로 날아갔기 때문입니다.

채점 tip 이외에도 물의 증발 현상을 이용하는 예를 쓰면 정답으로 합니다.

56쪽 쉬어가기

3. 그림자와 거울

1 그림자가 생기는 조건, 투명한 물체와 불투명한 물체의 그림자

60쪽~61쪽 문제 학습

1 그림자 2 빛 3 유리컵 4 통과 5 안경테 6 ㉠ 7 ㉢ 8 ㈏ 9 예 유리컵은 빛이 대부분 통과하기 때문에 연한 그림자가 생기고, 도자기 컵은 빛이 통과하지 못해 진한 그림자가 생깁니다. 10 ③ 11 래아 12 ㉠ 투명한 ㉡ 연한 13 ㉣

6 빛이 비치는 곳에 물체가 있으면 물체 뒤쪽에는 빛이 닿지 않아 어두운 부분이 생기는데, 이 어두운 부분이 그림자입니다.

7 그림자가 생기려면 빛과 물체가 있어야 하고, 물체를 바라보는 방향으로 빛을 비추어야 합니다. ㉠과 ㉣은 빛이 없기 때문에 그림자가 생기지 않습니다. ㉡은 물체가 없기 때문에 그림자가 생기지 않습니다.

8 유리컵에 빛을 비추면 연한 그림자가 생기고, 도자기 컵에 빛을 비추면 진한 그림자가 생깁니다.

9 빛이 나아가다가 투명한 물체를 만나면 빛이 대부분 통과해 연한 그림자가 생깁니다. 빛이 나아가다가 불투명한 물체를 만나면 빛이 통과하지 못해 진한 그림자가 생깁니다.

채점 tip 유리컵은 빛이 대부분 통과하기 때문에 연한 그림자가 생기고, 도자기 컵은 빛이 통과하지 못해 진한 그림자가 생긴다고 쓰면 정답으로 합니다.

10 물, 유리컵, 안경알, 유리 어항은 투명한 물체이고, 공책, 나무판, 캔, 종이컵, 안경테, 지우개는 불투명한 물체입니다.

11 나무판과 같이 불투명한 물체에 빛을 비추면 진한 그림자가 생기고, 투명 플라스틱 판과 같이 투명한 물체에 빛을 비추면 연한 그림자가 생깁니다.

12 투명한 물체는 빛이 대부분 통과해 연한 그림자가 생기고, 불투명한 물체는 빛이 통과하지 못해 진한 그림자가 생깁니다.

13 우리 생활에서 물체의 그림자가 생기는 것을 이용해 생활을 편리하게 한 예로는 그늘막, 색안경, 모자, 양산, 커튼 등이 있습니다. 유리온실은 빛이 잘 들어와 식물이 자라는 데 도움을 줍니다.

2 물체 모양과 그림자 모양

64쪽~65쪽 문제 학습

1 직진 2 사각형, 원 3 직진 4 빛 5 원 6 ㉢ 7 ⑤ 8 (1) ○ 9 예 같은 물체라도 물체를 놓는 방향에 따라 그림자의 모양이 달라지기도 합니다. 10 ④ 11 (1) ㉢ (2) ㉠ (3) ㉡ 12 빛의 직진 13 예 직진하는 빛이 물체를 통과하지 못하기 때문입니다.

6 스크린과 손전등 사이에 삼각형 모양 종이를 놓고 손전등 빛을 비추면 스크린에 삼각형 모양 그림자가 생깁니다.

7 곧게 나아가던 빛이 삼각형 모양 종이를 통과하지 못해 종이의 모양과 비슷한 모양의 그림자가 생깁니다.

8 물체에 빛을 비추면 물체의 모양과 비슷한 모양의 그림자가 생깁니다. 제시된 그림은 우유갑을 다양한 방향으로 놓았을 때의 그림자 모양입니다.

9 같은 물체라도 빛을 비추는 방향이 달라지거나 물체를 빛 앞에 놓는 방향이 달라지면 그림자 모양이 달라지기도 합니다. 빛이 직진하기 때문에 물체에 빛을 비추면 물체에 빛이 닿은 모양과 닮은 그림자가 생깁니다.

채점 tip 물체를 놓는 방향이 달라지면 그림자의 모양이 달라지기도 한다는 내용을 쓰면 정답으로 합니다.

10 손잡이 달린 컵은 손전등 빛을 비추었을 때 컵의 방향을 바꾸어도 손잡이가 있기 때문에 원 모양 그림자를 만들 수 없습니다.

11 물체 모양과 그림자 모양은 비슷합니다.

12 빛은 곧게 나아가는 성질이 있는데, 이것을 빛의 직진이라고 합니다.

13 태양이나 전등에서 나오는 빛은 사방으로 곧게 나아가는데, 이렇게 빛이 곧게 나아가는 성질을 빛의 직진이라고 합니다. 빛이 직진하다가 물체를 만나면 빛이 물체를 통과하지 못해 물체의 모양과 비슷한 모양의 그림자가 생깁니다.

채점 tip 직진하는(곧게 나아가는) 빛이 물체를 통과하지 못하기 때문이라는 내용을 쓰면 정답으로 합니다.

❸ 그림자의 크기 변화

68쪽~69쪽 문제 학습

1 물체 2 커집니다 3 작아집니다 4 커집니다
5 스크린 6 ㉣ 7 커집니다. 8 (2) ○ 9 ②
10 예 물체를 ㉠ 방향으로 이동시키면 그림자의 크기가 작아지고, ㉡ 방향으로 이동시키면 그림자의 크기가 커집니다. 11 ㉠ 커지고 ㉡ 작아진다
12 ㉡ 13 윤정

6 물체의 그림자 크기를 변화시키기 위해서는 손전등의 위치, 물체의 위치, 스크린의 위치를 조절합니다. 손전등과 물체 사이의 거리를 조절하여 그림자의 크기를 변화시킬 수 있습니다.

7 스크린과 종이 인형을 그대로 두었을 때 손전등을 종이 인형에 가깝게 하면 그림자의 크기가 커집니다.

8 손전등과 스크린을 그대로 두었을 때 물체의 그림자 크기를 크게 만들려면 물체를 손전등에 가깝게 합니다.

9 손전등과 스크린을 그대로 두었을 때 물체의 위치를 이동시키며 그림자의 크기 변화를 알아보는 실험입니다.

10 손전등과 스크린은 그대로 두고 물체를 손전등에서 멀리 하면(㉠ 방향) 그림자의 크기가 작아지고, 물체를 손전등에 가까이 하면(㉡ 방향) 그림자의 크기가 커집니다.

채점 tip 물체를 ㉠ 방향으로 이동시키면 그림자의 크기가 작아지고, ㉡ 방향으로 이동시키면 그림자의 크기가 커진다고 쓰면 정답으로 합니다.

11 손전등과 물체 사이의 거리가 가까울수록 그림자의 크기는 커지고, 손전등과 물체 사이의 거리가 멀수록 그림자의 크기는 작아집니다.

12 손전등과 물체는 그대로 두고 스크린을 물체에 가까이 하면 그림자의 크기가 작아지고, 스크린을 물체에서 멀리 하면 그림자의 크기가 커집니다.

13 그림자 연극은 전등 앞에 여러 가지 인형을 세우고 스크린에 생긴 그림자로 이야기를 만들어 공연하는 것입니다. 호랑이 그림자와 소녀 그림자를 동시에 커지게 하려면 전등을 종이 인형 쪽으로 가까이 가져가면 됩니다.

❹ 거울의 성질과 이용

72쪽~73쪽 문제 학습

1 파란색 2 좌우 3 빛의 반사 4 거울 5 거울
6 ① 7 ㉠, ㉡ 8 ④ 9 예 거울에 비친 글자는 좌우가 바뀌어 보이기 때문에 앞에 가는 자동차의 뒷거울로 구급차를 보았을 때 글자가 똑바로 보이게 하기 위해서입니다. 10 방향 11 3(개)
12

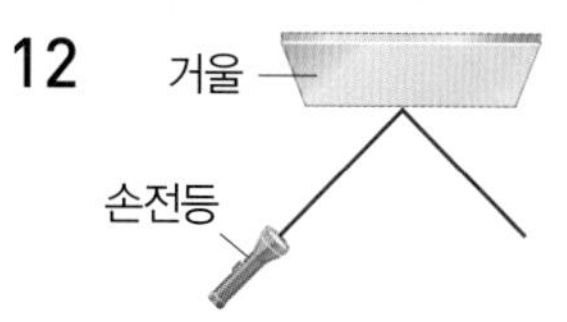

13 예 세면대의 거울로 세수를 하거나 양치질을 할 때 자신의 모습을 확인할 수 있습니다. 현관 앞 거울로 외출하기 전 내 모습을 확인할 수 있습니다.

6 물체를 거울에 비추면 물체의 좌우가 바뀌어 보입니다. 실제 인형은 왼쪽 팔을 올리고 있기 때문에 거울에 비친 인형은 오른쪽 팔을 들고 있는 모습입니다.

7 거울에 비친 물체의 색깔은 실제 물체의 색깔과 같습니다. 물체를 거울에 비추어 보면 물체의 상하는 바뀌어 보이지 않고, 좌우는 바뀌어 보입니다.

8 글자를 거울에 비춰 보면 좌우가 바뀌어 보입니다.

9 구급차에 '119 구급대'를 좌우로 바꾸어 쓴 까닭은 앞에 가는 자동차의 뒷거울로 구급차를 보았을 때 글자가 똑바로 보이게 하기 위해서입니다.

채점 tip 앞에 가는 자동차의 뒷거울로 구급차를 보았을 때 글자가 똑바로 보이게 하기 위해서라고 쓰면 정답으로 합니다.

10 빛이 나아가다가 거울에 부딪치면 거울에서 빛의 방향이 바뀌어 나오는 현상을 빛의 반사라고 합니다.

11 빛의 방향을 세 번 바꿔야 하기 때문에 거울은 최소한 3개가 필요합니다.

12 손전등 빛을 거울에 비추면 빛은 직진하다가 거울에 부딪쳐 방향이 바뀌어 다시 직진합니다.

13 이외에도 화장대 거울로 머리 손질을 하며 자신의 모습을 확인할 때도 거울을 사용합니다.

채점 tip 집에서 거울을 사용하는 예를 쓰면 정답으로 합니다.

74쪽~75쪽 교과서 통합 핵심 개념

❶ 그림자 ❷ 물체 ❸ 진한 ❹ 빛의 직진
❺ 커짐 ❻ 작아짐 ❼ 반사

76쪽~78쪽 **단원 평가 ①회**

1 생기지 않습니다. 예 물체가 빛을 가릴 때 물체 뒤쪽의 스크린에 그림자가 생기기 때문에 손전등, 인형, 스크린 순서로 놓아야 그림자가 생깁니다. 2 (1) ㉠ (2) ㉡ 3 > 4 예 곧게 나아가던 빛이 종이를 통과하지 못해 종이의 모양과 비슷한 모양의 그림자가 생깁니다. 5 빛의 직진 6 ④ 7 아영 8 ㉠ 9 예 동물 모양 종이에서 멀게 합니다. 10 (2) ○ 11 예 거울에 비친 물체의 모습은 실제 물체와 색깔은 같고, 좌우가 바뀌어 보입니다. 12 ② 13 거울 14 ① 15 (1) ㉡ (2) ㉢ (3) ㉠

1 인형에 손전등 빛을 비추면 빛이 나아가다가 인형을 통과하지 못해 스크린에 그림자가 생깁니다.

채점 tip 그림자가 생기지 않는다고 쓰고, 물체가 빛을 가려 물체 뒤쪽에 그림자가 생기기 때문이라는 내용을 쓰면 정답으로 합니다.

2 투명 플라스틱 컵은 연한 그림자가 생기고, 종이컵은 진한 그림자가 생깁니다.

3 투명한 물체는 빛이 대부분 통과해 연한 그림자가 생기고, 불투명한 물체는 빛이 통과하지 못해 진한 그림자가 생깁니다.

4 종이의 모양과 그림자의 모양이 비슷한 까닭은 곧게 나아가던 빛이 종이를 통과하지 못하기 때문입니다.

채점 tip 빛이 곧게 나아가다가 종이를 통과하지 못해 종이의 모양과 비슷한 모양의 그림자가 생긴다는 내용을 쓰면 정답으로 합니다.

5 빛이 곧게 나아가는 성질을 빛의 직진이라고 합니다.

6 컵을 눕혀 놓았을 때 생긴 그림자는 손잡이 부분의 그림자가 위쪽으로 생긴 ④입니다.

7 스크린 앞에 공을 놓고 나란하게 손전등 빛을 비추면 공을 돌려 방향을 바꾸어도 그림자는 원 모양입니다.

8 물체와 스크린은 그대로 두고 손전등을 물체에 가까이 하면 그림자의 크기가 커집니다.

9 물체와 스크린은 그대로 두고 손전등을 물체에서 멀리 하면 그림자의 크기가 작아집니다.

10 손전등과 물체 사이의 거리가 가까워지면 그림자의 크기가 커지고, 손전등과 물체 사이의 거리가 멀어지면 그림자의 크기가 작아집니다.

11 거울에 비친 물체의 색깔은 실제 물체의 색깔과 같고, 좌우는 바뀌어 보입니다.

채점 tip 공통점과 차이점 중 한 가지만 써도 정답으로 합니다.

12 '웅', '표', '봄' 등의 글자는 좌우가 바뀌어도 원래 글자와 같은 글자로 보입니다.

13 빛이 나아가다가 거울에 부딪치면 거울에서 빛의 방향이 바뀌어 나오는 현상을 빛의 반사라고 합니다.

14 빛이 나아가다가 거울에 부딪치면 거울에서 빛의 방향이 바뀌어 다시 나아갑니다.

15 세면대 거울로 세수를 하거나 양치질을 할 때 자신의 모습을 확인할 수 있습니다. 자동차 뒷거울로 자동차 뒤의 도로 상황을 알 수 있습니다. 치과용 거울로 안쪽의 치아를 볼 수 있습니다.

79쪽~81쪽 **단원 평가 ②회**

1 ⑤ 2 ㉠ 투명 ㉡ 불투명 3 ③ 4 예 종이(물체)의 모양과 그림자의 모양이 비슷합니다. 5 ④ 6 나래 7 ③ 8 ㉠, ㉢ 9 예 스크린을 동물 모양 종이 인형에서 멀게 합니다. 10 거리 11 소연 12 (SCIENCE 좌우 반전) 13 ④ 14 ① 15 예 승강기 내부 공간이 넓어 보이게 합니다. 승강기 안에서 자신의 모습을 볼 수 있습니다.

1 물체를 바라보는 방향으로 빛을 비추면 물체의 뒤쪽에 그림자가 생깁니다.

2 빛이 나아가다가 투명한 물체를 만나면 빛이 대부분 통과해 연한 그림자가 생기지만, 불투명한 물체를 만나면 빛이 통과하지 못해 진한 그림자가 생깁니다.

3 투명한 물체는 빛을 대부분 통과시킵니다.

4 종이의 모양과 그림자의 모양이 비슷한 까닭은 곧게 나아가던 빛이 종이를 통과하지 못하기 때문입니다.

채점 tip 종이의 모양과 그림자의 모양이 비슷하다는 내용을 쓰면 정답으로 합니다.

5 블록의 왼쪽에서 손전등 빛을 비추면 ▮ 모양의 그림자가 생깁니다.

6 같은 물체라도 물체를 놓는 방향이나 빛을 비추는 방향에 따라 그림자의 모양이 달라지기도 합니다.

7 손잡이가 있는 컵은 방향을 다르게 놓아도 원 모양 그림자는 만들 수 없습니다.

8 스크린을 그대로 두었을 때 그림자의 크기를 작게 하려면 물체와 손전등 사이의 거리를 멀게 합니다.

9 손전등과 물체는 그대로 두고 스크린을 물체에서 멀게 하면 그림자의 크기가 커집니다.

채점 tip 스크린을 종이 인형에서 멀게 한다고 쓰면 정답으로 합니다.

10 물체의 그림자 크기는 손전등과 물체, 스크린 사이의 거리에 따라 달라집니다.

11 거울에 비친 물체의 색깔은 실제 물체의 색깔과 같고, 좌우는 바뀌어 보입니다.

12 글자 카드를 거울에 비추면 좌우가 바뀌어 보입니다.

13 ④ 도형을 거울에 비추어 보면 화살표 방향이 좌우가 바뀌어 보입니다.

14 빛이 직진하다가 거울에 부딪치면 거울에서 빛의 방향이 바뀌어 다시 직진합니다.

15 승강기 거울로 공간을 넓어 보이게 할 수 있으며, 자신의 모습을 볼 수 있습니다.

채점 tip 공간을 넓어 보이게 하고, 자신의 모습을 볼 수 있다고 쓰면 정답으로 합니다.

82쪽 수행 평가 ❶회

1 예 손전등을 종이 인형 쪽으로 가까이 합니다. ㉠과 ㉡ 종이 인형을 동시에 손전등에 가까이 합니다. 스크린을 종이 인형에서 멀리 합니다.

2 예 ㉡ 종이 인형을 손전등에서 멀리 합니다.

3 가까이(가깝게), 멀리(멀게)

1 물체와 스크린은 그대로 두고 손전등을 물체에 가까이 하면 그림자의 크기가 커집니다. 손전등과 스크린은 그대로 두고 물체를 손전등에 가까이 하면 그림자의 크기가 커집니다. 손전등과 물체는 그대로 두고 스크린을 물체에서 멀리 하면 그림자의 크기가 커집니다.

채점 tip 세 가지 방법 중 한 가지를 쓰면 정답으로 합니다.

2 ㉡ 종이 인형의 그림자만 작아지게 하려면 손전등과 스크린은 그대로 두고 ㉡ 종이 인형만 손전등에서 멀리 합니다. ㉡ 종이 인형을 스크린에 가까이 한다고 표현해도 됩니다.

채점 tip ㉡ 종이 인형을 손전등에서 멀리 한다고 쓰거나 ㉡ 종이 인형을 스크린에 가까이 한다고 쓰면 정답으로 합니다.

3 물체와 스크린은 그대로 두고 손전등을 물체에 가까이 하면 그림자 크기가 커지고, 손전등을 물체에서 멀리 하면 그림자 크기가 작아집니다.

83쪽 수행 평가 ❷회

1 1, 55

2 예 거울에 비친 물체의 모습은 좌우가 바뀌어 보이기 때문에 다시 좌우를 바꾸어 보면 원래 시계의 모습을 알 수 있기 때문입니다.

3 예 위급한 상황에서 앞에 가는 자동차의 뒷거울로 구급차를 보았을 때 글자가 똑바로 보여 길을 양보할 수 있습니다.

1 물체를 거울에 비추어 보면 물체의 상하는 바뀌어 보이지 않고, 좌우는 바뀌어 보입니다.

2 거울에 비친 시계의 모습의 좌우를 바꾸어 보면 실제 시계의 모습을 알 수 있습니다.

채점 tip 거울에 비친 물체의 모습은 좌우가 바뀌어 보인다는 내용을 쓰면 정답으로 합니다.

3 구급차의 앞부분에는 '119 구급대'라는 글자의 좌우가 바뀌어 있습니다. 이것은 위급한 상황에서 앞에 가는 자동차의 뒷거울로 구급차를 보았을 때 글자가 똑바로 보여 길을 양보할 수 있도록 하기 위함입니다.

채점 tip 앞에 가는 자동차의 뒷거울로 구급차를 보았을 때 글자가 바르게 보인다는 내용을 쓰면 정답으로 합니다.

84쪽 쉬어가기

4. 화산과 지진

1 화산, 화산 활동으로 나오는 물질

88쪽~89쪽 문제 학습

1 화산 2 용암 3 분화구 4 화산 분출물 5 수증기 6 ③ 7 ㉣ 8 남준 9 ④ 10 화산 분출물 11 (1) ㈏, ㈐ (2) 예 화산재는 크기가 매우 작고, 화산 암석 조각은 크기가 다양합니다. 12 (2) ○ 13 ㉢ 14 화산 가스

6 마그마는 땅속 깊은 곳에서 암석이 녹아 액체 상태로 있는 물질로 온도가 매우 높습니다. 용암은 마그마가 지표로 분출하면서 화산 가스 등의 기체 물질이 빠져나간 것입니다.

7 마그마가 지표 밖으로 분출하여 생긴 지형을 화산이라고 합니다. 들, 사막, 바다는 마그마가 지표 밖으로 분출하여 생긴 지형이 아닙니다.

8 세계에는 현재에도 활동 중인 화산(킬라우에아산, 시나붕산 등)이 있습니다. 화산은 땅속 깊은 곳의 마그마가 지표 밖으로 분출하여 만들어진 지형입니다.

9 화산은 땅속 깊은 곳에서 암석이 녹아 만들어진 마그마가 지표 밖으로 분출하여 생긴 지형입니다.

10 화산이 분출할 때 나오는 용암, 화산재, 화산 암석 조각 등을 화산 분출물이라고 합니다.

11 화산재는 크기가 매우 작은 고체 상태의 화산 분출물이고, 화산 암석 조각은 크기가 다양한 고체 화산 분출물입니다. 용암은 액체 상태의 화산 분출물입니다.

채점 tip (1)에 ㈏, ㈐를 쓰고, (2)에 화산재는 크기가 매우 작고, 화산 암석 조각은 크기가 다양하다고 쓰면 정답으로 합니다.

12 용암은 땅속 마그마가 지표 밖으로 분출하면서 화산 가스 등의 기체 물질이 빠져나간 것으로, 지표면을 따라 흐르거나 폭발하듯 솟구쳐 오릅니다.

13 녹은 마시멜로가 알루미늄 포일(화산 모형) 윗부분에서 흘러나오며, 알루미늄 포일 밖으로 흘러나온 마시멜로는 시간이 지나면서 식어서 굳습니다.

14 화산 활동 모형실험에서 나오는 연기는 실제 화산 활동으로 나오는 화산 가스와 비교할 수 있습니다. 흘러나온 마시멜로는 용암에 해당합니다.

2 화강암과 현무암, 화산 활동이 미치는 영향

92쪽~93쪽 문제 학습

1 화성암 2 큽 3 구멍 4 화산재 5 전기 6 ② 7 (1) ㉡ (2) ㉠ 8 ㉠ 현무암 ㉡ 화강암 9 예 마그마가 땅속 깊은 곳에서 천천히 식어 굳어져서 만들어지기 때문에 알갱이의 크기가 큽니다. 10 현무암 11 ㉠, ㉡ 12 ㉠ 13 ㉠, ㉢ 14 (2) ○

6 화성암을 이루고 있는 알갱이의 크기는 마그마가 식는 빠르기에 따라 달라집니다. 마그마가 빨리 식으면 화성암을 이루고 있는 알갱이의 크기가 작고, 마그마가 천천히 식으면 화성암을 이루고 있는 알갱이의 크기가 큽니다.

7 (1) 현무암은 색깔이 어둡고, 암석을 이루고 있는 알갱이의 크기가 매우 작으며 표면에 구멍이 있는 것도 있습니다. (2) 화강암은 대체로 색깔이 밝고, 여러 가지 색깔의 알갱이가 섞여 있습니다. 또 암석을 이루고 있는 알갱이의 크기가 현무암보다 큽니다.

8 현무암은 마그마가 지표 가까이에서 빨리 식어 만들어지고, 화강암은 마그마가 땅속 깊은 곳에서 천천히 식어 만들어집니다.

9 화강암은 마그마가 땅속 깊은 곳에서 천천히 식어 굳어져서 만들어지기 때문에 알갱이의 크기가 큽니다.

채점 tip '땅속 깊은 곳에서 천천히 식어 굳는다.', '알갱이의 크기가 크다.'는 내용을 포함하여 옳게 쓰면 정답으로 합니다.

10 현무암으로 돌하르방, 돌담, 맷돌 등을 만들기도 합니다.

11 화산 주변 땅속의 높은 열을 이용한 지열 발전은 화산 활동이 주는 이로움입니다.

12 화산이 분출할 때 나오는 화산재는 피해를 주기도 하지만, 오랜 시간이 지나면 화산 주변의 땅을 비옥하게 만들기도 합니다.

13 화산 주변 온천을 개발하여 관광 자원으로 활용하고, 화산재가 쌓인 주변의 땅이 비옥해지는 것은 화산 활동이 주는 이로움입니다. ㉡ 산불은 용암으로 인한 화산 활동이 주는 피해이며, ㉣ 역시 화산 활동이 주는 피해입니다.

14 화산 주변 땅속의 열을 이용한 온천 개발이나 지열 발전은 화산 활동이 주는 이로움입니다.

❸ 지진, 지진 발생 시 대처 방법

96쪽~97쪽 문제 학습

1 지진 2 내부 3 규모, 클 4 계단 5 머리 6 ③ 7 혜진 8 ① 9 (1) 땅 (2) 지구 내부에서 작용하는 힘 (3) 지진 10 ㉠ 11 ㉵ 지진의 세기를 나타내는 규모의 숫자를 비교했을 때, 숫자가 클수록 강한 지진입니다. 12 미국 13 ㉢ 14 ④

6 땅(지층)이 지구 내부에서 작용하는 힘을 오랫동안 받으면 휘어지거나 끊어지는데, 이렇게 땅(지층)이 끊어지면서 지진이 발생합니다.

7 지진은 땅(지층)이 지구 내부에서 작용하는 힘을 받아 끊어질 때, 지하 동굴이 무너지거나 화산 활동이 일어날 때 등의 경우에 발생합니다.

8 양손으로 우드록을 잡고 수평 방향으로 서서히 밀면 우드록이 휘어지고, 계속 힘을 주어 밀면 우드록이 끊어집니다.

9 우드록은 땅, 우드록이 끊어질 때 손에 느껴지는 떨림은 지진, 우드록을 양손으로 미는 힘은 지구 내부에서 작용하는 힘에 해당합니다.

10 지진이 발생하면 땅이 흔들리고 갈라지며 산사태나 지진 해일이 발생하기도 합니다.

11 지진의 세기는 규모로 나타내며, 규모의 숫자가 클수록 강한 지진입니다.

채점 tip 지진의 세기를 나타내는 규모의 숫자를 비교한다는 내용을 포함하여 쓰면 정답으로 합니다.

12 지진의 세기를 나타내는 규모의 숫자가 클수록 강한 지진이므로, 미국에서 발생한 지진이 대한민국이나 일본에서 발생한 지진보다 강합니다.

13 지진이 발생하면 지진의 규모에 따라 건물과 도로가 무너지는 등 인명과 재산 피해가 발생하기도 합니다.

14 ① 지진이 발생하면 책상 아래로 들어가 머리와 몸을 보호합니다.
② 지진이 발생하면 전기와 가스를 차단하고 밖으로 나갈 수 있도록 문을 열어 둡니다.
③ 지진이 발생하면 승강기 대신에 계단을 이용하여 대피합니다.
⑤ 흔들림이 멈추면 안전한 곳으로 대피합니다.

98쪽~99쪽 교과서 통합 핵심 개념

❶ 마그마 ❷ 화산 분출물 ❸ 용암 ❹ 화산 가스 ❺ 화강암 ❻ 현무암 ❼ 지구

100쪽~102쪽 단원 평가 ❶회

1 화산 2 (3) × 3 화산 암석 조각 4 (1) ㉡ (2) 용암 5 ㉵ 화산 가스에는 여러 가지 기체가 섞여 있습니다. 대부분 수증기입니다. 기체 상태입니다. 6 ㈎ 현무암 ㈏ 화강암 7 ㈏ 8 ㉵ ㈎ 암석은 ㉠과 같이 지표면 가까이에서 빨리 식어서 만들어지고, ㈏ 암석은 ㉡과 같이 땅속 깊은 곳에서 천천히 식어서 만들어집니다. 9 ㈎ ㉡, ㉢ ㈏ ㉠, ㉣ 10 ① 11 ③, ④ 12 ㉵ 우드록이 끊어질 때 손에 떨림이 느껴집니다. 13 ④ 14 (2) ○ 15 ①, ④

1 땅속 깊은 곳에서 암석이 녹은 마그마가 지표 밖으로 분출하여 생긴 지형을 화산이라고 합니다.

2 분화구는 화산의 꼭대기에 움푹 파인 곳으로, 분화구가 있는 화산도 있고 없는 화산도 있습니다. 또 분화구가 한 개인 화산이 있고 여러 개인 화산도 있습니다.

3 화산 암석 조각은 화산 분출물 중 고체 물질로, 크기가 매우 다양한 특징이 있습니다.

4 마그마가 지표 밖으로 분출하여 화산 가스 등의 기체가 빠져 나간 것으로, 지표면을 따라 흐르는 화산 분출물은 용암입니다. 용암은 화산 활동 모형실험에서 알루미늄 포일 밖으로 흘러나오는 마시멜로와 비교할 수 있습니다.

5 화산 가스는 기체 상태의 화산 분출물로, 대부분 수증기이며 여러 가지 기체가 섞여 있습니다.

채점 tip '여러 가지 기체가 섞여 있다.', '대부분 수증기이다.', '기체 상태이다.' 등 화산 가스의 특징을 한 가지 옳게 쓰면 정답으로 합니다.

6 ㈎는 겉모습으로 보아 어두운색인 현무암이고, ㈏는 대체로 밝은색을 띠는 화강암입니다.

7 ㈏ 화강암이 ㈎ 현무암보다 암석을 이루는 알갱이의 크기가 큽니다.

8 ㈎ 현무암은 지표면 가까이에서 빨리 식어서 만들어집니다. ㈏ 화강암은 땅속 깊은 곳에서 천천히 식어서 만들어집니다.

채점 tip ㈎ 암석(현무암)은 지표면 가까이(㉠)에서 만들어지고, ㈏ 암석(화강암)은 땅속 깊은 곳(㉡)에서 만들어진다는 내용으로 옳게 쓰면 정답으로 합니다.

9 온천 개발과 비옥한 농토는 화산 활동이 우리 생활에 주는 이로움입니다. 용암에 의한 산불과 화산재에 의한 항공기 운항 취소는 화산 활동이 우리 생활에 주는 피해입니다.

10 지진의 세기는 규모로 나타내고, 규모의 숫자가 클수록 강한 지진입니다.

11 양손으로 우드록을 수평 방향으로 밀면 우드록이 휘어지다가 끊어지면서 소리가 나고 떨립니다.

12 우드록이 끊어질 때에는 소리가 나고 떨림이 느껴집니다.

채점 tip 우드록이 끊어질 때 손에 떨림이 느껴진다는 내용을 쓰면 정답으로 합니다.

13 지진 발생 지역의 날씨에 대한 내용은 나와 있지 않으므로 알 수 없습니다.

14 건물 밖으로 나갈 때에는 승강기 대신 계단을 이용해 대피합니다.

15 머리를 보호하며 재빨리 안전한 장소로 대피합니다. 집 안에서는 가스 밸브를 잠그고 전깃불을 꺼 화재를 예방합니다.

103쪽~105쪽 단원 평가 ❷회

1 (2) ○ 2 ㉡ 3 ② 4 ㉡ 5 예 연기가 납니다. 빨간색 액체가 흘러나옵니다. 6 수영 7 현무암 8 (1) 화산재 (2) 예 화산재가 태양 빛을 가려서 생물에게 피해를 줄 수 있습니다. 9 (1) ㉠ (2) ㉡, ㉢ 10 ㉠ 11 ① 12 ㉢ 13 ㉠ 14 재이 15 ②

1 땅속의 마그마가 지표 밖으로 분출하여 생긴 지형을 화산이라고 합니다.

2 화산은 땅속의 마그마가 지표 밖으로 분출하여 생긴 지형으로, 분화구가 있는 것도 있으며 분화구에 물이 고여 호수가 만들어진 것도 있습니다.

3 화산 분출물은 화산 활동으로 나오는 여러 가지 물질을 말하며, 고체인 화산재와 화산 암석 조각, 액체인 용암, 기체인 화산 가스 등이 있습니다.

4 화산 분출물 중 ㉠은 화산 가스, ㉡은 용암, ㉢은 화산 암석 조각입니다. 화산 활동 모형실험에서 마시멜로에 빨간색 식용 색소를 뿌리는 까닭은 가열했을 때 흘러나오는 마시멜로의 색깔과 실제 화산이 분출할 때 나오는 용암의 색깔을 비교하여 관찰하기 위해서입니다.

5 화산 활동 모형실험과 실제 화산 활동 모두 연기가 나고, 빨간색 액체가 흘러나오며, 시간이 지나면 밖으로 흘러나온 액체가 굳습니다.

채점 tip 화산 활동 모형실험과 실제 화산 활동의 같은 점 두 가지를 모두 옳게 쓰면 정답으로 합니다.

6 ㉠ 위치에서 만들어진 암석은 화강암으로 대체로 밝은색이며, 검은색과 반짝이는 알갱이가 보입니다. 또 암석을 이루는 알갱이의 크기가 커서 맨눈으로도 구별할 수 있습니다.

7 마그마의 활동으로 만들어진 화성암 중에서 어두운색이며, 표면에 구멍이 뚫려 있기도 한 것은 현무암입니다. 돌하르방은 현무암을 사용하여 만들었습니다.

8 화산재는 태양 빛을 가려서 생물에게 피해를 주고 비행기 엔진을 망가뜨려 비행기 운항을 어렵게 하며, 생물이 숨 쉬기 어렵게 하여 호흡기 질병을 일으키는 등의 피해를 줍니다.

채점 tip (1)에 화산재를 쓰고, (2)에 화산재에 의한 피해 한 가지를 옳게 쓰면 정답으로 합니다.

9 우드록을 이용한 지진 발생 모형실험에서 우드록은 짧은 시간 동안 가해진 힘에 의해 끊어지지만, 실제 지진은 오랜 시간 동안 지구 내부의 힘이 쌓여서 발생하며, 지진이 발생할 때에는 땅이 흔들리거나 갈라지고 건물이 무너질 수도 있습니다.

10 흔들림 지진판에 쌓은 블록은 실제 지진이 발생하는 과정에서 땅 위의 건물이나 도로에 해당합니다.

11 규모는 지진의 세기를 나타내며, 규모의 숫자가 클수록 강한 지진입니다.

12 우리나라에서도 규모 5.0 이상의 지진이 여러 차례 발생하고 있고, 지진에 대비하는 정도, 지진 경보 시기 등에 따라 피해 정도가 달라질 수 있으므로 지진에 대비하는 자세는 반드시 필요합니다.

13 지진이 발생하여 흔들릴 때에는 머리와 몸을 보호하고, 흔들림이 멈추었을 때 가까운 안전한 장소로 빠르게 대피하는 것이 좋습니다.

14 지진 대피 훈련은 지진 발생에 대비해 미리 훈련을 하여 대피 방법을 몸에 익히는 중요한 과정이므로, 안내 방송이 나올 때 집중하며 미리 연습을 해 두어야 합니다.

15 지진이 발생했을 때에는 상황별 대처 방법에 따라 행동해야 합니다. 지진이 발생한 후에는 다친 사람을 살피고 구조 요청을 하며, 지진 정보를 확인하고 정보에 따라 행동합니다. ㉢ 가스 밸브를 잠가 화재를 예방합니다. ㉣ 이후에 남은 지진이 발생할 수 있으므로 더 안전한 곳으로 대피합니다.

106쪽 수행 평가 ①회

1 ㉠ 모형 윗부분에서 연기가 피어오릅니다. 녹은 마시멜로가 모형의 윗부분으로 흘러나옵니다. 흘러나온 마시멜로는 시간이 지나면서 식어서 굳습니다.
2 ㉠ 화산 가스 ㉡ 용암 ㉢ 화산 암석 조각
3 용암

1 화산 활동 모형을 가열하면 모형 윗부분에서 연기가 피어오르고, 녹은 마시멜로가 모형의 윗부분으로 흘러나오며 흘러나온 마시멜로는 시간이 지나면서 식어서 굳습니다.

채점 tip 화산 활동 모형을 가열했을 때 나타나는 현상을 한 가지 옳게 쓰면 정답으로 합니다.

2 화산 활동 모형실험에서 나오는 연기는 실제 화산 활동의 화산 가스, 흘러나오는 마시멜로는 용암, 흘러나온 후 식어서 굳은 마시멜로는 화산 암석 조각에 비교할 수 있습니다.

3 화산 활동에서 볼 수 있는 화산 분출물 중 검붉은색이며 산비탈을 따라 흘러내리고, 뜨거운 열로 산불을 발생시킬 수 있는 것은 용암입니다.

107쪽 수행 평가 ②회

1 ㉢
2 ㉠ 땅(지층)이 지구 내부에서 작용하는 힘을 오랫동안 받아 끊어지기 때문입니다.
3 (1) 칠레 (2) ㉠ 지진의 세기를 나타내는 규모의 숫자가 클수록 강한 지진이기 때문입니다.

1 땅(지층)이 끊어지면서 흔들리는 자연 현상은 지진입니다.

2 땅(지층)이 지구 내부에서 작용하는 힘을 오랫동안 받으면 휘어지거나 끊어지며, 땅(지층)이 끊어지면서 지진이 발생합니다.

채점 tip '지구 내부에서 작용하는 힘'을 포함하여 옳게 쓰면 정답으로 합니다.

3 규모의 숫자가 클수록 강한 지진입니다. 칠레 > 일본 > 네팔 > 대만의 순서로 규모의 숫자가 크므로 칠레 > 일본 > 네팔 > 대만 순서로 강한 지진이 발생했습니다.

채점 tip (1)에 칠레를 쓰고, (2)에 규모의 숫자를 비교하여 알 수 있다는 내용으로 옳게 쓰면 정답으로 합니다.

108쪽 쉬어가기

5. 물의 여행

① 물의 순환

112쪽~113쪽 문제 학습

1 수증기 **2** 순환 **3** 응결 **4** 비나 눈 **5** 물
6 ① **7** 물 **8** 서빈 **9** ㉠ 구름 ㉡ 비 ㉢ 수증기
10 (2) ○ (3) ○ **11** ⑤ **12** 예 컵 안쪽에서의 물의 순환 과정을 통해 작은 컵 안의 식물은 물을 주지 않아도 살 수 있습니다. **13** 순환

6 물이 상태가 변하면서 지구 여러 곳을 끊임없이 돌고 도는 과정을 '물의 순환'이라고 합니다.

7 식물의 뿌리를 통해 빨아들여질 수 있는 것은 액체 상태의 물입니다.

8 물은 상태가 변하면서 육지, 바다, 공기, 생물 등 여러 곳을 끊임없이 돌고 돌지만, 전체 물의 양은 항상 일정합니다.

9 구름에서 비가 내린 후 바닷물에 있던 물은 증발하여 수증기가 되어 공기 중으로 돌아갑니다.

10 물의 이동 과정을 알아보는 실험 장치에 넣은 얼음은 30분 동안 점점 녹아서 물이 됩니다.

11 실험 장치의 얼음이 녹은 물은 증발하여 수증기가 되며, 이 수증기는 컵 안쪽 벽면이나 뚜껑 밑면에 응결하여 다시 물방울로 변합니다.

12 컵 안의 얼음이 녹아 물이 되고, 물이 증발하여 컵 안쪽 공기 중의 수증기가 됩니다. 수증기는 응결하여 컵 안쪽 벽면에 다시 물방울로 맺히고 물방울이 점점 커져서 식물을 심은 컵으로 흘러내립니다. 식물의 뿌리에서 흡수된 물은 잎에서 다시 수증기로 나옵니다.

채점 tip 컵 안쪽에서의 물의 순환 과정을 통해 식물에 물을 주지 않아도 살 수 있다는 내용으로 옳게 쓰면 정답으로 합니다.

13 실험 장치를 2~3일 동안 관찰하면 지퍼 백 안쪽 윗부분에 물방울이 맺히고, 물방울이 커지다가 흘러내리는 모습을 볼수 있습니다. 이를 통해 물의 순환 과정에 대해서 알아볼 수 있습니다.

② 물이 중요한 까닭, 물 부족 현상을 해결하기 위한 방법

116쪽~117쪽 문제 학습

1 물 **2** (모든) 생물 **3** 바닷물 **4** 부족 **5** 물
6 물 **7** ㉠, ㉡ **8** (3) ○ **9** 지율 **10** ② **11** ⑤
12 예 오염된 물이 하천으로 흐르면서 우리가 이용할 수 있는 깨끗한 물이 줄어듭니다. **13** ㉢

6 우리는 일상생활에서 물을 다양하게 이용합니다.

7 우리가 마신 물은 몸속을 순환하면서 필요한 영양분을 몸 곳곳에 전달하고, 노폐물을 땀이나 오줌의 형태로 내보내 줍니다.

8 (1) 물은 농작물을 키우는 데 반드시 필요합니다. (2) 물을 이용하는 모습과 상관이 없는 내용입니다.

9 한 번 이용한 물은 없어지는 것이 아니라 상태가 변하면서 돌고 돌아 다시 만날 수 있습니다.

10 강이나 호수의 물과 같이 소금 성분이 없어 사용할 수 있는 물을 민물이라고 합니다.

11 물 부족 현상을 해결하기 위해 샴푸를 적게 쓰고, 샤워 시간을 줄입니다.

12 이 밖에도 지구상의 물은 대부분 바닷물이라서 사용할 수 있는 민물의 양이 매우 적은 것, 인구가 증가하여 더 많은 양의 물을 필요로 하는 것 등이 물이 부족한 까닭입니다.

▲ 환경 오염

▲ 인구 증가

채점 tip 문제에서 제시한 세 가지 까닭 외에 물이 부족한 까닭을 한 가지 옳게 쓰면 정답으로 합니다.

13 식기세척기는 음식을 담는 그릇(식기)을 씻어 주는 기계로 물 부족 현상을 해결하기 위한 것이 아닌, 생활의 편리함을 위해 개발한 것입니다.

118쪽~119쪽 교과서 통합 핵심 개념

❶ 세(3) ❷ 물 ❸ 얼음 ❹ 수증기 ❺ 모래
❻ 생명 ❼ 민물

120쪽~122쪽 **단원 평가 ❶회**

1 ① 2 ④ 3 ㉠ 4 (1) ○ (2) × (3) ○ 5 (1) ㉣ (2) 예 실험 장치 안쪽의 물은 상태가 변하면서 순환하므로 전체 물의 양이 변하지 않기 때문입니다. 6 선영 7 ㉠, ㉢, ㉣ 8 ㉢ 9 ② 10 ㉢ 11 예 안개나 빗물을 모아서 사용할 수 있는 물을 얻을 수 있습니다. 바닷물에서 소금 성분을 제거하여 마실 수 있는 물을 얻을 수 있는 장치를 설치합니다. 12 (1) ○ 13 ㉡ 14 (1) ㉠ (2) 예 빨래는 모아서 한꺼번에 하며, 세제를 적당히 사용합니다. 15 ⑤

1 구름은 증발한 수증기가 응결하여 만들어지며, 구름 속의 물방울이 많이 모이면 비가 되어 내립니다.

2 땅에 내린 빗물은 강이나 호수, 바다로 흘러 머물다가 공기 중으로 증발하거나 식물의 뿌리로 흡수되었다가 잎을 통해 공기 중으로 되돌아갑니다.

3 물은 상태가 변하면서 끊임없이 돌고 도는 순환 과정을 거칩니다.

4 5분이 지나면 모래 위에 있는 얼음이 모두 녹고, 컵 안쪽 벽면에 뿌옇게 김이 서리기 시작합니다.

5 물의 이동 과정을 알아보는 실험 장치의 30분 후 무게는 약 130 g일 것입니다.

채점 tip (1)에 ㉣을 고르고, (2)에 실험 장치의 물이 순환하므로 전체 물의 양이 변하지 않기 때문이라는 내용으로 모두 옳게 쓰면 정답으로 합니다.

6 물의 순환 과정을 알아보는 실험 장치의 컵 안 식물의 뿌리에서 흡수된 물은 잎에서 수증기로 나옵니다.

7 ㉡ 음식을 신선하게 보관할 때에는 고체 상태의 물(얼음)을 이용합니다.

8 농작물을 키울 때 농작물에 준 물은 흙 속에 머물다가 식물의 뿌리로 흡수되고, 식물의 잎에서 공기 중으로 수증기가 되어 나옵니다.

9 물은 순환하므로 돌고 돌아 다시 만날 수 있습니다.

10 하수 처리 시설이 늘어나면 우리가 이용할 수 있는 깨끗한 물을 더 많이 만들 수 있으며, 인구가 증가하면서 물 이용량이 늘어났기 때문에 물이 부족하게 됩니다.

11 이밖에도 절수용 수도꼭지 등과 같이 물을 아껴 쓰기 위한 다양한 도구를 이용할 수도 있습니다.

채점 tip 물 부족 현상을 해결할 수 있는 방법을 한 가지 옳게 쓰면 정답으로 합니다.

12 물을 컵에 받아 양치할 때의 물 이용량이 물을 틀어 놓고 양치할 때보다 훨씬 적으므로, 물 부족을 해결하기 위해서 (1)의 방법이 알맞습니다.

13 어두워지기 전에 집에 들어가는 것은 물 부족 현상을 해결하기 위한 방법이 아닙니다.

14 빨래를 모아서 한꺼번에 하며, 이때 세제를 적당히 사용하면 물을 절약할 수 있습니다.

채점 tip (1)에 ㉠, (2)에 빨래를 모아서 한꺼번에 하며, 세제는 적당히 사용한다는 내용으로 모두 옳게 쓰면 정답으로 합니다.

15 ⑤는 안개나 빗물을 모아서 사용할 수 있는 장치를 만들 때 생각할 점과 관련이 없습니다.

123쪽~125쪽 **단원 평가 ❷회**

1 ㉡, ㉢ 2 증발 3 예 구름에서 비나 눈이 되어 바다나 육지에 내리고, 이 물이 증발하여 수증기가 된 후 응결하면 다시 구름이 됩니다. 4 ② 5 미르 6 (1) ㉡ (2) ㉡ (3) ㉠, ㉢ 7 예 컵 안의 물이 열 전구의 열로 인해 증발하여 수증기가 되고, 수증기가 차가운 컵 뚜껑의 밑면이나 안쪽 면에 닿아 응결하여 물로 변해 맺히고, 흘러내립니다. 8 ㉡ 9 ⑤ 10 전기 11 ④ 12 ㉢ 13 ② 14 (1) × (2) ○ 15 예 양치질할 때는 컵을 사용합니다. 손을 씻을 때는 물을 잠그고 비누칠을 합니다. 빗물을 모아 실외 청소를 하거나 화분에 물을 줍니다.

1 ㉡ 비, ㉢ 바닷물은 액체 상태의 물입니다. 사람 몸 속에서 물은 액체 상태의 물로 순환합니다.

2 액체 상태의 물이 표면에서 수증기로 변하는 현상을 '증발'이라고 합니다.

3 물의 상태는 끊임없이 변하면서 돌고 돕니다.

채점 tip 구름에서 비나 눈이 되어 내린 물이 증발하여 수증기가 된 후 응결하면 다시 구름이 된다고 옳게 쓰면 정답으로 합니다.

4 물의 순환은 물이 상태가 변하면서 지구 여러 곳을 끊임없이 돌고 도는 과정입니다.

5 지구에서 끊임없이 순환하는 물은 새로 생기거나 없어지지 않고 고체, 액체, 기체로 상태만 변하므로 지구 전체에 있는 물의 양은 항상 일정합니다.

6 뚜껑에 넣은 얼음과 모래 위에 놓은 얼음은 녹아서 물이 되고, 컵 안쪽(내부)과 벽면이 뿌옇게 흐려지며, 물방울이 맺히고 흘러내리는 모습을 볼 수 있습니다.

7 컵 안의 물은 열 전구의 열로 인해 증발하여 기체 상태인 수증기가 됩니다. 컵 안 공기 중에 있던 수증기는 컵 안쪽과 벽면에 응결하여 액체 상태인 물로 변하므로 컵 내부를 뿌옇게 만들고, 흘러내립니다.

채점 tip 컵 안의 물이 증발하여 수증기가 되고, 이 수증기가 응결한다는 내용으로 옳게 쓰면 정답으로 합니다.

8 창문을 열고 닫을 때에는 물을 이용하지 않습니다.

9 땅 위를 흐르는 물은 흙을 운반하거나 지형을 변화시키기도 하지만 산 위에 있는 흙과 돌을 모두 운반하지는 않습니다.

10 물이 떨어지는 높이의 차이를 이용하여 발전기를 돌려서 전기를 만들 수 있습니다.

11 초원이었던 곳이 사막과 같은 상태로 변해 가는 곳이 많아져서 기후 변화로 인해 물이 더 부족해집니다.

12 우리 생활에서 이용한 물은 하수 처리 시설로 보내 깨끗한 물로 정화해야 다시 이용할 수 있습니다.

13 우리가 이용할 수 있는 물이 점점 부족해지고 있기 때문에 물을 절약하기 위한 노력을 해야 합니다.

14 우리나라는 2017년 5월 오랫동안 비가 오지 않아 전국에 있는 강과 저수지가 마르고, 농작물이 잘 자라지 않았던 물 부족 경험이 있습니다.

15 양치질할 때는 컵을 사용하고, 손을 씻을 때는 물을 잠그고 비누칠을 하는 등 물을 절약하는 방법을 생각해 봅니다.

채점 tip 가정이나 학교에서 실천할 수 있는 물 절약 방법을 한 가지 옳게 쓰면 정답으로 합니다.

126쪽 수행 평가 1회

1 (1) ㉠ (2) ㉢ (3) ㉡
2 ㉠ 얼음 ㉡ 물(방울) ㉢ 수증기

1 얼음이 녹은 물이 증발하여 수증기로 변해 공기 중에 머물다가 차가운 컵 뚜껑의 밑면이나 벽면에 닿으면 응결하여 물방울로 맺힙니다. 이 물방울이 커져서 아래로 흘러내리고, 흘러내린 물은 다시 증발하는 순환 과정을 끊임없이 반복합니다.

2 물은 고체 상태인 얼음, 액체 상태인 물, 기체 상태인 수증기의 세 가지 상태로 존재합니다.

127쪽 수행 평가 2회

1 (1) ㈐ (2) ㈏ (3) ㈎
2 ㉠ 증발 ㉡ 응결
3 (1) ○

1 세계 여러 나라에서는 물 부족 현상을 해결하기 위해 많은 노력을 하고 있습니다.

2 해수 담수화 장치를 이용하여 바닷물을 끓이면 물이 증발하여 수증기가 되고, 이 수증기를 차갑게 하면 응결하여 마실 수 있는 액체 상태의 물을 얻을 수 있습니다. 지구상의 물은 대부분 바닷물이라서 사용할 수 있는 민물의 양이 매우 적으므로 해수 담수화 장치를 통해 물 부족 현상을 해결할 수 있습니다.

3 빨래를 하지 않고 오래 입어 더러워진 옷을 버리는 것은 또 다른 낭비를 하는 것이며, 물 부족 현상을 해결할 수 있는 방법이 아닙니다. 빨래는 모아서 한꺼번에 하며, 세제를 많이 사용하지 않습니다.

128쪽 쉬어가기

1. 식물의 생활

2쪽 묻고 답하기 ❶회

1 여러해살이 식물 2 풀 3 잣나무 4 개구리밥 5 공기 6 적응 7 사막 8 물 9 갯방풍 10 도꼬마리 열매

3쪽 묻고 답하기 ❷회

1 단풍나무 2 감나무 3 부들 4 연꽃 5 잎자루 6 검정말 7 잎 8 회전초 9 물 10 단풍나무 열매

4쪽～7쪽 단원 평가 기출

1 ② 2 민들레 3 ⑤ 4 ㈑ 5 (1) 4모둠 (2) 한곳에 나는 잎의 개수가 여러 개인가? / ㈐ / ㈎, ㈏, ㈑ 6 ㉡, 예 연꽃은 잎이 물 위로 높이 자라는 식물이고, 수련, 가래, 마름은 잎이 물에 떠 있는 식물입니다. 7 ① 8 잎자루 9 ⑤ 10 적응 11 ㉡ 12 ㉢ 13 ② 14 예 물을 필요로 하는 동물의 공격을 막을 수 있습니다. 물이 밖으로 빠져나가는 것을 막을 수 있습니다. 15 (3) ○ 16 (1) ㉡ (2) ㉢ (3) ㉠ 17 ④ 18 ㈎ 19 예 물에 젖지 않는 특징 20 예 도꼬마리 열매 가시 끝이 갈고리처럼 굽어져 있어 동물의 털이나 사람의 옷에 잘 붙는 특징을 활용하여 찍찍이 테이프를 만들었습니다.

1 해바라기는 풀이고, 밤나무는 나무입니다. 풀과 나무는 필요한 양분을 스스로 만들고, 땅속으로 뿌리를 내립니다. ③, ④는 해바라기에 대한 설명이고, ⑤는 밤나무에 대한 설명입니다.

2 민들레는 들이나 산에서 쉽게 볼 수 있으며, 잎이 한곳에서 뭉쳐나고 톱니 모양으로 갈라져 있습니다. 노란색 꽃이 피며, 하얀 솜털처럼 생긴 열매는 바람에 잘 날아갑니다.

3 풀과 나무는 뿌리, 줄기, 잎이 있습니다. 풀은 나무보다 키가 작고, 줄기가 가늡니다. 풀은 대부분 한해살이 식물이고, 나무는 모두 여러해살이 식물입니다.

4 강아지풀 잎은 길쭉한 모양이며 끝부분은 뾰족하고 잎맥이 나란합니다. 가장자리 모양이 매끄럽고 만졌을 때 느낌은 까끌까끌합니다.

5 분류 기준을 정할 때 '크다, 예쁘다, 맛있다, 무겁다, 아름답다' 등과 같이 사람마다 다르게 분류할 수 있는 기준은 세우지 않습니다. 토끼풀 잎은 한곳에 잎이 세 개가 함께 나고, 감나무, 떡갈나무, 강아지풀 잎은 한곳에 잎이 한 개가 납니다.

6 수련, 가래, 마름은 잎과 꽃이 물 위에 떠 있고, 뿌리는 물속의 땅에 있습니다. 연꽃은 잎이 물 위로 높이 자라고 뿌리는 물속이나 물가의 땅에 있으며, 키가 크고 줄기가 단단합니다.

채점 tip ㉡을 쓰고, 연꽃은 잎이 물 위로 높이 자라고, 나머지는 잎이 물에 떠 있다는 내용을 쓰면 정답으로 합니다.

7 부들, 갈대, 창포, 줄은 잎이 물 위로 높이 자라는 식물입니다. 물수세미, 나사말, 물질경이는 물속에 잠겨서 사는 식물입니다. 생이가래, 개구리밥, 물상추는 물에 떠서 사는 식물입니다. 마름, 순채는 잎이 물에 떠 있는 식물입니다.

8 부레옥잠의 잎자루는 연두색이고, 가운데가 볼록하게 부풀어 있습니다. 잎자루를 눌러 보면 폭신폭신하고, 손으로 들면 크기에 비해 가볍습니다. 잎자루를 자른 단면에는 수많은 공기주머니가 보입니다.

9 검정말의 잎과 줄기는 가늘고 부드러워서 물속에서 힘을 덜 받기 때문에 물속에 넣고 흔들면 물의 흐름에 따라 부드럽게 움직입니다.

10 생물이 오랜 기간에 걸쳐 주변 환경에 적합하게 변화되어 가는 것을 적응이라고 합니다.

11 사막은 햇빛이 강하며, 비가 적게 오고 건조하여 물이 적은 환경입니다.

12 바오바브나무는 잎이 작아 물이 밖으로 빠져나가는 것을 막고, 굵은 줄기에 물을 저장합니다.

13 선인장은 굵은 줄기에 물을 저장합니다. 줄기를 잘라 보면 자른 단면이 미끄럽고 축축하며, 마른 화장지를 대면 물이 묻어 나옵니다.

14 선인장은 잎이 가시 모양이라 물을 필요로 하는 동물의 공격과 물이 빠져나가는 것을 막을 수 있습니다.

채점 tip 동물의 공격과 물이 빠져나가는 것을 막을 수 있다는 내용을 쓰면 정답으로 합니다.

15 북극다람쥐꼬리, 남극개미자리는 극지방에 사는 식물입니다. 극지방은 온도가 매우 낮고, 바람이 많이 부는 환경입니다.

16 갯방풍은 바닷가, 눈잣나무는 높은 산, 야자나무는 덥고 비가 많이 오는 곳에 사는 식물입니다.

17 단풍나무 열매는 바람을 타고 빙글빙글 돌며 날아가는 특징이 있습니다. 이러한 특징을 활용해 바람을 타고 회전하며 떨어지는 드론, 헬리콥터 날개, 선풍기 날개 등을 만들었습니다.

18 방수복, 자동차 코팅제는 연잎의 특징을 모방해 만들었습니다. 덩굴장미의 특징을 모방해 가시철조망을 만들었습니다.

19 연잎은 표면에 작고 둥근 돌기가 많이 나 있어, 물에 젖지 않는 특징이 있습니다. 이 특징을 모방해 물이 스며들지 않는 옷감이나 자동차 코팅제를 만들었습니다.

20 도꼬마리 열매의 가시 끝이 갈고리 모양으로 되어 있어 천에 걸리면 잘 떨어지지 않는 특징을 활용하여 찍찍이 테이프를 만들었습니다.

채점 tip 가시 끝이 갈고리처럼 되어 있어 옷에 잘 붙는 특징을 활용했다는 내용을 쓰면 정답으로 합니다.

8쪽~11쪽 단원 평가 실전

1 ㈏ **2** ㈐ **3** 줄기 **4** ④ **5** 예 잎의 끝 모양이 뾰족한가?, 잎의 전체적인 모양이 길쭉한가? **6** ① **7** ① **8** ㈏ **9** ㈑ **10** 예 줄기가 부드럽고 잎이 가늘어서 물의 흐름에 따라 잘 구부러져 쉽게 꺾이지 않아 물속에서 살기에 적합합니다. **11** 미정 **12** 사막 **13** ③ **14** 예 굵은 줄기에 물을 저장합니다. 잎이 작아 물이 밖으로 빠져나가는 것을 막습니다. **15** ⑵ × **16** ④ **17** ㉡ **18** ② **19** 회전초 **20** 예 물에 젖지 않는 연잎의 특징을 활용하여 물이 스며들지 않는 옷감을 만들었습니다.

1 민들레, 해바라기, 명아주는 풀이고, 소나무는 나무입니다.

2 해바라기는 한해살이풀로, 어른의 키와 비슷한 정도까지 자랍니다. 노란색 꽃이 늦여름에 피며, 잎은 심장 모양입니다.

3 들이나 산에 사는 식물은 잎, 줄기, 뿌리가 있고, 줄기에는 잎, 꽃, 열매가 달립니다. 대부분 땅속으로 뿌리를 내리며 땅 위로 줄기와 잎이 자랍니다.

4 대나무 잎은 잎의 전체적인 모양이 길쭉하며, 연꽃, 감나무, 해바라기 잎은 잎의 전체적인 모양이 넓적합니다.

5 강아지풀, 잣나무 잎은 잎의 끝 모양이 뾰족하고, 토끼풀, 떡갈나무 잎은 잎의 끝 모양이 뾰족하지 않습니다. 잎의 전체적인 모양으로도 분류할 수 있습니다. 강아지풀, 잣나무 잎은 잎의 전체적인 모양이 길쭉하고, 토끼풀, 떡갈나무 잎은 잎의 전체적인 모양이 길쭉하지 않습니다.

채점 tip 잎의 끝 모양이 뾰족한가, 잎의 전체적인 모양이 길쭉한가 중 한 가지를 쓰면 정답으로 합니다.

6 ㉠은 잎몸, ㉡은 잎맥, ㉢은 잎자루입니다.

7 부레옥잠은 물에 떠서 사는 식물입니다. 볼록하게 부풀어 있는 잎자루 속에 수많은 공기주머니가 있어 물에 떠서 살 수 있습니다. 잎몸은 동그란 모양이며 광택이 있고, 만지면 매끈매끈합니다. 잎자루를 물속에서 눌러 보면 공기 방울이 생기면서 위로 올라갑니다.

8 검정말은 물속에 잠겨서 사는 식물이고, 물상추는 물에 떠서 사는 식물입니다. 수련은 잎이 물에 떠 있는 식물이고, 연꽃은 잎이 물 위로 높이 자라는 식물입니다.

9 연꽃, 부들, 창포, 갈대, 줄은 잎이 물 위로 높이 자라는 식물입니다. 뿌리는 물속이나 물가의 땅에 있으며, 대부분 키가 크고 줄기가 단단합니다.

10 검정말은 줄기가 부드럽고 잎이 가늘어서 흐르는 물에 줄기와 잎이 잘 구부러져 쉽게 꺾이지 않아 물속에 잠겨서 살기에 적합합니다.

채점 tip 줄기가 물의 흐름에 따라 잘 구부러져 물속에서 살기에 적합하다는 내용을 쓰면 정답으로 합니다.

11 가래, 마름은 잎이 물에 떠 있는 식물로, 잎과 꽃이 물 위에 떠 있고, 뿌리는 물속의 땅에 있습니다.

12 용설란은 두꺼운 잎에 물을 저장하여 물이 적은 사막에 살기에 알맞습니다.

13 선인장은 잎이 가시 모양이라서 물을 필요로 하는 동물의 공격과 물이 밖으로 빠져나가는 것을 막을 수 있습니다. 굵은 줄기에 물을 저장하여 사막에서 살 수 있습니다.

14 바오바브나무는 굵은 줄기에 물을 저장하고, 잎이 작아 물이 밖으로 빠져나가는 것을 막아 사막에서 살기에 좋습니다.

채점 tip 굵은 줄기에 물을 저장한다거나 잎이 작아 물이 빠져나가는 것을 막는다는 내용을 쓰면 정답으로 합니다.

15 극지방은 온도가 매우 낮고, 바람이 많이 부는 환경입니다. 극지방에 사는 식물은 키가 작아서 낮은 기온과 차고 강한 바람을 견딜 수 있으며, 깊은 땅속은 일 년 내내 얼어 있기 때문에 땅속 깊이 뿌리를 내리지 않습니다.

16 메스키트나무는 사막에 사는 식물입니다.

17 도꼬마리 열매의 가시 끝이 갈고리 모양으로 되어 있어 천에 걸리면 잘 떨어지지 않는 특징을 활용하여 찍찍이 테이프를 만들었습니다.

18 단풍나무 열매가 바람에 빙글빙글 돌며 날아가는 특징을 활용하여 헬리콥터의 날개, 선풍기 날개, 바람을 타고 회전하며 떨어지는 드론 등을 만들었습니다.

19 사막을 굴러다니는 회전초의 모습을 본떠 동그란 행성 탐사 로봇을 만들었습니다.

20 연잎 속으로 물이 쉽게 스며들지 않는 특징을 활용하여 천막, 방수복, 자동차 코팅제 등을 만들었습니다.

채점 tip 물에 젖지 않는 연잎의 특징을 활용해 방수복, 자동차 코팅제 등 방수 관련 물체를 만들었다는 내용을 쓰면 정답으로 합니다.

12쪽 수행 평가 ①회

1 ㈎ 예 끝부분이 둥급니다. ㈏ 예 끝부분이 뾰족합니다. ㈐ 예 끝부분이 뾰족합니다. ㈑ 예 끝부분이 뾰족합니다. ㈒ 예 끝부분이 뾰족합니다. ㈓ 예 끝부분이 둥급니다.

2 (1) ㈏, ㈐, ㈑, ㈒ (2) ㈎, ㈓

3 예 분류 기준을 정할 때에는 '크다, 무겁다, 예쁘다, 아름답다' 등과 같이 사람마다 다르게 분류할 수 있는 기준은 적당하지 않습니다.

1 잎의 생김새를 관찰하면 잎의 끝부분이 둥근지, 뾰족한지 알 수 있습니다.

채점 tip 각 잎의 끝부분이 둥근지, 뾰족한지를 옳게 쓰면 정답으로 합니다.

2 ㈎, ㈓는 잎의 끝부분이 둥글고, ㈏, ㈐, ㈑, ㈒는 잎의 끝부분이 뾰족합니다.

3 잎을 분류할 때 전체적인 모양, 잎의 끝 모양, 가장자리 모양, 잎맥 모양 등 생김새에 따라 분류 기준을 다양하게 정할 수 있습니다. 하지만 '크다, 무겁다, 예쁘다, 아름답다'와 같이 사람마다 다르게 분류할 수 있는 기준은 적당하지 않습니다.

채점 tip 사람마다 다르게 분류할 수 있는 기준은 적당하지 않다고 쓰면 정답으로 합니다.

13쪽 수행 평가 ②회

1 (1) ㈏, ㈐, ㈔ (2) ㈎, ㈒ (3) ㈑, ㈓, ㈕

2 예 잎자루에 공기주머니가 있으며, 공기주머니의 공기 때문에 물에 떠서 살 수 있습니다.

3 예 햇빛이 강합니다. 비가 적게 오고 건조합니다. 낮과 밤의 온도 차가 큽니다. 대부분 모래로 이루어져 있습니다. 모래바람이 많이 붑니다.

1 식물이 사는 환경에 따라 식물을 분류할 수 있습니다. 소나무, 강아지풀, 토끼풀은 들이나 산에 사는 식물입니다. 수련, 부레옥잠은 강이나 연못에 사는 식물이며, 금호선인장, 용설란, 바오바브나무는 사막에 사는 식물입니다.

2 부레옥잠은 물에 떠서 사는 식물입니다. 부레옥잠이 물에 떠서 살 수 있는 까닭은 잎자루에 있는 공기주머니의 공기 때문입니다.

채점 tip 잎자루에 공기주머니가 있어 물에 떠서 살 수 있다는 내용을 쓰면 정답으로 합니다.

3 바오바브나무는 사막에 사는 식물입니다. 사막의 환경은 비가 적게 오고 건조하여 물이 적으며, 낮과 밤의 온도 차가 큽니다. 햇빛이 강하고, 모래로 이루어져 있어 모래바람이 붑니다.

채점 tip 사막의 특징을 두 가지 쓰면 정답으로 합니다.

2. 물의 상태 변화

14쪽 묻고 답하기 ❶회

1 얼음 2 물의 상태 변화 3 늘어납니다. 4 증발 5 온도가 높을 때 6 낮아집니다. 7 물 8 응결 9 구름 10 수증기

15쪽 묻고 답하기 ❷회

1 수증기 2 변하지 않습니다. 3 수증기 4 펼쳐 놓은 물휴지 5 끓음 6 끓음 7 수증기 8 물(물방울) 9 이슬 10 얼음

16쪽~19쪽 단원 평가 기출

1 ③ 2 은희 3 ㉡ 4 예 얼음의 높이는 처음 측정한 물의 높이보다 높아지고, 무게는 변화가 없습니다. 5 (2) ○ 6 예 물이 얼면서 부피가 늘어나기 때문입니다. 7 ④ 8 ㉠ 수증기 ㉡ 증발 9 ㉢ 10 ⑤ 11 ㉢ 12 ④ 13 미나 14 (1) ○ 15 예 액체인 물이 기체인 수증기로 상태가 변합니다. 16 ③ 17 응결 18 ③, ④ 19 (1) ㈏, ㈐ (2) ㈎, ㈑ 20 예 집 안이 건조할 때 가습기를 이용합니다. 스팀 청소기로 바닥을 닦습니다.

1 얼음은 고체 상태로, 모양이 일정하고 단단합니다. 손으로 만져보면 차갑고, 잡을 수 있습니다. 물은 액체 상태로, 모양이 일정하지 않고 흐르며 손으로 잡을 수 없습니다. 수증기는 기체 상태로, 우리 눈에 보이지 않습니다.

2 겨울에 내리는 눈은 고체 상태의 얼음입니다. 목이 마를 때 마시는 물은 액체 상태의 물입니다. 얼음은 물이 되고, 물은 얼음이 되기도 합니다.

3 물이 얼기 전의 높이와 얼고 난 후의 높이를 비교하여 부피 변화를 알 수 있습니다.

4 물이 얼어 얼음이 되면 부피는 늘어나지만 무게는 변하지 않습니다.

채점 tip 얼음의 높이는 높아지고, 무게는 변화가 없다고 쓰면 정답으로 합니다.

5 얼음이 녹아 물이 되면 부피는 줄어들지만 무게는 변하지 않습니다.

6 물이 얼어 얼음이 되면 부피가 늘어납니다.

채점 tip 물이 얼면서 부피가 늘어나기 때문이라는 내용을 쓰면 정답으로 합니다.

7 얼린 생수병을 녹이면 볼록했던 생수병이 줄어드는 것은 얼음이 녹아 부피가 줄어들기 때문에 나타나는 현상입니다.

8 비커의 물이 줄어든 것은 물이 수증기로 변해 공기 중으로 날아갔기 때문입니다. 이처럼 물이 표면에서 수증기로 상태가 변하는 현상을 증발이라고 합니다.

9 고드름이 녹는 것은 얼음이 녹아 물이 되는 경우이고, 강물이 어는 것은 물이 얼어 얼음이 되는 경우입니다.

10 빨래를 햇볕에 널어 말리는 것, 오징어를 햇볕에 널어 말리는 것 등은 액체인 물이 기체인 수증기로 상태가 변하는 증발 현상을 이용한 예입니다.

11 공기와의 접촉면이 넓을수록 증발이 잘 일어나기 때문에 펼쳐서 놓아둔 물휴지가 작게 접어 둔 물휴지보다 빨리 마릅니다.

12 물을 계속 가열하면 물속에서 기포가 생깁니다. 이 기포는 물이 수증기로 변한 것입니다.

13 물을 가열하여 끓이면 물이 수증기로 상태가 변해 공기 중으로 날아가기 때문에 물의 양이 줄어듭니다.

14 증발은 물의 양이 매우 천천히 줄어들지만, 끓음은 물의 양이 빠르게 줄어듭니다.

15 증발과 끓음은 액체인 물이 기체인 수증기로 상태가 변하는 현상입니다.

채점 tip 액체인 물이 기체인 수증기로 상태가 변한다는 내용을 쓰면 정답으로 합니다.

16 컵 표면에 맺힌 물방울은 공기 중의 수증기가 차가운 컵 표면에 닿아 액체인 물로 상태가 변한 것이기 때문에 색깔과 맛이 없고, 처음보다 무게가 늘어납니다.

17 기체인 수증기가 차가운 물체의 표면에 닿으면 액체인 물로 상태가 변하는 현상을 응결이라고 합니다.

18 응결과 관련된 현상은 맑은 날 아침 풀잎에 맺힌 이슬과 추운 날 유리창 안쪽에 맺힌 물방울입니다.

19 음식을 찌거나 스팀다리미로 옷의 주름을 펼 때는 물이 수증기로 상태가 변하는 것을 이용합니다. 이글루를 만들거나 스키장에서 인공 눈을 만들 때는 물이 얼음으로 상태가 변하는 것을 이용합니다.

20 가습기를 이용하거나 스팀 청소기로 바닥을 닦는 것은 물이 수증기로 변하는 현상을 이용한 경우입니다.

채점 tip 가습기, 스팀 청소기 등 물이 수증기로 변하는 현상을 이용한 경우를 쓰면 정답으로 합니다.

20쪽~23쪽 **단원 평가** 실전

1 재준 2 예 손에 묻은 물은 수증기가 되어 공기 중으로 날아갑니다. 3 ① 4 부피 5 ㉠ 줄어들고 ㉡ 변하지 않는다 6 ②, ④ 7 기준 8 ㉢
9 예 화장지의 물이 수증기로 변해 공기 중으로 날아갔기 때문입니다. 10 (1) × (2) × (3) ○
11 ㉡ 12 ② 13 예 찌개를 끓입니다. 국수를 삶습니다. 보리차를 끓입니다. 달걀을 삶습니다.
14 ① 15 (1) 구름 (2) 이슬 (3) 안개 16 ㉠
17 ④ 18 예 국이 끓으면서 액체인 물이 기체인 수증기로 상태가 변합니다. 이때 만들어진 수증기가 냄비 뚜껑 안쪽에 닿아 응결하여 물방울로 맺힙니다.
19 ② 20 ④

1 물은 액체 상태로, 모양이 일정하지 않고 흐르며 손으로 잡을 수 없습니다.

2 손에 묻은 물은 시간이 지나면서 눈에 보이지 않습니다. 이것은 물이 수증기로 변해 공기 중으로 날아갔기 때문입니다.

채점 tip 수증기가 되어 공기 중으로 날아간다고 쓰면 정답으로 합니다.

3 물이 얼어 얼음이 되면 무게는 변하지 않지만, 부피는 커집니다. ㉠과 ㉡의 무게는 같고, ㉠보다 ㉡의 부피가 더 큽니다.

4 액체인 물이 얼어 고체인 얼음으로 상태가 변할 때 부피가 늘어나기 때문에 물이 가득 담긴 유리병을 냉동실에 넣으면 유리병이 깨질 수 있습니다.

5 얼음이 녹아 물이 되면 부피는 줄어들지만 무게는 변하지 않습니다.

6 물이 얼면 부피가 늘어나기 때문에 시험관에 같은 높이로 들어 있는 물과 얼음의 무게를 비교하면 물이 얼음보다 무겁습니다. ㉡의 얼음이 녹아 물이 되면 부피가 줄어들기 때문에 물의 높이가 낮아집니다.

7 얼음이 녹아 물이 되면 무게는 변하지 않습니다.

8 물에 젖은 화장지는 시간이 지나면서 물기가 거의 없어지고, 바짝 마르게 됩니다.

9 화장지의 물이 마르는 것은 화장지의 물이 수증기로 변해 공기 중으로 날아갔기 때문입니다.

채점 tip 물이 수증기가 되어 공기 중으로 날아갔기 때문이라고 쓰면 정답으로 합니다.

10 증발은 액체인 물이 기체인 수증기로 상태가 변하는 현상이며, 겨울에 수도 계량기가 터지는 것은 물이 얼어 얼음이 되면 부피가 늘어나기 때문에 나타나는 현상입니다. 공기 중에 있는 수증기의 양이 적을수록(건조할수록) 증발이 잘 일어납니다.

11 물을 가열하여 끓이면 물의 양이 줄어들기 때문에 물의 높이가 낮아집니다.

12 물이 끓을 때 물속에서 큰 기포가 계속 생겨나고, 기포가 물 표면으로 올라와 터지면서 물 표면이 울퉁불퉁해집니다. 이 기포는 액체인 물이 기체인 수증기로 변한 것입니다.

13 찌개를 끓일 때, 국수를 삶을 때, 보리차를 끓일 때, 달걀을 삶을 때 등은 끓음과 관련된 예입니다.

채점 tip 일상생활에서 물을 가열하여 끓음을 이용하는 경우를 쓰면 정답으로 합니다.

14 증발은 물의 표면에서 물이 수증기로 변하고, 끓음은 물의 표면과 물속에서 물이 수증기로 변합니다. 증발은 물의 양이 매우 천천히 줄어들지만, 끓음은 물의 양이 빠르게 줄어듭니다.

15 이슬, 안개, 구름은 모두 수증기가 응결해 만들어집니다.

16 시간이 지나면서 컵 표면에 물방울이 맺힙니다. 이것은 공기 중의 수증기가 차가운 컵 표면에 닿아 응결한 것입니다.

17 공기 중의 수증기가 차가운 컵 표면에 닿아 응결하여 물방울로 맺히기 때문에 처음 무게보다 나중 무게가 표면에 맺힌 물방울 무게만큼 늘어납니다. 응결 실험을 할 때 0.1g 단위까지 측정할 수 있는 전자저울을 사용해야 무게 변화를 확인할 수 있을 정도로 무게가 조금 늘어납니다.

18 국이 끓을 때 만들어진 수증기가 냄비 뚜껑 안쪽에서 응결한 것입니다.

채점 tip 물이 끓어 수증기로 변한 것과 수증기가 응결하여 물방울로 맺힌 것을 모두 쓰면 정답으로 합니다.

19 ①, ③, ④는 액체인 물이 기체인 수증기로 변하는 현상을 이용한 경우이고, ②는 액체인 물이 고체인 얼음으로 변하는 현상을 이용한 경우입니다.

20 스팀다리미에 물을 넣으면 다리미의 열판이 뜨거워지면서 물이 수증기로 변합니다. 이때 수증기가 옷감 사이에 스며들면서 구겨진 옷이 펴집니다.

24쪽 **수행 평가 ❶회**

1 예 얼음이 녹아 물이 되면 부피는 줄어들고, 무게는 변화가 없습니다.
2 예 얼린 생수병을 녹이면 볼록했던 생수병이 줄어듭니다. 튜브형 얼음과자가 녹으면 튜브 안에 빈 공간이 생깁니다. 얼음 틀 위로 튀어나와 있던 얼음이 녹아 물이 되면 높이가 낮아집니다.

1 얼음이 녹아 물이 될 때 물의 높이가 낮아진 것으로 보아 부피가 줄어든 것을 알 수 있습니다. 얼음이 녹기 전과 녹은 후의 무게는 변화가 없습니다.

채점 tip 얼음이 녹아 물이 되면 부피는 줄어들고, 무게는 변화가 없다는 내용을 쓰면 정답으로 합니다.

2 얼음이 녹아 물이 되면 부피가 줄어듭니다. 얼린 생수병을 녹이면 볼록했던 생수병이 줄어들고, 튜브형 얼음과자가 녹으면 빈 공간이 생기는 것 등은 얼음이 녹아 부피가 줄어드는 예입니다.

채점 tip 얼음이 녹아 부피가 줄어드는 예를 쓰면 정답으로 합니다.

25쪽 **수행 평가 ❷회**

1 (가) 액체인 물이 고체인 얼음으로 변하는 상태 변화
(나) 액체인 물이 기체인 수증기로 변하는 상태 변화
(다) 액체인 물이 기체인 수증기로 변하는 상태 변화
(라) 액체인 물이 고체인 얼음으로 변하는 상태 변화
2 예 얼음 조각과 얼음 조각 사이에 물을 뿌리면 물이 얼면서 얼음 조각이 붙습니다. 이것은 액체인 물이 고체인 얼음으로 상태가 변하는 현상을 이용한 것입니다.

1 스키장에서 인공 눈을 만들거나 얼음 스케이트장을 만들 때는 액체인 물이 고체인 얼음으로 변하는 상태 변화를 이용합니다. 스팀다리미로 옷을 다리거나 가습기를 이용할 때는 액체인 물이 기체인 수증기로 변하는 상태 변화를 이용합니다.

2 얼음 작품을 만들 때 얼음 조각과 얼음 조각 사이에 물을 뿌리면 물이 얼면서 얼음 조각이 붙는 현상을 이용합니다.

채점 tip 얼음 조각과 얼음 조각 사이에 물을 뿌리면 물이 얼어 얼음 조각이 붙는다는 내용을 쓰면 정답으로 합니다.

3. 그림자와 거울

26쪽 **묻고 답하기 ❶회**

1 그림자 2 종이컵 그림자 3 빛의 직진 4 커집니다. 5 멀리 합니다. 6 좌우 7 8 8 빛의 반사 9 거울 10 좌우

27쪽 **묻고 답하기 ❷회**

1 빛, 물체 2 유리컵 3 도자기 컵 4 커집니다. 5 작아집니다. 6 같습니다. 7 산 8 방향 9 거울 10 잠망경

28쪽~31쪽 **단원 평가** 기출

1 ④ 2 ㉡ 3 예 빛이 비치는 곳에 물체가 있으면 물체가 빛을 가려 물체 뒤쪽에 어두운 부분이 생기는데, 이것이 그림자입니다. 4 (2) ○ (3) ○ 5 가희 6 (1) 예 유리온실은 빛이 잘 들어와서 식물이 자라는 데 도움을 줍니다. (2) 예 그늘막을 설치하여 햇빛을 피할 수 있도록 그늘을 만듭니다. 7 ② 8 (2) ○ 9 ④ 10 (1) ㉢ (2) ㉠ (3) ㉡ 11 ㉢ 12 (가) 13 ㉠ 가까이(가깝게) ㉡ 멀리(멀게) 14 ③ 15 (1) 석훈, 보영 (2) 예 거울에 비친 물체는 상하는 바뀌어 보이지 않고, 좌우만 바뀌어 보이기 때문입니다. 16 ㉢ 17 ④ 18 ① 19 잠망경 20 예 운전자가 뒤쪽에서 오는 자동차를 거울을 통해 확인할 수 있습니다.

1 물체의 그림자가 생기려면 물체를 바라보는 방향으로 빛을 비추어야 합니다.

2 손전등의 빛이 지나가는 경로에 물체가 있을 때 물체가 빛을 가려 물체의 뒤쪽에 그림자가 생깁니다.

3 빛이 닿은 부분은 밝게 보이고, 빛이 닿지 않은 부분은 어둡게 보입니다. 빛이 비치는 곳에 물체가 있으면 물체 뒤쪽에는 빛이 닿지 않아 어두운 부분이 생기는데, 이 어두운 부분이 그림자입니다.

채점 tip [보기]의 용어를 모두 사용하여 그림자가 생기는 원리를 설명하였으면 정답으로 합니다.

4 유리컵에 빛을 비추면 연한 그림자가 생기고, 도자기 컵에 빛을 비추면 진한 그림자가 생깁니다.

5 유리컵은 투명한 물체이고, 도자기 컵은 불투명한 물체입니다.

6 투명한 물체를 이용하는 경우에는 유리온실, 유리창 등이 있습니다. 불투명한 물체를 이용하는 경우에는 그늘막, 커튼, 색안경 등이 있습니다.

채점 tip 투명한 물체를 이용하는 경우와 불투명한 물체를 이용하는 경우를 한 가지씩 모두 옳게 쓰면 정답으로 합니다.

7 빛이 곧게 나아가다가 물체를 만나면 빛이 통과하지 못하는 부분에 그림자가 생기기 때문에 물체의 모양과 비슷한 모양의 그림자가 생깁니다.

8 같은 물체라도 빛을 비추는 방향이 달라지면 그림자의 모양이 달라지는 것을 알아보는 실험입니다.

9 ② 그림자는 둥근 기둥 모양 블록을 스크린 쪽이나 손전등 쪽으로 약간 기울이면 만들 수 있습니다.

10 컵이 놓인 방향이 달라지면 컵이 빛을 가리는 모양도 달라져 그림자의 모양이 달라집니다.

11 스크린과 종이 인형은 그대로 두고 손전등의 위치를 이동시키며 그림자의 크기 변화를 알아봅니다.

12 스크린과 종이 인형은 그대로 두고 손전등을 종이 인형에 가까이 하면 그림자의 크기가 커집니다.

13 물체와 스크린은 그대로 두고 손전등을 물체에 가까이 하면 물체의 그림자 크기가 커지고, 손전등을 물체에서 멀리 하면 물체의 그림자 크기가 작아집니다.

14 손전등과 스크린은 그대로 두고 종이 인형을 손전등에 가까이 하면 그림자의 크기가 커집니다.

15 거울에 비친 물체의 색깔은 실제 물체의 색깔과 같고, 좌우는 바뀌어 보입니다.

채점 tip 석훈, 보영 이름을 쓰고, 거울에 비친 물체는 상하는 바뀌어 보이지 않고, 좌우만 바뀌어 보인다고 쓰면 정답으로 합니다.

16 글자를 거울에 비춰 보면 좌우가 바뀌어 보이기 때문에 거울에 비친 글자가 바르게 보이려면 좌우가 바뀐 글자 카드여야 합니다.

17 거울을 향한 주사위의 점의 개수와 거울에 비친 점의 개수가 같습니다.

18 거울은 빛을 반사하기 때문에 치과에서 거울을 이용해 잘 보이지 않는 치아의 안쪽면을 볼 수 있습니다.

19 잠망경은 두 개의 거울을 이용해 눈으로 직접 볼 수 없는 곳의 물체를 볼 수 있게 해 주는 도구입니다.

20 자동차의 뒷거울과 옆 거울을 통해 운전자가 뒤쪽에서 오는 자동차를 볼 수 있습니다.

채점 tip 운전자가 뒤쪽에서 오는 자동차를 볼 수 있다는 내용을 쓰면 정답으로 합니다.

32쪽~35쪽 단원 평가 실전

1 ② 2 (2) ○ 3 ③ 4 예 (가) 그림자는 진하고, (나) 그림자는 연합니다. 5 ㉢ 6 예 불투명한 물체로 빛을 가려 그림자가 생기는 것을 이용한 것입니다. 7 ③ 8 ● 9 ② 10 유라 11 ㉣ 12 예 (가) 종이 인형을 손전등에 가까이 합니다. 13 물체, 손전등, 스크린 14 ③, ④ 15 왼손 16 ② 17 빛의 반사 18 소유주 19 예 복도의 굽은 곳에 거울을 사용하여 ㉠에서 온 빛의 방향을 바꾸어 ㉡으로 보냅니다. 20 ②

1 빛이 비치는 곳에 물체가 있으면 물체 뒤쪽에는 빛이 닿지 않아 어두운 부분이 생기는데, 이 어두운 부분이 그림자입니다. 빛이 없으면 그림자가 생기지 않습니다.

2 손전등 – 공 – 스크린 순서로 놓았을 때 공의 그림자가 생깁니다.

3 안경알 부분은 투명해서 빛이 대부분 통과하므로 연한 그림자가 생기고, 안경테 부분은 불투명해서 빛이 통과하지 못하므로 진한 그림자가 생깁니다.

4 손전등 빛이 두꺼운 종이는 통과하지 못하고, 투명 필름은 대부분 통과하므로 투명 필름의 그림자가 두꺼운 종이의 그림자보다 더 연합니다.

채점 tip (가) 그림자는 진하고, (나) 그림자는 연하다는 내용을 쓰면 정답으로 합니다.

5 종이컵, 도자기 컵, 금속컵은 불투명한 물체로, 진한 그림자가 생깁니다. 유리컵은 투명한 물체로, 연한 그림자가 생깁니다.

6 커튼, 모자, 색안경은 불투명한 물체가 빛을 통과시키지 못해 그림자가 생기는 것을 이용한 예입니다.

채점 tip 불투명하기 때문에 빛을 가린다는 내용을 쓰면 정답으로 합니다.

7 햇빛이 유리컵을 대부분 통과해 연한 그림자가 생겼다가 우유를 부으면 우유가 채워진 부분을 햇빛이 통과하지 못해 아래쪽부터 진한 그림자가 생깁니다.

8 공의 방향을 바꾸어도 공에 빛이 닿은 모양이 변하지 않기 때문에 그림자의 모양은 원 모양입니다.

9 같은 물체라도 물체를 놓는 방향에 따라 그림자의 모양이 달라지기도 합니다. ② 꼬깔모자는 물체의 방향을 바꾸어도 사각형 그림자는 만들 수 없습니다.

10 물체에 빛을 비추었을 때 물체의 모양과 비슷한 모양의 그림자가 생기는 까닭은 직진하는 빛이 물체를 통과하지 못하기 때문입니다. 같은 물체라도 물체를 놓는 방향이나 빛을 비추는 방향에 따라 그림자의 모양이 달라지기도 합니다.

11 스크린과 손전등을 그대로 두었을 때 그림자의 크기를 작게 하려면 종이 인형을 손전등에서 멀게 합니다. 스크린과 종이 인형을 그대로 두었을 때 그림자의 크기를 작게 하려면 손전등을 종이 인형에서 멀게 합니다.

12 ㈎ 종이 인형의 그림자 크기만 커지게 해야 하기 때문에 손전등이나 스크린은 그대로 두고, ㈎ 종이 인형만 움직여서 그림자 크기를 조절해야 합니다. ㈎ 종이 인형을 손전등에 가까이 하면 ㈎ 종이 인형의 그림자 크기만 커집니다.

채점 tip ㈎ 종이 인형을 손전등에 가까이 한다는 내용을 쓰면 정답으로 합니다.

13 그림자 크기를 변화시키려면 물체의 위치 또는 손전등의 위치 또는 스크린의 위치를 조절합니다.

14 빛이 나아가다가 거울에 부딪치면 거울에서 빛의 방향이 바뀌어 다시 나아갑니다. 거울은 빛의 반사를 이용해 물체의 모습을 비추는 도구입니다.

15 물체를 거울에 비추어 보면 물체의 좌우가 바뀌어 보이기 때문에 오른손을 비추어 보면 왼손처럼 보입니다.

16 글자의 좌우를 바꾸어 쓴 글자 카드의 앞에 거울을 세워 비춰 보면 글자 카드를 쉽게 읽을 수 있습니다.

17 빛이 나아가다가 거울에 부딪치면 거울에서 빛의 방향이 바뀌어 나오는데, 이러한 빛의 성질을 빛의 반사라고 합니다.

18 글자 카드를 거울에 비추어 보면 실제 글자의 좌우가 바뀌어 보입니다.

19 빛이 직진하다가 거울에 부딪치면 거울에서 빛의 방향이 바뀌어 다시 직진하는 성질이 있기 때문에 복도의 굽은 곳에 거울을 놓아 빛의 방향을 바꾸면 친구에게 빛을 보낼 수 있습니다.

채점 tip 굽은 곳에서 거울에서의 빛의 반사를 이용한다는 내용을 쓰면 정답으로 합니다.

20 거울은 우리 생활에서 흔히 사용하는 생활용품입니다. 작은 개미의 모습을 자세히 관찰할 때는 돋보기 등을 사용합니다.

36쪽 수행 평가 ❶회

1 ㈑

2 ㉮ 빛은 직진하기 때문에 물체 뒤쪽에 생기는 그림자의 모양은 물체와 비슷한 모양이 됩니다.

3 ㉮ 컵을 돌려 방향을 바꾸면서 빛을 비추면 여러 가지 모양의 그림자를 만들 수 있습니다.

1 삼각형 모양의 그림자를 만들 수 있는 물체는 꼬깔모자입니다.

2 물체에 빛을 비추면 물체가 빛 일부를 가려서 빛이 도달하지 못하는 곳에 그림자가 생깁니다. 빛은 직진하기 때문에 물체 뒤쪽에 생기는 그림자의 모양은 물체와 비슷한 모양이 됩니다.

채점 tip 빛이 직진하기 때문이라는 내용을 쓰면 정답으로 합니다.

3 같은 물체라도 물체를 놓는 방향이나 빛을 비추는 방향에 따라 그림자의 모양이 달라지기도 합니다.

채점 tip 컵의 방향을 바꾸거나 빛을 비추는 방향을 바꾸어 그림자를 만든다고 쓰면 정답으로 합니다.

37쪽 수행 평가 ❷회

1 2

2

3 ㉮ 빛은 나아가다가 거울에 부딪치면 거울에서 빛의 방향이 바뀌기 때문에 거울을 이용해 빛을 꽃에 보낼 수 있습니다. 이러한 성질을 빛의 반사라고 합니다.

1 손전등 빛이 종이 상자 입구에서 꽃까지 가려면 빛의 방향이 두 번 바뀌어야 하기 때문에 거울은 최소한 2개가 필요합니다.

2 빛의 방향이 바뀌어야 하는 위치에 거울을 놓아야 하고, 빛은 거울에 부딪쳐서 빛이 나아가는 방향이 바뀝니다.

3 빛이 거울에 부딪치면 거울에서 빛의 방향이 바뀌는 것을 이용해 빛을 원하는 곳으로 보낼 수 있습니다.

채점 tip 빛은 거울에 부딪치면 거울에서 빛의 방향이 바뀐다는 내용을 쓰면 정답으로 합니다.

4. 화산과 지진

38쪽 묻고 답하기 ①회

1 화산 2 화산 분출물 3 용암 4 화강암 5 화산재 6 지진 7 지진 8 강한 지진 9 머리(와 몸) 10 계단

39쪽 묻고 답하기 ②회

1 다양합니다. 2 기체 상태 3 화성암 4 현무암 5 ㉥ 온천, 지열 발전 6 지구 내부의 힘 7 ㉥ 우드록이 휘어지다 끊어집니다. 8 규모 3.2 지진 9 ㉥ 비상용품, 구급약품, 라디오, 손전등 10 높은 곳

40쪽~43쪽 단원 평가 기출

1 ④ 2 (1) ㉢ (2) ㉥ 마그마가 분출하지 않았기 때문입니다. 분화구가 없기 때문입니다. 3 ㉠ 용암 ㉡ 분화구 4 ㉢, 용암 5 ⑤ 6 ㉥ 화산 암석 조각은 화산이 분출할 때 나오는 크고 작은 돌덩이로 크기가 다양하며, 고체 상태의 화산 분출물입니다. 7 ㉢ → ㉠ → ㉡ 8 ㉠ 9 (1) ㉡ (2) ㉢ (3) ㉠ 10 ① 11 (1) ㉠ (2) 현무암 12 (1) ㉡ (2) ㉥ 암석의 색깔이 대체로 밝으며 검은색 알갱이와 반짝이는 알갱이 등 여러 가지 색깔의 알갱이가 섞여 있는 것으로 보아, 화강암이기 때문입니다. 13 ② 14 ④ 15 ㉢ 16 ㉠ 짧은 ㉡ 오랜 17 ④ 18 ㉥ 규모는 지진의 세기를 나타내며, 규모의 숫자가 클수록 강한 지진을 의미합니다. 19 ③ 20 (1) ○ (2) ○ (3) ×

1 화산은 마그마가 분출하여 생긴 지형으로, 용암이나 화산재가 쌓여 주변 지형보다 높으며 꼭대기에 분화구가 있는 것도 있습니다. 화산이 아닌 산은 마그마가 분출하지 않았으며 분화구가 없습니다.

2 화산이 아닌 산은 마그마가 분출하지 않았으며 분화구가 없습니다. ㉠ 후지산과 ㉡ 킬라우에아산은 화산이고, ㉢ 설악산은 화산이 아닙니다.

채점 tip (1)에 ㉢을 옳게 고르고, (2)에 마그마가 분출하지 않았다고 쓰거나 분화구가 없다는 내용을 썼으면 정답으로 합니다.

3 화산에는 용암이 분출한 분화구가 있는 것이 있으며, 이 분화구에 물이 고여 호수가 만들어진 것도 있습니다.

4 ㉠과 ㉡은 각각 고체 상태인 화산재와 화산 암석 조각, ㉢은 액체 상태인 용암을 나타낸 것입니다.

5 ㉠은 화산재로, 지름이 2 mm 이하로 매우 작은 고체 상태의 화산 분출물입니다.

6 ㉡ 화산 암석 조각은 크기가 매우 다양한 고체 상태의 화산 분출물입니다.

채점 tip 크기가 다양하다는 내용을 포함하여 화산 암석 조각의 특징을 옳게 쓰면 정답으로 합니다.

7 화산 활동 모형을 꾸민 뒤 가열 장치로 가열하면 화산 모형 윗부분에서 연기가 피어오르고, 녹은 마시멜로가 화산 모형의 윗부분으로 흘러나오며 흘러나온 마시멜로는 시간이 지나면서 식어서 굳습니다.

8 녹은 마시멜로가 흘러나오는 모습은 실제 화산 활동에서 용암이 흐르는 모습과 비슷합니다.

9 화산 활동 모형실험에서 나오는 연기는 실제 화산 활동의 화산 가스, 굳은 마시멜로는 화산 암석 조각, 흘러나오는 마시멜로는 용암과 비교할 수 있습니다.

10 현무암은 마그마가 지표 가까이에서 빨리 식어서 만들어졌고, 색깔이 어두우며 암석을 이루는 알갱이의 크기가 매우 작습니다. 화강암은 마그마가 땅속 깊은 곳에서 천천히 식어서 만들어졌고 대체로 색깔이 밝으며, 암석을 이루는 알갱이의 크기가 큽니다.

11 지표 가까이에서 빨리 식어 만들어지는 현무암은 색깔이 어둡고 표면에 구멍이 있는 것도 있습니다.

12 화강암은 마그마가 땅속 깊은 곳에서 천천히 식어 만들어지는 암석으로, 대체로 색깔이 밝으며 검은색 알갱이와 반짝이는 알갱이 등 여러 가지 색깔의 알갱이가 섞여 있습니다.

채점 tip (1)에 ㉡을 쓰고, (2)에 암석의 겉모습으로 보아 화강암임을 알 수 있기 때문이라는 내용을 포함하여 모두 옳게 쓰면 정답으로 합니다.

13 용암이 흘러 산불을 발생시키고, 마을을 덮어 피해를 줄 수 있습니다.

14 화산 활동이 주는 이로움에는 온천이나 화산 지형을 활용한 관광 자원, 화산 주변 땅속의 높은 열을 이용한 지열 발전 등이 있습니다. 꽃놀이는 화산 활동과 관련이 없습니다.

15 우드록이 끊어질 때의 떨림은 땅(지층)이 끊어지면서 흔들리는 실제 지진에 비교할 수 있습니다.

16 지진 발생 모형실험에서는 작은 힘이 짧은 시간 동안 작용하여도 우드록이 끊어지지만, 실제 지진은 지구 내부에서 작용하는 힘이 오랜 시간 동안 작용하여 발생한다는 차이점이 있습니다.

17 지진의 피해 사례에 대해 조사할 내용에는 지진의 규모, 지진 발생 위치, 지진 발생 날짜, 지진으로 인한 피해 정도 등이 있습니다.

18 규모는 지진의 세기를 숫자로 나타내며, 규모의 숫자가 클수록 강한 지진입니다.

채점 tip 규모는 지진의 세기를 나타내며 규모의 숫자가 클수록 강한 지진이라는 내용으로 옳게 쓰면 정답으로 합니다.

19 학교에 있을 때 지진이 발생하면 넘어지기 쉬운 책장 옆을 피하고, 책상 아래로 들어가 머리와 몸을 보호합니다. 집 안에서는 밖으로 나갈 수 있게 문을 열어 두고 전기와 가스를 차단하여 화재를 예방합니다. 지진으로 흔들리는 동안에는 머리와 몸을 보호하고 흔들림이 멈출 때까지 기다리며, 흔들림이 멈추면 계단을 이용하여 신속하게 대피합니다.

20 지진이 발생한 후에는 다친 사람을 살피고 구조 요청을 합니다. 지진 정보를 확인하고 정보에 따라 행동하며, 주변에 위험한 곳이 있는지 확인해 두는 것이 좋습니다. 지진으로 인해 화재가 발생한 곳을 발견하면 화재 신고를 합니다.

44쪽~47쪽 단원 평가 실전

1 마그마 **2** ⑤ **3** ② **4** ㉠ **5** (1) ㉢ (2) 기체 **6** 현무암 **7** 예 마그마가 지표 가까이에서 빨리 식어서 만들어지기 때문입니다. **8** ㉠ 천천히 ㉡ 크다 **9** ㉡ **10** (1) ㉠, ㉡ (2) ㉢, ㉣ **11** 예 화산 활동으로 만들어진 온천과 화산 지형을 관광 자원으로 활용한 것입니다. **12** 땅(지층) **13** 규연 **14** ① **15** ⑤ **16** ①, ④ **17** ㉢ **18** (3) ○ **19** 예 책상 아래로 들어가 머리와 몸을 보호합니다. **20** ㉣

1 땅속 깊은 곳에서 암석이 녹은 것을 마그마라고 하며, 마그마가 지표 밖으로 분출하여 생긴 지형을 화산이라고 합니다.

2 ㉠과 ㉡은 모두 꼭대기 부분에 마그마가 분출한 분화구가 있는 화산입니다.

3 모형 윗부분에서 피어오르는 연기 ㉠은 화산 가스, 흘러나오는 마시멜로 ㉡은 용암, 식어서 굳은 마시멜로 ㉢은 화산 암석 조각에 해당합니다.

4 용암은 마그마에서 화산 가스 등의 기체가 빠져나간 것으로, 액체 상태의 화산 분출물입니다. ㉡ 화산재와 ㉣ 화산 암석 조각은 고체 상태, ㉢ 화산 가스는 기체 상태의 화산 분출물입니다.

5 화산 가스는 대부분 수증기이며, 여러 가지 기체가 포함되어 있는 기체 상태의 화산 분출물입니다.

6 현무암은 암석을 이루는 알갱이의 크기가 매우 작고 색깔이 어둡습니다. 현무암 표면의 구멍은 마그마가 식을 때 화산 가스가 빠져나가면서 생긴 것입니다.

7 현무암은 마그마가 지표 가까운 곳에서 빨리 식어 굳어져서 알갱이의 크기가 작습니다.

채점 tip 마그마가 지표 가까이에서 빨리 식어서 만들어져 알갱이의 크기가 작다는 내용을 쓰면 정답으로 합니다.

8 화강암은 마그마가 땅속 깊은 곳에서 천천히 식어 굳어져서 만들어지기 때문에 암석을 이루는 알갱이의 크기가 큽니다.

9 화강암은 비석, 컬링 스톤 등을 만들 때 쓰이며 석굴암과 불국사 돌계단을 만드는 데에도 이용되었습니다. ㉠ 맷돌과 ㉣ 돌하르방은 현무암을 이용했습니다.

▲ 컬링 스톤

▲ 불국사 돌계단

10 화산 활동은 우리 생활에 피해를 주기도 하지만 이로움도 줍니다.

11 화산 활동으로 만들어진 온천과 화산 지형을 관광 자원으로 활용할 수 있습니다.

채점 tip 화산 활동이 주는 이로움, 관광 자원 등의 단어를 포함하여 옳게 썼으면 정답으로 합니다.

12 지진 발생 모형실험과 실제 지진을 비교했을 때 우드록은 땅(지층), 양손으로 미는 힘은 지구 내부에서 작용하는 힘, 우드록이 끊어질 때의 떨림은 지진에 해당합니다.

13 ㉠은 땅에 지구 내부의 힘이 작용하여 휘어진 모습을 나타내고, ㉡은 땅이 끊어져 흔들리는 지진이 발생한 모습을 나타냅니다.

14 지진 발생 모형실험에서 우드록이 끊어질 때 느껴지는 떨림은 땅이 끊어지면서 흔들리는 떨림과 비교할 수 있습니다. 즉, 실험을 통해 지진이 발생할 때 땅이 흔들린다는 것을 알 수 있습니다.

15 우리나라에서도 규모 5.0 이상의 강한 지진이 발생하고 있으므로, 지진에 안전한 지역이라고 할 수 없습니다.

▲ 경상북도 포항의 지진 피해

▲ 경상북도 경주의 지진 피해

16 지진은 땅(지층)이 끊어지면서 흔들리는 것으로 지표의 약한 부분이나 지하 동굴이 무너질 때, 화산 활동이 일어날 때 발생하기도 합니다. 지진의 세기를 나타내는 규모의 숫자가 클수록 강한 지진이며, 같은 규모의 지진이 발생해도 지진에 대비한 정도, 지진 경보 시기, 도시화 정도 등에 따라 피해 정도가 달라집니다.

17 지진이 발생하기 전에는 비상용품, 구급약품 등을 준비하고, 주변의 안전을 미리 점검하여 흔들리기 쉬운 물건을 고정합니다.

18 지진이 발생했을 때에는 전기와 가스를 차단하여 화재를 예방합니다.

19 지진이 발생했을 때에는 몸과 머리를 가장 먼저 보호하도록 합니다.

채점 tip '책상 아래로 들어가 머리와 몸을 보호한다.', '선생님의 지시에 따라서 행동한다.' 등 대처 방법을 한 가지 옳게 쓰면 정답으로 합니다.

20 마트에 있을 때 지진이 발생할 경우에는 넘어지거나 떨어질 것으로부터 멀리 떨어져서 머리와 몸을 보호하며 이동해야 합니다.

48쪽 수행 평가 ❶회

1 (1) ㉡ (2) 화강암 (3) ㉠ (4) 현무암
2 (1) > (2) 예 화강암은 마그마가 땅속 깊은 곳(㉡)에서 천천히 식어 굳어져서 알갱이의 크기가 크고, 현무암은 마그마가 지표 가까운 곳(㉠)에서 빨리 식어 굳어져서 알갱이의 크기가 작습니다.
3 (2) ○

1 땅속 깊은 곳(㉡)에서는 화강암이 만들어지고 지표 가까이(㉠)에서는 현무암이 만들어집니다.

2 화강암을 이루는 알갱이의 크기가 현무암을 이루는 알갱이의 크기보다 더 큽니다.

채점 tip (1)에 >를 쓰고, (2)에 화강암은 마그마가 땅속 깊은 곳(㉡)에서 천천히 식어 굳어져서 알갱이의 크기가 크고, 현무암은 마그마가 지표 가까운 곳(㉠)에서 빨리 식어 굳어져서 알갱이의 크기가 작다는 내용으로 모두 옳게 쓰면 정답으로 합니다.

3 석굴암은 경주시 토함산에 있는 석굴로, 우리나라의 보물로 지정되어 있으며 화강암으로 만들어졌습니다.

49쪽 수행 평가 ❷회

1 규모 9.0
2 (1) ㉠ (2) 예 바닷가에서는 지진 해일이 일어날 수 있으므로 주변의 가장 높은 곳으로 대피해야 합니다.
3 예 지진이 발생했을 때 승강기 안에 있으면, 승강기의 모든 층의 버튼을 눌러 가장 먼저 열리는 층에서 내린 뒤 계단으로 대피합니다.

1 지진의 세기는 규모로 나타냅니다. 영화 설명에서 규모 9.0이라고 말하고 있습니다.

2 바닷가에 있을 때 지진이 발생하면 해일이 일어날 수 있으므로 높은 곳으로 대피해야 합니다.

채점 tip (1)에 ㉠을 고르고, (2)에 지진 해일이 일어날 수 있으므로 이에 대비하여 주변의 가장 높은 곳으로 대피한다는 내용을 포함하여 쓰면 정답으로 합니다.

2 승강기에 있을 때 지진이 발생하면 빠르게 승강기에서 내린 후 계단을 이용해서 대피합니다.

채점 tip 승강기의 모든 층을 눌러 가장 먼저 열리는 층에서 내려 계단으로 대피해야 한다는 내용을 포함하여 옳게 쓰면 정답으로 합니다.

5. 물의 여행

50쪽 묻고 답하기

1 예 비, 눈, 바닷물, 강물, 구름, 빙하 2 물의 순환 3 세(3) 가지 4 응결 5 수증기 6 일정합니다.(변하지 않습니다.) 7 물 8 모든 생물 9 증가했기 때문입니다. 10 줄여야 합니다.

51쪽~52쪽 단원 평가 기출

1 (2) ○ 2 ② 3 예 물이 상태가 변하면서 육지와 바다, 공기, 생명체 등 지구 여러 곳을 끊임없이 돌고 도는 과정을 말합니다. 4 ④ 5 = 6 ④ 7 ㉢ 8 ⑤ 9 윤호 10 ①

1 지구에 있는 물은 상태가 변하면서 끊임없이 순환하지만, 지구 전체 물의 양은 변하지 않습니다.

2 땅에 내린 빗물이 증발하여 수증기로 변하고, 수증기가 하늘 높이 올라가 응결하여 구름이 됩니다.

3 물은 상태가 변하면서 끊임없이 순환합니다.

채점 tip 물의 상태가 변하면서 여러 곳을 끊임없이 돌고 도는 과정이라는 내용으로 쓰면 정답으로 합니다.

4 얼음이 모두 녹았고, 컵 안쪽 뚜껑 밑면과 컵 안쪽 벽면에 작은 물방울들이 맺혀 있습니다.

5 물의 이동 과정을 알아보는 실험 장치에서 열 전구를 켜기 전 처음 물의 양과 열 전구를 켜고 30분 후 물의 양은 같습니다.

6 물은 세수할 때, 요리할 때, 청소할 때, 음식을 신선하게 보관하기 위해 얼음을 사용할 때 등 우리 생활 곳곳에서 이용합니다.

7 우리가 입으로 마신 물은 몸속을 순환하면서 필요한 영양분을 몸 곳곳에 전달하여 생명을 유지시켜 줍니다. 또한 노폐물을 땀이나 오줌의 형태로 몸 밖으로 내보냅니다.

8 고체 상태의 물(얼음)과 액체 상태의 물, 기체 상태의 물(수증기)은 물의 상태와 상관없이 우리에게 모두 중요합니다.

9 물 부족 현상을 해결하기 위해 양치할 때 컵 사용하기, 세제를 많이 사용하지 않기, 샤워할 때 물을 계속 틀어 놓지 않으며 샤워 시간 줄이기 등을 실천할 수 있습니다.

10 와카워터는 공기 중의 수증기를 물로 모으는 장치로, 밤에 기온이 내려가면 공기 중의 수증기가 그물망에 응결하여 물방울로 맺히는 원리를 이용하였습니다.

53쪽~54쪽 단원 평가 실전

1 아민 2 ㉠ 구름 ㉡ 비 ㉢ 수증기 ㉣ 바닷물 3 ㉢ 4 ② 5 비나 눈 6 예 지퍼 백 안쪽 윗부분에 물방울이 맺히고, 물방울의 크기도 점점 커집니다. 커진 물방울이 흘러내리는 모습을 볼 수 있습니다. 7 (1) ○ (3) ○ 8 ③ 9 ㉢ 10 루민

1 물은 땅 위, 공기, 바다, 강이나 호수, 땅속 등 지구 곳곳에서 볼 수 있습니다.

2 물은 상태를 바꾸면서 끊임없이 이동합니다.

3 물의 상태가 변하면서 여러 곳을 끊임없이 돌고 도는 과정을 물의 순환이라고 합니다. 물이 머무르는 곳에 따라 물의 상태가 변합니다.

4 물이 증발하면 기체 상태인 수증기가 됩니다.

5 물의 순환 실험 장치에서 컵 안의 얼음이 녹아 물이 되고, 물의 일부는 증발하여 공기 중의 수증기가 됩니다. 또 식물의 뿌리에서 흡수된 물은 잎에서 수증기로 나옵니다. 컵 안의 수증기는 다시 응결하여 컵 안쪽 벽면에 작은 물방울로 맺히고, 작은 물방울이 점점 커져서 벽면을 타고 아래로 떨어지는 것을 볼 수 있습니다. 응결하여 맺힌 작은 물방울은 구름, 작은 물방울이 점점 커져서 흘러내리는 것은 비나 눈으로 생각할 수 있습니다.

6 지퍼 백에 넣은 물이 증발하여 수증기가 되고 수증기가 지퍼 백 안쪽 벽면에 응결하여 물방울로 맺힙니다. 이 물방울이 점점 커지면서 커진 물방울이 흘러내리는 것을 볼 수 있습니다.

채점 tip 지퍼 백 안쪽에 물방울이 맺힌다. 물방울이 흘러내린다. 등 지퍼 백을 이용한 물의 순환 과정 실험 장치에서 볼 수 있는 관찰 결과를 옳게 쓰면 정답으로 합니다.

7 흐르는 물은 지표면의 모양을 변화시킵니다. 이렇게 만들어진 다양한 지형을 관광 자원으로 이용할 수도 있습니다.

8 ① 물은 공장에서 물건을 만들 때뿐만 아니라 생활 속에서 다양하게 이용됩니다. ② 기체, 액체, 고체 상태의 물을 모두 이용할 수 있습니다. ④ 인구가 증가함에 따라 필요로 하는 물의 양이 많아져서 이용할 수 있는 물이 점점 줄어들고 있습니다. ⑤ 식물의 뿌리에서 흡수된 물은 식물의 잎을 통해 수증기로 나옵니다.

9 물 부족 현상을 해결하기 위해서 빨래는 모아서 한꺼번에 합니다. 바닷물은 그대로 마실 수 없으므로, 바닷물에서 소금 성분을 제거하여 마실 수 있는 물을 얻는 장치(해수 담수화 장치)를 설치하여 이용할 수 있게 합니다.

10 안개가 발생하는 곳에 그물을 설치하면 공기 중의 작은 물방울을 모아, 사용할 수 있는 물을 얻을 수 있습니다.

55쪽 수행 평가 1회

1 (가) ㉠ (나) ㉢ (다) ㉡
2 예 바다나 강에 있는 물이 증발하여 수증기가 됩니다. 공기 중에 있는 수증기가 하늘 높이 올라가면 응결하여 구름이 되고, 구름에서 비나 눈이 되어 땅에 내립니다. 땅속에 스며들어 식물의 뿌리로 흡수된 물은 잎에서 수증기가 되어 나오고, 공기 중의 수증기는 응결하여 다시 구름이 됩니다. 물은 한곳에 머무르지 않고 상태를 바꾸면서 끊임없이 순환합니다.

1 식물을 심은 작은 컵을 넣은 물의 순환 과정 실험 장치에서는 실험 장치 안에 있는 얼음이 햇빛의 열로 인해 녹아서 물이 됩니다. 식물의 뿌리에서 흡수된 물은 잎에서 수증기로 나와 공기 중에 머무르다가 차가운 컵 안쪽 벽면에서 응결하여 물방울로 맺히고, 이 물방울이 점점 커져서 흘러내리는 모습을 볼 수 있습니다. 흘러내려 모인 물은 다시 증발하여 공기 중의 수증기가 됩니다. 이렇게 돌고 도는 물의 순환 과정을 통해 실험 장치의 식물에는 물을 주지 않아도 됩니다.

2 물은 한곳에 머무르지 않고 상태를 바꾸면서 끊임없이 순환하고 있습니다.

채점 tip 〈보기〉의 단어를 모두 포함하여 지구에서의 물의 순환 과정을 옳게 쓰면 정답으로 합니다.

56쪽 수행 평가 2회

1 ㉡
2 (1) ㉤ (2) ㉠ (3) ㉥
3 (1) ○ (2) × (3) ○

1 생물은 생명을 유지하기 위해서 물을 마십니다.

2 우리는 일상생활에서 물을 다양하게 이용하고 물을 이용해 생활에 필요한 것을 얻기도 합니다.

3 지구의 물은 새로 생기거나 없어지지 않고 고체, 액체, 기체로 상태만 변하며 지구에서 끊임없이 순환하기 때문에, 지구 전체 물의 양이 항상 일정합니다.

백점 과학 4·2

초등학교 학년 반 번 이름

믿고 보는 동아출판
초등 교재
기초학습서부터 교과서 개념 다지기, 과목별 전문서까지!
초등학교 입학 전부터, 예비 중등까지!
초등학생에게 꼭 필요한 영역을 빠짐없이! 동아출판 초등 교재 라인업
BEST
초능력 맞춤법+받아쓰기
초등 영역별 기초학습서
초능력 국어/수학/과학/한국사/한자
예비 중등
초고필 국어/수학/한국사
적중 반편성 배치고사 + 진단평가

4·2

연습! 서술형 평가

1 ~ 1-1

1 만화 영화 「니모를 찾아서」에 나오는 아빠 물고기에 대한 아버지의 생각은 무엇입니까? (　　　)

① 니모를 미워합니다.
② 니모를 걱정합니다.
③ 니모를 무척 사랑합니다.
④ 한꺼번에 너무 많은 것을 물어서 헷갈립니다.
⑤ 니모가 자유롭게 지낼 수 있도록 도와야 합니다.

1-1 서술형 쌍둥이 문제 만화 영화 「니모를 찾아서」에 나오는 아빠 물고기에 대한 아버지와 딸의 생각을 각각 쓰시오. [4점]

아버지의 생각	(1)
딸의 생각	(2)

2 ~ 2-1

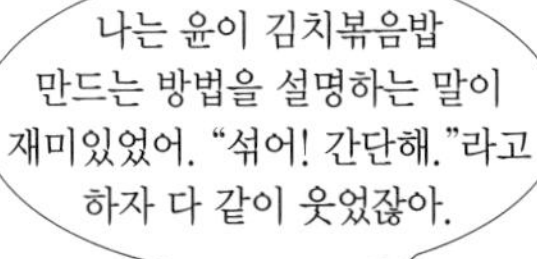

2 친구들은 영화를 본 뒤 무엇에 대하여 이야기하고 있는지 두 가지 고르시오. (　　　　　)

① 인상 깊은 장면
② 기억에 남는 대사
③ 예고편을 보고 상상한 내용
④ 제목과 광고지를 보고 떠올린 내용
⑤ 비슷한 주제를 가진 다른 영화의 내용

2-1 서술형 쌍둥이 문제 자신이 본 영화에서 가장 기억에 남는 대사나 인상 깊은 장면을 쓰고 그 까닭도 쓰시오. [6점]

대사나 장면	(1)
그 까닭	(2)

3~3-1

① 오늘이, 야아, 여의주가 원천강에서 행복하게 산다.

② 수상한 뱃사람들이 야아 몰래 오늘이를 데려가다가 화살로 야아를 쏜 뒤에 원천강은 얼어붙는다.

③ 오늘이는 원천강으로 돌아가는 길에 행복을 찾겠다며 책만 읽는 매일이를 만난다.

④ 꽃봉오리를 많이 가졌지만 꽃이 한 송이 밖에 피지 않는 연꽃나무를 만난다.

⑤ 오늘이는 사막에서 비와 구름을 벗어나고 싶어하는 구름이를 만난다.

⑥ 여의주를 많이 가지고도 용이 되지 못한 이무기를 만난다.

⑦ 이무기는 갈라진 얼음 사이로 떨어지는 오늘이를 구해 마침내 용이 되고, 용이 불을 뿜어 원천강이 빛을 되찾는다.

⑧ 구름이는 연꽃을 꺾어서 매일이에게 주고, 둘은 행복한 시간을 보낸다.

3 이 만화 영화에 등장하는 인물이 아닌 것은 누구입니까? (　　　)

① 야아　② 여의주
③ 오늘이　④ 구름이
⑤ 원천강

3-1 서술형 쌍둥이 문제 이 만화 영화에서 등장인물의 성격을 짐작하는 방법을 한 가지만 쓰시오. [4점]

____

____

4~4-1

가 나는 태윤이가 쓴 내용으로 역할극을 했으면 좋겠어. 야아가 시름시름 앓다가 죽자 오늘이는 깊은 슬픔에 빠졌지. 오늘이에게 웃음을 찾아 주고자 용이 된 이무기가 오늘이를 등에 태우고 여행을 떠난다는 내용이 마음에 들어.

나 지호가 쓴 이야기를 역할극으로 하면 정말 재미있을 것 같아. 원천강에 갑자기 햇빛이 사라져 버리자 몇 날 며칠 어둠이 내려앉았어. 식물들은 말라 죽어 가고……. 야아가 용을 데리고 와서 빛을 잃어버린 해에게 불을 뿜자 햇빛이 원천강을 감쌌지. 다시 식물들이 살아나서 잔치를 벌이는 것을 역할극으로 했으면 좋겠어.

4 이 글의 내용으로 역할극을 만들 때, 가장 마지막에 할 일은 무엇입니까? (　　　)

① 역할을 정합니다.
② 연기에 필요한 소품을 만듭니다.
③ 실감 나게 연기하기 위해 여러 번 연습합니다.
④ 이어질 내용에 어울리는 대사를 만들어 가며 연기합니다.
⑤ 대사가 잘 떠오르지 않으면 모둠 친구들과 함께 직접 연기해 보며 대사를 만듭니다.

4-1 서술형 쌍둥이 문제 글 가와 나 가운데에서 자신이 역할극을 하기에 적절한 것을 고르고, 그 까닭도 쓰시오. [6점]

(1) 자신이 고른 글: (　　　　　　　　　　)

(2) 그 까닭: ______________________________

____

국어 실전! 서술형 평가

1~2

가 등장인물

선	지아	보라	윤

나 예고편 내용

그 여름, 나에게도 친구가 생겼다.

"내 마음이 들리니?"

언제나 혼자인 외톨이 선은 모두가 떠나고 홀로 교실에 남아 있던 방학식 날, 전학생 지아를 만난다.

서로의 비밀을 나누며 순식간에 세상 누구보다 친한 사이가 된 선과 지아는 생애 가장 반짝이는 여름을 보내는데, 개학 후 학교에서 만난 지아는 어쩐 일인지 선에게 차가운 얼굴을 하고 있다.

선을 따돌리는 보라의 편에 서서 선을 외면하는 지아와 다시 혼자가 되고 싶지 않은 선.

어떻게든 관계를 회복해 보려 노력하던 선은 결국 지아의 비밀을 폭로해 버리고 마는데…….

선과 지아.

우리는 다시 '우리'가 될 수 있을까?

1 개학 전후로 변화된 선과 지아의 관계에 대해 쓰시오. [5점]

2 다음은 등장인물과 예고편을 보고 내용을 상상한 것입니다. 이와 같은 활동을 하면 좋은 점을 쓰시오. [5점]

> 주인공 선에게 새로운 친구가 생기는 이야기일 것 같습니다.

단계별 유형

3 다음은 영화 「우리들」의 사건을 차례대로 간추려 쓴 것입니다. 물음에 답하시오. [10점]

> ① 체육 시간에 피구를 하려고 편을 가르는데 선은 맨 마지막까지 선택을 받지 못한다.
>
> ⬇
>
> ② 언제나 혼자인 외톨이 선은 여름 방학을 시작하는 날, 전학생인 지아를 만나 친구가 된다.
>
> ⬇
>
> ③ 지아와 선은 봉숭아 꽃물을 들이며 여름 방학을 함께 보내고 순식간에 세상 누구보다 친한 사이가 된다.

1단계 사건 ①에서 느껴지는 선의 마음은 어떠한지 쓰시오.

( )

2단계 사건 ①~③을 읽고 생각하거나 느낀 점은 무엇인지 쓰시오.

3단계 2단계에서 쓴 생각하거나 느낀 점을 바탕으로 하여 주인공 선에게 편지를 쓰시오.

4 다음 만화 영화 「오늘이」의 광고지와 등장인물을 보고 어떤 내용이 펼쳐질지 상상하여 보기 와 같이 쓰시오. [7점]

등장인물

오늘이 / 여의주 / 야아 / 매일이 / 연꽃나무 / 구름이 / 이무기

보기

주인공 오늘이를 다른 등장인물들이 도와주어서 엄마를 찾아가는 내용일 것 같습니다.

---

5 다음은 만화 영화 「오늘이」의 한 장면의 내용입니다. 이 장면이 인상 깊다면 그 까닭은 무엇일지 쓰시오. [5점]

오늘이는 원천강으로 돌아가는 길에 행복을 찾겠다며 책만 읽는 매일이를 만난다. 매일이는 주변에 수많은 책을 쌓아 놓고 읽는다.

---

6 만화 영화의 이어질 이야기를 상상해 이야기책을 만들 때 생각할 점을 한 가지만 쓰시오. [5점]

---

7 다음은 친구들이 꾸민 「오늘이」의 뒷이야기를 읽고, 역할극을 하기 적절한 것에 대해 말한 것입니다. 이 글을 읽고 역할극을 할 때 주의할 점을 한 가지만 쓰시오. [5점]

가 나는 태윤이가 쓴 내용으로 역할극을 했으면 좋겠어. 야아가 시름시름 앓다가 죽자 오늘이는 깊은 슬픔에 빠졌지. 오늘이에게 웃음을 찾아 주고자 용이 된 이무기가 오늘이를 등에 태우고 여행을 떠난다는 내용이 마음에 들어.

나 지호가 쓴 이야기를 역할극으로 하면 정말 재미있을 것 같아. 원천강에 갑자기 햇빛이 사라져 버리자 몇 날 며칠 어둠이 내려앉았어. 식물들은 말라 죽어 가고……. 야아가 용을 데리고 와서 빛을 잃어버린 해에게 불을 뿜자 햇빛이 원천강을 감쌌지. 다시 식물들이 살아나서 잔치를 벌이는 것을 역할극으로 했으면 좋겠어.

2. 마음을 전하는 글을 써요

연습! 서술형 평가

1 ~ 1-1

우리 반 친구들에게

친구들아, 안녕?

나 태웅이야. 오늘 운동회에서 있었던 일을 생각하면 아직도 가슴이 두근거려. 그때 그 고마운 마음을 직접 말로 전하고 싶었지만 쑥스러워서 이렇게 편지를 쓰게 되었어.

운동회 날이 되면 나는 기쁘면서도 두려웠어. 달리기 경기를 하는 게 늘 걱정이 되었거든. ㉠달리기를 할 때면 나는 어디론가 숨고 싶었어. 잔뜩 긴장해서 달리다가 오늘도 그만 넘어지고 말았지. ㉡그런데 그때 너희가 달리다가 돌아와서 나를 일으켜 주었지. 내 손을 꼭 잡은 너희의 따뜻한 마음이 느껴져서 눈물이 날 것 같았어. ㉢힘껏 달리고 싶었을 텐데 나 때문에 참았을 것 같아서 미안한 마음이 들어.

㉣고마워, 친구들아! / ㉤같이 달려 주고 응원해 준 너희의 따뜻한 마음 잊지 않을게.

20○○년 9월 12일 / 태웅이가

1 이 글에서 태웅이의 마음이 드러나는 문장이 아닌 것은 무엇입니까? (　　　)

① ㉠　② ㉡　③ ㉢　④ ㉣　⑤ ㉤

1-1 태웅이의 편지를 받은 친구들이 태웅이에게 마음을 전하려면 어떤 말을 할 수 있을지 쓰시오. [4점]

2 ~ 2-1

존경하는 김하영 선생님께

선생님, 안녕하세요? 저는 전지우입니다. 그동안 잘 지내셨습니까? 선생님께 고마운 마음을 전하려고 이렇게 글을 쓰게 되었습니다.

지난 체험학습에서 도자기를 만들 때였습니다. 저는 진흙 반죽을 물레 위에 놓고 그릇 모양을 만들려고 했습니다. 그런데 생각처럼 잘되지 않았습니다. 만들고 나니 상상했던 모양과 너무 달라서 당황스러웠습니다.

제가 속상해서 어찌할 바를 모를 때 선생님께서 오셨습니다. 그리고 어떻게 모양을 내는지 시범을 보여 주셨습니다. 저는 선생님을 따라서 다시 해 보았습니다. 그랬더니 신기하게도 그릇 모양이 잘 만들어졌습니다.

그날 만든 그릇은 지금도 제 책상 위에 놓여 있습니다. 이 그릇을 보면 친절하게 가르쳐 주시던 선생님 모습이 생각납니다. / 선생님, 제 마음에 드는 그릇을 만들도록 도와주셔서 고맙습니다. 안녕히 계세요.

2 이 글의 특징으로 알맞지 않은 것은 무엇입니까? (　　　)

① 편지 형식으로 썼습니다.
② 읽는 사람이 정해진 글입니다.
③ 체험학습 때 있었던 일을 썼습니다.
④ 선생님께 고마운 마음을 전하려고 썼습니다.
⑤ 마음을 드러내는 표현을 구체적으로 쓰지 않았습니다.

2-1 이 글에서 지우는 어떤 일에 대한 자신의 마음을 전하였는지 쓰시오. [6점]

쓴 일	(1)
전하려는 마음	(2)

3~3-1

사랑하는 아들 필립
어머니의 편지를 받아 보았다. 네가 넘어져 팔을 다쳤다는 소식이 들어 있어 매우 걱정되는구나. 팔이 낫거들랑 내게 바로 알려라. 한 학년 올라가게 된 것을 축하한다. 아버지는 무척 기쁘구나. 나는 이곳에 편안히 잘 있다. 미국 국회 의원들이 동양에 온다고 해 홍콩으로 왔다만 그들이 이곳에 들르지 않아 만나지는 못했단다. 나는 곧 상하이로 돌아갈 거란다.
내 아들 필립아. 키가 크고 몸이 커지는 만큼 스스로 좋은 사람이 되려고 힘써야 한단다. 네가 어리고 몸이 작았을 때보다 더욱더 힘써야 하지. 스스로 좋은 사람이 되려고 노력하는 네 모습을 내 눈으로 직접 보고 싶구나. 너는 워낙 남을 속이지 않는 진실한 사람이라 좋은 사람이 되기도 쉬울 거란다.

3 이 글에 담긴 아버지의 마음을 두 가지 고르시오. (　　　)

① 다친 일을 걱정하는 마음
② 여행 가는 것을 기대하는 마음
③ 어머니 안부를 궁금해하는 마음
④ 한 학년 올라간 일을 축하하는 마음
⑤ 시험을 잘 보지 못한 것을 위로하는 마음

3-1 서술형 쌍둥이 문제 이와 같이 마음을 전하는 글을 쓰는 방법을 두 가지만 쓰시오. [6점]

(1) ______________________

(2) ______________________

4~4-1

4 그림 ❶의 동그라미 표시를 한 친구가 전하려는 마음은 무엇입니까? (　　　)

① 미안한 마음
② 그리운 마음
③ 떨리는 마음
④ 위로하는 마음
⑤ 축하하는 마음

4-1 서술형 쌍둥이 문제 그림 ❶~❹ 가운데에서 하나를 골라, 마음을 전하는 글을 쓰는 데 필요한 내용을 정리하여 쓰시오. [6점]

고른 그림	(1)
전하려는 마음	(2)
있었던 일	(3)

1~2

존경하는 김하영 선생님께

선생님, 안녕하세요? 저는 전지우입니다. 그동안 잘 지내셨습니까? 선생님께 고마운 마음을 전하려고 이렇게 글을 쓰게 되었습니다.

지난 체험학습에서 도자기를 만들 때였습니다. 저는 진흙 반죽을 물레 위에 놓고 그릇 모양을 만들려고 했습니다. 그런데 생각처럼 잘되지 않았습니다. 만들고 나니 상상했던 모양과 너무 달라서 당황스러웠습니다.

제가 속상해서 어찌할 바를 모를 때 선생님께서 오셨습니다. 그리고 어떻게 모양을 내는지 시범을 보여 주셨습니다. 저는 선생님을 따라서 다시 해 보았습니다. 그랬더니 신기하게도 그릇 모양이 잘 만들어졌습니다.

그날 만든 그릇은 지금도 제 책상 위에 놓여 있습니다. 이 그릇을 보면 친절하게 가르쳐 주시던 선생님 모습이 생각납니다.

선생님, 제 마음에 드는 그릇을 만들도록 도와주셔서 고맙습니다. 안녕히 계세요.

20○○년 9월 24일

제자 전지우 올림

1 지우가 편지를 쓴 까닭은 무엇인지 쓰시오. [4점]

2 지난 체험학습 때 지우가 느낀 마음과 그 까닭을 쓰시오. [6점]

(1) 지우의 마음: (　　　　　　　　)

(2) 그 까닭: ____________

단계별 유형

3 다음은 안창호 선생이 아들 필립에게 쓴 편지입니다. 글을 읽고 물음에 답하시오. [10점]

가 어머니의 편지를 받아 보았다. 네가 넘어져 팔을 다쳤다는 소식이 들어 있어 매우 걱정되는구나. 팔이 낫거들랑 내게 바로 알려라. 한 학년 올라가게 된 것을 축하한다. 아버지는 무척 기쁘구나.

나 키가 크고 몸이 커지는 만큼 스스로 좋은 사람이 되려고 힘써야 한단다. 네가 어리고 몸이 작았을 때보다 더욱더 힘써야 하지. 스스로 좋은 사람이 되려고 노력하는 네 모습을 내 눈으로 직접 보고 싶구나. 너는 워낙 남을 속이지 않는 진실한 사람이라 좋은 사람이 되기도 쉬울 거란다.

좋은 사람이 되려면 진실하고 깨끗해야 해. 또 좋은 친구를 가려 사귀어야 한단다. 그게 좋은 사람이 되는 첫 번째 조건이지.

1단계 안창호 선생이 편지를 쓴 목적을 쓰시오.

(　　　　　　　　　　　　)

2단계 글 **가**와 **나**에서 전하는 마음을 각각 쓰시오.

글 **가**	①
글 **나**	②

3단계 2단계의 마음을 전하려고 사용한 표현을 각각 찾아 쓰시오.

글 **가**	①
글 **나**	②

4 다음 그림에서 남자아이가 전하려는 마음과 있었던 일을 쓰시오. [5점]

전하려는 마음	(1)
있었던 일	(2)

5 다음 그림의 친구들처럼 마음을 전하고 싶은 일을 한 가지만 쓰시오. [5점]

6~7

재환이는 새로운 동네로 이사를 왔습니다. 재환이는 이웃들에게 인사를 하기로 했습니다. 그래서 재환이가 사는 아파트 승강기 안에 편지를 붙였답니다.

> 안녕하세요? 저는 12층에 이사 온 열한 살 이재환입니다.
>
> 새로 만난 이웃들에게 인사를 드리고 싶어 편지를 씁니다. 저희 가족은 엄마, 아빠, 귀여운 동생 그리고 저, 이렇게 넷입니다. 저희는 아직 이사 온 지 얼마 되지 않아 다니는 길도, 사람들도 낯설기만 합니다. 그래도 저는 나무도 많고 놀이터가 있는 이곳이 마음에 듭니다. 앞으로 여러분과 좋은 이웃이 되고 싶습니다.
>
> 이재환 올림

6 재환이가 승강기 안에 편지를 붙인 까닭은 무엇인지 쓰시오. [5점]

7 다음은 재환이가 붙인 편지를 읽은 이웃들이 쓴 쪽지의 내용입니다. 이를 통해 짐작할 수 있는 이웃 사람들의 마음을 쓰시오. [5점]

- 이사 온 것을 축하합니다. 앞으로도 자주 소통하는 이웃이 됩시다.
- 안녕하세요? 저도 12층에 살아요! 좋은 친구가 되었으면 좋겠네요.
- 친하게 지내요. 전 7층에 살아요. 집 앞 공원에서 같이 운동해요.

3. 바르고 공손하게

연습! 서술형 평가

1 ~ 1-1

윗마을 양반: 바우야, 쇠고기 한 근만 줘라.
박 노인: (건성으로 대답하며) 알겠습니다.
해설: 이번에는 아랫마을 양반이 고기를 주문했다.
아랫마을 양반: (깍듯이 부탁하는 말투로) 박 서방, 쇠고기 한 근만 주게.
박 노인: (웃으면서 대답하며) 아이고, 네, 조금만 기다리시지요.
해설: 박 노인은 젊은 양반들에게 각각 고기를 주는데 둘의 크기가 한눈에 봐도 다르게 보였다. 윗마을 양반이 가만히 보니 자기가 받은 고기보다 아랫마을 양반이 받은 고기가 더 좋아 보이고 양도 훨씬 많아 보였다.
윗마을 양반: 야, 바우야! 똑같은 한 근인데, 어째서 이렇게 다르게 주느냐?
박 노인: (태연하게) 그러니까 손님 것은 바우 놈이 자른 것이고, 이분 것은 박 서방이 자른 것이기 때문이랍니다.

1 이 글의 내용으로 알맞은 것을 모두 고르시오. (　　　)

① 박 노인은 두 양반에게 모두 친절합니다.
② 두 양반은 고기 양을 똑같이 받았습니다.
③ 윗마을 양반은 박 노인을 바우라고 불렀습니다.
④ 아랫마을 양반은 박 노인을 박 서방이라고 불렀습니다.
⑤ 박 노인은 자신을 존중해 준 양반에서 고기를 더 많이 주었습니다.

1-1 서술형 쌍둥이 문제

박 노인이 고기를 더 많이 준 양반을 찾아 ○표 하고, 그 까닭을 쓰시오. [6점]

(1) 고기를 더 많이 준 양반: (윗마을 , 아랫마을) 양반
(2) 그 까닭: ______________________

____

2 ~ 2-1

지혜: (성급하게) 안녕하세요? 그런데 신유는 어디 갔나요? 어? 신유야, 생일 축하해!
원우: 야! 신유야, 생일 축하해! 하하하.

(효과음) 삐리리링

원우, 지혜, 현영: 아주머니, 안녕하세요? 생일잔치에 초대해 주셔서 감사합니다.

2 이 글에서 지혜가 예절을 잘 지키지 않은 것은 무엇입니까? (　　　)

① 거친 말을 사용하였습니다.
② 친구 앞에서 귓속말을 하였습니다.
③ 예의 바른 말을 사용하지 않았습니다.
④ 웃어른께 높임말을 사용하지 않았습니다.
⑤ 신유 어머니께 인사를 제대로 하지 않았습니다.

2-1 서술형 쌍둥이 문제

문제 2번에서 지혜가 예절을 잘 지키지 않은 행동을 고칠 방법을 쓰시오. [4점]

____

____

____

3~3-1

상황 1

상황 2

3 '상황 1'에서 사슴 역할을 한 친구가 잘못한 점은 무엇입니까? (   )

① 거친 말을 사용하였습니다.
② 대화 도중에 끼어들었습니다.
③ 주제와 관련 없는 말을 하였습니다.
④ 친구의 물음에 대답하지 않았습니다.
⑤ 친구의 눈을 바라보며 이야기하지 않았습니다.

3-1 서술형 쌍둥이 문제 '상황 1'과 '상황 2'에서 예의 바르지 않은 말을 찾고, 그 말을 예의 바른 말로 고쳐 쓰시오. [6점]

상황 1	(1) ______ → ______
상황 2	(2) ______ → ______

4~4-1

사회자: 강찬우 친구, 좋은 의견 감사합니다. 하지만 다른 사람이 의견을 발표할 때 끼어드는 것은 잘못입니다. 다음부터는 꼭 손을 들어 말할 기회를 얻고 나서 발표해 주시기 바랍니다. 이희정 친구는 계속 발표해 주십시오.
이희정: 네, 제 의견은 "고운 말을 사용하자."입니다. 친구들이 나쁜 말을 주고받으면 사이가 안 좋아지는 것을 자주 봤기 때문입니다.
고경희: (비아냥거리며) 쳇, 친할 때 그런 말로 장난치는 것도 모르나?
이희정: (짜증 내며) 너는 그래서 날마다 친구들과 다투냐?
사회자: 모두 조용히 해 주십시오. 말할 기회를 얻지 않고 높임말도 사용하지 않은 고경희 친구 그리고 마찬가지로 말할 기회를 얻지 않고 거친 말을 사용한 이희정 친구에게 '주의'를 한 번씩 드립니다.

(효과음) 칠판에 쓰는 소리

사회자: 지금부터 주제에 대한 실천 내용을 정하도록 하겠습니다. 표결을 하기 전에 추가로 의견을 이야기할 친구는 발표해 주시기 바랍니다.

4 희정이의 의견은 무엇입니까? (   )

① 고운 말을 사용합시다.
② 심한 장난을 하지 맙시다.
③ 친구들과 사이좋게 지냅시다.
④ 듣기 싫은 별명을 부르지 맙시다.
⑤ 친구들이 나쁜 말을 주고받으면 사이가 안 좋아지는 것을 자주 봤기 때문입니다.

4-1 서술형 쌍둥이 문제 희정이가 회의할 때 예절을 지키지 않은 점은 무엇인지 쓰시오. [4점]

국어 실전! 서술형 평가

1~2

1 이 장면에서 알 수 있는 상황은 무엇인지 쓰시오. [5점]

2 장면 ①과 장면 ②에 어울리는 박 노인의 표정과 대답을 각각 쓰시오. [7점]

장면	표정	대답
장면 ①	(1)	(2)
장면 ②	(3)	(3)

3 다음 글에서 영철이의 말을 들은 민수의 기분이 어떠했을지 쓰고, 자신이 민수라면 영철이에게 어떻게 대답할지 쓰시오. [7점]

> 영철: (교실로 들어오는 민수를 보며) 어이, 키다리! 왔냐?
> 민수: 뭐야, 아침부터 듣기 싫은 별명을 부르고……
> 채은: (밝은 목소리로) 민수야, 안녕?
> 민수: (밝은 목소리로) 안녕, 채은아? 어제 네가 빌려준 책 참 재미있더라. 고마워.
> (마음속으로) 교실에 들어오는 친구들을 보니, 들어올 때 큰 소리로 인사하는 친구, 장난으로 인사하는 친구, 상대를 배려하며 인사하는 친구, 반갑게 인사하는 친구, 아무런 인사도 하지 않는 친구 …… 참 다양한 모습이구나.

(1) 기분: ( )

(2) 대답할 말:

4 다음 그림에서 대화 예절에 어긋나는 표현을 찾고 그 까닭도 쓰시오. [5점]

단계별 유형

5 다음은 모둠별로 역할극을 하는 상황입니다. 제시된 상황을 보고 물음에 답하시오. [10점]

상황 1

1단계 이 상황에서 사자 역할을 한 친구가 잘못한 점을 쓰시오.

(　　　　　　　　　　　　　　　　　　)

2단계 다음은 토끼 역할을 한 친구의 기분이 어떠했을지 묻고 답하는 내용입니다. 빈칸에 알맞은 내용을 쓰시오.

> 친구: 사자가 하는 말을 듣고 기분이 어떠했나요?
>
> 토끼 역할을 한 친구: ①________________
>
> 친구: 사자가 어떻게 하면 기분이 상하지 않았을까요?
>
> 토끼 역할을 한 친구: ② ________________

3단계 ㉠의 말을 예의 바른 말로 고쳐 쓰시오.

____

6~7

현영: 지혜야, 내일 발표 자료 준비 잘해! ^^

@.@: 발표 잘할 거야.

지혜: 넌 누구야?

@.@: 나 영철이야.

지혜: 영철이구나. 나 원래 발표 잘하잖아. ㅇㅈ?

@.@: ㅇㅈ? 이게 뭐야? 연주?

지혜: 그것도 모르니? ㅋㅋㅋ

@.@: ?????????ㅇㅈ?

현영: 어휴, 정신없네. 너희 지금 장난하니?

@.@: 아주?

지혜: 아니야. 그런데 아까는 대화명을 바꿔서 못 알아봤네. 안경 샀어?

@.@: ㄴㄴ

지혜: 뭐라고 말하는 거야? 네네? 샀다고?

@.@: 너도 모르는 게 있네. 우리 서로 조심하자.

6 지혜가 영철이를 못 알아본 까닭은 무엇인지 쓰시오. [5점]

____

7 이 온라인 대화에서 사용된 줄임 말을 모두 찾아 쓰고, 줄임 말을 지나치게 쓰면 일어날 일도 쓰시오. [7점]

사용된 줄임 말	(1)
줄임 말을 지나치게 쓰면 일어날 일	(2)

연습! 서술형 평가

1 ~ 1-1

가 "아무렴. 법에는 말이다, 너희 같은 사람은 버스 뒷자리에 앉아야 한다고 나와 있단다. 그래서 말인데, 법을 어기고 싶지 않다면 네 자리로 돌아가거라." / 밖에 사람들이 모여들기 시작했습니다. 사람들이 흥분하여 사라에게 큰 소리를 질렀지만, 몇몇은 사라를 응원했습니다.

한 아저씨께서 소리치셨습니다. / "일어나지 마라. 그 자리는 네 피부색과 아무 상관이 없어."

경찰관이 안타깝다는 듯 고개를 절레절레 흔들더니 사라를 번쩍 안아 올렸습니다. 그러고는 사람들 사이를 지나 경찰서로 향했습니다.

나 어머니께서 말씀하셨습니다. / "웃어도 괜찮아. 넌 특별한 아이잖니?"

그날은 어떤 흑인도 버스를 타지 않았습니다. 그다음 날도 마찬가지였습니다. 버스 회사는 당황했습니다. 시장도 어쩔 줄 몰라 했습니다. 그리하여 사람들은 마침내 법을 바꾸었습니다.

1 이 글에서 일어난 사건이 아닌 것은 무엇입니까? (　　)

① 사라는 어머니께 꾸중을 들었습니다.
② 사람들은 마침내 법을 바꾸었습니다.
③ 경찰관이 사라를 경찰서에 데려갔습니다.
④ 어머니께서는 사라가 특별한 아이라고 하셨습니다.
⑤ 법에 흑인들은 버스 뒷자리에 앉아야 한다고 나왔습니다.

1-1 서술형 쌍둥이 문제

글 가의 장소의 변화와 일어난 일을 쓰시오. [6점]

(1) 장소 변화: (　　　　) → (　　　　)

(2) 일어난 일: ______________________

____

2 ~ 2-1

그런데 그때, 창훈이가 다시 나타나 윤아와 나를 또 밀치고 지나가는 거예요. 윤아와 나는 하마터면 같이 넘어질 뻔했지요. 그런데 우진이가 갑자기 창훈이 팔을 팍 잡아채더니 윤아와 내 앞으로 창훈이를 돌려세웠어요.

"너 왜 자꾸 여자애들 괴롭혀? 아까 일도, 지금 일도 얼른 사과해."

우진이는 작정한 듯이 굳은 얼굴로 창훈이를 다그쳤고, 창훈이는 싱글싱글 웃으며 우진이 손을 억지로 떼어 내려 했어요. 하지만 키가 한 뼘이나 더 큰 우진이를 창훈이가 어떻게 이겨 낼 수 있겠어요?

"너 지금 사과 안 하면 선생님한테 다 이를 거야."

일이 이쯤 되자 창훈이는 슬슬 웃기기 작전을 쓰기 시작했어요. 보일 듯 말 듯한 작은 새우 눈으로 눈웃음을 살살 지으며, 콧구멍을 벌름거리고 입을 펭귄처럼 쭉 내밀고는, "우진아, 한 번만 봐줘잉. 난 선생님이 제일 무서웡." 하고 콧소리를 내며 말하는 거지요.

2 이 글에서 일어난 일이 아닌 것은 무엇입니까? (　　)

① 우진이가 창훈이를 다그쳤습니다.
② 윤아와 '나'는 넘어질 뻔하였습니다.
③ 창훈이는 우진이를 밀치고 도망쳤습니다.
④ 창훈이가 윤아와 '나'를 밀치고 지나갔습니다.
⑤ 우진이가 창훈이에게 사과하라고 말하였습니다.

2-1 서술형 쌍둥이 문제

우진이의 성격이 어떠한지 그 까닭과 함께 쓰시오. [4점]

____

____

3~3-1

가 "자, 그럼 똑같이 콩 열두 개씩 옮긴 주은이와 우봉이가 한 번 더 젓가락질 솜씨를 뽐내 보세요. 그런데 이번에는 삼십 초가 아니라 일 분으로 하겠어요."

선생님이 우봉이와 주은이 접시에 콩을 각각 한 주먹씩 더 올려놓았어요.

나 "준비⋯⋯ 시작."

주은이와 우봉이는 동시에 쇠젓가락을 집어 들었어요.

우봉이가 콩을 세 개 옮겼을 때, 귓바퀴에 저번처럼 감기는 말이 있었어요.

'더 좋은 것은 따로 있는디. 그냥 달인만 되는 거. 동무들 이길 생각일랑 말고.'

우봉이는 무시하듯 콩을 더 빨리 집어 옮겼어요. 그러자 할아버지 말씀이 귓바퀴에 더 칭칭 감겼어요. 그뿐만이 아니었어요. 주은이 일기도 눈앞에서 아른거리기 시작했어요. 상품권을 타서 젓가락과 머리핀을 사고 싶다던.

'아, 싫은데. 져 주기 싫은데⋯⋯.'

3 글 나에서 짐작할 수 있는 우봉이의 성격은 어떠합니까? (　　　)

① 성실하고 적극적입니다.
② 게으르고 소극적입니다.
③ 융통성이 없고 단순합니다.
④ 사려 깊고 인정이 많습니다.
⑤ 배려심이 없고 이기적입니다.

문제 **3**번의 성격으로 인해 일어날 결과는 어떠할지 상상하여 쓰시오. [4점]

____

____

4~4-1

「사라, 버스를 타다」에 등장하는 사라가 소심한 성격이었다면 이야기에 나온 사건이 달라졌을 것 같아. 나는 사라 성격을 바꾸어 이야기를 꾸며 볼 거야.

「우진이는 정말 멋져!」에서 승연이가 솔직한 성격이라면 이야기가 어떻게 바뀔까? 나는 승연이 성격을 바꾸어 이야기를 꾸밀 거야.

「젓가락 달인」에서 우봉이의 성격이⋯⋯.

민지

4 친구들은 무엇에 대하여 말하고 있습니까? (　　　)

① 여름 방학에 한 일
② 기억에 남는 이야기
③ 자신이 좋아하는 영화
④ 친구에게 들은 이야기
⑤ 새로 꾸미고 싶은 이야기

민지가 정한 새로 꾸미고 싶은 이야기를 정리해 보시오. [6점]

책 제목	「사라, 버스를 타다」
성격을 바꾸고 싶은 인물	(1)
인물의 원래 성격과 바꿀 성격	(2)

1~2

가 아침마다 사라는 어머니와 함께 버스를 탔습니다. 언제나 백인들이 앉는 자리와 구분된 뒷자리에 앉았습니다.

나 어느 날 아침, 사라는 버스 앞쪽 자리가 얼마나 좋은 곳인지 알아보기로 마음먹었습니다. 사라는 자리에서 일어나 좁은 통로로 걸어 나갔습니다. 별다른 것도 없어 보였습니다. 창문은 똑같이 지저분했고, 버스의 시끄러운 소리도 똑같았습니다.

다 운전사가 성난 얼굴로 사라를 쏘아보았습니다.

"꼬마 아가씨, 뒤로 가서 앉아라. 너도 알다시피 늘 그래 왔잖니?"

사라는 그대로 앉은 채 마음속으로 말했습니다.

'뒷자리로 돌아갈 아무런 이유가 없어!'

운전사는 뭐라고 중얼거리더니 브레이크를 밟았습니다. 버스가 '끼익' 소리를 내며 갑자기 멈춰 섰습니다.

"규칙을 따르지 못하겠다면 이제부터는 걸어가거라."

1 이 글의 배경을 쓰고 사라와 운전사의 관계가 어떠한지도 쓰시오. [7점]

배경	(1)
사라와 운전사의 관계	(2)

2 이 글에서 일어난 일을 원인과 결과로 정리한 다음 표를 완성하시오. [5점]

원인	버스 앞쪽 자리가 궁금했던 사라는 버스 앞쪽으로 갔습니다.

⬇

결과	

3~4

"김창훈! 너 때문에 죽었잖아!"

"김창훈! 너 때문에 내 공기 알이 사물함 밑으로 들어갔잖아!"

윤아는 공기 알을 못 잡은 게 억울해서, 나는 사물함 밑으로 굴러 들어간 내 공기 알이 걱정돼서 소리쳤어요. 우리 목소리에 놀랐는지 창훈이는 온몸을 움찔하더라고요. 그것도 잠시뿐, 창훈이는 미안하다는 소리 대신 혀만 쏙 내밀고는 휙 도망가 버리는 거 있죠.

윤아와 나는 교실 바닥에 엎드려 사물함 밑을 들여다봤지만, 사물함 밑은 너무 깜깜해서 아무것도 보이지 않았어요.

"손을 넣어 볼까?"

"싫어. 그러다가 벌레라도 손에 닿으면 어떡해?"

나는 윤아 입에서 '벌레'라는 말이 나오자마자 사물함 밑으로 반쯤 넣었던 손을 얼른 뺐어요.

윤아와 나는 서로 울상이 되어 마주 보았어요.

3 이 글에서 윤아의 성격을 짐작하여 그 까닭과 함께 쓰시오. [7점]

(1) 윤아의 성격: (   )

(2) 그 까닭: ____________________

4 자신이 '나'와 같은 상황이었다면 어떻게 행동할지 쓰시오. [5점]

단계별 유형

5 젓가락 달인 뽑기 대회를 앞둔 우봉이의 모습이 나타나는 다음 이야기를 읽고 물음에 답하시오. [10점]

> "그러니까 초급은 나무젓가락으로 삼십 초 안에 바둑알을 다섯 개 옮기면 합격이다, 그 말인겨?"
> "네. 그리고 중급은 삼십 초 안에 일곱 개고요."
> 우봉이는 손에 쥔 나무젓가락 끝을 오므렸다 폈다 하며 대답했어요.
> 할아버지가 손목시계를 보며 준비하라는 눈짓을 했어요. 우봉이는 알았다고 고개를 끄덕였어요.
> "준비, 시작!"
> 우봉이는 나무젓가락으로 바둑알을 집어 옆 접시로 옮기기 시작했어요. 하나, 둘, 셋, 넷, 그리고 다섯 개째 옮기려고 할 때 할아버지 목소리가 들렸어요. / "땡!"
> "벌써 삼십 초가 지났어요? 하나만 더 옮겼으면 초급 합격인데."
> 우봉이가 몹시 아쉬워했어요.
> 할아버지가 우봉이 등을 다독이며 말씀하셨어요.
> "우리 우봉이 아주 잘하는구먼. 젓가락을 바르게 사용할 줄 아니까, 조금만 더 연습하면 거뜬하겠구먼."
> 우봉이는 할아버지 말씀에 용기가 났어요. 할아버지는 접시 한쪽에 바둑알을 수북이 놓았어요. 우봉이는 나무젓가락으로 바둑알을 집어 빈 접시로 옮기는 연습을 계속했어요.

1단계 우봉이는 어떤 연습을 하고 있는지 쓰시오.

(　　　　　　　　　　　　　　　　)

2단계 우봉이의 성격을 짐작하여 쓰시오.

3단계 만약 우봉이의 성격이 게으르다면 앞으로 어떤 일이 일어날지 상상하여 쓰시오.

6 다음 글에서 우봉이의 행동에 대한 자신의 생각을 쓰시오. [7점]

> 아줌마가 대나무로 만든 작은 그릇에서 뭔가를 꺼내 조몰락조몰락했어요.
> "그렇게 먹지 마. 정말 싫어."
> 주은이가 아줌마에게 화를 내듯 크게 말했어요.
> "카오리아오는 이렇게 손으로 먹는 거야. 우리 고향에선 다 그래."
> 아줌마는 목소리도 컸어요. 그렇다고 주은이처럼 화난 건 아니었어요. 웃고 있었으니까요.
> 그런데 말투가 이상했어요. 사투리도 아닌데 아주 어색하게 들렸어요.
> 아줌마가 조몰락조몰락하던 것을 입에 쏙 넣었어요. 밥 덩어리 비슷했어요.
> '왝! 저걸 먹다니!'
> 우봉이는 속이 메스꺼웠어요.
> "아유, 정말 창피해."
> 주은이가 콩 집던 나무젓가락을 아줌마한테 얼른 내밀었어요. 그러고는 주위를 두리번거렸어요.
> 지켜보던 우봉이는 다른 사람 뒤로 얼른 몸을 숨겼어요.

7 다음 친구처럼 이야기를 바꾸어 쓰려고 할 때 주의할 점을 한 가지만 쓰시오. [5점]

> 민아: 「난 커서 바다표범이 될 거야」에서 엄마가 사라지는 사건을 바꾸고 싶습니다.

연습! 서술형 평가

1 ~ 1-1

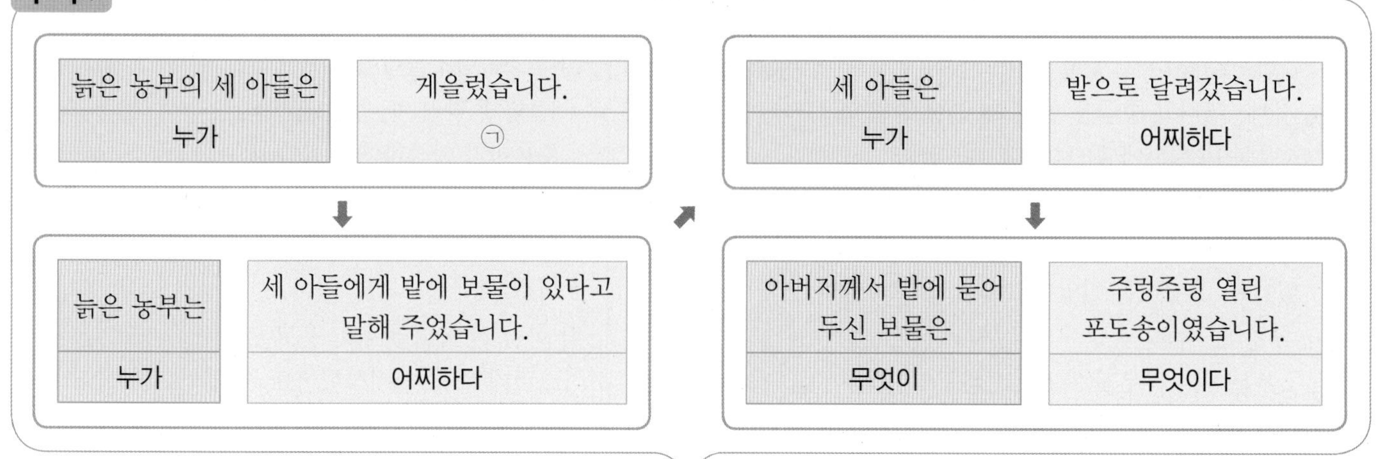

늙은 농부의 세 아들은	게을렀습니다.
누가	㉠

↓

늙은 농부는	세 아들에게 밭에 보물이 있다고 말해 주었습니다.
누가	어찌하다

↗

세 아들은	밭으로 달려갔습니다.
누가	어찌하다

↓

아버지께서 밭에 묻어 두신 보물은	주렁주렁 열린 포도송이였습니다.
무엇이	무엇이다

1 ㉠에 들어갈 말은 무엇입니까? (　　　)

① 누가　② 무엇이
③ 무엇이다　④ 어찌하다
⑤ 어떠하다

1-1 서술형 쌍둥이 문제 위의 문장들처럼 '누가+어떠하다'의 짜임에 맞게 문장을 만들어 쓰시오. [4점]

누가	어떠하다
(1)	(2)

2 ~ 2-1

목화 장수들은 궁리 끝에 광에 고양이를 기르기로 하고 똑같이 돈을 내어 고양이를 샀다. 그러고는 공동 책임을 지려고 고양이의 다리 하나씩을 각자 몫으로 정하고 고양이를 보살피기로 했다. / 어느 날, 고양이가 다리 하나를 다쳤다. 그 다리를 맡은 목화 장수는 고양이 다리에 산초기름을 발라 주었다. 그런데 마침 추운 겨울철이라, 아궁이 곁에서 불을 쬐던 고양이의 다리에 불이 붙고 말았다. 고양이는 얼른 시원한 광 속으로 도망을 쳐서 목화 더미 위에서 굴렀다. 순식간에 목화 더미에 불이 번져 광 속의 목화가 몽땅 타 버리고 말았다.

목화 장수 네 명은 뜻하지 않게 큰 손해를 보게 되었다. 그러자 고양이의 성한 다리를 맡았던 목화 장수 세 명이 투덜투덜 불평을 늘어놓았다.

"이번 불은 순전히 고양이의 아픈 다리를 맡았던 저 사람 때문이야. 하필이면 불이 잘 붙는 산초기름을 발라 줄 게 뭐야?" / "맞아, 그러니 목홧값을 그 사람에게 물어 달라고 하자."

2 고양이의 성한 다리를 맡았던 목화 장수 세 명의 의견은 무엇입니까? (　　　)

① 고양이가 목홧값을 물어야 합니다.
② 절대 목홧값을 물어 줄 수 없습니다.
③ 고을 사또를 찾아가 판결을 받아야 합니다.
④ 고양이의 성한 세 다리 때문에 불이 났습니다.
⑤ 목홧값은 고양이의 아픈 다리를 맡았던 목화 장수가 물어야 합니다.

2-1 서술형 쌍둥이 문제 이 이야기의 흐름을 생각하며 다음 문장을 '누가+어찌하다'로 나누어 쓰시오. [6점]

목화 장수들은 고양이 때문에 큰 손해를 입어 투덜거렸습니다.

↓

누가	어찌하다
(1)	(2)

3~3-1

저는 산 깊고 물 맑은 상수리에 사는 김효은입니다. 우리 마을은 앞으로 만강이 흐르고, 뒤로는 우뚝 솟은 산봉우리들이 병풍처럼 둘러싸여 한 폭의 그림처럼 아름답습니다.

숲에는 천연기념물인 황조롱이, 까막딱따구리 같은 새들과 하늘다람쥐가 삽니다. 그리고 만강에는 쉬리나 배가사리, 금강모치 같은 우리나라의 토종 물고기가 많이 삽니다.

그런데 어제 만강에 댐을 건설할 수 있는지 알아보려고 담당자들께서 우리 마을을 방문하셨습니다. 담당자들께서는 작년에 비가 많이 와서 만강 하류에 있는 도시에 물난리가 났다고 말씀하셨습니다. 그래서 홍수를 막으려면 우리 마을에 댐을 건설해야 한다고 하셨습니다.

하지만 저는 댐을 건설하는 것에 반대합니다. 우리 상수리에 댐을 건설하면 숲에 사는 동물들이 살 곳을 잃고, 우리는 만강의 물고기들을 다시는 볼 수 없게 될 것입니다. 그리고 마을 어른들께서는 평생 살아온 고향을 떠나야 한다고 말씀하십니다. 우리 마을에 댐을 건설하기로 한 계획을 취소해 주시기를 부탁합니다.

3 효은이의 의견은 무엇입니까? (　　　)

① 상수리에 댐을 건설해야 합니다.
② 천연기념물인 동물을 보호해야 합니다.
③ 상수리에 댐을 건설하는 것을 반대합니다.
④ 마을에 방문할 계획을 취소해 주시기 바랍니다.
⑤ 마을에 댐을 건설하는 계획을 설명해 주어야 합니다.

효은이의 의견과 그 까닭을 쓰시오. [6점]

의견	(1)
까닭	(2)

4~4-1

❶ ㉠
❷ 학급 신문의 이름을 정한다.
❸ 자신의 의견을 뒷받침할 자료를 찾는다.

4 학급 신문을 만들 때 해야 할 일 중에서 ㉠에 들어갈 말은 무엇입니까? (　　　)

① 학급 신문의 주제를 정한다.
② 모둠별 학급 신문을 완성한다.
③ 다른 모둠의 학급 신문을 살펴본다.
④ 자신의 의견과 의견을 뒷받침하는 까닭을 종이에 적는다.
⑤ 모둠별로 학급 신문에 자신의 의견과 까닭을 적은 종이를 붙인다.

자신이 학급 신문을 만든다면 어떤 주제로 만들고 싶은지 그 까닭과 함께 쓰시오. [4점]

1 앞 문장의 뒷부분을 다음 문장의 앞부분이 되게 하며 다음 ㉠과 ㉡에 들어갈 말을 각각 쓰시오. [5점]

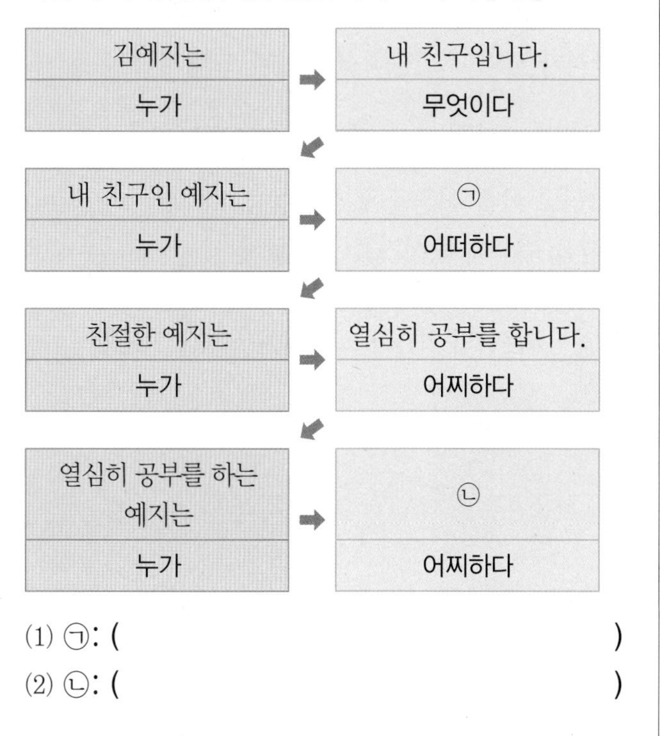

(1) ㉠: (　　　　　　　　　　)
(2) ㉡: (　　　　　　　　　　)

2 다음 그림의 수아처럼 문장의 짜임을 알면 좋은 점을 한 가지만 쓰시오. [5점]

3~4

가 광에는 쥐가 많아 목화를 어지럽히기도 하고 오줌을 싸기도 했다. 목화 장수들은 궁리 끝에 광에 고양이를 기르기로 하고 똑같이 돈을 내어 고양이를 샀다. 그러고는 공동 책임을 지려고 고양이의 다리 하나씩을 각자 몫으로 정하고 고양이를 보살피기로 했다.

나 고양이의 성한 다리를 맡았던 목화 장수 세 명이 투덜투덜 불평을 늘어놓았다.

"이번 불은 순전히 고양이의 아픈 다리를 맡았던 저 사람 때문이야. 하필이면 불이 잘 붙는 산초기름을 발라 줄 게 뭐야?"

"맞아, 그러니 목홧값을 그 사람에게 물어 달라고 하자."

세 사람은 고양이의 아픈 다리를 맡았던 사람에게 목홧값을 물어내라고 했다. 억울한 그 목화 장수는 절대 목홧값을 물어 줄 수 없다며 큰 싸움을 벌였다.

"불이 붙은 고양이가 광으로 도망칠 때는 성한 세 다리로 도망쳤잖아? 그러니까 광에 불이 난 것은 순전히 너희가 맡은 세 다리 때문이야."

3 목화 장수 네 사람이 고양이를 산 까닭은 무엇인지 보기 의 낱말을 사용하여 쓰시오. [5점]

보기
목화　광　쥐

4 고양이의 아픈 다리를 맡았던 목화 장수의 의견과 그 까닭을 쓰시오. [7점]

의견	(1)
까닭	(2)

단계별 유형

5 다음은 효은이와 댐 건설 기관 담당자가 서로에게 쓴 편지의 일부분입니다. 글을 읽고 물음에 답하시오. [10점]

가 저는 댐을 건설하는 것에 반대합니다. 우리 상수리에 댐을 건설하면 숲에 사는 동물들이 살 곳을 잃고, 우리는 만강의 물고기들을 다시는 볼 수 없게 될 것입니다. 그리고 마을 어른들께서는 평생 살아온 고향을 떠나야 한다고 말씀하십니다. 우리 마을에 댐을 건설하기로 한 계획을 취소해 주시기를 부탁합니다.

나 김효은 학생의 편지를 잘 읽었습니다.

아름다운 상수리가 댐 건설로 겪게 될 어려움을 잘 압니다. 하지만 상수리 주변에 사는 주민들이 홍수로 겪는 정신적·물질적 피해는 해마다 늘어나고 있습니다.

만강에 댐을 건설하면 여름철에 폭우로 생기는 문제를 막을 수 있습니다. 비가 내리는 대로 내버려 두면, 강 하류에서는 강물이 넘쳐서 논밭이 빗물에 잠기기도 합니다. / 그리고 집과 길이 부서지고 심지어 사람이 목숨까지 잃을 만큼 위험합니다. 하지만 댐을 건설하면 홍수로 인한 이런 피해를 막을 수 있습니다.

1단계 이 글에 나타난 문제 상황을 쓰시오.

(　　　　　　　　　　　　　　　　　　　　)

2단계 효은이와 댐 건설 기관 담당자의 의견을 각각 쓰시오.

효은	①
댐 건설 기관 담당자	②

3단계 댐 건설에 대한 자신의 생각을 쓰시오.

6 다음 그림에 나타난 상황에 대한 자신의 의견을 쓰시오. [5점]

7 다음은 친구들이 자신의 의견을 제시한 글을 읽고 고쳐 쓸 때 생각할 점에 대하여 이야기하는 것입니다. 빈칸에 들어갈 말을 쓰시오. [5점]

우성: 우리 자신의 의견을 제시한 글을 읽고 고쳐 쓸 때 생각할 점을 말해 볼까?
민정: 문제 상황을 제시하였는지 살펴봐야 해.
승우: 자신의 의견을 분명하게 제시하였는지도 살펴봐야지.
아람: 또 의견을 제시한 뒤에 뒷받침할 내용도 잘 드러나게 고쳐 써야 해.
민우: 읽는 사람을 생각하며 예의 바르게 글을 썼는지 살펴보려면 어떻게 해야 하지?
정아: ______________________

연습! 서술형 평가

1 ~ 1-1

1 이 대화에 나타난 내용을 두 가지 고르시오. (　　　　)

① 주시경 선생님이 한 일
② 주시경 선생님의 부모님
③ 주시경 선생님이 살던 곳
④ 주시경 선생님이 공부한 곳
⑤ 주시경 선생님이 살았던 시대 상황

1-1 서술형 쌍둥이 문제 친구들의 대화를 바탕으로 주시경 선생님을 소개할 때 어떤 내용을 말하면 좋을지 쓰시오. [4점]

____
____
____

2 ~ 2-1

김만덕은 1739년에 제주도의 가난한 선비 집안에서 태어났다. 비록 가난하였으나 사랑과 정이 깊은 부모님 밑에서 자랐다. 그러나 열두 살이 되던 해에 심한 흉년과 전염병 때문에 부모님을 차례로 여의고 말았다. 친척 집을 이리저리 옮겨 다니며 살던 김만덕은 기생의 수양딸이 되었다가 스물세 살이 되던 해에 드디어 기생의 신분에서 벗어났다.

자유의 몸이 된 김만덕은 제주도의 포구에 객줏집을 열었다. 객줏집은 상인의 물건을 맡아 팔기도 하고 물건을 사고파는 데 흥정을 붙이기도 하며, 상인들을 먹여 주고 재워 주기도 하는 집을 말하였다. 육지에서 온 상인들은 김만덕의 객줏집에서 묵어갈 뿐만 아니라 김만덕에게 육지의 물건을 맡기기도 하였다.

"쌀, 무명이오. 좋은 값에 팔아 주시오."

김만덕은 육지의 물건을 제주도 사람들에게 팔아 이익을 남길 수 있었다.

2 김만덕이 살았던 시대 상황으로 알맞은 것은 무엇입니까? (　　　)

① 신분 제도가 있었습니다.
② 병을 쉽게 치료하였습니다.
③ 외국 학문을 공부할 수 없었습니다.
④ 다른 지역으로 이동할 수 없었습니다.
⑤ 필요한 물건은 스스로 만들어 썼습니다.

2-1 서술형 쌍둥이 문제 김만덕이 살았던 시대 상황을 알 수 있는 부분을 찾아 쓰고, 그 시대 상황을 쓰시오. [6점]

시대 상황을 알 수 있는 부분	(1)
시대 상황	(2)

3~3-1

정조는 정약용에게 책을 보내며 좋은 방법을 생각해 보라고 했어요.
"수원에 새로이 성을 지으려 하네. 성을 짓는 데 드는 돈을 줄이면서 백성의 수고도 덜 수 있는 방법을 찾아보게."
정약용은 정조가 보내 준 책들을 꼼꼼히 읽으며 고민에 빠졌어요. 정약용이 생각하기에 성을 쌓을 때 가장 큰 문제는 돌을 옮기는 일이었어요. 힘을 덜 들이고 크고 무거운 돌을 옮길 방법을 찾던 정약용은 서른한 살 되던 해, 마침내 거중기를 만들었어요. 도르래의 원리를 이용해 작은 힘으로도 무거운 물건을 들 수 있도록 만든 기계였지요.
거중기 덕분에 백성은 성을 짓는 일에 자주 나오지 않아도 되어 마음 편히 농사를 지을 수 있었어요. 나라에서도 성을 짓는 데 드는 비용을 크게 줄일 수 있었어요. 정약용 덕분에 나라 살림도 아끼고 백성의 수고도 덜게 된 거예요.

3 이 글에서 정약용이 한 일은 무엇입니까? (　　　)

① 거중기를 발명했습니다.
② 실학과 관련된 책을 썼습니다.
③ 농사를 잘 짓는 방법을 책으로 펴냈습니다.
④ 암행어사가 되어 부패한 관리를 처벌하였습니다.
⑤ 수원에 새로이 성을 지으려는 계획을 세웠습니다.

3-1 이 글에 나타난 정약용이 한 일과 그 일로 인한 결과를 쓰시오. [6점]

정약용이 한 일	(1)
그 결과	(2)

4~4-1

가 마침내 헬렌의 앞에 빛의 세계가 열렸습니다. 헬렌은 배우고 싶다는 뜨거운 마음이 생겼습니다. 헬렌은 아침에 일찍 일어나자마자 글자를 쓰기 시작해 하루 종일 글을 쓰고는 했습니다. 결국 헬렌은 글자를 통해 다른 사람에게 자기 생각을 전할 수 있게 되었습니다.

나 말하기를 배우는 것이 너무 힘들었지만 헬렌은 포기하지 않았습니다. 뜻대로 말이 되지 않아 어려움을 많이 겪었지만 자신도 마침내 말을 할 수 있을 것이라는 희망을 버리지 않고 끊임없이 노력했습니다. 새에게도 말을 걸고 장난감과 개에게도 말을 했습니다.

4 이 글에 나타난 헬렌의 행동으로 알맞은 것은 무엇입니까? (　　　)

① 열병을 앓았습니다.
② 불행한 사람을 도와주었습니다.
③ 손에 닿는 것은 무엇이든 다 물어보았습니다.
④ 버릇없이 굴고, 막무가내로 고집을 피웠습니다.
⑤ 말하기를 배우는 것이 힘들었지만 끊임없이 노력했습니다.

4-1 서술형 쌍둥이 문제
헬렌은 자신의 어려움을 줄이기 위해 어떤 노력을 했는지 쓰시오. [4점]

1~2

가 김만덕은 제주도에서 손꼽히는 큰 상인이 되었다. 많은 돈을 벌어들여 '제주도 부자 김만덕' 하면 모르는 사람이 없을 정도였다. 그러나 김만덕은 돈이 많다고 하여 함부로 돈을 낭비하지 않았다. 오히려 더 절약하고 검소한 생활을 하였다.

나 수확을 앞두고 제주도에 태풍이 몰려왔다. 그동안 애써 가꾸어 놓은 농산물이 모두 심한 피해를 입어 제주도 사람들은 이제 꼼짝없이 굶어 죽을 지경에 이르렀다.

다 '제주도 사람들을 굶어 죽게 내버려 둘 수는 없다. 내가 나서서 그들을 살려야겠다.'

김만덕은 전 재산을 들여 육지에서 곡식을 사 오게 하였다. 그 곡식은 총 오백여 석이었다.

"제가 전 재산을 들여 육지에서 사들인 곡식입니다. 굶주린 사람들에게 나누어 주십시오."

1 이 글에 나타난 김만덕이 한 일을 한 가지 쓰고, 이를 바탕으로 알 수 있는 김만덕의 가치관을 쓰시오. [7점]

김만덕이 한 일	(1)
김만덕의 가치관	(2)

2 만약 자신이 김만덕과 같은 상황에 처한다면 어떤 행동을 할 것인지 쓰시오. [5점]

단계별 유형

3 다음은 정약용이 살아온 과정이 나타나는 이야기입니다. 글을 읽고 물음에 답하시오. [10점]

가 힘을 덜 들이고 크고 무거운 돌을 옮길 방법을 찾던 정약용은 서른한 살 되던 해, 마침내 거중기를 만들었어요. 도르래의 원리를 이용해 작은 힘으로도 무거운 물건을 들 수 있도록 만든 기계였지요.

나 서른세 살 때, 정약용은 정조의 비밀 명령을 받고 암행어사가 되었어요.

다 정약용은 암행어사로 일하는 동안 지방 관리가 어떤 마음을 가져야 하는지에 대해 깊이 생각했어요. 임금이 아무리 나라를 잘 다스려도 지방 관리가 나쁜 짓을 일삼으면 백성은 어렵게 살 수밖에 없다는 것을 알게 되었거든요.

라 정약용은 쉰일곱 살이 되던 1818년, 이런 생각들을 자세히 담은 『목민심서』라는 책을 펴냈어요.

1단계 이 글의 종류는 무엇인지 쓰시오.

( )

2단계 정약용이 한 일을 차례대로 정리하여 보시오.

서른한 살 되던 해	거중기를 만들었습니다.
⬇	
서른세 살 때	①
⬇	
쉰일곱 되던 해	②

3단계 정약용이 한 일을 통해 짐작할 수 있는 그의 가치관을 쓰시오.

4~5

말하기를 배우는 것이 너무 힘들었지만 헬렌은 포기하지 않았습니다. 뜻대로 말이 되지 않아 어려움을 많이 겪었지만 자신도 마침내 말을 할 수 있을 것이라는 희망을 버리지 않고 끊임없이 노력했습니다. 새에게도 말을 걸고 장난감과 개에게도 말을 했습니다.

열 살이 된 헬렌은 퍼킨스학교에 있는 동안 자신처럼 장애를 지닌 어린이를 돕는 일에 나섰습니다. 펜실베이니아주에 살고 있는 토미를 퍼킨스학교에 데려와 교육받을 수 있도록 모금을 하기로 한 것입니다. 다섯 살의 토미는 헬렌처럼 보지도 듣지도 말하지도 못하는 아이였습니다. 토미는 부모님도 안 계시고 가난한 아이여서 학교에 갈 수 없었습니다. 헬렌은 토미가 퍼킨스학교에 다닐 수 있도록 도와 달라는 글을 여러 사람과 신문사에 보냈습니다. 헬렌도 이 모금에 참여하기 위해 사치스러운 물건을 사지 않고 돈을 보탰습니다. 다행히 많은 성금이 모여 토미는 아무 걱정 없이 학교에 다닐 수 있게 되었습니다. 헬렌은 매우 기뻤습니다. 남을 도우면 이렇게 큰 기쁨을 누릴 수 있다는 깨달음을 얻었습니다.

4 열 살이 된 헬렌이 한 일을 쓰시오. [5점]

5 헬렌의 처지를 떠올려 그에게서 본받을 점이 무엇인지 쓰시오. [5점]

6~7

6 유관순이 겪은 어려움과 그 어려움을 이겨 내려고 한 노력을 정리하여 쓰시오. [7점]

유관순이 겪은 어려움	(1)
어려움을 이겨 내기 위해 한 노력	(2)

7 유관순의 삶을 떠올려 미래에 자신은 어떤 시대 상황에 있을지 상상하여 쓰고, 미래에 자신이 이루어 낼 일은 무엇일지도 쓰시오. [7점]

미래의 시대 상황	(1)
자신이 이루어 낼 일	(2)

7. 독서 감상문을 써요

연습! 서술형 평가

1 ~ 1-1

가 학교 도서관에서 책을 고르다가 『세시 풍속』이라는 책을 읽었습니다. 이 책은 우리 조상이 농사일로 고된 일상 속에서 빼먹지 않고 지켜 오던 일 년의 세시 풍속을 담은 책입니다.

나 동지는 음력 십일월인데, 세시 풍속으로 팥죽을 끓여 먹습니다. 얼마 전에 학교에서 팥죽이 나온 것이 떠올라 반가워서 읽었습니다. 동짓날이 그냥 팥죽을 먹는 날인 줄만 알았는데 생각보다 재미있는 이야기가 얽혀 있었습니다. 옛날 사람들은 병을 옮기는 나쁜 귀신이 팥을 싫어한다고 믿었답니다. 그래서 동지에 팥으로 죽을 만들어 귀신이 못 오게 집 앞에 뿌렸답니다. 이 일에서 동지에 팥죽 먹는 풍습이 생겼답니다.

다 『세시 풍속』을 읽고 나니 조상의 지혜를 더 잘 알 수 있었습니다. 계절의 변화 하나하나에 의미를 부여하고 삶을 즐겁게 보내려는 마음을 듬뿍 느꼈습니다.

1 이 글에서 알 수 있는 내용을 모두 고르시오. (　　　　)

① 책 내용　② 책을 구입한 곳
③ 책을 읽은 동기　④ 책을 읽고 생각한 점
⑤ 책을 추천하고 싶은 사람

1-1 이 글을 바탕으로 하여 독서 감상문을 쓰면 좋은 점을 쓰시오. [4점]

2 ~ 2-1

나는 어머니가 내가 학교에 가기 싫어하니 중간에 학교로 가지 않고 다른 길로 샐까 봐 신작로까지 데려다주는 것으로 생각했다. / "너는 뒤따라오너라."

거기에서부터는 이슬받이였다. 사람 하나 겨우 다닐 좁은 산길 양옆으로 풀잎이 우거져 길 한가운데로 늘어져 있었다. 아침이면 풀잎마다 이슬방울이 조롱조롱 매달려 있었다. 어머니는 내게 가방을 넘겨준 다음 내가 가야 할 산길의 이슬을 털어 내기 시작했다. 어머니의 일 바지 자락이 이내 아침 이슬에 흥건히 젖었다. 어머니는 발로 이슬을 털고, 지겟작대기로 이슬을 털었다.

그런다고 뒤따라가는 아들 교복 바지가 안 젖는 것도 아니었다. 신작로까지 십오 분이면 넘을 산길을 삼십 분도 더 걸려 넘었다. 어머니의 옷도, 그 뒤를 따라간 내 옷도 흠뻑 젖었다.

2 학교에 가기 싫어한 '나'를 위해 어머니께서 하신 행동은 무엇입니까? (　　　)

① '나'에게 새 옷을 사 주셨습니다.
② '나'를 학교까지 데려다주셨습니다.
③ '나'의 담임 선생님과 상담을 하셨습니다.
④ '나'에게 며칠 동안 학교에 가지 말고 쉬라고 하셨습니다.
⑤ '나'의 옷에 이슬이 묻지 않도록 이슬을 털어 주셨습니다.

2-1 (서술형 쌍둥이 문제) 이 글에서 감동받은 부분과 그 까닭을 함께 쓰시오. [6점]

감동받은 부분	(1)
그 까닭	(2)

3~3-1

3 친구들은 무엇에 대해 이야기를 나누고 있습니까? (　　　)

① 책의 종류
② 책을 정한 까닭
③ 책을 구입한 장소
④ 책을 사고 싶은 까닭
⑤ 책을 고를 때 주의할 점

3-1 서술형 쌍둥이 문제 이 대화를 바탕으로 하여 독서 감상문을 쓸 책을 정하는 방법은 무엇인지 쓰시오. [4점]

4~4-1

그러면 되는 줄 알았는데

꼴찌만 아니면 될 줄 알았는데
꼴찌를 해도 좋았다.

등수만 중요한 줄 알았는데
더 큰 것이 있었다.

이기기만 하면 될 줄 알았는데
더 큰 마음이 있었다.

4 이 글은 『아름다운 꼴찌』를 읽고 생각이나 느낌을 어떠한 형식으로 표현했습니까? (　　　)

① 시
② 편지
③ 일기
④ 그림
⑤ 만화

4-1 서술형 쌍둥이 문제 이 글은 어떤 특징이 있는지 쓰시오. [4점]

1~2

동지는 음력 십일월인데, 세시 풍속으로 팥죽을 끓여 먹습니다. 얼마 전에 학교에서 팥죽이 나온 것이 떠올라 반가워서 읽었습니다. 동짓날이 그냥 팥죽을 먹는 날인 줄만 알았는데 생각보다 재미있는 이야기가 얽혀 있었습니다. 옛날 사람들은 병을 옮기는 나쁜 귀신이 팥을 싫어한다고 믿었답니다. 그래서 동지에 팥으로 죽을 만들어 귀신이 못 오게 집 앞에 뿌렸답니다. 이 일에서 동지에 팥죽 먹는 풍습이 생겼답니다.

이런 재미있는 이야기를 지닌 동지는 낮이 길어지기 시작하는 날로, 사람들은 이날부터 태양의 기운이 다시 살아난다고 생각했다고 합니다. 동지가 밤이 가장 길고 낮이 가장 짧은 날이라고만 생각했는데, 우리 조상은 태양의 기운이 다시 살아나면서 낮이 길어지는 것이라고 생각한 점이 인상 깊었습니다. 그래서 한 가지를 볼 때 여러 가지 시각으로 봐야겠다고 생각했습니다.

『세시 풍속』을 읽고 나니 조상의 지혜를 더 잘 알 수 있었습니다. 계절의 변화 하나하나에 의미를 부여하고 삶을 즐겁게 보내려는 마음을 듬뿍 느꼈습니다.

1 글쓴이가 『세시 풍속』을 읽고 생각하거나 느낀 점을 쓰시오. [5점]

2 이 독서 감상문에 알맞은 제목을 붙이고 그렇게 붙인 까닭을 쓰시오. [5점]

제목	(1)
그렇게 붙인 까닭	(2)

3~4

가 어머니는 내게 가방을 넘겨준 다음 내가 가야 할 산길의 이슬을 털어 내기 시작했다. 어머니의 일바지 자락이 이내 아침 이슬에 흥건히 젖었다. 어머니는 발로 이슬을 털고, 지겟작대기로 이슬을 털었다.

나 그렇게 어머니와 아들이 무릎에서 발끝까지 옷을 흠뻑 적신 다음에야 신작로에 닿았다.

"자, 이제 이걸 신어라."

거기서 어머니는 품속에 넣어 온 새 양말과 새 신발을 내게 갈아 신겼다. 학교 가기 싫어하는 아들을 위해 아주 마음먹고 준비해 온 것 같았다.

"앞으로는 매일 털어 주마. 그러니 이 길로 곧장 학교로 가. 중간에 다른 데로 새지 말고."

㉠그 자리에서 울지는 않았지만, 왠지 눈물이 날 것 같았다.

"아니, 내일부터 나오지 마. 나 혼자 갈 테니까."

3 ㉠과 같이 '내'가 눈물이 날 것 같았던 까닭은 무엇일지 쓰시오. [5점]

4 이 글에서 감동받은 부분과 그 까닭을 쓰시오. [7점]

5~6

엄마를 냄새로 찾아낸 꽃담이에게

꽃담아, 안녕? 나는 얼마 전에 도서관에서 『초록 고양이』를 읽었어. 초록 고양이가 데려간 엄마를 네가 냄새로 찾아 다시 엄마와 만난다는 내용에서 감동을 받았어.

나는 엄마를 사랑하기는 하지만 엄마에 대한 것을 기억하려고 애쓰지는 않았던 것 같아. 네가 엄마를 냄새로 찾은 것은 늘 엄마에게 관심과 애정이 있었다는 거잖아.

이 이야기를 읽고 부모님에게 좀 더 많은 관심을 가져야겠다고 생각했어. 가족의 소중함을 일깨워 줘서 정말 고마워.

그럼 안녕.

20○○년 11월 ○○일

친구 박성준

5 이 글은 책을 읽고 생각이나 느낌을 어떤 형식으로 표현한 것인지 쓰시오. [5점]

6 이 글과 같은 형식으로 책에 대한 생각이나 느낌을 표현하면 어떤 점이 좋은지 쓰시오. [5점]

단계별 유형

7 인상 깊은 장면을 생각하며 다음 글을 읽고 물음에 답하시오. [10점]

비행기가 요란한 소리를 내며 활주로를 달리기 시작했어.

"투발루다!"

그 순간 창밖으로 멀리 콩알만 하게 투발루가 보였어. 로자는 안전띠를 풀려고 했어. 하지만 그럴 수 없었어.

"로자야, 안 돼! 비행기는 이미 출발했잖아. 멈출 수 없어!"

로자는 창밖으로 작아지는 투발루를 보며 후회하고 또 후회했지.

"투발루에게 수영을 가르칠 걸 그랬어!"

"로자야, 사람들이 환경을 오염시키지 않으면 다시 투발루에 돌아올 수 있을 거야."

아빠의 말을 들으며 로자는 간절히 빌었어.

"저는 투발루에서 투발루와 함께 살고 싶어요. 제발 도와주세요!"

1단계 로자의 바람은 무엇인지 쓰시오.

2단계 인상 깊게 읽은 부분을 쓰고 그 부분에 대한 생각이나 느낌을 쓰시오.

3단계 이 글을 읽고 어떤 글의 형식을 사용하여 생각이나 느낌을 표현하고 싶은지 쓰시오.

8. 생각하며 읽어요

연습! 서술형 평가

1 ~ 1-1

햇볕이 내리쬐는 무척 더운 날이었어요. 아버지와 아이가 당나귀를 끌고 시장에 가고 있었어요. 아버지와 아이는 땀을 뻘뻘 흘렸어요. 그 모습을 본 농부가 비웃으며 말했어요.
"쯧쯧, 당나귀를 타고 가면 될 걸 저렇게 미련해서야……."
농부의 말을 듣고 보니 정말 그렇지 않겠어요?
'맞아, 당나귀는 원래 짐을 싣거나 사람을 태우는 동물이잖아.'
아버지는 당장 아이를 당나귀에 태웠어요.
그렇게 한참을 가는데 한 노인이 호통을 쳤어요.
"아버지는 걷게 하고 자기는 편하게 당나귀를 타고 가다니. 요즘 아이들이란 저렇게 버릇이 없단 말이지!"
노인의 말을 듣고 보니 정말 그렇지 않겠어요?
아이는 얼른 당나귀에서 내리고 아버지를 태웠어요.

1 노인이 아버지와 아이에게 말한 의견은 무엇입니까? ( )

① 당나귀를 메고 가야 합니다.
② 둘 다 당나귀를 타서는 안 됩니다.
③ 둘 다 당나귀를 타고 가야 합니다.
④ 아이가 당나귀를 타고 가야 합니다.
⑤ 아이 대신 아버지가 당나귀를 타고 가야 합니다.

1-1 서술형 쌍둥이 문제 다른 사람의 말을 들은 아버지와 아이는 어떻게 행동하였는지 쓰시오. [4점]

2 ~ 2-1

바람직한 독서 방법은 도서관의 편의 시설을 늘리는 것입니다. 휴게실을 많이 만들면 편안히 쉴 수 있습니다. 체육관이 생기면 운동을 자주 할 수 있습니다. 컴퓨터를 많이 설치하면 인터넷을 쉽게 이용할 수 있습니다. 이와 같이 올바른 독서 방법은 도서관의 편의 시설을 늘리는 것입니다.

2 글쓴이는 무엇을 주제로 글을 썼습니까? ( )

① 바람직한 독서 방법
② 체육관이 필요한 까닭
③ 도서관을 사용할 때 주의할 점
④ 컴퓨터를 바르게 사용하는 방법
⑤ 독서와 운동을 함께 하면 좋은 점

2-1 서술형 쌍둥이 문제 이 글에 담긴 글쓴이의 의견이 주제와 관련되어 있는지를 평가하여 그 까닭과 함께 쓰시오. [6점]

3~3-1

바람직한 독서 방법은 여러 분야의 책을 읽는 것입니다. 여러 분야의 책을 읽으면 배경지식이 풍부해집니다. 풍부한 배경지식은 학교 공부를 하는 데 도움을 줍니다. 한 분야의 책만 읽으면 시력이 나빠집니다. 제가 여러 분야의 책을 읽었을 때는 시력이 좋아졌는데 한 분야의 책만 읽었을 때는 시력이 나빠졌습니다. 따라서 여러 분야의 책을 읽는 것은 좋은 독서 방법입니다.

3 글쓴이의 의견에 대한 뒷받침 내용을 두 가지 고르시오. (　　　　)

① 집중력이 좋아질 것입니다.
② 글의 내용을 쉽게 이해할 수 있습니다.
③ 흥미를 느끼며 즐겁게 읽을 수 있습니다.
④ 한 분야의 책만 읽으면 시력이 나빠집니다.
⑤ 배경지식이 풍부해져서 학교 공부에 도움이 됩니다.

3-1 서술형 쌍둥이 문제 글쓴이의 의견을 뒷받침하는 내용이 믿을 만한지 알아보기 위한 방법에는 무엇이 있을지 쓰시오. [4점]

4~4-1

문화재를 개방해야 합니다. 문화재를 직접 관람하면 옛 조상이 살았던 때를 생생하게 느낄 수 있습니다. 저는 가족과 함께 고인돌 유적지를 보러 갔습니다. 거대한 고인돌이 생생하게 기억에 남았습니다. 누리집에서 고인돌에 대한 정보를 찾아보았고, 학교 도서관에서 고인돌에 대한 책을 빌려 읽기도 했습니다.

4 글쓴이의 의견은 무엇입니까? (　　　　)

① 문화재를 개방해야 합니다.
② 고인돌을 훼손해서는 안 됩니다.
③ 옛 조상의 지혜를 배워야 합니다.
④ 문화재 관람 수칙을 지켜야 합니다.
⑤ 문화재에 대한 책을 많이 읽어야 합니다.

4-1 서술형 쌍둥이 문제 글쓴이의 의견이 적절한지 판단하고 그렇게 판단한 까닭과 함께 쓰시오. [6점]

1~2

"세상에! 이렇게 더운 날 어린아이는 걷게 하고 자기만 편하게 당나귀를 타고 가다니. 저런 사람이 아비라고 할 수 있나, 원! 나라면 아이도 함께 태울 텐데."

아낙의 말을 듣고 보니 정말 그런 것도 같았어요. 아버지는 아이도 당나귀에 태웠어요. 아버지와 아이를 태운 당나귀는 힘에 부친 듯 비틀비틀 걸음을 옮겼어요.

시장에 거의 다다랐을 때, 그 모습을 본 청년이 말했어요.

"불쌍한 당나귀! 이 더운 날 두 명이나 태우고 가느라 힘이 다 빠졌네. 나라면 당나귀를 메고 갈 텐데."

청년의 말을 듣고 보니 그런 것 같았어요.

'그래, 이대로 가다가는 시장에 가기도 전에 당나귀가 지쳐 쓰러져 버릴 거야.'

둘은 당나귀에서 내렸어요. 그러고 나서 아버지는 당나귀의 앞발을, 아이는 뒷발을 각각 어깨에 올렸지요.

1 이 글에 등장하는 인물의 의견은 무엇인지 쓰시오. [5점]

아낙	(1)
청년	(2)

2 아버지와 아이의 행동에 대한 자신의 생각을 까닭과 함께 쓰시오. [5점]

3~4

바람직한 독서 방법은 자신이 좋아하는 책만 읽는 것입니다. 좋아하는 분야의 책을 읽으면 흥미를 느끼며 즐겁게 읽을 수 있습니다. 그 분야에 깊이 있는 지식을 쌓을 수 있습니다. 자신이 좋아하는 분야이기 때문에 책 내용을 더 쉽게 이해할 수 있습니다. 따라서 저는 이보다 더 바람직한 독서 방법은 없다고 생각합니다.

3 글쓴이의 의견을 쓰고 글쓴이의 의견을 따랐을 때 생길 수 있는 문제를 쓰시오. [5점]

글쓴이의 의견	(1)
문제	(2)

4 '바람직한 독서 방법'에 대한 자신의 의견과 뒷받침 내용을 쓰시오. [5점]

단계별 유형

5 글쓴이의 의견이 무엇인지 생각하며 다음 글을 읽고 물음에 답하시오. [10점]

문화재를 개방해야만 문화재 훼손을 막을 수 있습니다. 20○○년 7월 ○○일 신문 기사를 보니 고궁 가운데 한 곳인 ○○궁에 곰팡이가 번식했다는 내용이 있었습니다. 장마인데 문을 닫고만 있어서 바람이 통하지 않아 곰팡이가 궁궐 안으로 퍼진 것입니다. 사람들이 드나들면서 바람이 통하게 하면 이와 같은 문제는 해결될 것입니다.

문화재를 개방하면 자신이 체험한 문화재를 보호하려고 노력하는 사람이 늘어날 것입니다. 어디에 있는지도 모르는 유물이 아니라 우리 곁에 있는 문화재가 되어야 합니다. 우리가 함께 가꾸고 보존해 나간다고 생각한 뒤에 힘을 모으면 '살아 있는' 문화재가 될 것입니다.

1단계 글쓴이는 무엇에 대해 글을 썼는지 쓰시오.

2단계 글쓴이의 의견이 적절한지 평가하는 방법에 무엇이 있는지 한 가지를 쓰시오.

3단계 2단계에서 쓴 평가 방법에 따라 글쓴이의 의견을 평가하여 쓰시오.

6~7

6 친구들의 대화를 참고하여 편식하는 것에 대한 자신의 의견을 그 까닭과 함께 쓰시오. [5점]

7 편식에 대한 의견을 뒷받침할 수 있는 내용을 찾는 방법을 두 가지 이상 생각하여 쓰시오. [5점]

연습! 서술형 평가

1 ~ 1-1

내 스케치북에는 비행기가 날아.

필통에도
지우개에도
비행기가 날아.

조종석에는 언제나
내가 앉아 있어.

조수석에는 엄마도 앉고
동생도 앉고
송이도 앉아.
오늘은 우리 집 개가 앉았어.

난 비행기가 좋아.
비행기를 구경하는 것도
비행기를 그리는 것도
비행기를 생각하는 것도.

1 이 시에서 말하는 이가 관심 있는 것은 무엇입니까? (　　　)

① 동생　　② 지우개
③ 비행기　　④ 스케치북
⑤ 우리 집 개

1-1 서술형 쌍둥이 문제 시에서 말하는 이는 어떤 상상을 하였는지 쓰시오. [4점]

2 ~ 2-1

지하 주차장으로 / 차 가지러 내려간 아빠 / 한참 만에 / 차 몰고 나와 한다는 말이

내려가고 내려가고 또 내려갔는데 글쎄, 계속 지하로 계단이 있는 거야! 그러다 아이쿠, 발을 헛디뎠는데 아아아…… 이상한 나라의 앨리스처럼 깊은 동굴 속으로 끝없이 떨어지지 않겠니? 정신을 차려 보니까 호빗이 사는 마을이었어. 호박처럼 생긴 집들이 미로처럼 뒤엉켜 있는데 갑자기 흰머리 간달프가 나타나 말하더구나. 이 새 자동차가 네 자동차냐? 내가 말했지. 아닙니다, 제 자동차는 10년 다 된 고물 자동차입니다. 오호, 정직한 사람이구나. 이 새 자동차를…….

에이, 아빠! / 차 어디에 세워 놨는지 몰라서 그랬죠?
차 찾느라 / 온 지하 주차장 헤매고 다닌 거 / 다 알아요. / 피이!

2 아이는 어디에 가신 아빠를 기다리고 있습니까? (　　　)

① 체육관
② 호빗 마을
③ 지하 주차장
④ 깊은 동굴 속
⑤ 고물 자동차 안

2-1 서술형 쌍둥이 문제 아빠께서 늦게 나타나신 까닭은 무엇인지 쓰시오. [6점]

3~3-1

①

동숙이는 선생님 김밥을 싸야 한다고 어머니께 말씀드려서 아버지의 병원비로 달걀 한 줄을 사지만 집에 돌아오는 길에 달걀을 깨뜨리고 맙니다.

②

선생님께서는 김밥을 못 먹고 있는 동숙이가 안쓰러워서 배탈이 났다고 하시며 자신의 김밥을 동숙이에게 주셨습니다.

3 선생님께서 배탈이 났다고 하신 까닭은 무엇입니까? (　　)

① 김밥을 많이 먹어서
② 김밥을 좋아하지 않아서
③ 김밥을 너무 많이 싸 와서
④ 다른 친구가 김밥을 주어서
⑤ 자신의 김밥을 동숙이에게 주기 위해서

3-1 서술형 쌍둥이 문제 선생님의 행동에 대한 생각을 쓰시오. [4점]

____

____

4~4-1

멸치 대왕이 망둥 할멈에게 꿈 이야기를 해 주자 망둥 할멈은 벌떡 일어나 절을 하면서 "대왕마마, 용이 될 꿈입니다."라고 말했어. 그러면서 하늘을 오르락내리락 구름 속을 왔다가 갔다가 하는 것은 용이 되어서 하늘을 날아다니는 것이고, 흰 눈이 내리면서 추웠다가 더웠다가 하는 것은 용이 되어 날씨를 마음대로 다스리게 되는 것이라고 풀이해 주었어. 망둥 할멈의 꿈풀이에 멸치 대왕은 기분이 좋아 덩실덩실 춤을 추었지.

하지만 넓적 가자미는 멸치 대왕한테 용이 되는 꿈이 아니라 큰 변을 당하게 될, 아주 나쁜 꿈이라고 말했어. 그러면서 하늘을 오르락내리락한다는 것은 낚싯대에 걸린 것이고, 구름은 모락모락 숯불 연기이고, 또 흰 눈은 소금이고, 추웠다가 더웠다가 한다는 것은 잘 익으라고 뒤집었다 엎었다 하는 것이라고 멸치 대왕의 꿈을 풀이했어.

4 망둥 할멈의 성격을 짐작한 것으로 알맞은 것은 무엇입니까? (　　)

① 조용합니다.
② 아부를 잘합니다.
③ 부끄러움이 많습니다.
④ 다른 사람을 무시합니다.
⑤ 화를 참지 못하는 성격입니다.

4-1 서술형 쌍둥이 문제 망둥 할멈과 넓적 가자미의 꿈풀이는 어떻게 다른지 쓰시오. [6점]

____

____

1~2

내 스케치북에는 비행기가 날아.

필통에도
지우개에도
비행기가 날아.

조종석에는 언제나
내가 앉아 있어.

조수석에는 엄마도 앉고
동생도 앉고
송이도 앉아.
오늘은 우리 집 개가 앉았어.

난 비행기가 좋아.
비행기를 구경하는 것도
비행기를 그리는 것도
비행기를 생각하는 것도.

커서 뭐가 되고 싶으냐고 묻지 마.
내 마음에는 비행기가 날아.

1 이 시에서 말하는 이가 하고 싶은 일은 무엇인지 쓰시오. [5점]

2 이 시를 읽고 떠오르는 경험을 생각하여 쓰시오. [5점]

3~4

지하 주차장으로 / 차 가지러 내려간 아빠
한참 만에 / 차 몰고 나와 한다는 말이

내려가고 내려가고 또 내려갔는데 글쎄, 계속 지하로 계단이 있는 거야! 그러다 아이쿠, 발을 헛디뎠는데 아아아…… 이상한 나라의 앨리스처럼 깊은 동굴 속으로 끝없이 떨어지지 않겠니? 정신을 차려 보니까 호빗이 사는 마을이었어. 호박처럼 생긴 집들이 미로처럼 뒤엉켜 있는데 갑자기 흰머리 간달프가 나타나 말하더구나. 이 새 자동차가 네 자동차냐? 내가 말했지. 아닙니다, 제 자동차는 10년 다 된 고물 자동차입니다. 오호, 정직한 사람이구나, 이 새 자동차를…….

에이, 아빠!
차 어디에 세워 놨는지 몰라서 그랬죠?
차 찾느라
온 지하 주차장 헤매고 다닌 거
다 알아요.
피이!

3 아이는 무엇을 하고 있었는지 쓰시오. [5점]

4 이 시에 나오는 인물들의 마음이 어떠하였을지 생각하여 쓰시오. [5점]

아빠	(1)
아이	(2)

5~6

동숙이는 소풍에 달걀이 들어간 김밥을 가져갈 수 있는 친구를 부러워하고 친구는 동숙이에게 너도 어머니께 달걀이 들어간 김밥을 싸 달라고 말하라고 합니다.

동숙이는 어머니께 달걀 넣은 김밥을 싸 달라고 말씀드렸다가 혼이 납니다. 그러자 동숙이는 자신이 캔 쑥을 팔아서 달걀을 사려고 했지만 아무도 쑥을 사 주지 않았습니다.

5 동숙이는 소풍에 무엇을 가져가고 싶었는지 쓰시오. [5점]

____

6 장면 ❷에 대한 자신의 생각을 쓰시오. [5점]

____

단계별 유형

7 인물의 특징을 생각하며 다음 글을 읽고 물음에 답하시오. [10점]

넓적 가자미는 멸치 대왕한테 용이 되는 꿈이 아니라 큰 변을 당하게 될, 아주 나쁜 꿈이라고 말했어. 그러면서 하늘을 오르락내리락한다는 것은 낚싯대에 걸린 것이고, 구름은 모락모락 숯불 연기이고, 또 흰 눈은 소금이고, 추웠다가 더웠다가 한다는 것은 잘 익으라고 뒤집었다 엎었다 하는 것이라고 멸치 대왕의 꿈을 풀이했어.

넓적 가자미의 꿈풀이를 듣던 멸치 대왕은 화가 나 얼굴이 점점 붉어졌지. 꿈풀이를 다 듣고 난 뒤 멸치 대왕은 너무나도 화가 나 넓적 가자미의 뺨을 때렸는데 어찌나 세게 때렸던지 넓적 가자미의 눈이 한쪽으로 찍 몰려가 붙어 버리고 말았던 거야.

1단계 넓적 가자미의 꿈풀이는 어떠하였는지 쓰시오.

(   )

2단계 멸치 대왕의 성격은 어떠할지 성격을 짐작할 수 있는 부분과 함께 쓰시오.

____

3단계 넓적 가자미의 꿈풀이를 들은 멸치 대왕은 넓적 가자미에게 어떤 말을 하였을지 짐작하여 쓰시오.

____

연습! 서술형 평가

(진분수)+(진분수)

1 그림을 보고 □ 안에 알맞은 수를 써넣으세요.

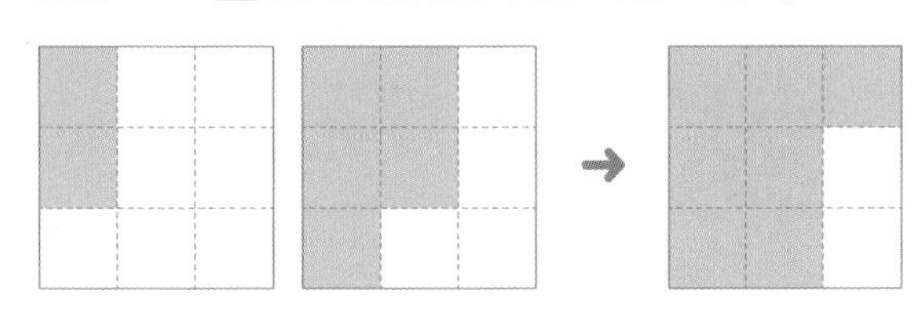

$$\frac{2}{9}+\frac{5}{9}=\frac{\square}{\square}$$

tip 분모가 같은 진분수끼리의 덧셈은 분모는 그대로 두고 분자끼리 더합니다.

1-1 서술형 쌍둥이 문제

윤호는 다음과 같이 계산하였습니다. 계산이 틀린 이유를 쓰고, 바르게 계산하세요. [6점]

$$\frac{2}{9}+\frac{5}{9}=\frac{7}{18}$$

이유

바르게 계산하기

(진분수)−(진분수)

2 □ 안에 알맞은 수를 써넣으세요.

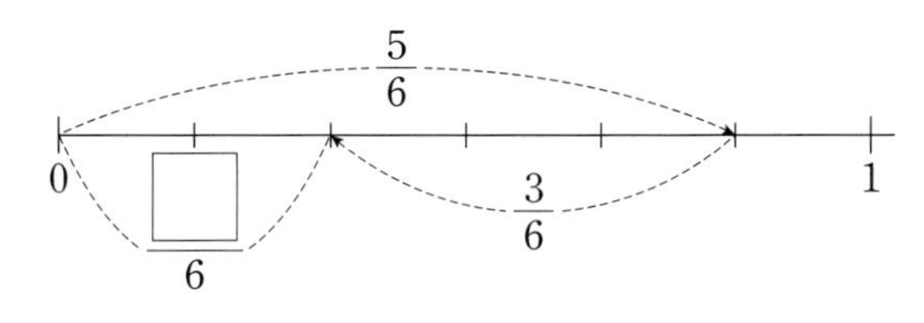

$$\frac{5}{6}-\frac{3}{6}=\frac{\square}{6}$$

tip 분모가 같은 진분수끼리의 뺄셈은 분모는 그대로 두고 분자끼리 뺍니다.

2-1 서술형 쌍둥이 문제

큰 수에서 작은 수를 뺀 값은 얼마인지 해결 과정을 쓰고, 답을 구하세요. [4점]

$\frac{5}{6}$ $\frac{3}{6}$

(　　　　　　　　　　)

(대분수)+(대분수)

3 □ 안에 알맞은 수를 써넣으세요.

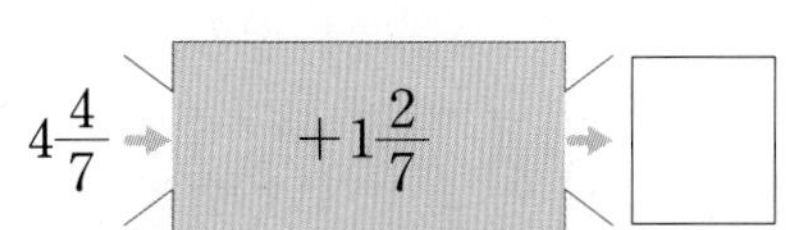

tip 분모가 같은 대분수끼리의 덧셈은 자연수는 자연수끼리 진분수는 진분수끼리 더합니다.

3-1 서술형 쌍둥이 문제

사과가 $4\frac{4}{7}$ kg, 귤이 $1\frac{2}{7}$ kg 있습니다. 과일의 무게는 모두 몇 kg인지 해결 과정을 쓰고, 답을 구하세요. [4점]

(　　　　　　　　　　)

받아내림이 없는 (대분수)－(대분수)

4 그림을 보고 □ 안에 알맞은 수를 써넣으세요.

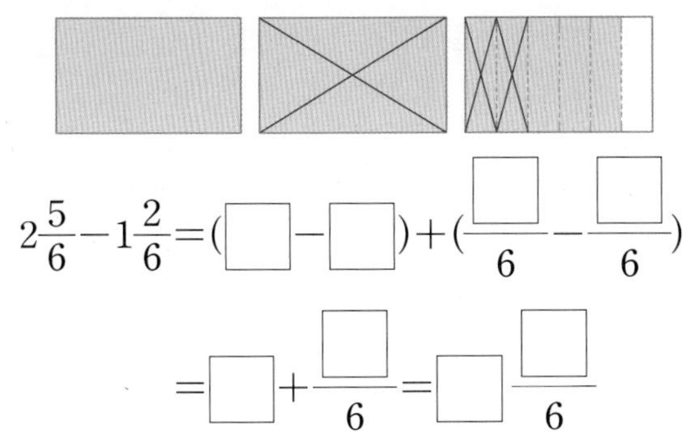

$$2\frac{5}{6}-1\frac{2}{6}=(\square-\square)+(\frac{\square}{6}-\frac{\square}{6})$$

$$=\square+\frac{\square}{6}=\square\frac{\square}{6}$$

tip 분모가 같은 대분수끼리의 뺄셈은 자연수는 자연수끼리 진분수는 진분수끼리 뺍니다.

4-1 서술형 쌍둥이 문제

다음 직사각형의 가로와 세로의 차는 몇 cm인지 해결 과정을 쓰고, 답을 구하세요. [4점]

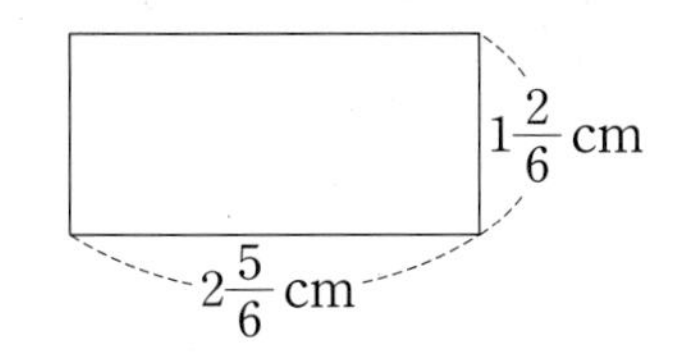

(　　　　　　　　)

(자연수)－(분수)

5 빈 곳에 두 수의 차를 써넣으세요.

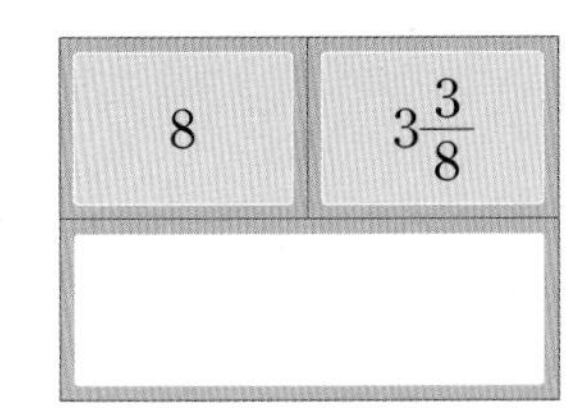

tip 자연수에서 1만큼을 대분수의 분모와 같은 가분수로 만들어 계산합니다.

5-1 서술형 쌍둥이 문제

윤호와 상희는 다음과 같은 수 카드를 각각 뽑았습니다. 수 카드에 적힌 두 수의 합이 8일 때 빈 카드에 들어갈 수는 얼마인지 해결 과정을 쓰고, 답을 구하세요. [6점]

□	$3\frac{3}{8}$
윤호	상희

(　　　　　　　　)

받아내림이 있는 (대분수)－(대분수)

6 □ 안에 알맞은 수를 써넣으세요.

$$\square+1\frac{4}{5}=4\frac{1}{5}$$

tip □+●=▲에서 □ 안에 알맞은 수는 □=▲−●로 구할 수 있습니다.

6-1 서술형 쌍둥이 문제

그림을 보고 집에서 학교까지의 거리는 몇 km인지 해결 과정을 쓰고, 답을 구하세요. [6점]

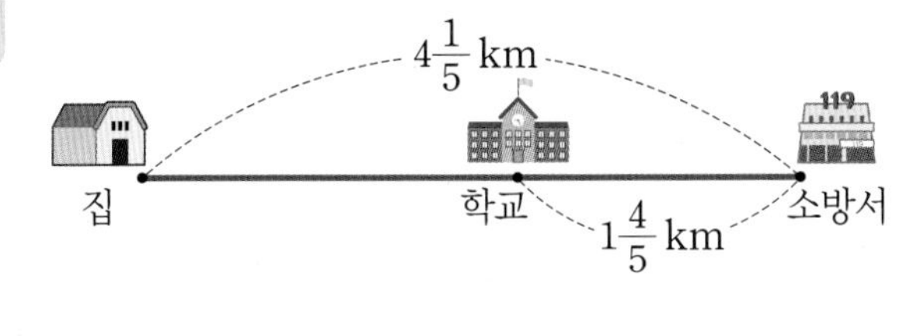

(　　　　　　　　)

1 다음 삼각형의 세 변의 길이의 합은 몇 cm인지 해결 과정을 쓰고, 답을 구하세요. [5점]

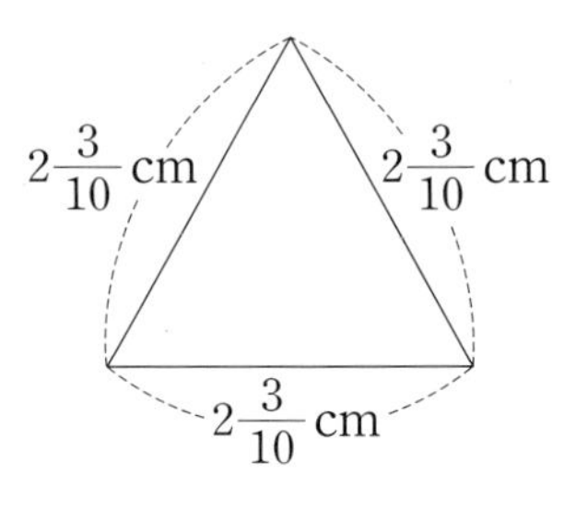

(　　　　　　　　　　)

2 다음 중 계산 결과가 1보다 큰 것을 찾아 기호를 쓰려고 합니다. 해결 과정을 쓰고, 답을 구하세요. [5점]

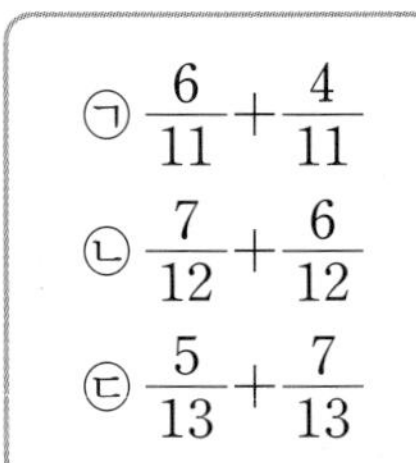

㉠ $\frac{6}{11}+\frac{4}{11}$

㉡ $\frac{7}{12}+\frac{6}{12}$

㉢ $\frac{5}{13}+\frac{7}{13}$

(　　　　　　　　　　)

3 윤미는 동화책을 어제는 전체의 $\frac{2}{9}$만큼, 오늘은 전체의 $\frac{3}{9}$만큼 읽었습니다. 전체의 얼마만큼을 더 읽어야 동화책을 모두 읽게 되는지 해결 과정을 쓰고, 답을 구하세요. [7점]

(　　　　　　　　　　)

4 성희는 다음과 같이 계산하였습니다. 계산이 틀린 부분을 찾아 이유를 쓰고, 바르게 계산하세요. [7점]

$$4\frac{3}{8}-2\frac{7}{8}=4\frac{11}{8}-2\frac{7}{8}=2\frac{4}{8}$$

이유

바르게 계산하기

5 8과 ㉠이 나타내는 분수의 차는 얼마인지 해결 과정을 쓰고, 답을 구하세요. [7점]

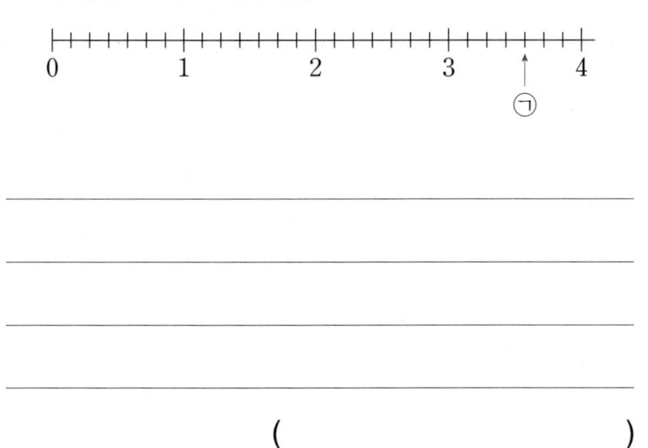

(　　　　　　　　)

6 분모가 7인 진분수가 2개 있습니다. 두 진분수의 합이 $\frac{6}{7}$이고 차가 $\frac{4}{7}$일 때 두 진분수는 각각 얼마인지 해결 과정을 쓰고, 답을 구하세요. [7점]

(　　　　　　　　), (　　　　　　　　)

7 다음 수 카드 중에서 3장으로 만들 수 있는 가장 작은 대분수와 2장으로 만들 수 있는 가장 큰 진분수의 차는 얼마인지 해결 과정을 쓰고, 답을 구하세요. [10점]

3　5　8　9

(　　　　　　　　)

단계별 유형

8 준수는 다음과 같이 길이가 $8\frac{5}{7}$ cm인 색 테이프 3장을 $\frac{6}{7}$ cm씩 겹쳐서 이어 붙였습니다. 이어 붙인 색 테이프의 전체 길이를 구하려고 합니다. 물음에 답하세요. [10점]

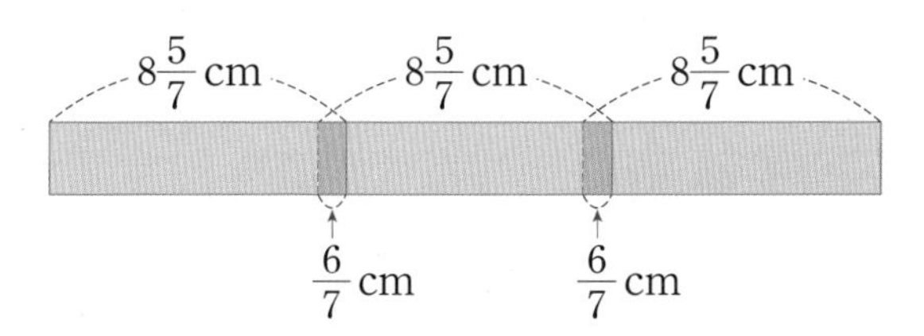

1단계 색 테이프 3장의 길이의 합은 몇 cm인가요?

(　　　　　　　　)

2단계 겹쳐진 부분의 길이의 합은 몇 cm인가요?

(　　　　　　　　)

3단계 이어 붙인 색 테이프의 전체 길이는 몇 cm인가요?

(　　　　　　　　)

수학
1단원

연습! 서술형 평가

변의 길이에 따라 삼각형 분류하기

1 도형을 보고 빈칸에 알맞게 써넣으세요.

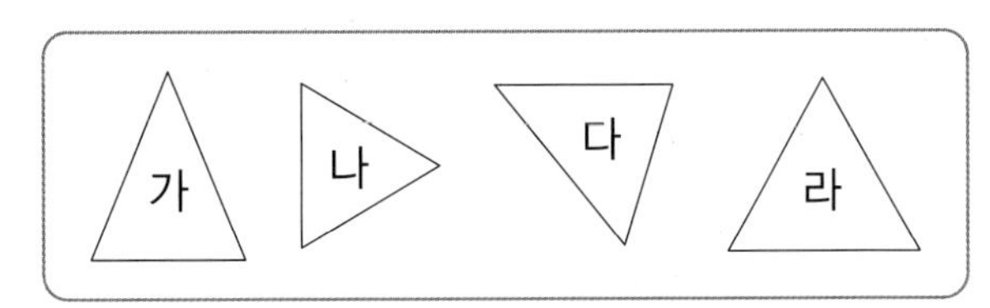

이등변삼각형	정삼각형

tip 이등변삼각형은 두 변의 길이가 같고, 정삼각형은 세 변의 길이가 같습니다.

다음 삼각형이 정삼각형이 아닌 이유를 쓰세요. [4점]

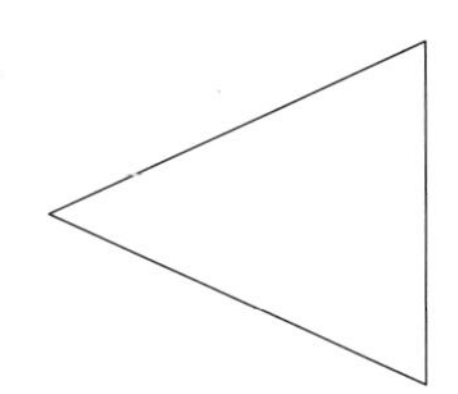

이등변삼각형의 성질

2 다음 도형은 이등변삼각형입니다. □ 안에 알맞은 수를 써넣으세요.

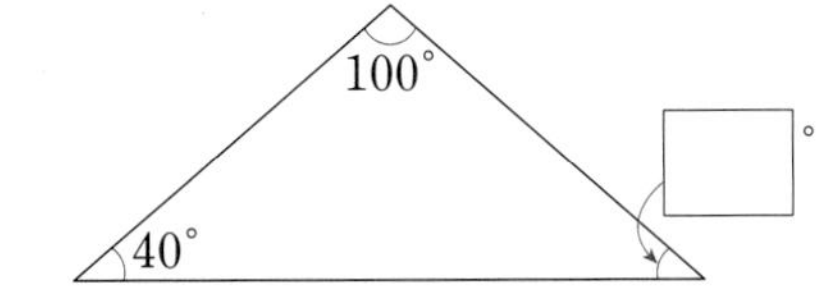

tip 이등변삼각형에서 길이가 같은 두 변에 있는 두 각의 크기는 같습니다.

삼각형 ㄱㄴㄷ은 이등변삼각형입니다. 각 ㄱㄷㄴ의 크기는 몇 도인지 해결 과정을 쓰고, 답을 구하세요. [6점]

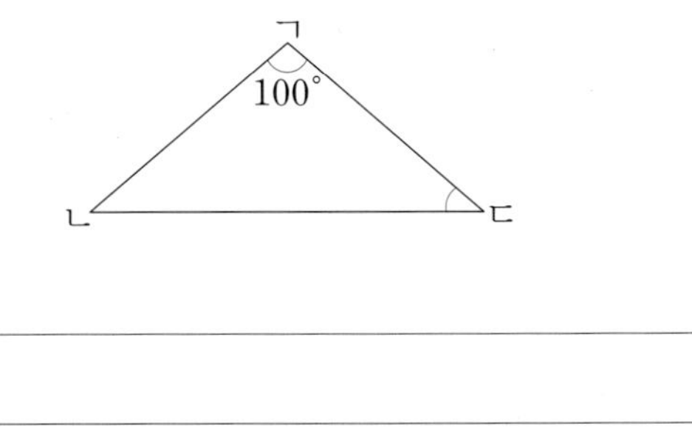

(　　　　　　　　　　)

정삼각형의 성질

3 □ 안에 알맞은 수를 써넣으세요.

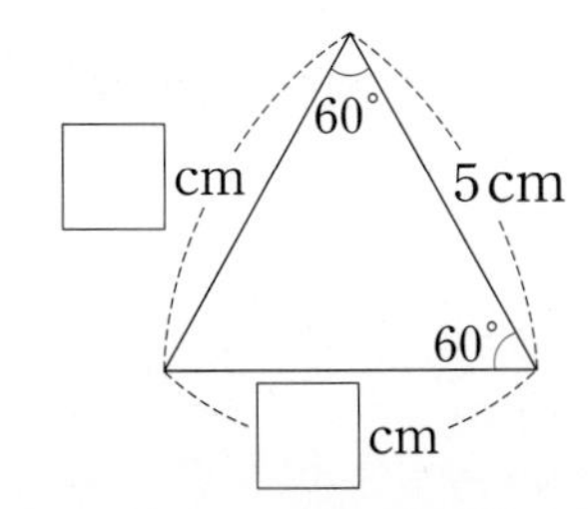

tip 정삼각형은 세 각의 크기가 같고 삼각형의 세 각의 크기의 합은 180°이므로 정삼각형의 한 각의 크기는 60°입니다.

다음 삼각형의 세 변의 길이의 합은 몇 cm인지 해결 과정을 쓰고, 답을 구하세요. [6점]

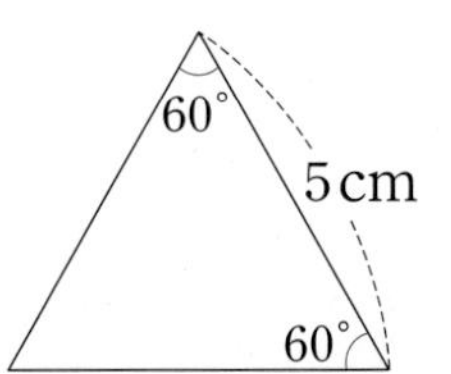

(　　　　　　　　　　)

예각삼각형

4 예각삼각형이 아닌 것을 찾아 기호를 쓰세요.

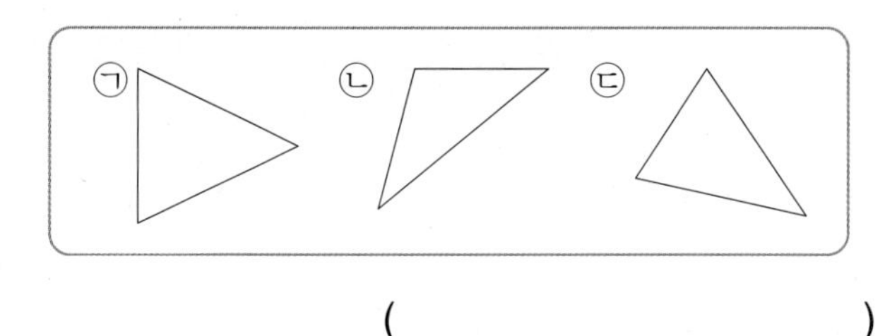

( )

tip 예각삼각형은 세 각이 모두 예각인 삼각형입니다.

4-1 서술형 쌍둥이 문제

다음 삼각형이 예각삼각형이 아닌 이유를 쓰세요. [4점]

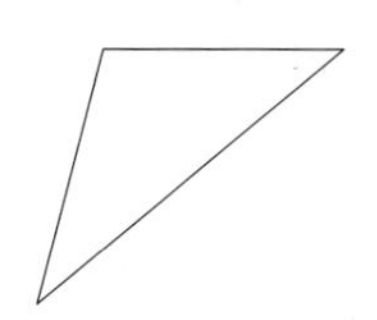

둔각삼각형

5 삼각형의 세 각의 크기가 다음과 같을 때 이 삼각형은 예각삼각형인지 둔각삼각형인지 쓰세요.

30 °, 45 °, 105 °

( )

tip 둔각삼각형은 한 각이 둔각인 삼각형입니다.

5-1 서술형 쌍둥이 문제

삼각형의 세 각 중에서 두 각의 크기가 $30°$, $45°$입니다. 이 삼각형은 예각삼각형인지 둔각삼각형인지 해결 과정을 쓰고, 답을 구하세요. [4점]

( )

삼각형을 두 가지 기준으로 분류하기

6 다음 삼각형의 이름이 될 수 없는 것을 모두 고르세요. ( )

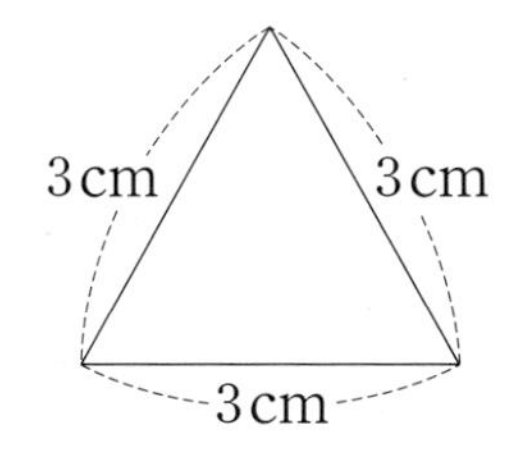

① 예각삼각형 ② 정삼각형
③ 둔각삼각형 ④ 직각삼각형
⑤ 이등변삼각형

tip 변의 길이에 따라 이등변삼각형 또는 정삼각형으로 분류하고, 각의 크기에 따라 예각삼각형, 직각삼각형, 둔각삼각형으로 분류합니다.

6-1 서술형 쌍둥이 문제

다음 삼각형에 알맞은 이름을 모두 구하려고 합니다. 해결 과정을 쓰고, 답을 구하세요. [6점]

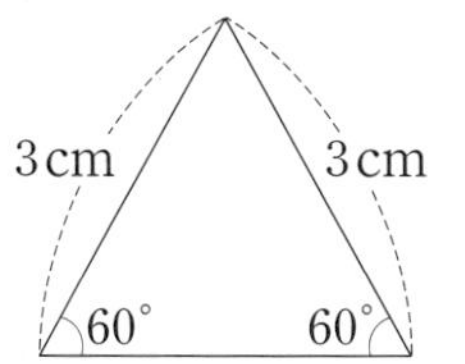

( )

1 다음 삼각형이 정삼각형이라는 것을 알 수 있는 방법을 2가지 쓰세요. [5점]

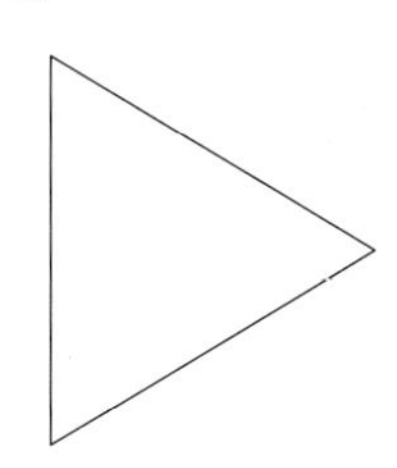

방법 1

방법 2

2 다음 중 틀린 설명을 찾아 기호를 쓰고, 바르게 고치세요. [5점]

㉠ 예각삼각형은 한 각이 예각입니다.
㉡ 직각삼각형은 한 각이 직각입니다.
㉢ 둔각삼각형은 한 각이 둔각입니다.

기호

바르게 고치기

3 민하는 세 변의 길이가 다음과 같은 이등변삼각형을 그렸습니다. □가 될 수 있는 수를 모두 구하려고 합니다. 해결 과정을 쓰고, 답을 구하세요. [7점]

7 cm, 12 cm, □ cm

(,)

4 다음 삼각형이 이등변삼각형이 아닌 이유를 쓰세요. [7점]

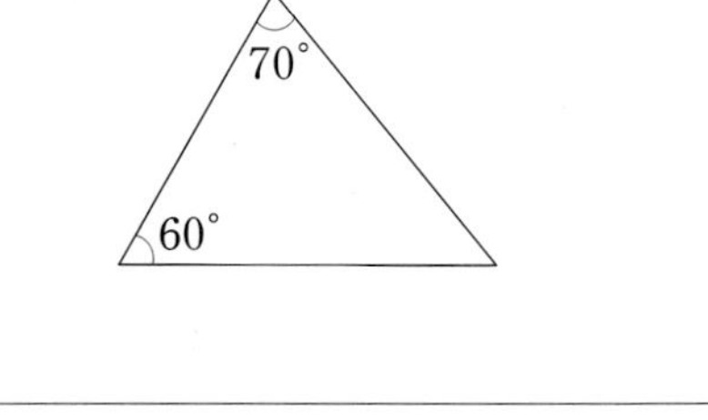

5 삼각형 ㄱㄴㄷ은 정삼각형이고, 삼각형 ㄹㄷㅁ은 이등변삼각형입니다. 각 ㄱㄷㄹ의 크기는 몇 도인지 해결 과정을 쓰고, 답을 구하세요. [7점]

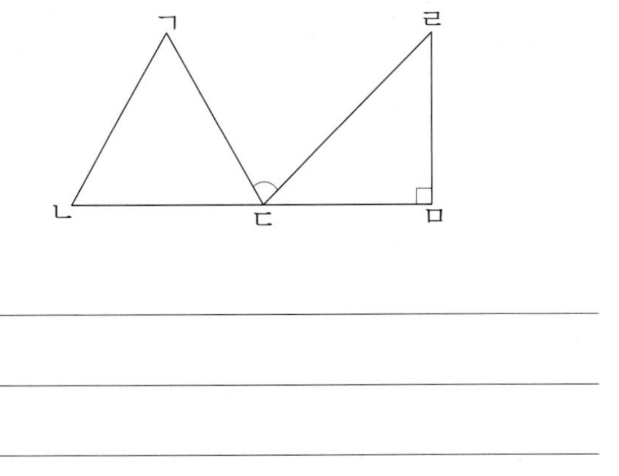

(　　　　　　　　)

6 삼각형의 두 각의 크기가 다음과 같을 때 둔각삼각형인 것을 찾아 기호를 쓰려고 합니다. 해결 과정을 쓰고, 답을 구하세요. [7점]

㉠ $60°$, $35°$	㉡ $50°$, $30°$
㉢ $55°$, $45°$	㉣ $20°$, $70°$

(　　　　　　　　)

단계별 유형

7 도형에서 찾을 수 있는 크고 작은 둔각삼각형은 예각삼각형보다 몇 개 더 많은지 구하려고 합니다. 물음에 답하세요. [10점]

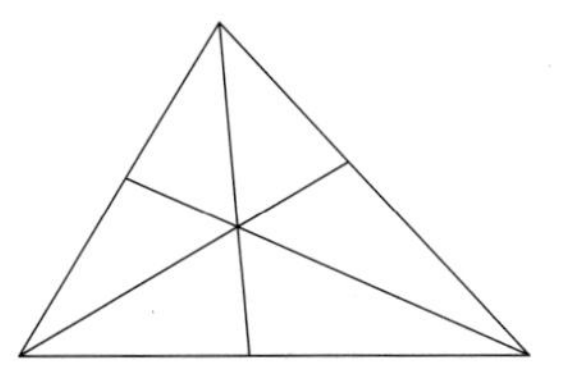

1단계 도형에서 찾을 수 있는 크고 작은 둔각삼각형은 몇 개인가요?

(　　　　　　　　)

2단계 도형에서 찾을 수 있는 크고 작은 예각삼각형은 몇 개인가요?

(　　　　　　　　)

3단계 도형에서 찾을 수 있는 크고 작은 둔각삼각형은 예각삼각형보다 몇 개 더 많은지 해결 과정을 쓰고, 답을 구하세요.

(　　　　　　　　)

수학
2단원

연습! 서술형 평가

소수 두 자리 수

1 전체 크기가 1인 모눈종이에 색칠된 부분의 크기를 소수로 나타내세요.

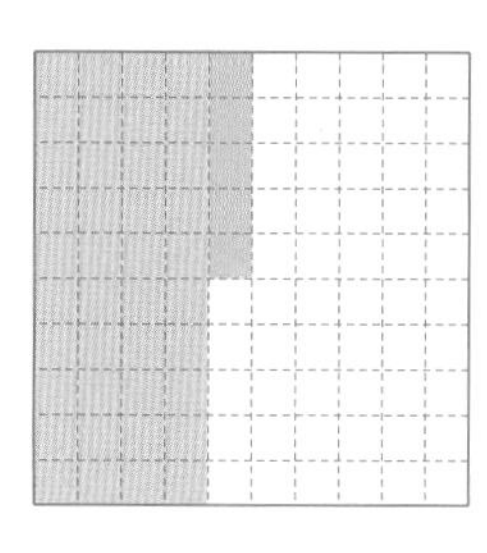

(　　　　　　　　　　)

tip 0.01이 ●■개인 수는 0.●■입니다. 또는 0.1이 ●개, 0.01이 ■개인 수도 0.●■입니다.

1-1 서술형 쌍둥이 문제 다음을 소수로 나타내면 얼마인지 해결 과정을 쓰고, 답을 구하세요. [4점]

0.1이 4개, 0.01이 5개인 수

(　　　　　　　　　　)

소수 세 자리 수

2 숫자 5가 0.005를 나타내는 수에 ○표 하세요.

2.59	4.785	6.153
(　　　)	(　　　)	(　　　)

tip ★.●■▲에서 ★는 일의 자리 숫자이고 ★를, ●는 소수 첫째 자리 숫자이고 0.●를, ■는 소수 둘째 자리 숫자이고 0.0■를, ▲는 소수 셋째 자리 숫자이고 0.00▲를 나타냅니다.

2-1 서술형 쌍둥이 문제 숫자 5가 나타내는 수가 가장 작은 수를 찾아 기호를 쓰려고 합니다. 해결 과정을 쓰고, 답을 구하세요. [4점]

㉠ 2.59　　㉡ 4.785　　㉢ 6.153

(　　　　　　　　　　)

소수의 크기 비교

3 두 수의 크기를 비교하여 ○ 안에 >, =, <를 알맞게 써넣으세요.

3.14 ○ 3.092

tip 소수의 크기를 비교할 때에는 자연수 부분, 소수 첫째 자리, 소수 둘째 자리, 소수 셋째 자리 순서로 높은 자리 수부터 크기를 비교합니다.

3-1 서술형 쌍둥이 문제 주은이가 가지고 있는 연필의 무게는 3.14 g이고, 석호가 가지고 있는 연필의 무게는 3.092 g입니다. 누구의 연필이 더 무거운지 해결 과정을 쓰고, 답을 구하세요. [4점]

(　　　　　　　　　　)

소수 사이의 관계

4 나타내는 수가 다른 하나를 찾아 기호를 쓰세요.

㉠ 1059의 $\frac{1}{10}$　　㉡ 105.9의 $\frac{1}{100}$
㉢ 10.59의 10배　　㉣ 1.059의 100배

(　　　　　　　　)

tip 소수의 $\frac{1}{10}$을 하면 소수점을 기준으로 수가 오른쪽으로 한 자리씩 이동하고, 소수를 10배 하면 소수점을 기준으로 수가 왼쪽으로 한 자리씩 이동합니다.

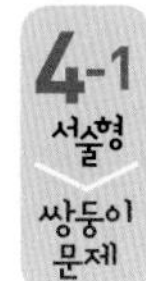

4-1 서술형 쌍둥이 문제 다른 수를 설명한 친구는 누구인지 해결 과정을 쓰고, 답을 구하세요. [6점]

(　　　　　　　　)

소수의 덧셈

5 빈 곳에 두 수의 합을 써넣으세요.

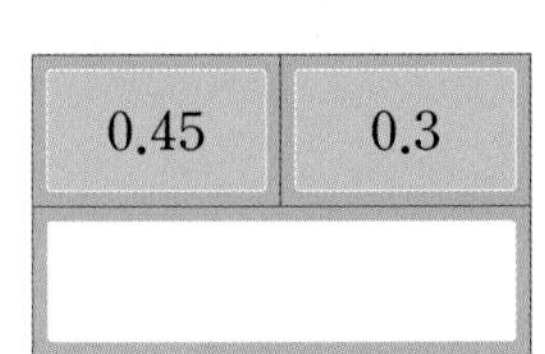

tip 소수점 아래 자릿수가 다른 소수의 덧셈은 오른쪽 끝자리에 0이 있는 것으로 생각하여 자릿수를 맞추어 계산합니다.

5-1 서술형 쌍둥이 문제 계산이 잘못된 곳을 찾아 바르게 계산하고, 잘못된 이유를 쓰세요. [6점]

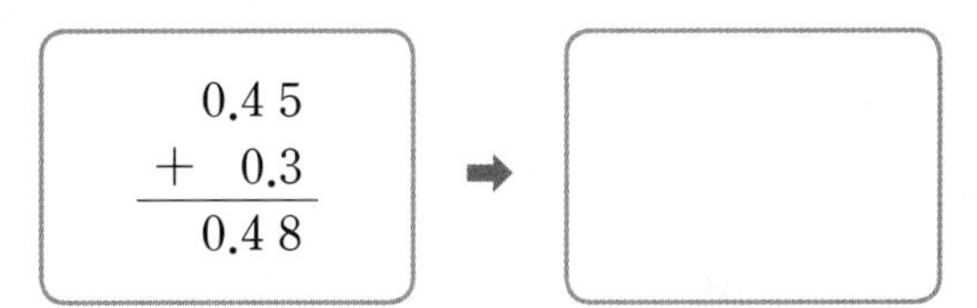

소수의 뺄셈

6 계산 결과가 큰 것부터 순서대로 □ 안에 번호를 써넣으세요.

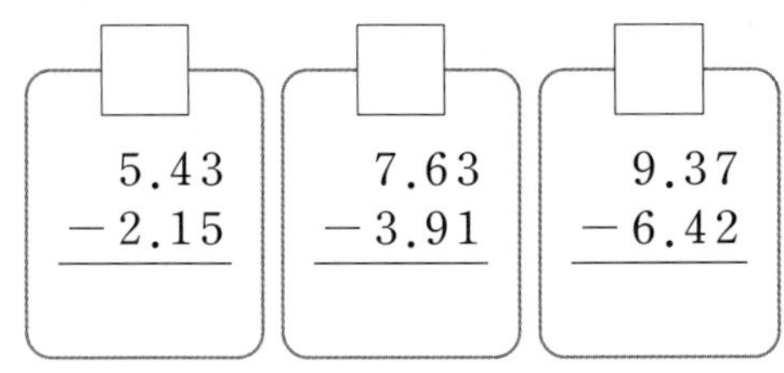

tip 먼저 주어진 뺄셈식을 계산한 다음 계산 결과의 크기를 비교합니다.

6-1 서술형 쌍둥이 문제 계산 결과가 작은 것부터 순서대로 기호를 쓰려고 합니다. 해결 과정을 쓰고, 답을 구하세요. [6점]

㉠ 5.43−2.15
㉡ 7.63−3.91
㉢ 9.37−6.42

(　　　,　　　,　　　)

수학 3단원

1 소수를 잘못 읽은 친구를 찾아 이름을 쓰고, 바르게 읽어 보세요. [5점]

- 수영: 2.04는 이 점 사라고 읽어.
- 인성: 0.35는 영 점 삼오라고 읽어.

이름 ______________________

바르게 읽기 ______________________

____

2 ㉠이 나타내는 수는 ㉡이 나타내는 수의 몇 배인지 해결 과정을 쓰고, 답을 구하세요. [5점]

23.853 (㉠: 십의 자리 숫자 3, ㉡: 소수 셋째 자리 숫자 3)

____

____

____

____

( )

3 우유를 세진이는 0.315 L, 윤석이는 320 mL 마셨습니다. 누가 우유를 더 많이 마셨는지 해결 과정을 쓰고, 답을 구하세요. [7점]

____

____

____

____

( )

4 0.12를 10배 한 수와 1.5의 $\frac{1}{10}$인 수의 차를 구하려고 합니다. 해결 과정을 쓰고, 답을 구하세요. [7점]

____

____

____

____

( )

5 밀가루가 $3\,\mathrm{kg}$ 있었습니다. 그중에서 과자를 만드는 데 $0.72\,\mathrm{kg}$을 사용하고, 빵을 만드는 데 $1.045\,\mathrm{kg}$을 사용했습니다. 사용하고 남은 밀가루는 몇 kg인지 해결 과정을 쓰고, 답을 구하세요. [7점]

(　　　　　　　　)

6 카드를 한 번씩 모두 사용하여 소수 두 자리 수를 만들려고 합니다. 만들 수 있는 가장 큰 수와 가장 작은 수의 합과 차를 각각 구하려고 합니다. 해결 과정을 쓰고, 답을 구하세요. [10점]

합 (　　　　　　　　)
차 (　　　　　　　　)

단계별 유형

7 다음 조건을 모두 만족하는 소수를 구하려고 합니다. 물음에 답하세요. [10점]

- 각 자리 수가 서로 다른 소수 세 자리 수입니다.
- 3보다 크고 4보다 작습니다.
- 소수 첫째 자리 수와 일의 자리 수의 합은 7입니다.
- 소수 둘째 자리 수는 4로 나누어 떨어집니다.
- 이 소수를 10배 한 수의 소수 둘째 자리 숫자는 5입니다.

1단계 일의 자리 숫자를 구하세요.
(　　　　　　　　)

2단계 소수 첫째 자리 숫자를 구하세요.
(　　　　　　　　)

3단계 소수 둘째 자리 숫자를 구하세요.
(　　　　　　　　)

4단계 소수 셋째 자리 숫자를 구하세요.
(　　　　　　　　)

5단계 조건을 만족하는 소수를 구하세요.
(　　　　　　　　)

연습! 서술형 평가

수직

1 삼각자를 사용하여 직선 가에 수직인 직선을 그으세요.

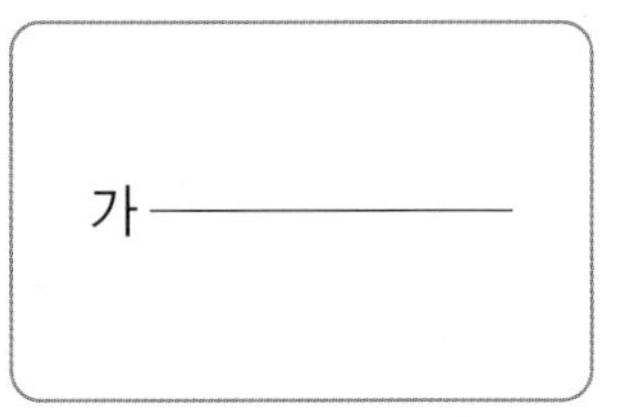

tip 직선 가와 만나서 이루는 각이 직각이 되도록 직선을 긋습니다.

1-1 민주는 삼각자를 사용하여 다음과 같이 직선 가에 수직인 직선을 그었습니다. 직선을 잘못 그은 이유를 쓰세요. [4점]

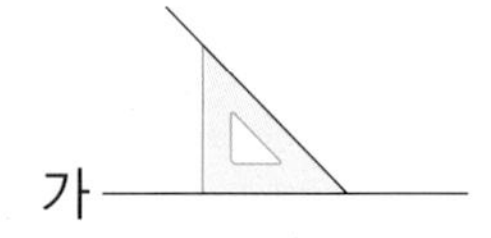

평행

2 삼각자를 사용하여 평행선을 바르게 그은 것을 찾아 기호를 쓰세요.

㉠ 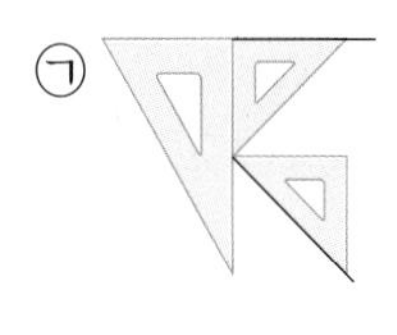 ㉡ 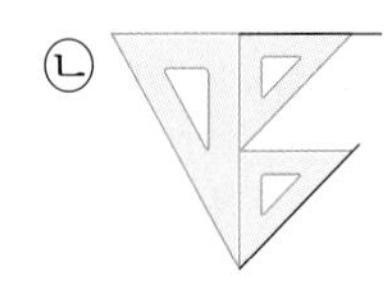 ㉢ 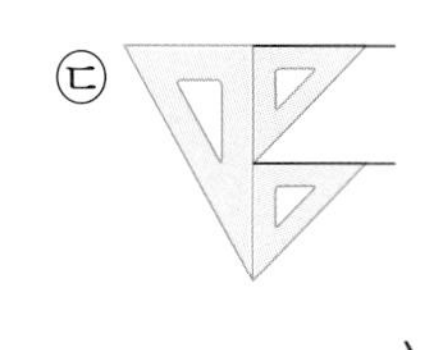

( )

tip 왼쪽 삼각자의 한 변에 대해 그은 두 직선이 각각 수직이 되는지 확인합니다.

2-1 다음 도형에서 서로 평행한 변을 찾아 쓰려고 합니다. 해결 과정을 쓰고, 답을 구하세요. [4점]

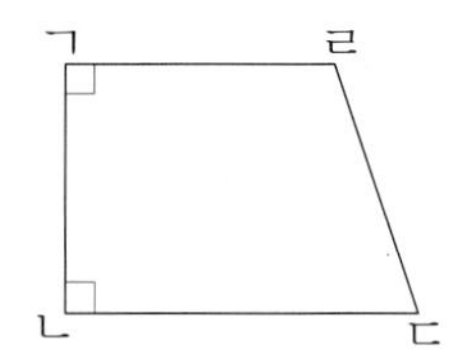

( ), ( )

사다리꼴

3 □ 안에 알맞은 말을 써넣으세요.

마주 보는 한 쌍의 변이 서로 평행한 사각형을 □이라고 합니다.

tip 

와 같은 모양의 도형의 이름을 알아봅니다.

3-1 직사각형 모양의 종이를 선을 따라 자르면 사다리꼴은 모두 몇 개 생기는지 해결 과정을 쓰고, 답을 구하세요. [4점]

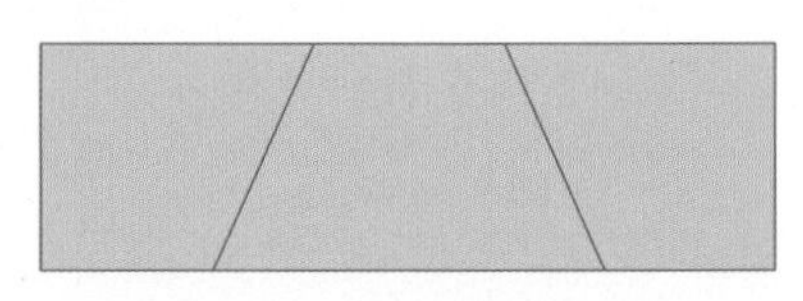

( )

평행사변형

4 다음 도형은 평행사변형입니다. □ 안에 알맞은 수를 써넣으세요.

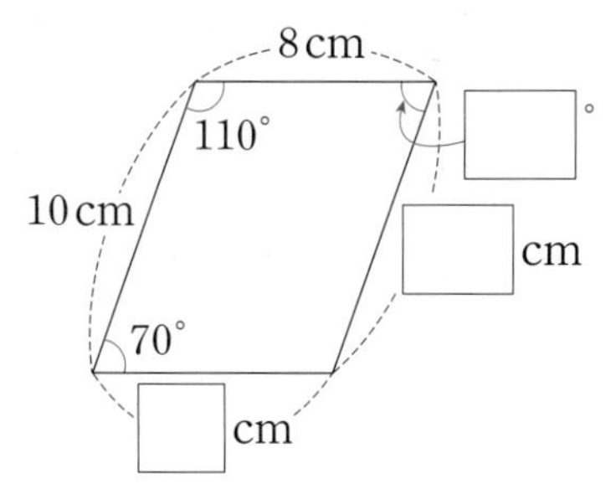

tip 평행사변형에서 마주 보는 각의 크기와 변의 길이는 각각 같습니다.

다음은 친구들이 평행사변형에 대해 말한 것입니다. 잘못 말한 친구의 이름을 쓰고, 바르게 고치세요. [6점]

- 미주: 마주 보는 각의 크기가 같아.
- 재호: 이웃한 두 각의 크기의 합이 180°야.
- 성주: 네 변의 길이가 모두 같아.

이름

바르게 고치기

마름모

5 다음 도형은 마름모입니다. □ 안에 알맞은 수를 써넣으세요.

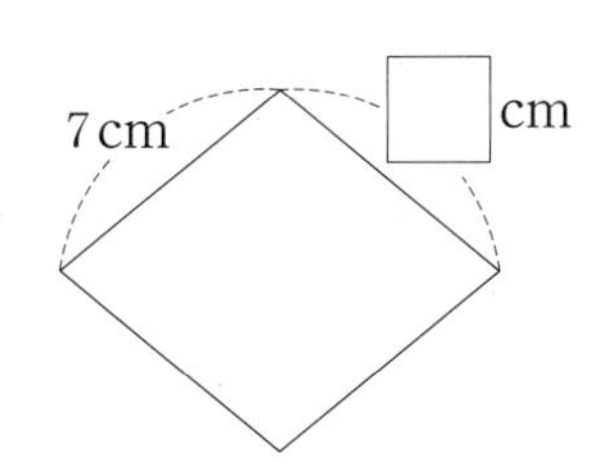

tip 마름모의 네 변의 길이는 모두 같습니다.

네 변의 길이의 합이 28 cm인 마름모의 한 변은 몇 cm인지 해결 과정을 쓰고, 답을 구하세요. [6점]

( )

여러 가지 사각형

6 다음 도형의 이름이 될 수 있는 것을 모두 찾아 ○표 하세요.

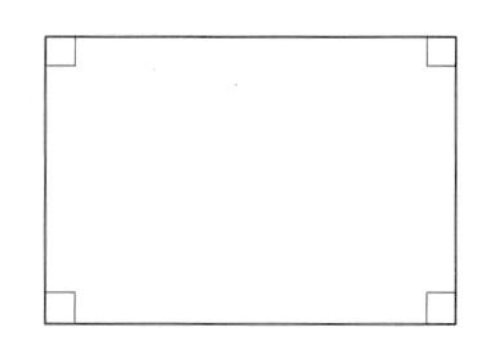

사다리꼴	평행사변형
마름모	정사각형

다음 직사각형이 평행사변형인 이유를 쓰세요. [4점]

1 다음 도형에서 평행한 변은 모두 몇 쌍인지 해결 과정을 쓰고, 답을 구하세요. [5점]

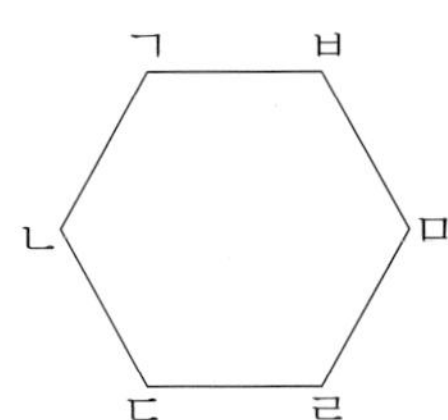

(　　　　　　　　)

2 다음 사다리꼴은 평행사변형이 아닙니다. 그 이유를 쓰세요. [5점]

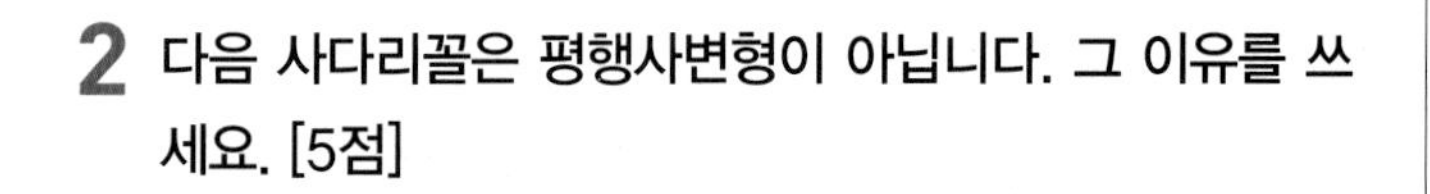

3 다음 도형에서 평행선 사이의 거리는 몇 cm인지 해결 과정을 쓰고, 답을 구하세요. [7점]

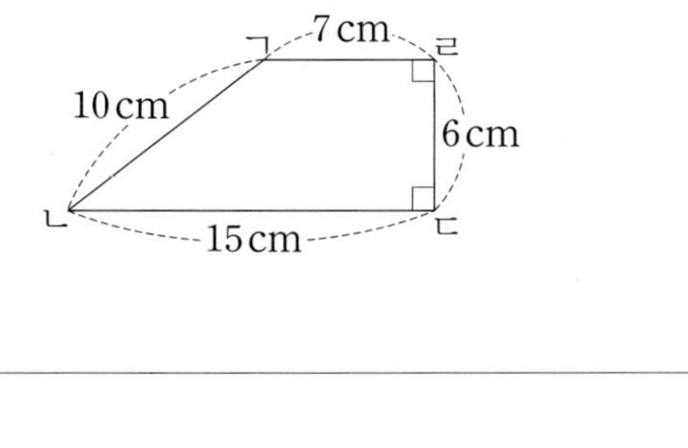

(　　　　　　　　)

4 선분 ㄱㅇ과 선분 ㄷㅇ은 서로 수직입니다. 각 ㄴㅇㄷ의 크기는 몇 도인지 해결 과정을 쓰고, 답을 구하세요. [7점]

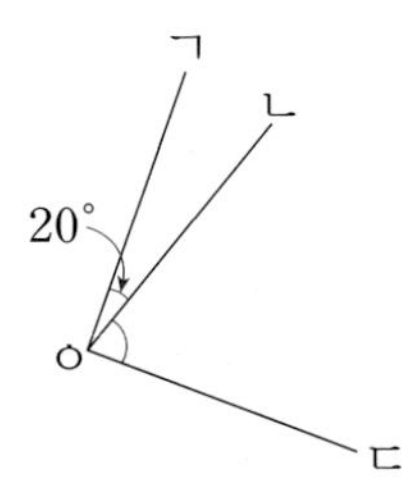

(　　　　　　　　)

5 사각형 ㄱㄴㄷㄹ은 평행사변형입니다. ㉠의 각도는 몇 도인지 해결 과정을 쓰고, 답을 구하세요. [7점]

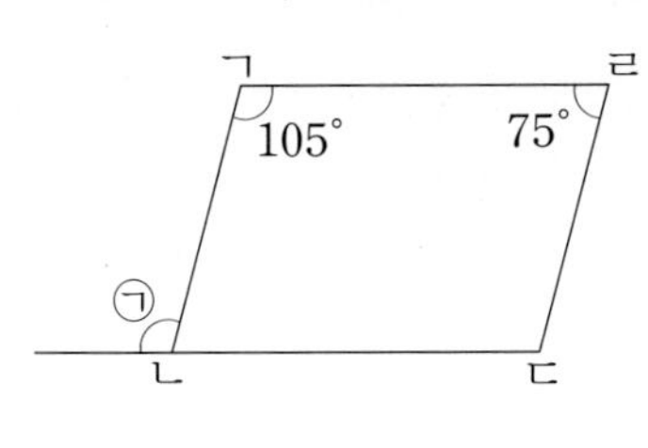

(　　　　　　　　　　)

7 평행사변형 가와 마름모 나의 네 변의 길이의 합은 같습니다. ㉠의 길이는 몇 cm인지 해결 과정을 쓰고, 답을 구하세요. [10점]

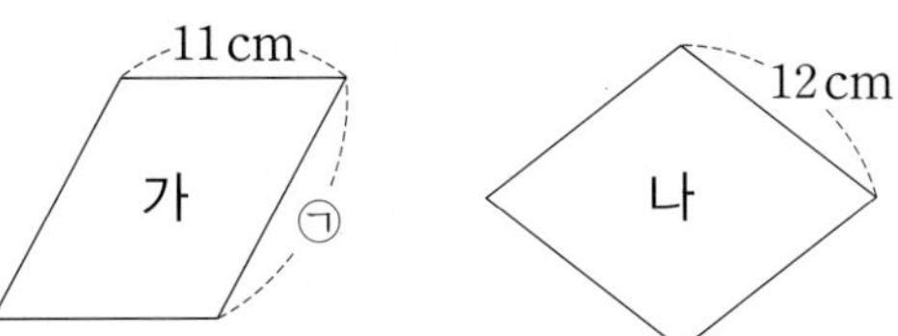

(　　　　　　　　　　)

수학

4단원

단계별 유형

6 두 마름모를 다음과 같이 겹치지 않게 이어 붙여 놓았습니다. 변 ㄴㅁ의 길이를 구하려고 합니다. 물음에 답하세요. [7점]

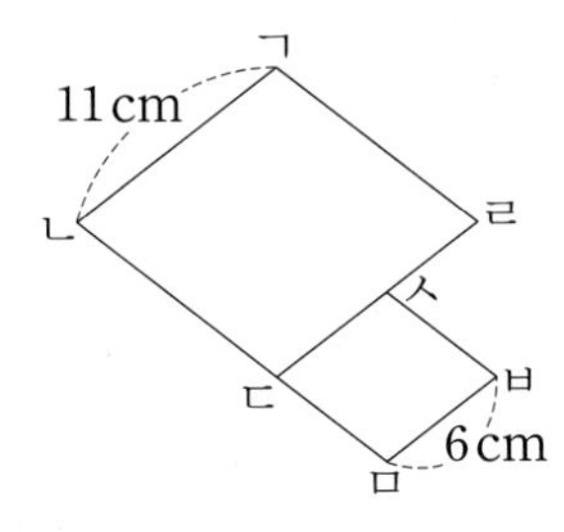

1단계 변 ㄴㄷ의 길이는 몇 cm인가요?

(　　　　　　　　　　)

2단계 변 ㄷㅁ의 길이는 몇 cm인가요?

(　　　　　　　　　　)

3단계 변 ㄴㅁ의 길이는 몇 cm인가요?

(　　　　　　　　　　)

8 사각형 ㄱㄴㄷㄹ은 마름모입니다. 각 ㄴㄱㄹ의 크기가 각 ㄱㄴㄷ의 크기의 2배일 때 각 ㄱㄴㄷ의 크기는 몇 도인지 해결 과정을 쓰고, 답을 구하세요. [10점]

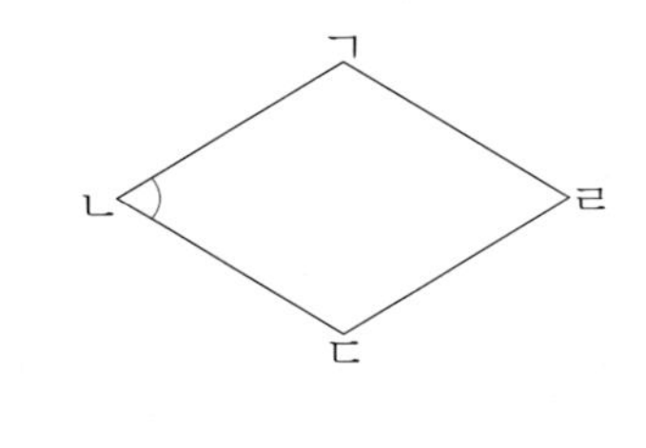

(　　　　　　　　　　)

연습! 서술형 평가

꺾은선그래프 알아보기

1 어느 날 운동장의 온도를 조사하여 막대그래프와 꺾은선그래프로 나타내었습니다. 운동장의 온도 변화를 한눈에 알아보기 쉬운 그래프는 어느 것인지 쓰세요.

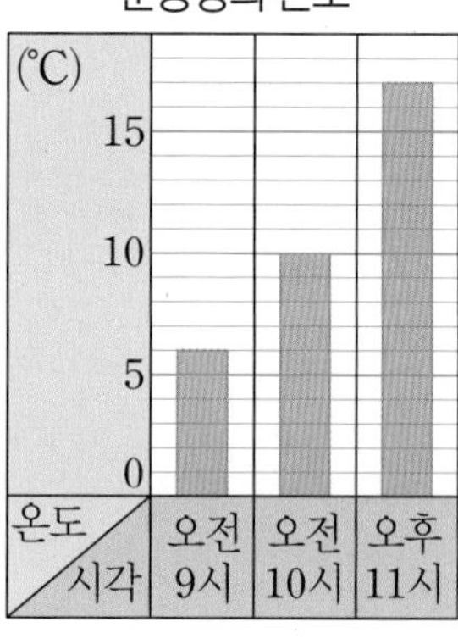

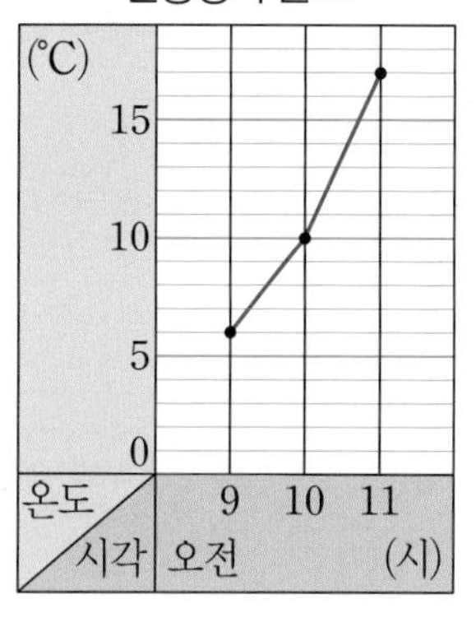

( )

tip 막대그래프는 항목별 조사한 수의 크기를 한눈에 비교하기 쉽고, 꺾은선그래프는 자료의 변화 정도를 한눈에 알아보기 쉽습니다.

1-1 서술형 쌍둥이 문제

진호의 나이별 키를 두 그래프로 나타내었습니다. 막대그래프와 비교하여 꺾은선그래프로 나타내었을 때의 좋은 점을 쓰세요. [4점]

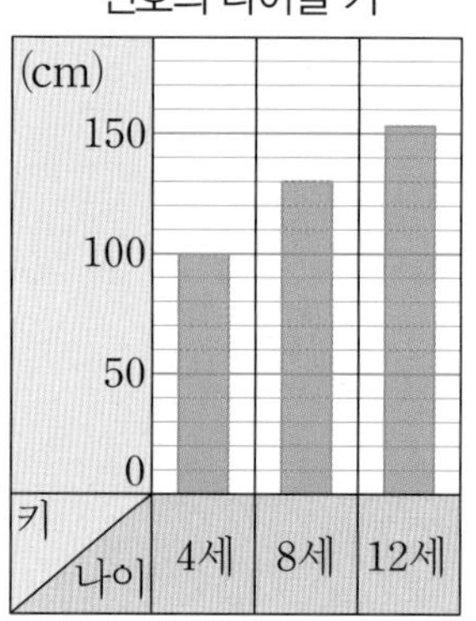

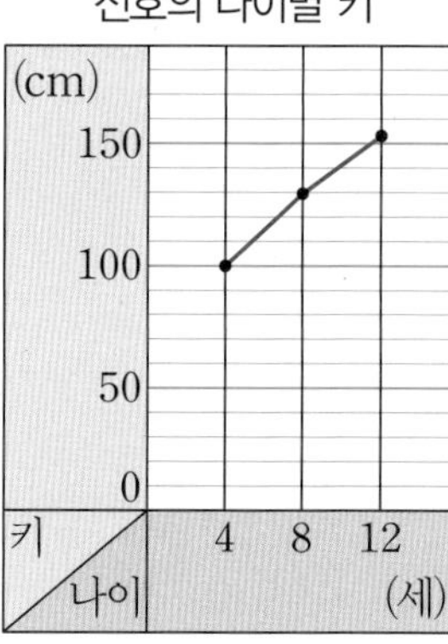

꺾은선그래프의 내용 알아보기

2 어느 지역의 월별 강수량을 나타낸 꺾은선그래프입니다. 그래프에 대한 설명으로 잘못된 것을 찾아 기호를 쓰세요.

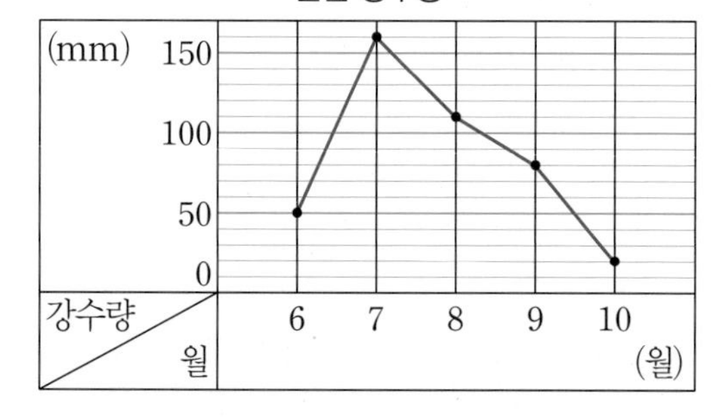

㉠ 강수량이 가장 많은 때는 7월입니다.
㉡ 강수량의 변화가 가장 작은 때는 9월과 10월 사이입니다.
㉢ 9월은 8월보다 강수량이 30 mm 줄었습니다.

( )

tip 꺾은선그래프에서 눈금 한 칸의 크기로 자료 값을 알 수 있고, 선분이 많이 기울어질수록 자료 값의 변화가 큽니다.

2-1 서술형 쌍둥이 문제

우리나라의 연도별 1인당 쌀 소비량을 나타낸 꺾은선그래프입니다. 그래프를 보고 알 수 있는 내용을 2가지 쓰세요. [6점]

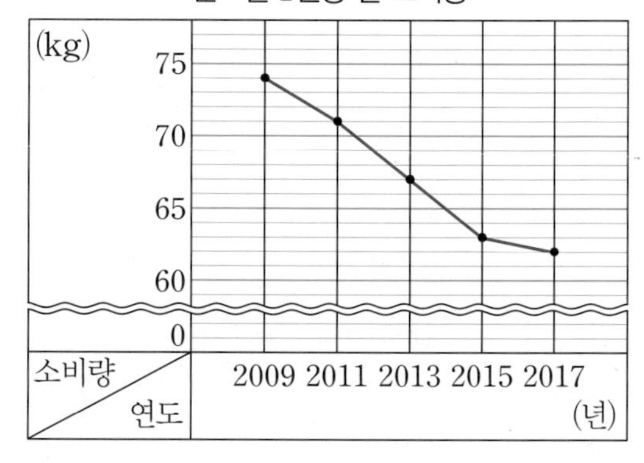

내용 1

내용 2

정답과 풀이 110쪽

꺾은선그래프로 나타내기

3 민지가 5일 동안 한 줄넘기 횟수를 조사한 표를 보고 꺾은선그래프로 나타내세요.

줄넘기 횟수

요일(요일)	월	화	수	목	금
횟수(회)	65	57	63	71	75

줄넘기 횟수

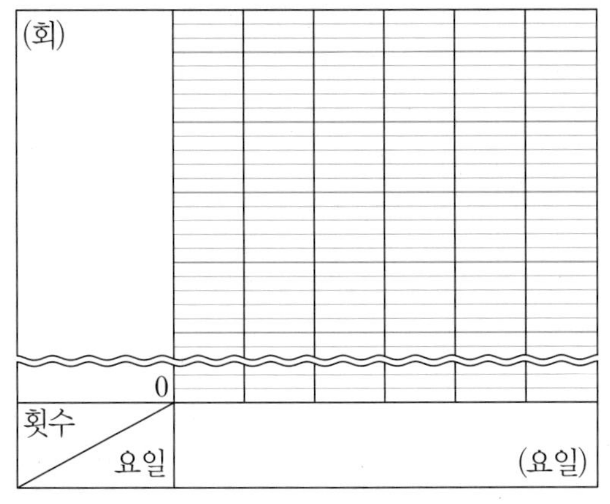

tip 가장 적은 횟수와 가장 많은 횟수를 모두 나타낼 수 있도록 물결선으로 줄이고 세로 눈금 한 칸의 크기를 정합니다. 그 다음 요일별 횟수에 따라 점을 찍고, 점들을 선으로 잇습니다.

3-1 서술형 쌍둥이 문제

민지가 5일 동안 한 줄넘기 횟수를 꺾은선그래프로 나타낸 것입니다. 꺾은선그래프로 잘못 나타낸 이유를 쓰세요. [4점]

줄넘기 횟수

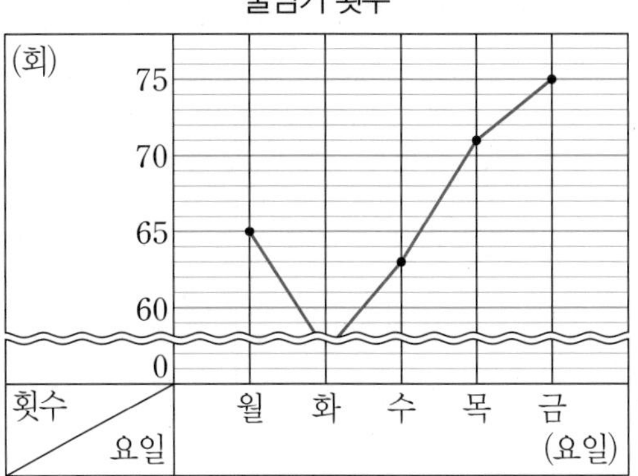

꺾은선그래프를 보고 예상하기

4 지수의 몸무게를 1학년부터 4학년까지 매년 6월에 재어 나타낸 꺾은선그래프입니다. 지수가 5학년 6월에 몸무게를 잰다면 몇 kg일까요?

지수의 몸무게

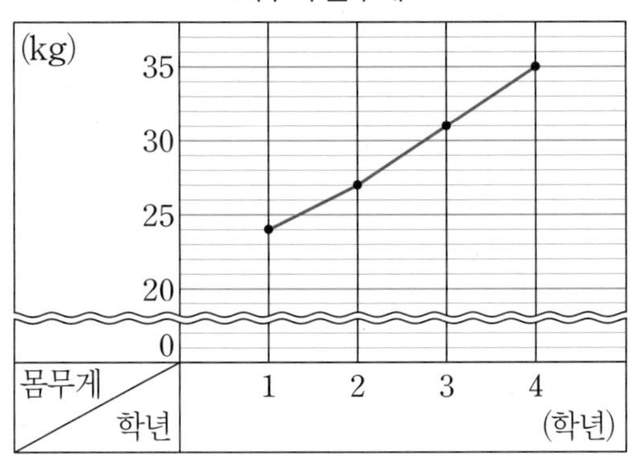

(　　　　　　　　　　)

tip 꺾은선그래프에서 선이 기울어진 정도나 자료 값 등의 정보를 이용하여 미래의 값을 예상합니다.

연도별 기대 수명을 나타낸 꺾은선그래프입니다. 2020년의 기대 수명은 몇 세일지 예상하고, 그 이유를 쓰세요. [6점]

연도별 기대 수명

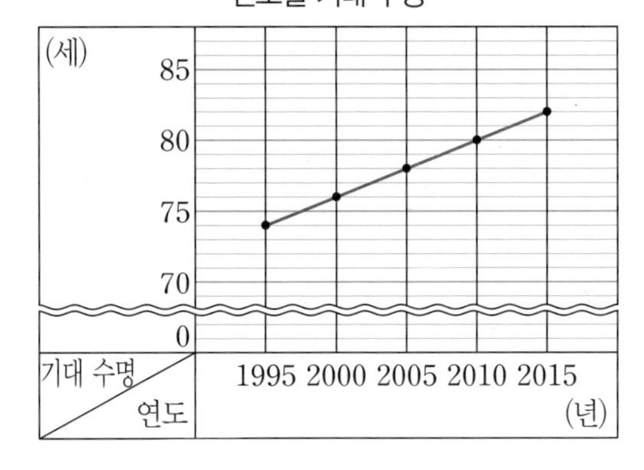

예상

이유

1 어느 가게의 아이스크림 판매량을 나타낸 꺾은선그래프입니다. 판매량의 변화가 가장 큰 때는 며칠과 며칠 사이인지 해결 과정을 쓰고, 답을 구하세요. [5점]

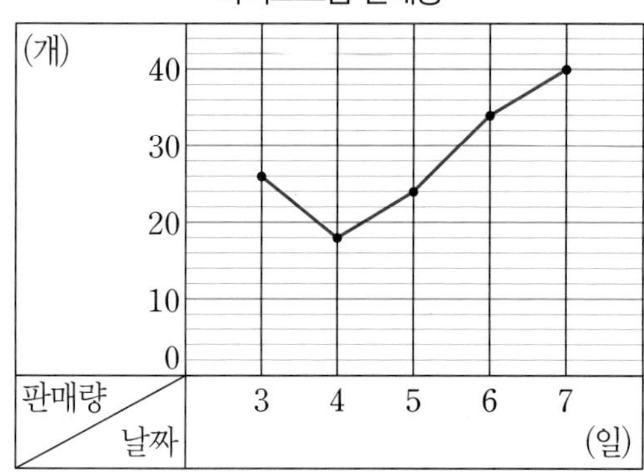

(　　　　　　　　　　　)

2 어느 학교의 연도별 4학년 학생 수를 조사하여 나타낸 꺾은선그래프입니다. 꺾은선그래프를 잘못 그린 것을 찾아 기호를 쓰고, 그 이유를 쓰세요. [5점]

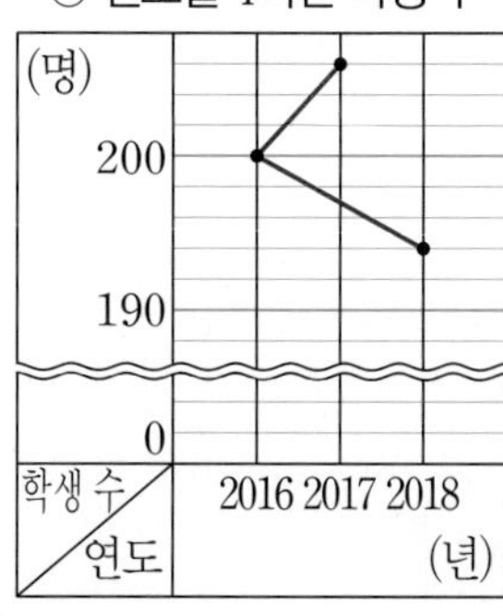

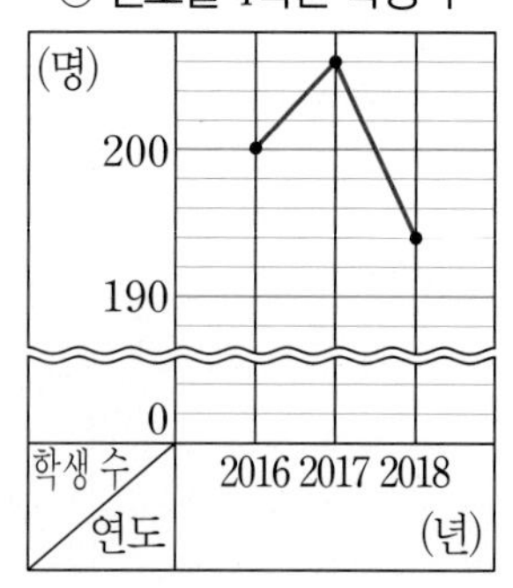

잘못 그린 것

이유

3 감기에 걸린 진희의 체온을 재어 나타낸 꺾은선그래프입니다. 왼쪽의 그래프를 오른쪽과 같이 물결선을 사용하여 나타냈을 때의 좋은 점을 쓰세요. [5점]

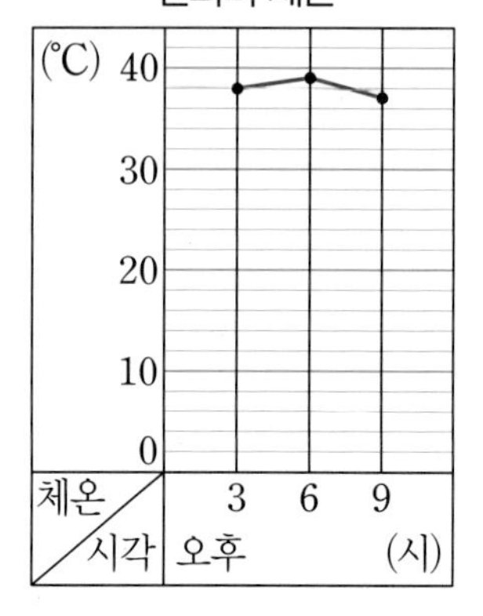

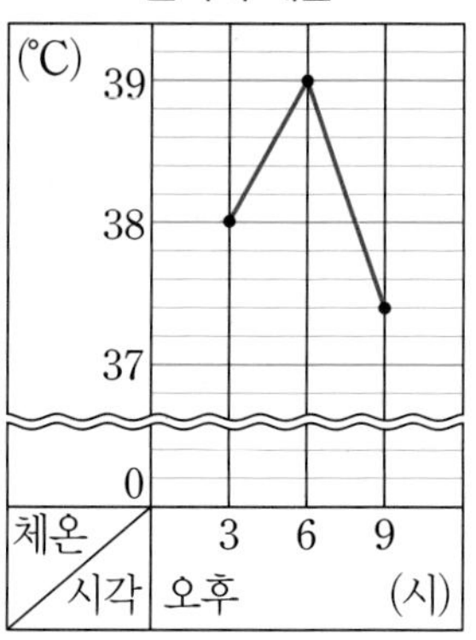

4 다음을 그래프로 나타낼 때 꺾은선그래프로 나타내면 좋은 경우를 찾아 기호를 쓰려고 합니다. 해결 과정을 쓰고, 답을 구하세요. [7점]

> ㉠ 가고 싶은 현장 체험 학습 장소별 학생 수를 알아보고 싶은 경우
> ㉡ 어느 지역의 월 평균 기온의 변화를 알아보고 싶은 경우
> ㉢ 우리 반 학생들이 좋아하는 간식의 종류를 알아보고 싶은 경우

(　　　　　　　　　　　)

단계별 유형

5 어느 지역의 기온을 3시간마다 조사하여 나타낸 꺾은선그래프입니다. 꺾은선그래프에서 기온이 가장 높았을 때와 가장 낮았을 때의 기온의 차를 구하려고 합니다. 물음에 답하세요. [7점]

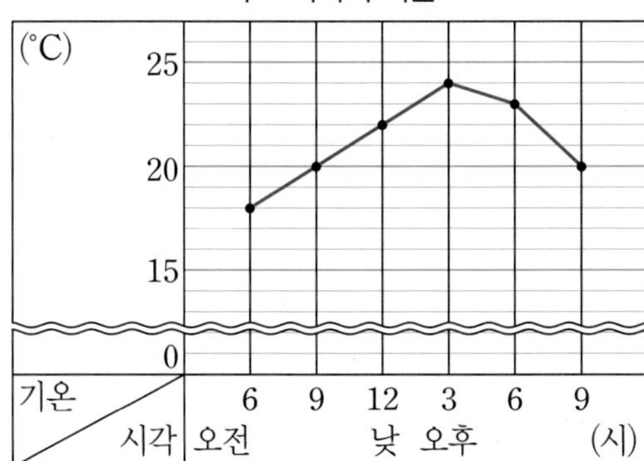

1단계 기온이 가장 높았을 때의 기온은 몇 도인가요?

( )

2단계 기온이 가장 낮았을 때의 기온은 몇 도인가요?

( )

3단계 기온이 가장 높았을 때와 가장 낮았을 때의 기온의 차는 몇 도인가요?

( )

6 어느 지역의 1인 가구 수를 조사하여 나타낸 꺾은선그래프입니다. 2005년에 이 지역의 1인 가구 수는 몇 가구일지 예상하고, 그 이유를 쓰세요. [7점]

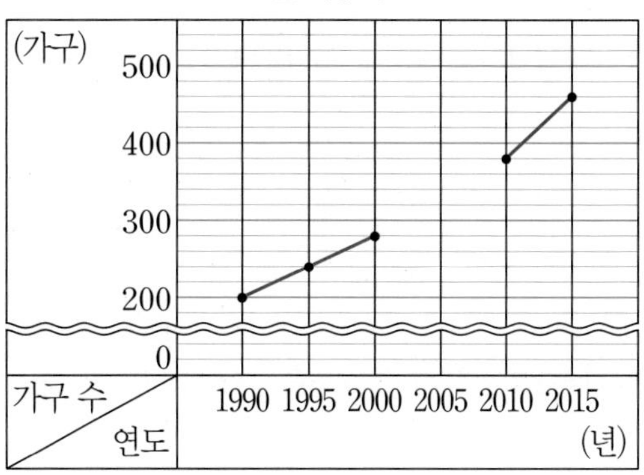

예상

이유

7 2016년의 분기별 덕수궁 입장객 수를 조사하여 나타낸 꺾은선그래프입니다. 2016년의 덕수궁 입장객은 모두 몇 명인지 해결 과정을 쓰고, 답을 구하세요. [10점]

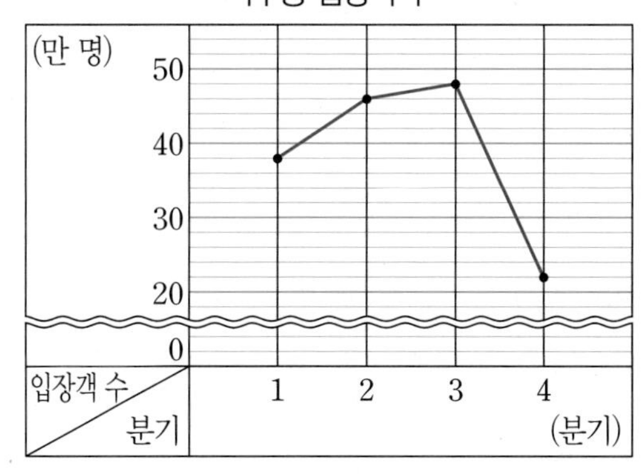

( )

수학

5단원

연습! 서술형 평가

다각형

1 다각형을 모두 찾아 ○표 하세요.

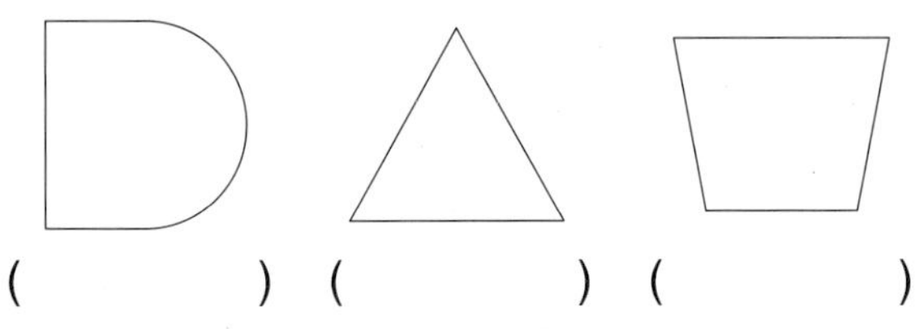

( ) ( ) ( )

tip 선분으로만 둘러싸인 도형을 다각형이라고 합니다.

1-1 서술형 쌍둥이 문제

다음 도형이 다각형이 아닌 이유를 쓰세요. [4점]

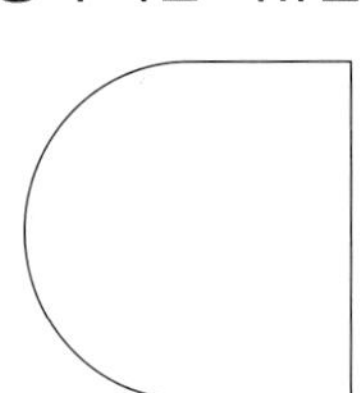

다각형의 이름

2 점 종이에 그려진 다각형을 보고 □ 안에 알맞은 수나 말을 써넣으세요.

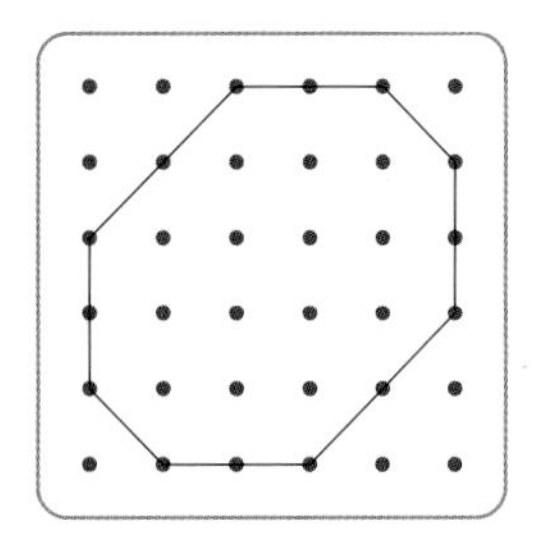

변의 수: □개

다각형의 이름: □

tip 다각형은 변의 수에 따라 변이 3개이면 '삼각형', 변이 4개이면 '사각형', 변이 5개이면 '오각형', 변이 6개이면 '육각형'입니다.

2-1 서술형 쌍둥이 문제

다음 중 변의 수가 가장 많은 다각형을 찾아 기호를 쓰고, 다각형의 이름을 쓰려고 합니다. 해결 과정을 쓰고, 답을 구하세요. [6점]

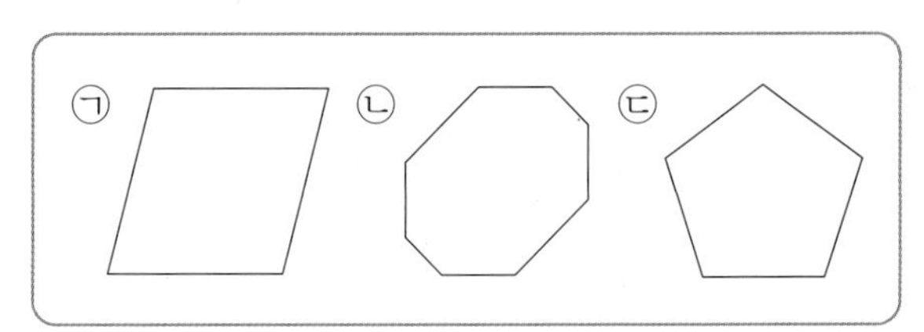

( ), ( )

정다각형

3 다음 도형은 정다각형입니다. □ 안에 알맞은 수를 써넣으세요.

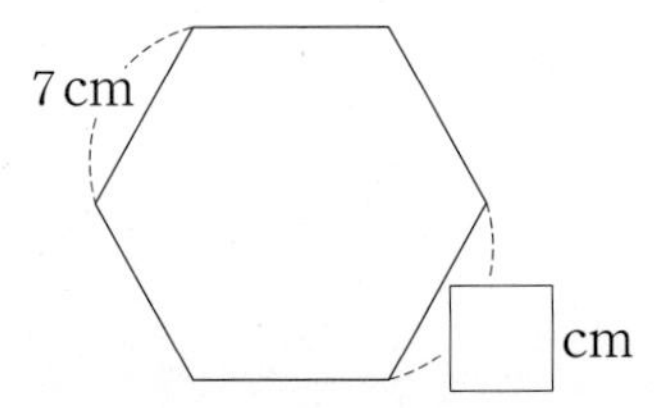

tip 정다각형은 변의 길이가 모두 같습니다.

3-1 서술형 쌍둥이 문제

다음 정육각형의 모든 변의 길이의 합은 몇 cm인지 해결 과정을 쓰고, 답을 구하세요. [6점]

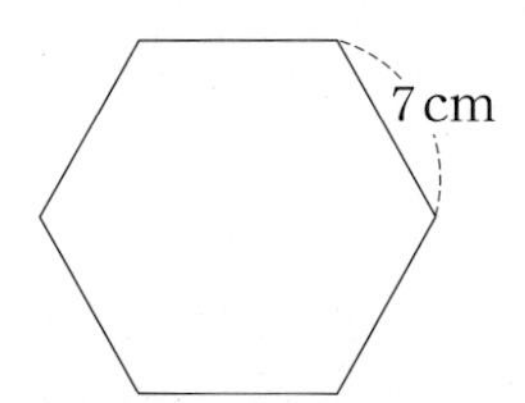

( )

대각선

4 다음 중 대각선을 그을 수 없는 도형은 어느 것인가요?

( )

① 삼각형 ② 사각형 ③ 오각형
④ 육각형 ⑤ 칠각형

tip 서로 이웃하지 않는 두 꼭짓점을 이은 선분을 대각선이라고 합니다.

4-1 서술형 쌍둥이 문제

대각선을 그을 수 없는 도형을 찾아 쓰고, 그 이유를 쓰세요. [4점]

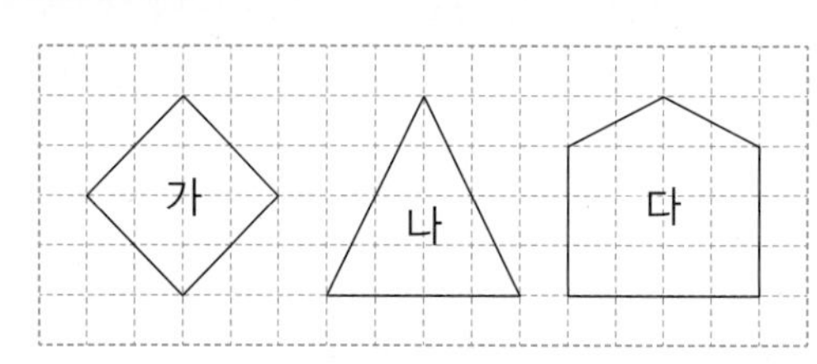

그을 수 없는 도형

이유

모양 만들기

5 2가지 모양 조각을 한 개씩 사용하여 삼각형과 사각형을 각각 만들어 보세요.

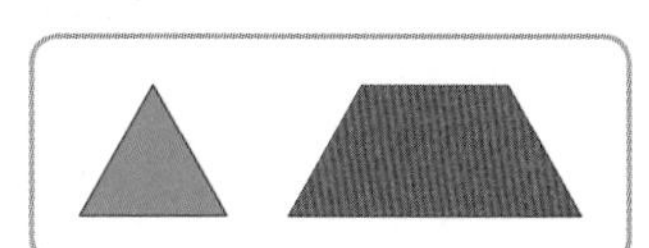

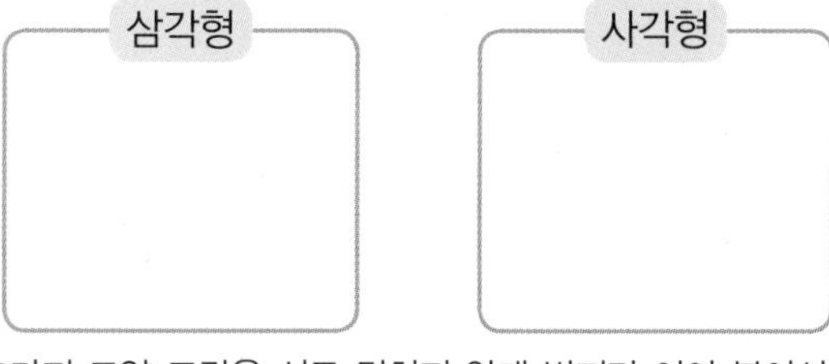

tip 2가지 모양 조각을 서로 겹치지 않게 변끼리 이어 붙여서 삼각형과 사각형을 만들어 봅니다.

5-1 서술형 쌍둥이 문제

 모양 조각과  모양 조각을 한 개씩 사용하여 만들 수 없는 도형을 찾아 기호를 쓰려고 합니다. 해결 과정을 쓰고, 답을 구하세요. [6점]

㉠ 삼각형 ㉡ 사각형 ㉢ 오각형

( )

모양 채우기

6 왼쪽의 모양 조각을 사용하여 오른쪽 정육각형을 채우려고 합니다. 모양 조각을 어떻게 놓아야 할지 선을 그으세요.

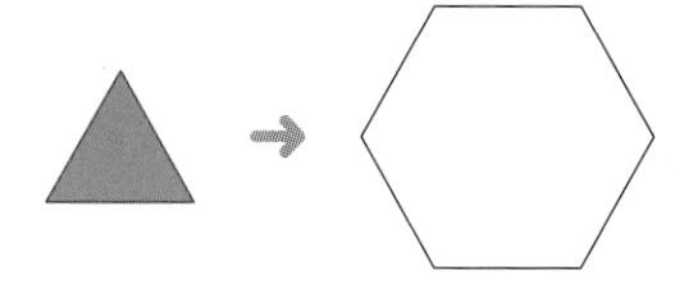

tip 정육각형에 대각선을 그어 보면서 주어진 모양 조각이 놓일 자리를 알아봅니다.

6-1 서술형 쌍둥이 문제

 모양 조각이 적어도 몇 개 있어야 다음 정육각형을 채울 수 있는지 해결 과정을 쓰고, 답을 구하세요. [4점]

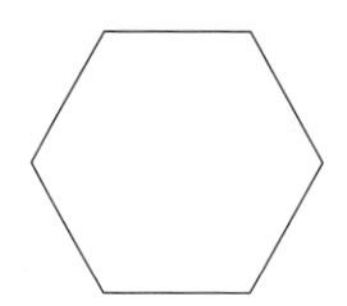

( )

수학 6단원

1 칠각형을 찾아 기호를 쓰려고 합니다. 해결 과정을 쓰고, 답을 구하세요. [5점]

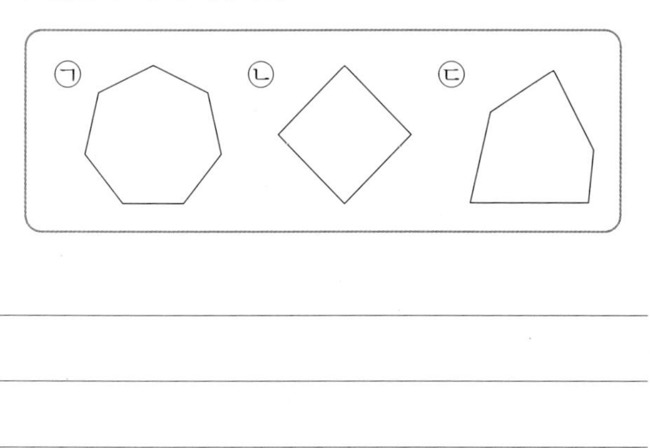

(　　　　　　　　)

2 다음 도형에 그을 수 있는 대각선은 모두 몇 개인지 해결 과정을 쓰고, 답을 구하세요. [5점]

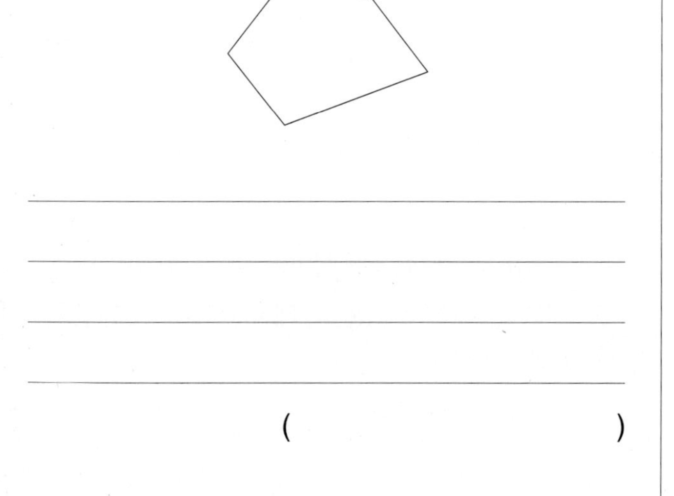

(　　　　　　　　)

3 다음에서 설명하는 도형의 이름은 무엇인지 해결 과정을 쓰고, 답을 구하세요. [5점]

- 8개의 선분으로만 둘러싸여 있습니다.
- 변의 길이가 모두 같습니다.
- 각의 크기가 모두 같습니다.

(　　　　　　　　)

4 두 대각선이 서로 수직으로 만나는 사각형은 모두 몇 개인지 해결 과정을 쓰고, 답을 구하세요. [7점]

가　나　다　라

(　　　　　　　　)

5 ㉠과 ㉡에 알맞은 수의 합은 얼마인지 해결 과정을 쓰고, 답을 구하세요. [7점]

- 육각형은 변이 ㉠개입니다.
- 정십이각형은 변이 ㉡개입니다.

( )

6 주어진 모양 조각 3개를 모두 사용하여 다각형을 만들고, 만든 다각형의 특징을 쓰세요. [7점]

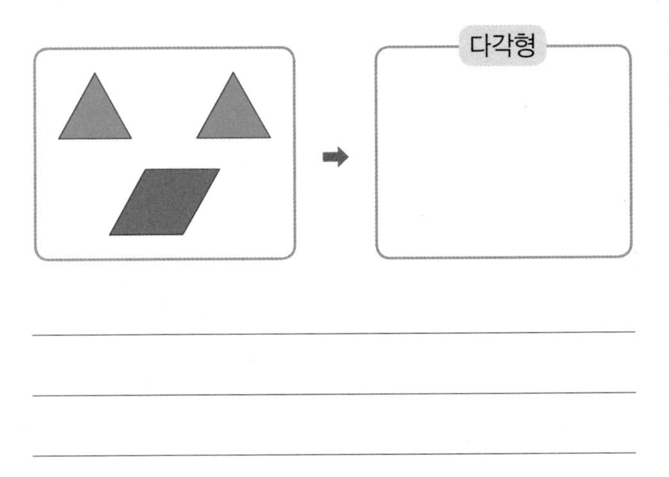

7 한 변의 길이가 6 cm이고, 모든 변의 길이의 합이 60 cm인 정다각형이 있습니다. 이 도형의 이름은 무엇인지 해결 과정을 쓰고, 답을 구하세요. [10점]

( )

단계별 유형

8 정육각형의 여섯 각의 크기의 합은 몇 도인지 구하려고 합니다. 물음에 답하세요. [10점]

1단계 정육각형을 삼각형으로 나누고, 몇 개로 나눌 수 있는지 쓰세요.

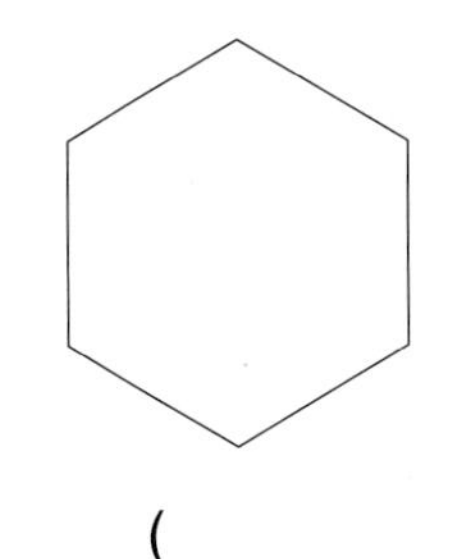

( )

2단계 삼각형의 세 각의 크기의 합은 몇 도인가요?

( )

3단계 정육각형의 여섯 각의 크기의 합은 몇 도인가요?

( )

1. 촌락과 도시의 생활 모습

연습! 서술형 평가

촌락의 특징

1 촌락에 대한 설명으로 알맞지 않은 것은 어느 것입니까? (　　　)

> ① 자연환경을 주로 이용하여 살아가는 지역을 촌락이라고 합니다. ② 촌락에는 농촌, 어촌, 산지촌 등이 있습니다. 주로 ③ 농촌에서는 농업을 하고, 어촌에서는 어업을 하며, 산지촌에서는 임업을 합니다. 촌락은 ④ 자연환경의 영향을 많이 받기 때문에 ⑤ 계절이나 날씨에 따라 사람들의 생활 모습이 거의 비슷합니다.

1-1 서술형 쌍둥이 문제

다음 농촌, 어촌, 산지촌의 모습을 보고 알 수 있는 촌락의 뜻을 자연환경과 관련지어 쓰시오. [4점]

▲ 농촌

▲ 어촌

▲ 산지촌

도시의 특징

2 도시의 특징에 대한 설명으로 알맞은 것을 보기 에서 모두 골라 기호를 쓰시오.

> 보기
> ㉠ 사람들이 일하는 회사나 공장이 많습니다.
> ㉡ 농사짓는데 도움을 주는 시설들이 많습니다.
> ㉢ 도서관, 미술관, 공연장과 같은 시설이 많습니다.

(　　　　　　　　　　)

2-1 서술형 쌍둥이 문제

도시에 사는 사람들이 주로 하는 일을 두 가지 쓰시오. [6점]

촌락과 도시의 공통점과 차이점

3 촌락과 도시의 공통점을 바르게 말한 사람을 두 명 고르시오. (　　　)

① 만기: 높은 건물이 많아.
② 수진: 여러 사람이 모여 살아.
③ 호식: 자연환경과 더불어 살아가고 있어.
④ 재승: 물건을 만들거나 편리한 생활을 도와주는 일들이 발달했어.
⑤ 주영: 농업, 어업, 임업 등 자연환경을 이용하는 일들이 발달했어.

3-1 서술형 쌍둥이 문제

촌락과 도시의 차이점을 두 가지 쓰시오. [6점]

촌락 문제와 도시 문제

4 촌락과 도시에서 주로 발생하는 문제를 바르게 짝 지은 것을 보기 에서 모두 골라 기호를 쓰시오.

보기
㉠ 촌락 – 주택 부족 문제가 심각합니다.
㉡ 도시 – 자동차가 많아서 교통이 혼잡합니다.
㉢ 촌락 – 일을 할 수 있는 사람들이 부족합니다.
㉣ 도시 – 많은 사람이 살고 있어서 쓰레기가 많이 나옵니다.

( )

4-1 서술형 쌍둥이 문제
다음과 같은 현상이 영향을 끼쳐 발생하는 촌락 문제는 무엇인지 쓰시오. [4점]

촌락에 사는 노인의 인구는 조금씩 늘어나고 있지만, 어린이의 수는 크게 줄어들고 있습니다.

도시와 교류하기 위한 촌락의 노력

5 다음 ( ) 안의 알맞은 말에 ○표 하시오.

촌락에서 자연환경과 특산물을 활용해 지역 축제를 열면 (촌락 , 도시) 사람들은 소득을 올릴 수 있고, (촌락 , 도시) 사람들은 평소에 경험하기 어려운 지역 축제에 참여해 여가를 즐겁고 보람 있게 보낼 수 있습니다.

5-1 서술형 쌍둥이 문제
촌락에서 지역 축제를 열면 촌락 사람들에게 좋은 점을 쓰시오. [4점]

도시와 촌락의 다양한 교류

6 농수산물 직거래 장터를 열면 도시 사람들에게 좋은 점은 무엇입니까? ( )

① 종합 병원을 이용할 수 있습니다.
② 농수산물을 싼값에 살 수 있습니다.
③ 부족한 일손을 제공받을 수 있습니다.
④ 규모가 큰 공연을 자주 볼 수 있습니다.
⑤ 중간 상인을 거치지 않고 농수산물을 팔기 때문에 더 높은 소득을 올릴 수 있습니다.

6-1 서술형 쌍둥이 문제
농수산물 직거래 장터를 열면 촌락 사람들에게 좋은 점을 쓰시오. [6점]

사회 실전! 서술형 평가

단계별 유형

1 다음을 보고, 물음에 답하시오. [10점]

㉠ 

㉡ 

㉢ 

1단계 위 ㉠~㉢에서 농촌, 어촌, 산지촌에 해당하는 것을 찾아 기호를 쓰시오.

(1) 농촌	(2) 어촌	(3) 산지촌

2단계 위 ㉠~㉢ 촌락에 사는 사람들이 주로 하는 일을 각각 쓰시오.

㉠:

㉡:

㉢:

3단계 위 ㉠~㉢ 촌락의 공통점을 두 가지 쓰시오.

2 다음 시설들이 있는 촌락에서 사람들이 자연환경을 이용하는 모습을 두 가지 쓰시오. [7점]

▲ 등대

▲ 방파제

▲ 풍력 발전소

▲ 어시장

3 다음을 보고 알 수 있는 도시의 특징을 두 가지 쓰시오. [5점]

4 다음 촌락과 도시의 공통점과 차이점을 각각 쓰시오. [7점]

▲ 촌락

▲ 도시

(1) 공통점: ______________________

____

(2) 차이점: ______________________

____

5 다음 그래프에서 알 수 있는 촌락 문제를 쓰고, 이를 해결하기 위해 촌락에서 하는 노력을 쓰시오. [5점]

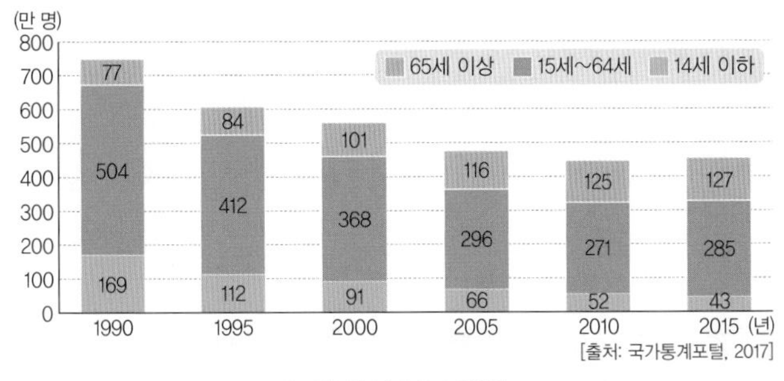

▲ 촌락의 인구 변화

(1) 촌락 문제: ______________________

____

(2) 해결하기 위한 노력: ______________________

____

6 촌락 사람들은 다음과 같은 시설을 이용하기 위해 도시로 갑니다. 이러한 모습이 도시 사람들에게 좋은 점은 무엇인지 쓰시오. [7점]

▲ 백화점

▲ 법원

____

____

7 다음에서 민들레 마을 주민들이 민준이네 가족과 교류하면서 얻은 좋은 점을 쓰시오. [7점]

> 민준이네 가족에게
> 안녕하세요? 지난여름 태풍으로 어려울 때 마을 일을 도와주셔서 큰 도움이 되었습니다. 우리 마을의 할머니들이 정성을 들여 볕에 말린 나물과 빨갛게 물든 홍시, 가을 땅의 기운을 받은 토란과 고구마, 땅콩을 보냅니다. 마당에서 마음껏 뛰어놀던 닭들이 낳은 달걀도 함께요. 앞으로도 저희는 우리 마을을 사랑하며 꾸준히 친환경 농산물을 생산하려고 노력하겠습니다.
> 민들레 마을 주민들 드림

____

____

연습! 서술형 평가

선택의 문제가 일어나는 까닭

1 다음 (　　) 안에 들어갈 알맞은 말은 어느 것입니까? (　　)

> 사람이 쓸 수 있는 돈이나 자원은 한정되어 있으므로 우리는 선택의 문제에 항상 부딪치게 됩니다. 경제 활동에서 이렇게 선택의 문제가 일어나는 까닭은 (　　) 때문입니다.

① 희소성　② 생산성　③ 다양성
④ 전통성　⑤ 소비성

1-1 서술형 쌍둥이 문제
경제 활동에서 선택의 문제가 일어나는 까닭을 쓰시오. [4점]

현명한 선택

2 현명한 선택에 대한 설명으로 알맞지 않은 것은 어느 것입니까? (　　)

> ① 선택을 할 때는 여러 가지 상황을 고려하여 신중하게 생각해야 현명한 선택을 할 수 있습니다. 현명한 선택을 하면 ② 자신에게 알맞은 물건을 골라 큰 만족감을 얻을 수 있을 뿐만 아니라 ③ 돈과 자원을 절약할 수 있습니다. 현명한 선택을 하기 위해서는 ④ 필요성, 가격, 품질 등을 미리 꼼꼼하게 따져 보고 ⑤ 반드시 친구가 산 물건과 똑같은 물건을 선택합니다.

2-1 현명한 선택이 필요한 까닭을 다음 단어를 조합하여 쓰시오. [6점]

> • 돈　• 자원　• 만족감

생산 활동의 종류

3 생활을 편리하고 즐겁게 해 주는 생산 활동은 어느 것입니까? (　　)

① 건물 짓기　② 고구마 캐기
③ 환자 진료하기　④ 자동차 만들기
⑤ 아이스크림 만들기

3-1 다음 활동의 공통점을 쓰시오. [4점]

> • 가수가 공연하는 활동
> • 배달 기사가 배달하는 활동
> • 의사가 환자를 진료하는 활동

정답과 풀이 114쪽

물건의 정보를 얻는 방법

4 물건의 정보를 얻는 방법 중 판매원에게 궁금한 점을 물어볼 수 있으며 물건을 직접 비교할 수 있는 방법은 무엇입니까? (　　　)

① 상점 방문하기
② 신문 광고 보기
③ 인터넷 검색하기
④ 텔레비전 광고 보기
⑤ 주변 사람의 경험 듣기

상점에 직접 가서 물건을 사면 좋은 점을 두 가지 쓰시오. [6점]

경제적 교류를 하는 까닭

5 경제적 교류가 필요한 까닭으로 알맞지 않은 것은 어느 것입니까? (　　　)

① 지역 간의 화합을 가져오기 때문
② 지역마다 생산하는 물건이 모두 똑같기 때문
③ 기술 협력으로 더 나은 상품을 개발할 수 있기 때문
④ 다른 지역과 여러 가지 정보를 주고받을 수 있기 때문
⑤ 지역의 특산물을 소개하거나 지역을 홍보해 경제적 이익을 얻을 수 있기 때문

농수산물 직거래 장터를 통해 지역끼리 경제적 교류를 하면 좋은 점을 쓰시오. [4점]

경제적 교류 방법

6 다음 (　　) 안에 공통으로 들어갈 알맞은 말은 어느 것입니까? (　　　)

> (　　)을(를) 이용한 경제적 교류 방법은 신선하고 질이 좋은 상품을 직접 확인해 살 수 있고, 교통의 발달로 다른 지역의 (　　)에 가서 직접 물건을 살 수 있다는 특징이 있습니다.

① 인터넷　　② 스마트폰
③ 텔레비전　　④ 대형 시장
⑤ 농산물 저장 창고

전통 시장, 대형 할인점, 도소매 시장과 같이 대형 시장을 이용한 경제적 교류 방법의 특징을 두 가지 쓰시오. [6점]

1 다음은 영진이가 부모님께 받을 생일 선물로 알맞은 물건을 고르기 위해 관련된 정보를 수집하고 분석한 것입니다. A 휴대 전화를 선택했을 때 좋은 점을 쓰시오. [5점]

상품	A 휴대 전화	B 휴대 전화	C 휴대 전화
가격	70,000원	200,000원	300,000원
특징	• 인터넷 속도가 느림. • 휴대 전화 가격이 낮음.	• 인터넷 속도가 빠름. • 지문 인식을 할 수 있음.	• 인터넷 속도가 느림. • 휴대 전화 가격이 높음.

2 시장에서 볼 수 있는 다음 활동의 공통점을 쓰시오. [5점]

▲ 빵집 주인이 빵을 만드는 활동

▲ 미용사가 머리를 손질해 주는 활동

단계별 유형

3 다음을 보고, 물음에 답하시오. [10점]

㉠ 
▲ 물고기 잡기

㉡ 
▲ 건물 짓기

㉢ 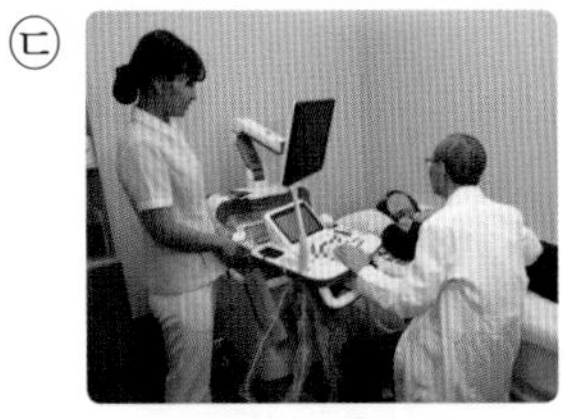
▲ 환자 진료하기

㉣ 
▲ 고구마 캐기

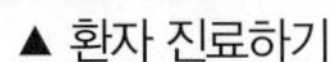

㉤ 
▲ 무용 공연하기

㉥ 
▲ 자동차 만들기

1단계 위 ㉠~㉥에서 생활에 필요한 것을 만드는 활동을 모두 찾아 기호를 쓰시오.

( )

2단계 위 ㉢, ㉤ 활동의 공통점을 쓰시오.

3단계 위 ㉠~㉥과 같은 생산 활동이 중요한 까닭을 두 가지 쓰시오.

4 다음은 생산과 소비를 생각 그물로 정리한 것입니다. 이를 통해 알 수 있는 생산과 소비의 관계를 두 가지 쓰시오. [7점]

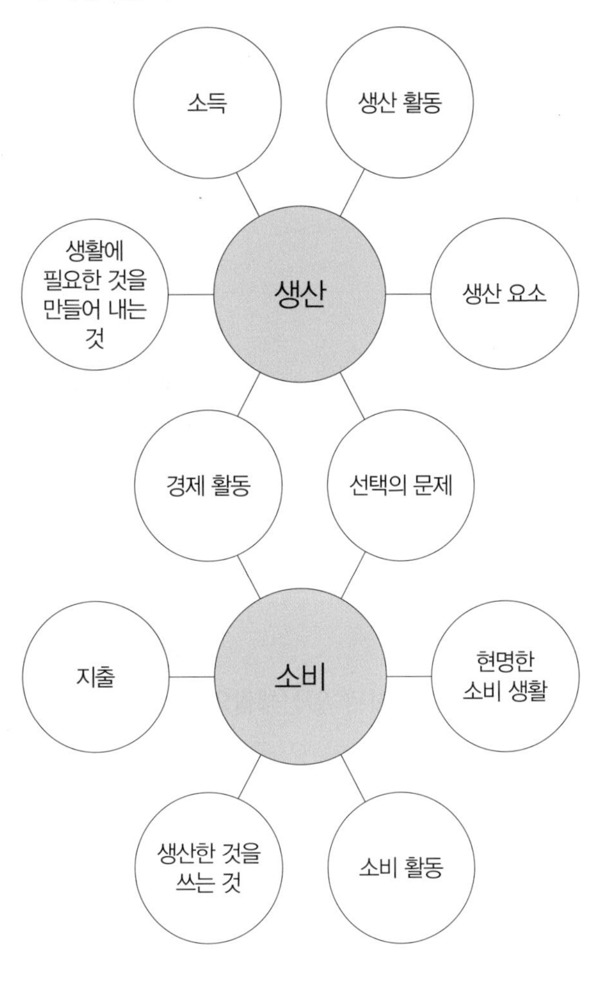

5 다음을 보고 현명한 소비 생활이 필요한 까닭을 쓰시오. [7점]

6 다음과 같이 재준이네 지역에서는 질이 좋은 포도를 생산하여 여러 가지 기술로 포도를 가공해 상품을 개발하는 영희네 지역과 경제적 교류를 합니다. 이 때 두 지역이 얻은 좋은 점을 각각 쓰시오. [7점]

7 다음과 같은 대중 매체를 이용해 상품을 살 때의 좋은 점을 두 가지 쓰시오. [7점]

▲ 인터넷

▲ 스마트폰

연습! 서술형 평가

사회 변화로 달라진 일상생활의 모습 ①

1 다음과 같이 일상생활의 모습이 달라지는 원인이 된 사회 변화는 무엇입니까? (　　　)

- 가족의 구성원 수가 줄어들고 있습니다.
- 출산을 도와주는 병원이 점점 사라지고 있고, 학생 수가 줄어드는 학교가 늘어나고 있습니다.

① 저출산　② 고령화　③ 세계화
④ 자동화　⑤ 정보화

1-1 서술형 쌍둥이 문제 저출산으로 변화된 일상생활의 모습을 두 가지 쓰시오. [4점]

사회 변화로 달라진 일상생활의 모습 ②

2 다음과 같이 일상생활의 모습이 달라지는 원인이 된 사회 변화를 세 글자로 쓰시오.

▲ 세계 곳곳에서 일어나는 일들을 빠르게 알 수 있습니다.

▲ 실시간으로 교통 정보를 얻어 빠른 길로 갈 수 있습니다.

(　　　　　　　　)

2-1 서술형 쌍둥이 문제 정보화로 변화된 일상생활의 모습을 두 가지 쓰시오. [6점]

사회 변화로 달라진 일상생활의 모습 ③

3 다음 (　　) 안에 들어갈 사회 변화를 세 글자로 쓰시오.

- 성훈: (　　)의 영향으로 세계 여러 나라의 다양한 문화를 접할 수 있어.
- 지수: 하지만 생활 속에서 우리의 전통문화가 점점 사라지고 있는 문제도 생겼어.

(　　　　　　　　)

3-1 서술형 쌍둥이 문제 세계화가 우리 생활에 미친 부정적인 영향을 쓰시오. [4점]

문화의 뜻과 특징

4 문화에 대한 설명으로 알맞지 않은 것은 어느 것입니까? (　　)

① 우리 사회 속에는 하나의 문화만 있습니다.
② 사람들의 옷차림, 먹는 음식 등이 포함됩니다.
③ 사람들이 가지고 있는 공통의 생활 방식을 말합니다.
④ 사람들이 오랜 시간을 함께 생활하면서 만들어지고 전해져 내려온 것입니다.
⑤ 문화는 서로 비슷한 모습을 가지고 있기도 하지만 다른 모습을 가지고 있기도 합니다.

다음에서 알 수 있는 문화의 특징을 쓰시오. [6점]

> 더운 지역에 사는 사람들과 추운 지역에 사는 사람들은 입는 옷은 서로 다르지만 몸을 보호하기 위해 옷을 입고 생활한다는 점은 같습니다.

____

____

편견과 차별의 모습

5 장애에 대한 편견과 차별의 모습은 어느 것입니까? (　　)

① "다리가 불편한데 일을 잘할 수 있을까?"
② "임산부는 일할 수 있는 능력이 없을 거야."
③ "우리 회사에는 남자 직원만 있었으면 좋겠어."
④ "○○교를 믿는 사람들은 성격이 이상한 것 같아."
⑤ "○○ 나라에서 온 사람의 몸에서는 이상한 냄새가 나는 것 같아."

우리 사회에서 볼 수 있는 남녀에 대한 편견과 차별의 모습을 쓰시오. [4점]

____

____

편견과 차별이 없는 세상을 만들기 위한 노력

6 편견과 차별이 없는 세상을 만들기 위한 노력으로 알맞은 것을 보기 에서 모두 골라 기호를 쓰시오.

> **보기**
> ㉠ 편견이나 차별의 뜻이 담긴 말을 바꿉니다.
> ㉡ 다문화 가정 어린이는 위험하므로 따로 교육을 받게 합니다.
> ㉢ 법을 만들고 기관을 세워 편견과 차별을 없애기 위해 노력합니다.

(　　　　　　　　)

6-1 서술형 쌍둥이 문제

다음 기관과 관련해 편견과 차별이 없는 세상을 만들기 위해 우리 사회에서 하는 노력을 쓰시오. [6점]

> • 국가 인권 위원회
> • 무지개 청소년 센터
> • 다문화 가족 지원 포털 다누리

____

____

사회 실전! 서술형 평가

1 다음 그래프를 보고 14세 이하 인구와 65세 이상 인구는 어떻게 변화하고 있는지 쓰시오. [5점]

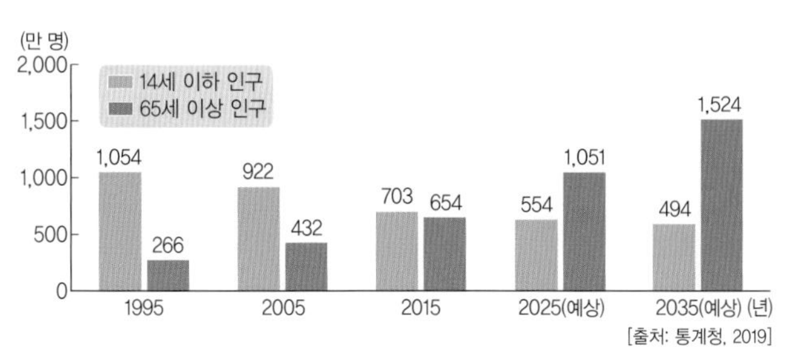

▲ 우리나라 인구의 변화

2 다음 시설과 관련해 고령화로 변화된 일상생활의 모습을 쓰시오. [7점]

▲ 요양원

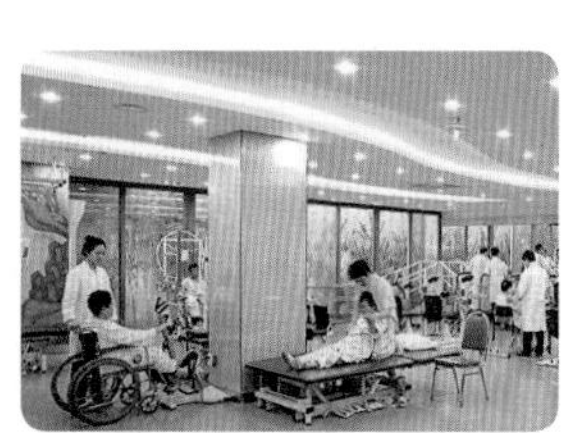

▲ 노인 전문 병원

3 다음을 보고 알 수 있는 정보화 사회의 특징을 두 가지 쓰시오. [7점]

▲ 세계 곳곳에서 일어나는 일들을 빠르게 알 수 있습니다.

▲ 인터넷에서 자료를 검색해 모둠 과제를 친구들과 함께 해결합니다.

4 다음에서 세계화 속에 우리가 가져야 할 태도가 잘못된 사람을 골라 이름을 쓰고, 그 까닭을 쓰시오. [7점]

▲ 민준

▲ 수진

단계별 유형

5 다음을 보고, 물음에 답하시오. [10점]

1단계 위 사람들이 하는 활동에서 나타나는 공통점을 두 가지 쓰시오.

2단계 위 사람들이 하는 활동에서 나타나는 차이점을 두 가지 쓰시오.

3단계 위 사람들이 하는 활동을 통해 알 수 있는 문화의 특징을 두 가지 쓰시오.

6 다음과 같은 편견과 차별을 없애기 위해 필요한 태도를 두 가지 쓰시오. [5점]

7 다음 공익 광고에서 다룬 편견과 차별을 없애기 위해 우리가 실천할 수 있는 일을 쓰시오. [7점]

사회 3단원

연습! 서술형 평가

들이나 산에 사는 식물(풀과 나무)

1 풀과 나무에 대한 설명으로 옳은 것은 어느 것입니까? (　　　)

① 풀은 대부분 여러해살이 식물입니다.
② 나무는 대부분 한해살이 식물입니다.
③ 풀과 나무는 뿌리, 줄기, 잎이 있습니다.
④ 풀은 나무보다 키가 크고 줄기가 굵습니다.
⑤ 나무는 필요한 양분을 스스로 만들지만, 풀은 양분을 스스로 만들지 못합니다.

1-1 서술형 쌍둥이 문제

풀과 나무의 공통점과 차이점을 두 가지씩 쓰시오. [6점]

(1) 공통점: ______________________

____

(2) 차이점: ______________________

____

식물 잎의 분류 기준

2 식물 잎의 분류 기준으로 적합하지 <u>않은</u> 것은 어느 것입니까? (　　　)

① 잎의 끝 모양이 뾰족한가?
② 잎의 모양이 아름다운가?
③ 잎의 전체적인 모양이 길쭉한가?
④ 잎의 전체적인 모양이 넓적한가?
⑤ 한곳에 나는 잎의 개수가 한 개인가?

2-1 서술형 쌍둥이 문제

다음 식물 잎의 분류 기준이 될 수 있는 것을 세 가지 쓰시오. [4점]

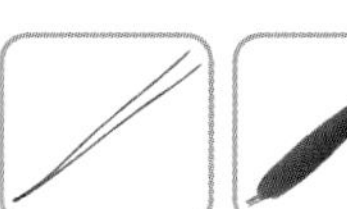

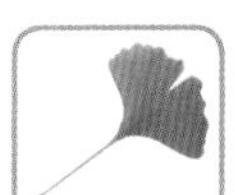

____

____

강이나 연못에 사는 식물

3 강이나 연못에 사는 식물에 대한 설명으로 옳은 것을 골라 기호를 쓰시오.

> ㉠ 물속에 잠겨서 사는 식물은 잎과 꽃이 물 위에 떠 있습니다.
> ㉡ 물에 떠서 사는 식물은 잎이 길고 좁습니다.
> ㉢ 잎이 물에 떠 있는 식물은 뿌리가 물속의 땅에 있습니다.
> ㉣ 잎이 물 위로 높이 자라는 식물은 줄기가 약하며, 키가 큽니다.

(　　　　　　　　　)

3-1 서술형 쌍둥이 문제

물수세미, 나사말, 검정말은 물속에 잠겨서 사는 식물이고, 연꽃, 부들, 창포는 잎이 물 위로 높이 자라는 식물입니다. 물속에 잠겨서 사는 식물과 잎이 물 위로 높이 자라는 식물의 특징을 각각 쓰시오. [6점]

____

____

____

____

부레옥잠의 특징

4 오른쪽의 부레옥잠에 대한 설명으로 옳은 것을 보기 에서 두 가지 골라 기호를 쓰시오.

보기
㉠ 잎만 있고 줄기가 없습니다.
㉡ 뿌리가 물속의 땅에 있습니다.
㉢ 잎자루에 수많은 공기주머니가 있습니다.
㉣ 부레옥잠은 물이 많은 주변 환경에 적응하였습니다.

( )

4-1 서술형 쌍둥이 문제

다음은 부레옥잠을 자른 모습입니다. 부레옥잠이 물에 떠서 살 수 있는 까닭을 '공기주머니', '공기'라는 말을 포함하여 쓰시오. [4점]

사막에 사는 식물

5 선인장에 대한 설명으로 옳은 것을 골라 기호를 쓰시오.

㉠ 잎이 크고 넓습니다.
㉡ 줄기가 가늘고 길쭉합니다.
㉢ 줄기에 물을 저장하고 있습니다.
㉣ 강이나 연못 같은 물이 있는 환경에 적응하였습니다.

( )

5-1 서술형 쌍둥이 문제

다음은 선인장 줄기의 자른 면에 화장지를 댄 모습입니다. 이를 통해 알 수 있는 선인장이 사막에서 살 수 있는 까닭을 쓰시오. [4점]

우리 생활에서 식물의 특징 활용하기

6 찍찍이 테이프에 대한 설명으로 옳지 않은 것은 어느 것입니까? ( )

① 옷이나 운동화 등에 쓰입니다.
② 식물의 특징을 활용해 만든 것입니다.
③ 떨어지면서 회전하는 단풍나무 열매의 생김새를 활용하였습니다.
④ 거친 부분을 확대해서 보면 갈고리 모양의 플라스틱을 볼 수 있습니다.
⑤ 도꼬마리 열매 가시 끝의 갈고리 모양이 동물의 털이나 사람의 옷에 잘 붙는 성질을 활용하였습니다.

6-1 서술형 쌍둥이 문제

다음 도꼬마리 열매와 찍찍이 테이프의 공통점을 쓰시오. [6점]

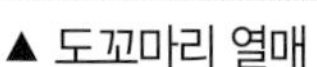

▲ 도꼬마리 열매

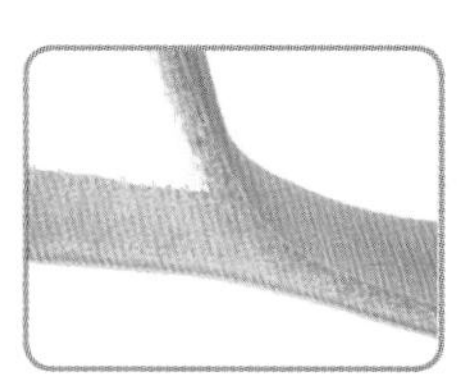

▲ 찍찍이 테이프

과학 1단원

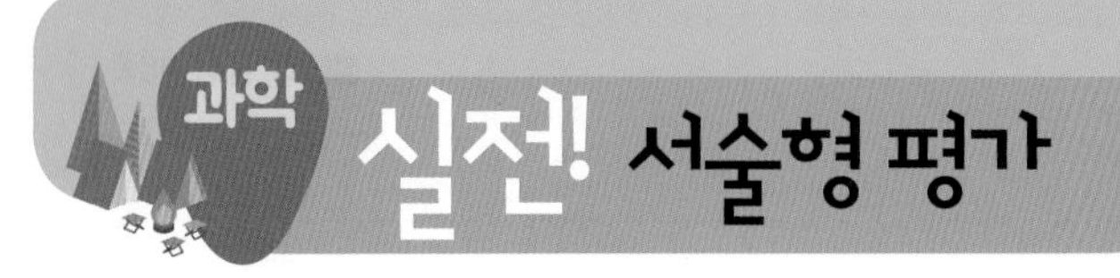

1 다음은 들이나 산에 사는 식물들입니다. 들이나 산에 사는 식물의 뿌리, 줄기, 잎에 대해 다음의 말을 모두 포함하여 쓰시오. [7점]

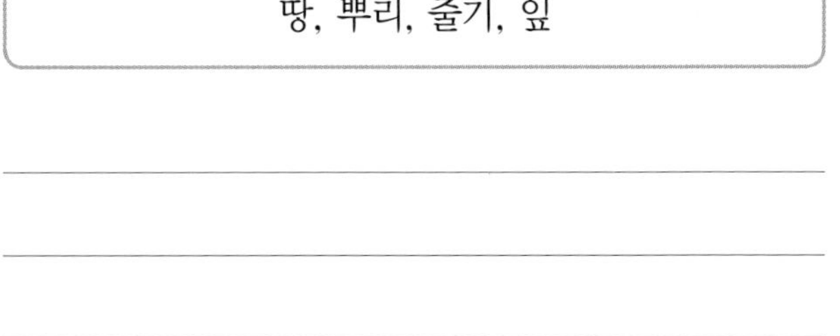

땅, 뿌리, 줄기, 잎

2 들이나 산에 사는 풀과 나무의 예를 각각 세 개씩 쓰고, 풀과 나무의 키와 줄기의 굵기를 비교하여 쓰시오. [7점]

3 다음 식물 잎을 잎의 전체적인 모양이 길쭉한 것과 길쭉하지 않은 것으로 분류하여 쓰시오. [5점]

▲ 소나무

▲ 강아지풀

▲ 단풍나무

▲ 토끼풀

▲ 은행나무

4 다음과 같이 자른 부레옥잠의 잎자루를 물이 담긴 수조에 넣고 손가락으로 눌렀다가 놓았을 때 나타나는 현상을 쓰시오. [5점]

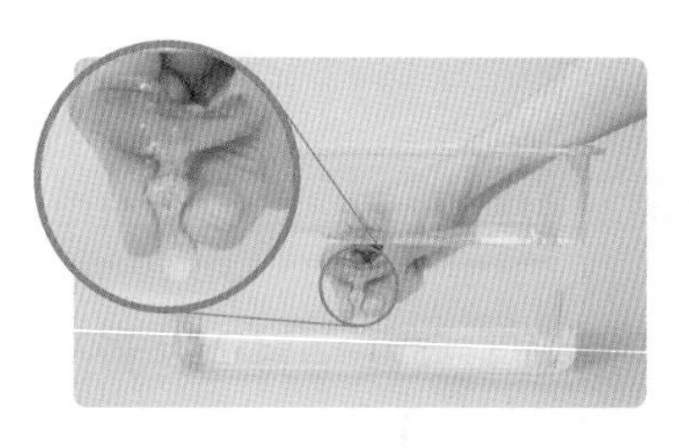

단계별 유형

5 다음은 강이나 연못에 사는 식물입니다. 물음에 답하시오. [10점]

▲ 마름

▲ 검정말

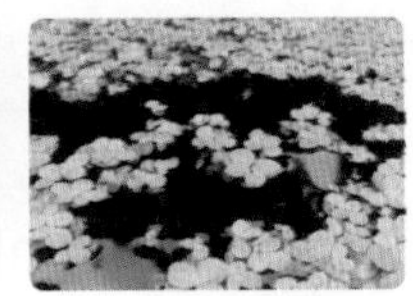
▲ 개구리밥

 1단계 위의 마름의 특징을 쓰시오.

2단계 위의 세 가지 식물을 물속에 잠겨서 사는 식물, 물에 떠서 사는 식물, 잎이 물에 떠 있는 식물로 분류하여 쓰시오.

3단계 위의 세 가지 식물을 잎이 물 위에 있는 식물과 잎이 물속에 있는 식물로 분류하여 쓰시오.

6 다음의 선인장이 사막의 환경에 적응한 모습을 두 가지 쓰시오. [7점]

7 다음은 물이 스며들지 않는 옷입니다. 이 옷은 어떤 식물의 어떤 특징을 활용한 것인지 쓰시오. [7점]

▲ 물이 스며들지 않는 옷

연습! 서술형 평가

얼음과 물 관찰하기

1 오른쪽의 얼음을 손바닥에 올려놓고 일어나는 변화를 관찰했습니다. 관찰 결과로 옳은 것을 골라 기호를 쓰시오.

ㄱ 손바닥 위의 얼음은 물이 됩니다.
ㄴ 손바닥 위의 얼음이 크기가 커집니다.
ㄷ 손바닥 위에서 얼음이 더 단단해집니다.

( )

1-1 서술형 쌍둥이 문제

다음과 같이 얼음을 손바닥에 올려놓았을 때 손바닥 위의 얼음이 어떻게 되는지 물의 상태와 함께 쓰시오. [4점]

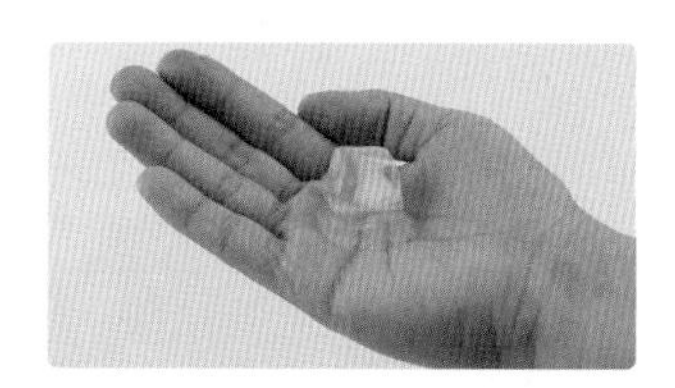

물이 얼 때의 부피와 무게 변화

2 물이 얼 때의 부피와 무게 변화에 대해 옳게 말한 친구는 누구인지 쓰시오.

- 연희: 물이 얼면 부피는 늘어나고 무게는 그대로야.
- 현무: 물이 얼면 부피는 늘어나고 무게는 무거워져.
- 혜진: 물이 얼면 부피는 줄어들고 무게는 무거워져.
- 정현: 물이 얼면 부피는 줄어들고 무게는 그대로야.
- 수민: 물이 얼어도 부피와 무게는 그대로야.

( )

2-1 서술형 쌍둥이 문제

오른쪽과 같이 시험관에 물을 붓고 마개를 막은 뒤 검은색 유성 펜으로 물의 높이를 표시하고, 소금을 섞은 얼음이 든 비커에 시험관을 꽂아 물을 얼렸습니다. 물이 얼 때 부피와 무게는 어떻게 되는지 쓰시오. [6점]

얼음이 녹을 때의 부피 변화와 관련된 예

3 우리 주변에서 얼음이 녹을 때의 부피 변화와 관련된 예로 옳은 것을 두 가지 고르시오. ( )

① 겨울철에 물을 이용하여 큰 바위를 쪼갭니다.
② 겨울에 장독 안의 물이 얼어서 장독이 깨집니다.
③ 한겨울에 물이 지나가는 수도관에 설치된 계량기가 얼어서 터집니다.
④ 얼음 틀 위로 튀어나와 있던 얼음이 녹으면 높이가 낮아집니다.
⑤ 냉동실에서 꺼낸 언 요구르트의 부피가 시간이 지나면서 줄어듭니다.

3-1 서술형 쌍둥이 문제

우리 주변에서 얼음이 녹을 때의 부피 변화와 관련된 예를 두 가지 쓰시오. [4점]

젖은 종이가 마르는 까닭

4 붓에 물을 묻혀 색 도화지에 그린 그림이 시간이 지나면서 사라졌습니다. 그 까닭으로 옳은 것에 ○표 하시오.

(1) 색 도화지의 물이 모두 흡수되었기 때문입니다. ( )

(2) 색 도화지의 물이 얼어서 부피가 커졌기 때문입니다. ( )

(3) 색 도화지의 물이 수증기로 변해 공기 중으로 흩어졌기 때문입니다. ( )

오른쪽과 같이 붓에 물을 묻혀 색 도화지에 그림을 그린 후 그대로 놓아두었습니다. 시간이 지나면서 색 도화지에 나타나는 현상을 쓰고, 그 까닭을 쓰시오. [4점]

____

____

물을 가열할 때의 변화

5 비커에 물을 반 정도 붓고 물을 가열하였더니 물이 줄어들어 물의 높이가 낮아졌습니다. 그 까닭을 옳게 말한 친구는 누구인지 쓰시오.

- 주영: 공기 중의 수증기가 물로 상태가 변했기 때문이야.
- 상호: 물이 고체로 상태가 변해 바닥으로 가라앉았기 때문이야.
- 정은: 물이 액체로 상태가 변해 공기 중으로 흩어졌기 때문이야.

( )

5-1 서술형 쌍둥이 문제

다음과 같이 비커에 물을 반 정도 붓고 유성 펜으로 물의 높이를 표시한 다음, 물을 계속 가열하였습니다. 물이 끓은 다음 물의 높이가 어떻게 변하는지 그 까닭과 함께 쓰시오. [6점]

____

____

____

우리 생활에서 수증기의 응결과 관련된 예

6 우리 생활에서 수증기의 응결과 관련된 예로 옳지 않은 것은 어느 것입니까? ( )

① 추운 날 유리창 안쪽에 물방울이 맺힙니다.
② 욕실의 차가운 거울 표면에 물방울이 맺힙니다.
③ 식물에 물을 주어 식물의 잎에 물방울이 맺힙니다.
④ 국이 끓고 있는 냄비 뚜껑 안쪽에 물방울이 맺힙니다.
⑤ 겨울철에 따뜻한 실내로 들어오면 차가운 안경알 표면에 작은 물방울이 맺힙니다.

오른쪽과 같이 맑은 날 아침 거미줄에 맺힌 물방울은 응결과 관련된 예입니다. 이와 같이 우리 생활에서 볼 수 있는 응결과 관련된 예를 세 가지 쓰시오. [6점]

____

____

____

과학
2단원

1 다음 얼음과 물을 관찰하고 얼음과 물의 특징을 각각 두 가지씩 쓰시오. [5점]

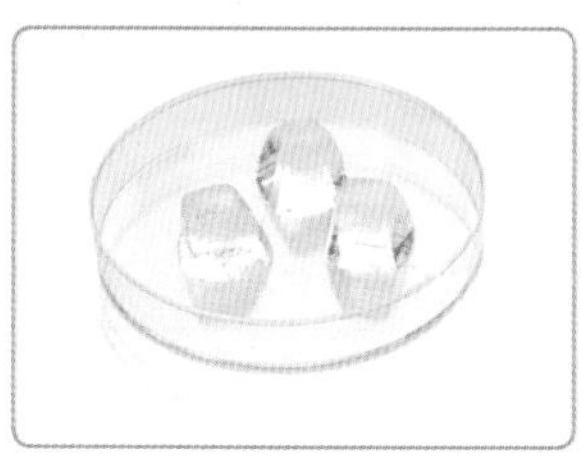
▲ 얼음

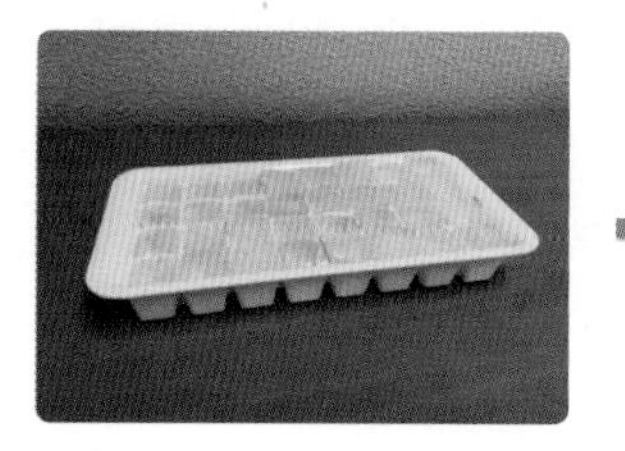
▲ 물

2 물이 얼 때의 부피 변화에 대해 쓰고, 우리 주변에서 물이 얼 때의 부피 변화와 관련된 예를 두 가지 쓰시오. [7점]

(1) 물이 얼 때의 부피 변화: ______

(2) 물이 얼 때의 부피 변화와 관련된 예: ______

3 다음은 얼음 틀에 얼린 얼음이 녹을 때의 부피 변화입니다. 이를 통해 알 수 있는 얼음이 녹을 때의 부피 변화에 대해 쓰시오. [5점]

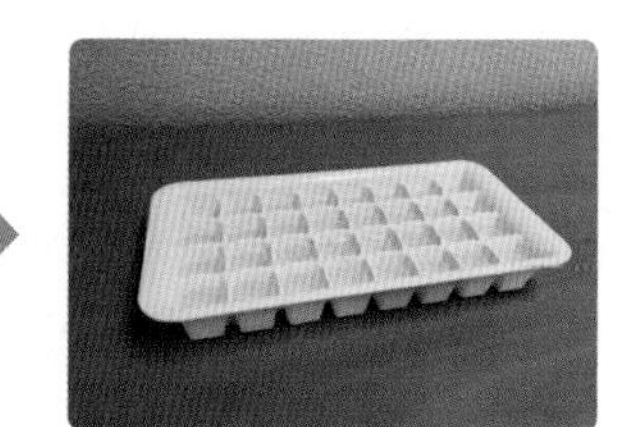

4 다음은 포도를 말려서 만든 건포도의 모습입니다. 이와 같이 우리 생활에서 물이 증발하는 현상과 관련된 예를 두 가지 쓰시오. [7점]

5 물의 증발과 끓음의 공통점 한 가지와 차이점 두 가지를 쓰시오. [7점]

(1) 공통점:

(2) 차이점:

6 다음 ㉠~㉣은 각각 물이 무엇으로 상태가 변한 것을 이용한 예인지 쓰시오. [7점]

㉠

▲ 인공 눈을 만들 때

㉡

▲ 얼음과자를 만들 때

㉢

▲ 가습기를 이용할 때

㉣

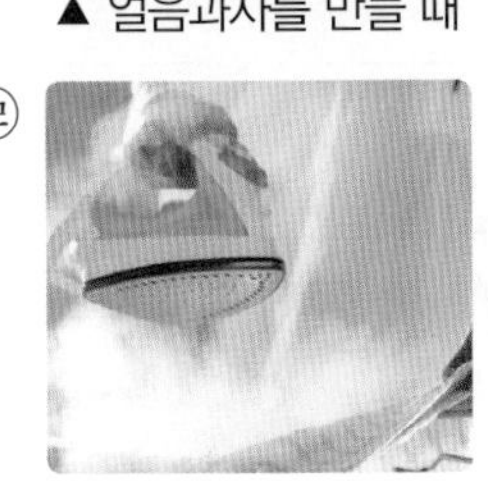

▲ 스팀다리미를 이용할 때

단계별 유형

7 다음과 같이 플라스틱 컵에 주스와 얼음을 넣고 뚜껑을 덮어 페트리 접시에 올렸습니다. 물음에 답하시오. [10점]

1단계 위의 실험에서 시간이 지난 뒤 플라스틱 컵 표면과 페트리 접시에서 일어나는 변화를 쓰시오.

2단계 페트리 접시에 올린 플라스틱 컵의 무게를 처음에 재고 시간이 지난 뒤에 쟀을 때, 무게 변화가 어떤지 쓰고, 그 까닭을 쓰시오.

3단계 위의 실험에서와 같이 우리 생활에서 볼 수 있는 응결과 관련된 예를 한 가지 쓰시오.

3. 그림자와 거울

연습! 서술형 평가

그림자가 생기는 조건

1 그림자가 생기는 조건에 대한 설명으로 옳은 것에 모두 ○표 하시오.

(1) 그림자가 생기려면 빛이 있어야 합니다. (　　)

(2) 그림자가 생기려면 물체가 있어야 합니다. (　　)

(3) 그림자가 생기려면 구름이 있어야 합니다. (　　)

(4) 그림자가 생기려면 물체에 빛을 비춰야 합니다. (　　)

1-1 서술형 쌍둥이 문제

다음은 그림자가 생긴 모습입니다. 그림자가 생기는 조건을 쓰시오. [4점]

투명한 물체와 불투명한 물체의 그림자

2 투명한 유리컵의 그림자와 불투명한 도자기 컵의 그림자에 대한 설명으로 옳은 것을 골라 기호를 쓰시오.

> ㉠ 도자기 컵 그림자는 유리컵 그림자보다 연합니다.
> ㉡ 유리컵 그림자는 도자기 컵 그림자보다 연합니다.
> ㉢ 빛은 도자기 컵을 잘 통과하고, 유리컵을 통과하지 못합니다.

(　　　　　　)

2-1 서술형 쌍둥이 문제

다음과 같이 투명한 물체의 그림자가 연하게 생기는 까닭을 쓰시오. [6점]

빛의 직진

3 빛의 직진에 대한 설명으로 옳지 않은 것을 골라 기호를 쓰시오.

> ㉠ 빛이 곧게 나아가는 성질을 말합니다.
> ㉡ 빛이 직진하기 때문에 물체의 그림자는 물체 모양과 좌우가 바뀌어 보입니다.
> ㉢ 빛이 직진하다가 물체를 만나면 물체 뒤쪽에 물체 모양과 비슷한 그림자가 생기게 됩니다.

(　　　　　　)

3-1 서술형 쌍둥이 문제

빛의 직진이란 무엇인지 쓰고, 빛이 직진하기 때문에 물체 그림자의 모양이 어떠한지 쓰시오. [6점]

거울에 비친 물체의 모습

4 거울에 비친 물체의 모습에 대한 설명으로 옳은 것은 어느 것입니까? (　　　)

① 물체의 좌우가 바뀌어 보입니다.
② 물체의 상하가 바뀌어 보입니다.
③ 물체의 상하좌우가 바뀌어 보입니다.
④ 물체의 방향이 바뀌어 보이지 않고 그대로 보입니다.
⑤ 거울에 비친 물체의 색깔은 실제 물체의 색깔과 다릅니다.

4-1 서술형 쌍둥이 문제

물체를 거울에 비춰 보았습니다. 거울에 비친 물체의 모습은 실제 물체의 모습과 비교하여 색깔, 방향 등이 어떠한지 쓰시오. [6점]

빛의 반사

5 빛의 반사에 대해 옳지 않게 말한 친구는 누구인지 쓰시오.

- 민지: 빛이 곧게 나아가는 성질을 말해.
- 준호: 거울은 빛의 반사를 이용해 물체의 모습을 비추는 도구야.
- 윤재: 빛이 거울에 부딪쳐 반사하면 빛이 나아가던 방향이 바뀌어.

(　　　　　　　　　　)

5-1 서술형 쌍둥이 문제

빛의 반사란 무엇인지 다음을 말을 모두 포함해 쓰시오. [4점]

빛, 거울, 방향

거울의 이용

6 거울의 이용에 대한 설명으로 옳은 것을 모두 골라 기호를 쓰시오.

㉠ 집이나 가게, 자동차 등 다양한 곳에서 거울을 이용합니다.
㉡ 미용실 거울은 자신의 머리 모양을 보기 위해서 사용합니다.
㉢ 자동차 뒷거울은 뒤에서 오는 다른 자동차의 위치를 보기 위해서 사용합니다.
㉣ 거울을 이용해 장식품이나 예술품을 만들면 깨지기 때문에 만들지 않습니다.

(　　　　　　　　　　)

6-1 서술형 쌍둥이 문제

오른쪽은 자동차 뒷거울입니다. 자동차 뒷거울은 어떤 용도로 쓰이는지 쓰시오. [4점]

과학 3단원

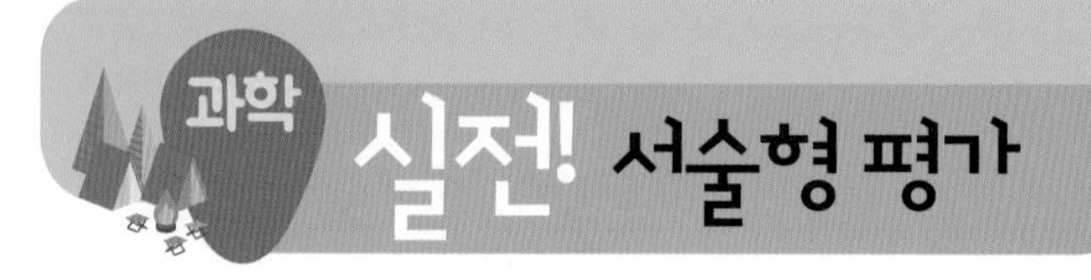

1 다음과 같이 햇빛이 비칠 때는 그림자가 생기고, 구름이 햇빛을 가렸을 때는 그림자가 생기지 않습니다. 그 까닭을 그림자가 생기는 조건과 관련지어 쓰시오. [7점]

▲ 햇빛이 비칠 때

▲ 구름이 햇빛을 가렸을 때

2 다음은 안경의 그림자입니다. 안경알 부분은 그림자가 연하게 생기고, 안경테 부분은 그림자가 진하게 생기는 까닭을 쓰시오. [7점]

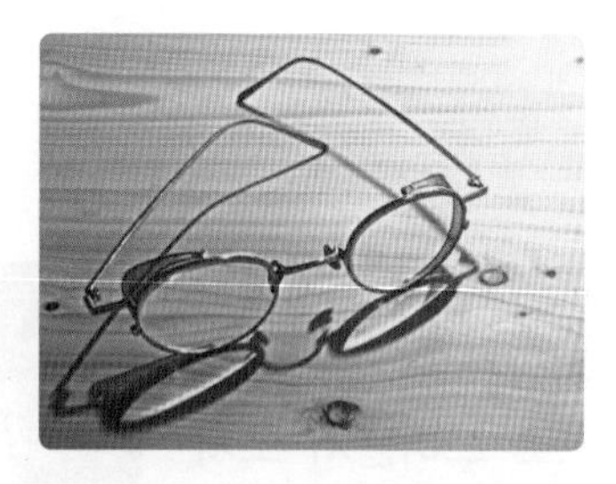

3 자동차 햇빛 가리개는 물체의 그림자가 생기는 것을 이용해 생활을 편리하게 한 예입니다. 이와 같이 우리 생활에서 물체의 그림자가 생기는 것을 이용해 생활을 편리하게 한 예를 다섯 가지 쓰시오. [5점]

4 오른쪽과 같이 손전등과 스크린 사이에 물체를 놓고 손전등으로 빛을 비춰 스크린에 물체의 그림자가 생기게 하려고 합니다. 물체와 스크린을 그대로 두었을 때와 스크린과 손전등을 그대로 두었을 때 그림자의 크기를 크게 만들려면 어떻게 해야 하는지 각각 쓰시오. [7점]

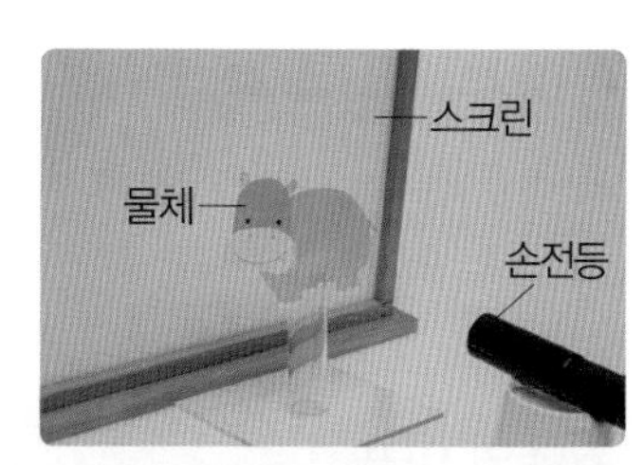

(1) 물체와 스크린을 그대로 두었을 때:

(2) 스크린과 손전등을 그대로 두었을 때:

5 다음과 같이 구급차에는 글자의 좌우를 바꿔 씁니다. 그 까닭을 거울의 성질과 관련지어 쓰시오. [7점]

____

____

____

6 다음과 같이 종이 상자 입구에 손전등 빛을 비추어 종이 상자 속 빨간색 꽃에 빛을 보내려면 어떻게 해야 하는지 쓰시오. [5점]

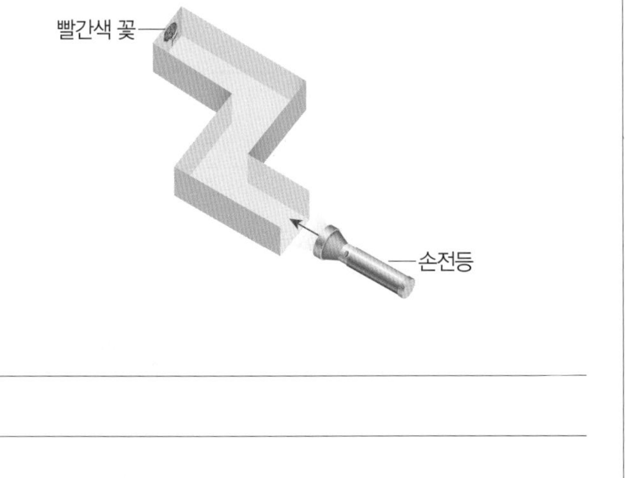

____

____

____

단계별 유형

7 다음은 우리 생활에서 거울을 이용한 다양한 예입니다. 물음에 답하시오. [10점]

㉠ 
▲ 세면대 거울

㉡ 
▲ 자동차 뒷거울

㉢ 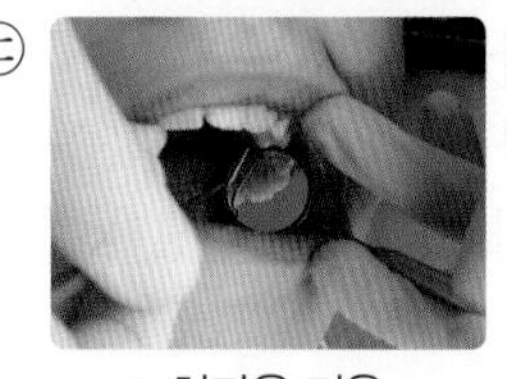
▲ 치과용 거울

㉣ 
▲ 옷 가게 거울

1단계 위 ㉠~㉣의 거울은 각각 어떤 쓰임새로 이용하는지 것인지 쓰시오.

(1) ㉠: ______________________________

(2) ㉡: ______________________________

(3) ㉢: ______________________________

(4) ㉣: ______________________________

2단계 위의 ㉠~㉣ 외에도 우리 생활에서 거울을 이용한 예에는 무엇이 있는지 두 가지 쓰시오.

____

____

____

과학
3단원

연습! 서술형 평가

화산과 화산이 아닌 산

1 화산에 대한 설명으로 옳은 것을 두 가지 골라 기호를 쓰시오.

㉠ 화산은 꼭대기에 분화구가 없습니다.
㉡ 화산은 꼭대기에 분화구가 있는 것도 있습니다.
㉢ 화산은 땅속의 마그마가 분출하여 생긴 지형입니다.
㉣ 화산은 마그마가 땅속으로 들어가면서 생긴 지형입니다.

( )

1-1 서술형 쌍둥이 문제

화산과 화산이 아닌 산을 다음의 말을 모두 포함하여 비교하여 쓰시오. [6점]

마그마, 분출, 분화구

화산 활동으로 나오는 물질

2 화산 분출물에 대한 설명으로 옳지 않은 것은 어느 것입니까? ( )

① 화산 가스의 대부분은 암석 조각입니다.
② 화산 암석 조각의 크기는 매우 다양합니다.
③ 화산이 분출할 때 나오는 물질을 화산 분출물이라고 합니다.
④ 화산 분출물에는 화산 가스, 용암, 화산재, 화산 암석 조각 등이 있습니다.
⑤ 화산 가스는 기체, 용암은 액체, 화산 암석 조각과 화산재는 고체 상태입니다.

2-1 서술형 쌍둥이 문제

다음 ㉠~㉢은 화산 분출물을 어떻게 분류한 것인지 쓰시오. [4점]

㉠	㉡	㉢
화산재, 화산 암석 조각	용암	화산 가스

화강암과 현무암의 특징

3 화강암과 현무암에 대한 설명으로 옳은 것에 모두 ○표 하시오.

(1) 화강암을 이루는 알갱이의 크기는 맨눈으로 구별할 수 있을 정도로 큽니다. ( )
(2) 현무암을 이루는 알갱이의 크기는 맨눈으로 구별하기 어려울 정도로 매우 작습니다. ( )
(3) 현무암은 마그마가 지표 가까이에서 식어서 만들어졌고, 화강암은 마그마가 땅속 깊은 곳에서 식어서 만들어졌습니다. ( )

3-1 서술형 쌍둥이 문제

다음의 화강암과 현무암의 알갱이의 크기가 다른 까닭을 만들어지는 장소와 관련지어 쓰시오. [6점]

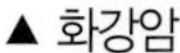

▲ 화강암

▲ 현무암

화산 활동이 미치는 영향

4 화산 활동이 주는 이로움으로 옳은 것을 모두 골라 기호를 쓰시오.

ㄱ 온천을 개발합니다.
ㄴ 용암에 의해 산불이 발생합니다.
ㄷ 용암이 흘러 마을을 뒤덮습니다.
ㄹ 지열 발전을 통해 전기를 얻습니다.
ㅁ 화산재가 호흡기 질병을 일으킵니다.
ㅂ 화산재의 영향으로 땅이 비옥해집니다.

( )

4-1 서술형 쌍둥이 문제

화산 활동은 우리 생활에 피해를 주기도 하지만 이로움도 있습니다. 화산 활동이 주는 피해와 이로움을 각각 두 가지씩 쓰시오. [4점]

(1) 피해: ______

(2) 이로움: ______

지진이 발생하는 까닭

5 지진이 발생하는 까닭과 지진에 대한 설명으로 옳은 것을 모두 고르시오. ( )

① 지진으로 인해 산사태가 발생하기도 합니다.
② 화산 활동과 지진이 발생하는 것은 관련이 없습니다.
③ 땅(지층)이 끊어지면서 흔들리는 것을 지진이라고 합니다.
④ 땅이 지구 내부에서 작용하는 힘을 짧은 시간 받으면 지진이 발생합니다.
⑤ 땅이 지구 내부에서 작용하는 힘을 오랫동안 받으면 끊어집니다.

5-1 서술형 쌍둥이 문제

다음은 지진이 발생한 모습입니다. 지진이 발생하는 까닭을 포함하여 지진이란 무엇인지 쓰시오. [4점]

______

지진 발생 시 대처 방법

6 지진이 발생했을 때의 옳은 대처 방법이 아닌 것을 골라 기호를 쓰시오.

ㄱ 건물 밖에 있을 경우 건물이나 벽 주변으로 붙어서 이동합니다.
ㄴ 승강기 안에 있을 경우 모든 층의 버튼을 눌러 가장 먼저 열리는 층에서 내립니다.
ㄷ 집 안에 있을 때는 전기와 가스를 차단하고 밖으로 나갈 수 있도록 문을 열어 둡니다.
ㄹ 교실에 있을 경우 책상 아래로 들어가 머리와 몸을 보호하고 책상 다리를 꼭 잡습니다.

( )

6-1 서술형 쌍둥이 문제

다음과 같이 승강기를 타고 있을 때 지진이 일어났습니다. 옳은 대피 방법을 쓰시오. [6점]

______

과학 4단원

1 다음 두 산의 공통점을 한 가지 쓰시오. [5점]

▲ 백두산

▲ 후지산

2 알루미늄 포일 안에 마시멜로를 넣고 알코올램프로 가열했더니 다음과 같은 실험 결과가 나왔습니다. 이 실험 결과를 보고 알 수 있는 실제 화산 활동에 대해 쓰시오. [7점]

연기와 함께 작은 덩어리의 마시멜로가 튀어나오거나 녹아서 흘러내린 뒤 식으면서 굳습니다.

3 다음 그림을 보고 알 수 있는 화강암과 현무암이 만들어진 장소와 그로 인한 암석의 알갱이의 크기에 대해 쓰시오. [7점]

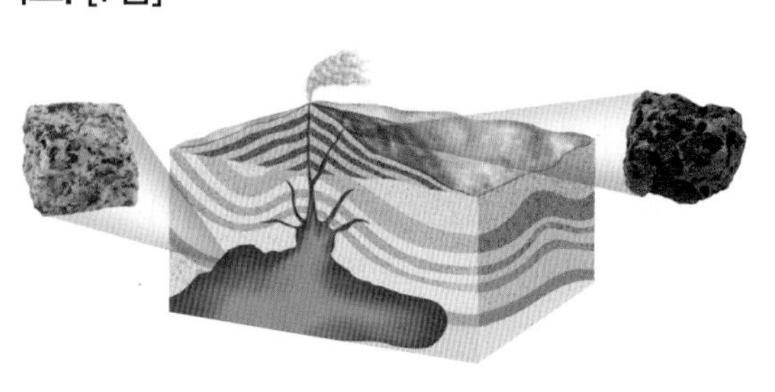

4 다음은 하와이의 킬라우에아 화산 활동에 관한 기사입니다. 기사를 읽고 킬라우에아 화산 분출로 인해 피해를 입은 마을의 모습을 상상하여 쓰시오. [5점]

하와이의 킬라우에아 화산에서 분출한 용암이 마을 앞까지 흘러내려 주민 4000여명이 긴급 대피하는 일이 일어났다. 하와이주 당국은 화산 근처에 사는 주민들에게 대피령을 내리고 바람의 영향을 받는 지역에는 연기 주의보를 내렸다.

단계별 유형

5 다음과 같이 양손으로 우드록을 중심 방향으로 밀어 우드록이 어떻게 되는지 보고, 우드록이 끊어질 때 손에서 느껴지는 느낌을 느껴 보는 지진 발생 모형실험을 하였습니다. 물음에 답하시오. [10점]

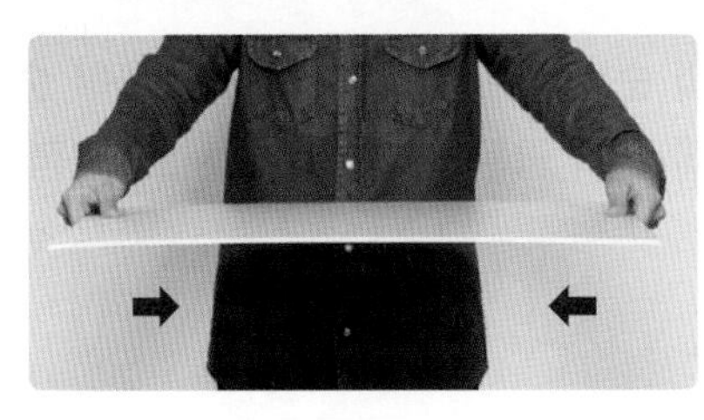

1단계 우드록이 끊어지지 않도록 우드록에 조금 힘을 주어 밀었을 때 우드록이 어떻게 되는지 쓰시오.

2단계 우드록에 계속 힘을 주어 우드록이 끊어질 때 손에 어떤 느낌이 나는지 쓰시오.

3단계 우드록을 양손으로 미는 힘과 우드록이 끊어질 때의 느낌은 실제 자연 현상에서 무엇에 해당하는지 쓰시오.

6 다음은 최근에 우리나라에서 발생한 지진 피해 사례입니다. 이를 통해 알 수 있는 점을 '지진에 안전한 지역'이라는 말을 포함하여 쓰시오. [7점]

연도	발생 지역	규모	피해 내용
2018	경상북도 포항시	4.6	부상자 발생
2017	경상북도 포항시	5.4	부상자 및 이재민 발생, 건물 훼손
2016	경상북도 경주시	5.8	부상자 발생 및 건물 균열, 지붕과 담장 파손

7 지진이 발생하였을 때의 대처 방법으로 옳지 않은 것을 골라 기호를 쓰고 옳게 고쳐 쓰시오. [7점]

㉠

▲ 가스를 차단함.

㉡

▲ 책상 아래로 들어가 머리와 몸을 보호함.

㉢

▲ 머리를 보호하며 선생님의 지시에 따라 이동함.

㉣

▲ 높은 담 옆에 웅크리고 앉음.

과학
4단원

연습! 서술형 평가

정답과 풀이 120쪽

물의 순환

1 물의 순환에 대한 설명으로 옳은 것에 모두 ○표 하시오.

(1) 물은 상태가 변하면서 끊임없이 순환합니다. (　　)

(2) 물이 순환할 때 물의 상태가 변하지는 않습니다. (　　)

(3) 물은 육지, 바다, 공기 중, 생명체 등 여러 곳을 돌고 돕니다. (　　)

(4) 물은 끊임없이 순환하지만 지구 전체 물의 양은 변하지 않습니다. (　　)

1-1 서술형 쌍둥이 문제

물의 순환이란 무엇인지 쓰고, 물이 순환할 때 지구 전체 물의 양은 어떠한지 쓰시오. [6점]

물을 이용하는 모습

2 우리 주변에서 물을 이용하는 경우로 알맞은 것을 모두 골라 기호를 쓰시오.

> ㉠ 농작물을 키웁니다.
> ㉡ 물을 마셔 생명을 유지합니다.
> ㉢ 몸을 씻거나 청소할 때 이용합니다.
> ㉣ 흐르는 물이 만든 다양한 지형을 관광 자원으로 이용합니다.

(　　　　　　　　　　)

2-1 서술형 쌍둥이 문제

다음의 사진과 관련지어 우리 생활에서 물을 이용하는 경우를 두 가지 쓰시오. [6점]

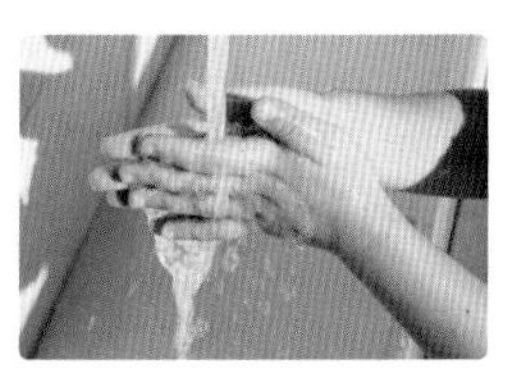

물 부족 현상

3 물이 부족한 까닭으로 옳은 것에 모두 ○표 하시오.

(1) 물을 아껴 쓰기 때문입니다. (　　)

(2) 인구가 감소하기 때문입니다. (　　)

(3) 산업 발달로 물의 사용량이 늘었기 때문입니다. (　　)

(4) 비가 많이 내리는 더운 지역에서 물이 부족합니다. (　　)

(5) 오염된 물이 하천으로 흐르면서 이용할 수 있는 물의 양이 줄어듭니다. (　　)

3-1 서술형 쌍둥이 문제

지구에 있는 물은 양이 일정하고 계속 순환하지만, 이용할 수 있는 물이 부족하여 어려움에 처한 나라들이 있습니다. 물 부족 현상이 나타나는 까닭을 세 가지 쓰시오. [6점]

정답과 풀이 120쪽

1 다음은 지구에서 일어나는 물의 순환입니다. 물이 순환할 때 물의 상태는 어떻게 되는지 쓰고, 지구 전체 물의 양은 어떠한지 쓰시오. [7점]

2 물의 순환 과정을 알아보기 위해 다음과 같이 실험했습니다. 실험 결과를 통해 알 수 있는 사실을 쓰시오. [7점]

〈실험 과정〉
㉠ 식물을 심은 작은 컵을 물과 얼음이 담긴 컵에 넣습니다.
㉡ 다른 컵을 ㉠의 컵 위에 거꾸로 올리고, 컵과 컵 사이를 셀로판테이프로 붙입니다.
㉢ 햇빛이 드는 창가에 컵을 두고 컵 안에서 일어나는 변화를 관찰해 봅니다.
〈실험 결과〉
- 컵 안의 얼음이 녹아 물이 되고, 물의 일부는 증발하여 공기 중의 수증기가 됩니다.
- 컵 안의 수증기는 응결하여 컵의 안쪽 벽면에 물방울로 맺히고 점점 커져 흘러내립니다.

3 다음은 동일이가 가족들과 관광지를 구경하고 찍은 사진입니다. '관광지'와 관련지어 물이 어떻게 이용되는지 쓰시오. [5점]

4 물 부족 현상을 해결하기 위해 가정이나 학교에서 할 수 있는 일은 무엇이 있는지 다음의 물 절약 약속 카드에 쓰시오. [7점]

약속해요, 물 절약!

정답과 풀이

국어 1. 이어질 장면을 생각해요

연습! 서술형 평가 2~3쪽

1 ③

풀이 ②는 아빠 물고기에 대한 딸의 생각입니다.

1-1 예시 답안 (1) 니모를 무척 사랑한다고 생각합니다. (2) 니모를 많이 걱정한다고 생각합니다.

채점 기준 답안 내용	배점
(1)에는 '니모를 무척 사랑한다.'는 내용을, (2)에는 '니모에 대해 걱정이 많다.'는 내용을 쓴 경우	4
(1)과 (2) 중 한 가지만 알맞게 쓴 경우	2

2 ①, ②

풀이 친구들은 영화 「우리들」에서 가장 기억에 남는 대사와 인상 깊은 장면에 대하여 이야기하고 있습니다.

2-1 예시 답안 (1) 영화 「우리들」에서 피구를 하려고 편을 나눌 때 선의 표정이 점점 변해 가는 것이 기억에 남습니다.
(2) 선이 외롭고 쓸쓸해 보여 위로해 주고 싶었기 때문입니다.

채점 기준 답안 내용	배점
(1)에는 영화의 대사나 장면을, (2)에는 그 까닭을 알맞게 쓴 경우	6
(1)에는 영화의 대사나 장면을 썼으나, (2)에는 (1)에 어울리는 까닭을 쓰지 못한 경우	3

| 채점 시 유의 사항 | 영화에서 가장 기억에 남는 대사나 인상 깊은 장면은 사람에 따라 다를 수 있고 그 까닭도 서로 다릅니다.

3 ⑤

풀이 원천강은 등장인물이 아니라 이 만화 영화의 배경입니다.

3-1 예시 답안 등장인물의 표정, 몸짓, 말투로 성격을 짐작합니다.

채점 기준 답안 내용	배점
인물의 표정, 몸짓, 말투로 성격을 짐작한다는 내용을 쓴 경우	4
인물의 성격에 대해서 쓰고 짐작하는 방법은 쓰지 못한 경우	1

4 ②

풀이 ① → ④ → ⑤ → ③ → ②의 순서로 합니다.

4-1 예시 답안 (1) 글 가
(2) 용이 된 이무기가 오늘이를 위해 한 행동이 따뜻하게 느껴지기 때문입니다.

채점 기준 답안 내용	배점
역할극을 하기에 적절한 글을 고르고 그 까닭도 알맞게 쓴 경우	6
고른 글과 고른 까닭이 어울리지 않는 경우	2

실전! 서술형 평가 4~5쪽

1 예시 답안 개학 전에는 선과 지아가 친하게 지냈으나, 개학 후에는 선과 지아의 사이가 나빠집니다.

채점 기준 답안 내용	배점
'개학 전에는 친하게 지냈으나 개학 후에 사이가 나빠졌다.'는 내용으로 쓴 경우	5
선과 지아의 변화된 관계를 썼으나, 개학 전후의 모습을 비교하여 쓰지 못한 경우	3

2 예시 답안 영화를 재미있게 감상할 수 있습니다.

채점 기준 답안 내용	배점
등장인물과 예고편을 보고 내용을 상상하면 좋은 점을 쓴 경우	5
상상한 영화의 내용을 쓰고, 내용을 상상하면 좋은 점은 쓰지 못한 경우	1

3 예시 답안 ❶ 속상합니다. / 서운합니다. / 슬픕니다.
❷ 혼자 외롭게 지내던 선이 지아를 만나 친한 사이가 된 것을 보니 선이 더 이상 외로워하지 않아도 될 것 같아 다행이라는 생각이 들었습니다.
❸ 선에게 / 선아, 안녕? 나도 너처럼 초등학교 4학년 학생이야. / 네가 외롭게 지내는 것을 보고 많이 속상했는데 지아를 만나 친한 사이가 되어 다행이라는 생각이 들고 참 기뻤어. / 앞으로도 지아랑 친하게 잘 지냈으면 좋겠어. / 그럼 안녕!

채점 기준 답안 내용	배점
❶~❸의 내용을 모두 알맞게 쓴 경우	10
❶~❸의 내용 중 한 가지를 잘못 쓴 경우	7
❶~❸의 내용 중 한 가지만 알맞게 쓴 경우	3

4 예시 답안 뒷모습을 보이는 주인공 오늘이가 먼 길을 여행하는 것처럼 보입니다. 아마 여행을 하면서 일어난 이야기일 것 같습니다. / 오늘이가 원천강에 살다가 멀리 떠나 모험을 하는 이야기일 것 같습니다.

채점 기준 답안 내용	배점
광고지의 내용과 등장인물에 어울리는 내용을 상상하여 쓴 경우	7
광고지의 내용이나 등장인물 중 한 가지에는 어울리지 않는 내용으로 쓴 경우	3

5 예시 답안 매일이가 책을 많이 읽는 것이 무척 부러웠습니다. 책을 읽으면서 매일이가 행복했으면 하는 생각을 했습니다.

채점 기준 답안 내용	배점
장면이 인상 깊은 까닭을 알맞게 쓴 경우	5
제시된 장면이 아니라 다른 장면이 인상 깊은 까닭을 쓴 경우	2

6 예시 답안 중심인물을 누구로 하고 싶은지 정합니다. / 중심인물에게 어떤 일이 생길지 생각해 봅니다. / 중심인물은 그 일을 어떻게 해결하는지 생각해 봅니다.

채점 기준 답안 내용	배점
이어질 이야기를 상상해 이야기책을 만들 때 생각할 점을 알맞게 쓴 경우	5
이어질 이야기를 상상해 이야기책을 만들 때 생각할 점을 썼으나 맞춤법이 틀린 경우	2

7 예시 답안 자신이 맡은 역할을 충분히 이해하고, 적절한 표정, 몸짓, 말투로 정성을 다해 연기해야 합니다.

채점 기준 답안 내용	배점
만화 영화의 뒷이야기를 역할극으로 꾸밀 때에 주의할 점을 쓴 경우	5
만화 영화의 뒷이야기를 역할극으로 꾸미는 방법을 쓰고, 주의할 점에 대해서 쓰지 못한 경우	2

2. 마음을 전하는 글을 써요

연습! 서술형 평가 6~7쪽

1 ②

풀이 ㉠은 부끄러운 마음, ㉢은 미안한 마음, ㉣, ㉤은 고마운 마음이 드러납니다.

1-1 예시 답안 나도 함께 뛸 수 있어서 참 행복했어. / 힘차게 달리는 것보다 느리게 걷는 것이 더 보람 있었어. / 네가 좋은 기억을 얻게 돼서 너무 기뻐.

채점 기준 답안 내용	배점
태웅이가 쓴 편지에 대한 답장으로 태웅이에게 전하고 싶은 마음이 잘 드러나게 쓴 경우	4
마음이 드러나게 썼으나, 태웅이가 쓴 편지의 내용과 어울리지 않는 경우	2

2 ⑤

풀이 '고맙습니다.'처럼 자신의 마음을 드러내는 표현을 구체적으로 썼습니다.

2-1 예시 답안 (1) 지난 체험학습 때 도자기 만드는 것을 선생님께서 도와주신 일
(2) 고마운 마음

채점 기준 답안 내용	배점
(1)과 (2)를 모두 알맞게 쓴 경우	6
(1)과 (2) 중 한 가지만 알맞게 쓴 경우	3

3 ①, ④

풀이 아들이 팔을 다친 일을 걱정하는 마음과 한 학년 올라간 일을 축하하는 마음이 담겨 있습니다.

3-1 예시 답안 (1) 마음을 전하고 싶은 일을 떠올립니다.
(2) 글에서 전하려는 마음을 생각합니다.

채점 기준 답안 내용	배점
마음을 전하는 글을 쓰는 방법 두 가지를 모두 알맞게 쓴 경우	6
마음을 전하는 글을 쓰는 방법을 한 가지만 알맞게 쓴 경우	3

| 채점 시 유의 사항 | '마음을 잘 나타낼 수 있는 표현을 사용합니다.', '읽는 사람의 마음이 어떠할지 짐작하여 씁니다.' 등도 정답으로 합니다.

4 ①

풀이 그림 ❶은 미안한 마음, ❷는 축하하는 마음, ❸은 위로하는 마음, ❹는 그리운 마음을 전하기에 알맞습니다.

4-1 예시 답안 (1) 그림 ❶
(2) 미안한 마음
(3) 친구가 싫어하는 별명을 부르며 놀려서 친구가 기분이 상하였습니다.

채점 기준 답안 내용	배점
(1)~(3)을 모두 알맞게 쓴 경우	6
(1)~(3) 중 두 가지만 알맞게 쓴 경우	4
(1)~(3) 중 한 가지만 알맞게 쓴 경우	2

실전! 서술형 평가 8~9쪽

1 예시 답안 선생님께 고마운 마음을 전하려고 썼습니다.

채점 기준 답안 내용	배점
고마운 마음을 전하려고 썼다는 내용으로 쓴 경우	4
'마음을 전하려고'와 같이 쓰고 구체적인 마음을 쓰지 못한 경우	2

2 예시 답안 (1) 고마운 마음
(2) 체험학습에서 도자기 만드는 것을 선생님께서 도와주셨기 때문입니다.

채점 기준 답안 내용	배점
(1)과 (2)를 모두 알맞게 쓴 경우	6
(1)과 (2) 중 한 가지만 알맞게 쓴 경우	3

| 채점 시 유의 사항 | (1)에는 '속상한 마음', '당황스러운 마음'을 쓰고, (2)에는 '도자기가 잘 만들어지지 않아서'와 같이 써도 정답으로 합니다.

3 예시 답안 ❶ 아들 필립의 안부를 묻고 당부할 말을 전하기 위해서입니다.
❷ ① 다친 일을 걱정하는 마음과 한 학년 올라간 일을 축하하는 마음입니다.
② 좋은 사람이 되기 위해 힘쓰기를 당부하는 마음입니다.
❸ ① 걱정되는구나. / 축하한다. ② 힘써야 한단다.

채점 기준 답안 내용	배점
❶~❸의 내용을 모두 알맞게 쓴 경우	10
❶~❸의 내용 중 한 가지를 잘못 쓴 경우	7
❶~❸의 내용 중 한 가지만 알맞게 쓴 경우	3

4 예시 답안 (1) 축하하는 마음입니다.
(2) 친구가 우리 학년 달리기 대회에서 상을 받았습니다.

채점 기준 답안 내용	배점
(1)과 (2)를 모두 알맞게 쓴 경우	5
(1)과 (2) 중 한 가지만 알맞게 쓴 경우	2

| 채점 시 유의 사항 | (1)에는 '기쁜 마음', '즐거운 마음'도 답이 될 수 있습니다.

5 예시 답안 우리 마을을 깨끗이 하기 위해 아침저녁으로 청소를 하시는 환경미화원님께 고마운 마음을 전하고 싶어.

채점 기준 답안 내용	배점
있었던 일과 그 일에 대해 전하려는 마음을 알맞게 쓴 경우	5
있었던 일과 그 일에 대해 전하려는 마음을 썼으나, 친구에게 말하는 것처럼 쓰지 못한 경우	3

6 예시 답안 자신의 소식을 알리려고 붙였습니다. / 이사 와서 이웃에게 인사하려고 붙였습니다.

채점 기준 답안 내용	배점
재환이가 편지를 붙인 까닭을 알맞게 쓴 경우	5
재환이가 쓴 편지의 내용을 쓰고, 편지를 붙인 까닭을 구체적으로 쓰지 못한 경우	2

7 예시 답안 재환이가 붙인 편지를 읽고 훈훈한 마음이 느껴졌습니다.

채점 기준 답안 내용	배점
쪽지에 담긴 이웃 사람들의 마음을 알맞게 쓴 경우	5
쪽지의 내용에 대해 쓰고 그 마음에 대해 쓰지 못한 경우	2

| 채점 시 유의 사항 | '따뜻한 마음', '반가운 마음', '정다운 마음'처럼 써도 정답으로 합니다.

3. 바르고 공손하게

연습! 서술형 평가 10~11쪽

1 ③, ④, ⑤
풀이 박 노인은 윗마을 양반에게는 건성으로, 아랫마을 양반에게는 웃으며 대답하였습니다. 또 아랫마을 양반에게 더 많은 양의 고기를 잘라 주었습니다.

1-1 예시 답안 (1) '아랫마을'에 ○표
(2) 자신을 더 존중해 주는 느낌이 들었기 때문입니다. / 예의를 지켜 말하였기 때문입니다.

채점 기준 답안 내용	배점
(1)에는 '아랫마을'에 ○표를 하고, (2)에는 예의 바르게 말하였다는 내용으로 쓴 경우	6
(1)에는 '아랫마을'에 ○표를 하였으나, (2)에 그 까닭을 알맞게 쓰지 못한 경우	3

2 ⑤
풀이 현관에서 지혜는 신유 어머니께 성급하게 인사하였습니다.

2-1 예시 답안 신유 어머니의 얼굴을 바라보며 바른 자세로 인사를 해야 합니다.

채점 기준 답안 내용	배점
신유 어머니께 인사를 제대로 하지 않은 점을 고칠 방법으로 알맞게 쓴 경우	4
예절을 지키는 행동에 대해서만 쓰고, 그 행동을 고칠 방법을 쓰지 못한 경우	2

3 ②
풀이 사슴 역할을 한 친구는 토끼 역할을 한 친구가 이야기하는 도중에 끼어들어 말하였습니다.

3-1 예시 답안 (1) 내 말부터 들어 봐. → 미안해. 네 말이 끝날 때까지 기다릴게.
(2) 뭐? 너 혼나 볼래? → 기분을 상하게 해서 미안해. 이제 그만할게.

채점 기준 답안 내용	배점
(1)과 (2)에 모두 예의 바르지 않은 말을 찾고 그 말을 예의 바른 말로 고쳐 쓴 경우	6
(1)과 (2)에 모두 예의 바르지 않은 말을 찾아 썼으나, 고친 말이 예의 바르지 않은 경우	3

4 ①
풀이 ⑤는 희정이가 말한 의견에 대한 까닭입니다.

4-1 예시 답안 말할 기회를 얻지 않고 상대에게 거친 말을 사용하였습니다.

채점 기준 답안 내용	배점
말할 기회를 얻지 않은 것이나 상대에게 거친 말을 사용한 것에 대해 쓴 경우	4
희정이가 아닌 다른 친구가 예절을 지키지 않은 내용을 쓴 경우	2

실전! 서술형 평가 12~13쪽

1 예시 답안 두 젊은 양반들이 고기를 사러 와서 박 노인에게 쇠고기 한 근을 달라고 말하는 상황입니다.

채점 기준 답안 내용	배점
장면의 상황을 구체적으로 쓴 경우	5
장면의 상황을 썼으나, 맞춤법이 틀린 경우	3

2 예시 답안 (1) 짜증 난 표정입니다.
(2) 알겠습니다.
(3) 즐거운 표정입니다.
(4) 네, 조금만 기다리시지요.

채점 기준	답안 내용	배점
	(1)~(4)를 모두 알맞게 쓴 경우	7
	(1)~(4) 중 세 가지만 알맞게 쓴 경우	4
	(1)~(4) 중 한 가지만 알맞게 쓴 경우	2

| 채점 시 유의 사항 | 똑같은 이야기라도 말하는 사람 말투에 따라 듣는 사람 태도가 많이 달라진다는 것에 유의합니다.

3 예시 답안 (1) 기분이 상하였을 것입니다.
(2) 나는 그 별명 싫은데, 내 이름으로 불러 줄래?

채점 기준	답안 내용	배점
	(1)에는 기분이 상하였다고 쓰고, (2)에는 별명을 부르지 말아 달라는 대답을 예의 바르게 쓴 경우	7
	(1)에는 기분이 상하였다고 쓰고, (2)에는 별명을 부르지 말아 달라는 대답을 썼으나 예의 바르게 쓰지 못한 경우	5
	(1)에는 기분이 상하였다고 썼으나, (2)에는 자신이라면 어떻게 대답할지 쓰지 못한 경우	3

4 예시 답안 남자아이가 '내가'라고 말한 부분입니다. 어른 앞에서는 여자아이처럼 '제가'로 자신을 낮추어 표현해야 예절에 맞기 때문입니다.

채점 기준	답안 내용	배점
	남자아이가 말한 '내가'라는 부분을 찾아 그 까닭과 함께 쓴 경우	5
	남자아이가 말한 '내가'라는 부분을 찾아 썼으나, 그 까닭을 쓰지 못한 경우	3

5 예시 답안 ❶ 남이 하는 말은 듣지 않고 자기 말만 했습니다.
❷ ① 속상했습니다. ② 제 이야기를 다 들어 주고 나서 말을 하면 좋을 것 같습니다.
❸ 그래, 다른 친구부터 하고 나서 할게.

채점 기준	답안 내용	배점
	❶~❸을 모두 알맞게 쓴 경우	10
	❶~❸ 중 두 가지만 알맞게 쓴 경우	6
	❶~❸ 중 한 가지만 알맞게 쓴 경우	3

6 예시 답안 대화명을 이름이 아닌 다른 것으로 썼기 때문입니다.

채점 기준	답안 내용	배점
	대화명을 이름으로 하지 않았다는 내용을 쓴 경우	5
	대화명을 이름으로 하지 않았다는 내용을 썼으나, 맞춤법이 틀린 경우	3

7 예시 답안 (1) ㅇㅈ, ㅋㅋㅋ, ㄴㄴ
(2) 항상 새로운 말의 뜻을 배워야 할 것 같습니다. / 대화가 잘 안될 것 같습니다. / 무슨 뜻인지 몰라서 오해가 생기거나 대화가 어려울 것 같습니다.

채점 기준	답안 내용	배점
	(1)에는 줄임 말 세 가지를 모두 찾아 쓰고, (2)에는 대화가 잘 이루어지지 않는다는 내용을 쓴 경우	7
	(1)과 (2) 중 한 가지만 알맞게 쓴 경우	3

4. 이야기 속 세상

연습! 서술형 평가 14~15쪽

1 ①
풀이 사라 어머니께서는 사라에게 "웃어도 괜찮아. 넌 특별한 아이잖니?"라고 말씀하셨습니다.

1-1 예시 답안 (1) 버스 (안) → 경찰서
(2) 사라가 버스 뒷자리로 가지 않자 경찰관은 사라를 데리고 경찰서로 향했습니다.

채점 기준	답안 내용	배점
	(1)에는 장소의 변화를, (2)에는 일어난 일을 알맞게 쓴 경우	6
	(1)과 (2) 중 한 가지만 알맞게 쓴 경우	3

| 채점 시 유의 사항 | 이야기가 펼쳐진 시간과 장소는 '배경', 이야기에서 일어나는 일은 '사건'임을 기억해 둡니다.

2 ③
풀이 창훈이는 우진이를 이겨 낼 수 없자 웃기기 작전을 썼습니다.

2-1 예시 답안 우진이가 자신이 당한 일도 아닌데 창훈이한테 '나'와 윤아에게 사과하라고 말한 것을 보면 우진이는 의로운 성격인 것 같습니다.

채점 기준	답안 내용	배점
	우진이가 한 말과 행동에서 우진이의 성격을 짐작해 쓴 경우	4
	우진이의 성격을 알맞게 썼으나, 성격을 짐작할 수 있는 우진이의 말과 행동을 쓰지 못한 경우	2

3 ④
풀이 우봉이가 지기 싫어하면서도 할아버지 말씀과 주은이의 일기가 마음에 걸려 계속 머뭇거리며 고민하는 것으로 보아 인정이 많고 사려가 깊다는 것을 짐작할 수 있습니다.

3-1 예시 답안 우봉이가 경기에 집중하지 못해서 질 것 같습니다. / 우봉이가 경기에서 이기지만 주은이에게 미안한 마음에 크게 기뻐하지 못할 것 같습니다.

채점 기준	답안 내용	배점
	우봉이의 사려 깊고 인정 많은 성격에 어울리게 일어날 결과를 쓴 경우	4
	앞의 내용과 어울리게 일어날 결과를 썼으나, 우봉이의 성격에 맞지 않는 경우	2

4 ⑤
풀이 친구들은 새로 꾸미고 싶은 이야기에 대해 말하고 있습니다.

4-1 예시 답안 (1) 사라
(2) 사라의 용기 있고 적극적인 성격을 소심한 성격으로 바꾸

어 보겠습니다.

채점 기준	답안 내용	배점
	(1)에는 사라, (2)에는 용기 있고 적극적인 성격을 소심한 성격으로 바꾸고 싶다는 내용으로 쓴 경우	6
	(1)과 (2)를 모두 썼으나, 맞춤법이 틀린 경우	3

실전! 서술형 평가 16~17쪽

1 예시 답안 (1) 어느 날 아침, 버스 안
(2) 운전사는 법을 지키지 않는 사라의 행동을 마음에 들어하지 않고, 사라는 자신이 옳다고 생각하기 때문에 운전사의 충고를 듣지 않습니다.

채점 기준	답안 내용	배점
	(1)에는 일이 일어난 시간과 장소를 쓰고, (2)에는 사라와 운전사의 관계를 알맞게 쓴 경우	7
	(1)과 (2) 중 한 가지만 알맞게 쓴 경우	3

2 예시 답안 운전사는 사라에게 뒷자리로 돌아가라고 화를 냈습니다.

채점 기준	답안 내용	배점
	글 다에서 일어난 일을 제시된 원인과 잘 이어지게 쓴 경우	5
	글 다에서 일어난 일을 썼으나, 원인과 연결이 잘 되지 않는 경우	2

3 예시 답안 (1) 조심성이 많습니다. / 깔끔합니다.
(2) 사물함 밑에 손을 넣었다가 벌레라도 손에 닿으면 어떡하냐는 말을 통해서 짐작할 수 있습니다.

채점 기준	답안 내용	배점
	(1)에는 조심성이 많고 깔끔한 성격을, (2)에는 그 성격을 짐작할 수 있는 말이나 행동을 쓴 경우	7
	(1)과 (2)를 모두 썼으나, 맞춤법이 틀린 경우	3

4 예시 답안 자 등의 긴 물건을 이용하여 사물함 밑으로 들어간 공기 알을 꺼낼 것입니다.

채점 기준	답안 내용	배점
	'내'가 처한 상황에서 자신이라면 어떻게 했을지 상상하여 쓴 경우	5
	자신이 '나'라면 어떻게 할지 썼으나, '내'가 처한 상황과 관련이 없는 경우	2

5 예시 답안 ❶ 나무젓가락으로 바둑알을 옮기는 연습
❷ 승부욕이 강하고 적극적입니다.
❸ 우봉이가 나무젓가락으로 바둑알을 옮기는 연습을 게을리하여 젓가락 달인 뽑기 대회에서 좋은 성적을 거두지 못할 것입니다.

채점 기준	답안 내용	배점
	❶~❸을 모두 알맞게 쓴 경우	10
	❶~❸ 중 두 가지만 알맞게 쓴 경우	7
	❶~❸ 중 한 가지만 알맞게 쓴 경우	4

6 예시 답안 우봉이는 자신과 다른 문화를 가진 사람을 쉽게 이해하지 못합니다. 다른 문화에 대해 편견을 가지지 않고 주은이와 주은이 어머니께 다가가 인사하는 것이 좋겠습니다.

채점 기준	답안 내용	배점
	우봉이가 자신과 다른 문화를 가진 사람에게 한 행동에 대해 자신의 생각이 잘 드러나게 쓴 경우	7
	우봉이의 말과 행동에 대해서만 쓰고 그에 대한 자신의 생각을 쓰지 못한 경우	3

7 예시 답안 이야기를 바꾸어 쓸 때에는 인물, 사건, 배경이 서로 어울리게 바꾸어야 합니다. / 실제로 있는 일같이 생각하도록 이야기를 자연스럽게 꾸며 씁니다.

채점 기준	답안 내용	배점
	이야기를 바꾸어 쓸 때 주의할 점을 쓴 경우	5
	이야기를 바꾸어 쓸 때 주의할 점을 썼으나, 맞춤법이 틀린 경우	3

5. 의견이 드러나게 글을 써요

연습! 서술형 평가 18~19쪽

1 ⑤
풀이 '게을렀습니다'는 '늙은 농부의 세 아들은'의 성질이나 상태를 나타내는 말입니다.

1-1 예시 답안 (1) 초등학교 4학년인 하율이는
(2) 예쁩니다.

채점 기준	답안 내용	배점
	(1)에는 '누가' (2)에는 '어떠하다'에 해당하는 내용을 쓴 경우	4
	(1)과 (2) 중 한 가지만 알맞게 쓴 경우	2

2 ⑤
풀이 목화 장수 세 명은 이번 불은 순전히 고양이의 아픈 다리에 불이 잘 붙는 산초기름을 발라 준 저 사람 때문이라며, 고양이의 아픈 다리를 맡았던 목화 장수가 목홧값을 물어야 한다고 했습니다.

2-1 예시 답안 (1) 목화 장수들은
(2) 고양이 때문에 큰 손해를 입어 투덜거렸습니다.

채점 기준	답안 내용	배점
	'누가+어찌하다'의 짜임으로 나누어 쓴 경우	6
	'누가+어찌하다'의 짜임으로 나누어 썼으나, 맞춤법이 틀린 경우	3

3 ③
풀이 효은이는 상수리에 댐을 건설하는 것에 반대합니다.

3-1 예시 답안 (1) 상수리에 댐을 건설하는 것을 반대합니다.

(2) 숲에 사는 동물들이 살 곳을 잃기 때문입니다. / 만강의 물고기들을 다시는 볼 수 없기 때문입니다. / 마을 어른들께서 평생 살아온 고향을 떠나셔야 하기 때문입니다.

채점 기준	답안 내용	배점
	(1)에는 효은이의 의견을 (2)에는 그 까닭을 알맞게 쓴 경우	6
	(1)과 (2) 중 한 가지만 알맞게 쓴 경우	3

4 ①

풀이 학급 신문을 만들 때에는 주제를 먼저 정해야 합니다.

4-1 예시 답안 초등학생의 건강한 식생활을 주제로 만들고 싶습니다. 요즈음 친구들이 인스턴트 음식에 길들여져 몸에 좋은 음식을 잘 먹지 않는 것 같기 때문입니다.

채점 기준	답안 내용	배점
	학급 신문을 만들고 싶은 주제와 그 까닭을 알맞게 쓴 경우	4
	학급 신문을 만들고 싶은 주제를 썼으나, 그 까닭은 쓰지 못한 경우	2

실전! 서술형 평가 20~21쪽

1 예시 답안 (1) 친절합니다. (2) 과학자를 꿈꿉니다.

채점 기준	답안 내용	배점
	문장을 만드는 방법에 맞고, 문장 짜임에도 알맞는 말을 (1)과 (2)에 모두 쓴 경우	5
	(1)과 (2) 중 한 가지만 알맞게 쓴 경우	2

2 예시 답안 문장을 두 부분으로 나눠서 앞뒤 연결이 자연스러운지 생각하며 글을 쓸 수 있습니다. / 문장의 뒷부분을 살피면서 앞부분을 보면 어색한 문장을 자연스럽게 고칠 수 있습니다.

채점 기준	답안 내용	배점
	문장의 짜임을 알면 좋은 점을 알맞게 쓴 경우	5
	문장의 짜임을 알면 좋은 점을 썼으나 맞춤법이 틀린 경우	3

| 채점 시 유의 사항 | 문장을 '누가/무엇이+어찌하다', '누가/무엇이+어떠하다', '누가/무엇이+무엇이다'와 같이 두 부분으로 나누면 좋은 점을 써야 합니다.

3 예시 답안 목화를 보관한 광에 쥐가 많아 목화를 어지럽히기도 하고 오줌을 싸기도 했기 때문입니다.

채점 기준	답안 내용	배점
	보기 의 낱말을 모두 사용하여 목화 장수 네 사람이 고양이를 산 까닭을 쓴 경우	5
	목화 장수 네 사람이 고양이를 산 까닭을 썼으나, 보기 의 낱말을 모두 사용하지 못한 경우	2

4 예시 답안 (1) 목홧값은 고양이의 성한 다리를 맡았던 목화 장수들이 물어야 합니다.
(2) 다리에 불이 붙은 고양이가 광으로 도망칠 때는 성한 세 다리로 도망쳤기 때문입니다.

채점 기준	답안 내용	배점
	(1)에는 의견을, (2)에는 까닭을 알맞게 쓴 경우	7
	(1)과 (2) 중 한 가지만 알맞게 쓴 경우	4

| 채점 시 유의 사항 | 고양이의 성한 다리를 맡았던 목화 장수 세 명의 의견이나 까닭을 쓰면 틀립니다.

5 예시 답안 ❶ 상수리에 댐을 건설하는 것입니다.
❷ ① 상수리에 댐을 건설하는 것을 반대합니다. ② 상수리에 댐을 건설해야 합니다.
❸ 저는 댐 건설에 찬성합니다. 왜냐하면 댐을 건설하면 여름철에 폭우로 생기는 문제를 막을 수 있기 때문입니다.

채점 기준	답안 내용	배점
	❶~❸을 모두 알맞게 쓴 경우	10
	❶~❸ 중 두 가지만 알맞게 쓴 경우	7
	❶~❸ 중 한 가지만 알맞게 쓴 경우	4

6 예시 답안 길을 걸을 때에는 휴대 전화를 사용하지 말고 주변을 잘 살펴보아야 합니다.

채점 기준	답안 내용	배점
	길을 걸으며 휴대 전화를 사용하는 상황에 대한 자신의 의견을 쓴 경우	5
	길을 걸으며 휴대 전화를 사용하는 상황에 대한 자신의 의견을 썼으나, 맞춤법이 틀린 경우	2

7 예시 답안 읽는 사람이 들어줄 수 있는 의견인지, 읽는 사람이 윗사람이나 여러 사람인 경우 높임말을 잘 사용했는지 생각하며 고쳐 써야지.

채점 기준	답안 내용	배점
	읽는 사람을 생각하며 예의 바르게 글을 썼는지 살펴보는 방법을 알맞게 쓴 경우	5
	의견을 제시한 글을 읽고 고쳐 쓸 때 생각할 점이나, 읽는 사람을 생각하며 예의 바르게 글을 썼는지 살펴보는 방법이 아닌 경우	2

6. 본받고 싶은 인물을 찾아봐요

연습! 서술형 평가 22~23쪽

1 ①, ⑤

풀이 두 친구는 주시경 선생님이 한 일과 그런 노력을 한 까닭 등에 대해 이야기하고 있습니다.

1-1 예시 답안 주시경 선생님이 살았던 시대 상황, 주시경 선생님이 한 일을 중심으로 말하는 것이 좋습니다.

채점 기준	답안 내용	배점
	'인물이 살았던 시대 상황', '한 일'이 드러나게 쓴 경우	4
	주시경 선생님을 소개할 때 말할 내용이나 '시대 상황', '한 일' 등을 쓰지 못한 경우	2

2 ①

풀이 기생의 수양딸이 되었다는 말에서 김만덕이 살았던 시대에는 신분 제도가 있었음을 알 수 있습니다.

2-1 예시 답안 (1) 기생의 수양딸이 되었다가 스물세 살이 되던 해에 드디어 기생의 신분에서 벗어났다.
(2) 김만덕이 살았던 시대에는 신분 제도가 있었습니다.

채점 기준 답안 내용	배점
오늘날과 다른 당시의 시대 상황을 보여 주는 부분을 쓰고, 이를 통해 짐작할 수 있는 당시 시대 상황을 쓴 경우	6
오늘날과 다른 당시의 시대 상황을 보여 주는 부분을 썼으나, 당시 시대 상황을 알맞게 쓰지 못한 경우	3

3 ①

풀이 정약용은 정조의 말에 따라 성을 짓는 데 드는 돈을 줄이면서 백성의 수고도 덜 수 있는 거중기를 만들었습니다.

3-1 예시 답안 (1) 거중기를 발명했습니다.
(2) 백성은 성을 짓는 일에 자주 나오지 않아도 되어 마음 편히 농사를 지을 수 있었고, 나라에서도 성을 짓는 데 드는 비용을 크게 줄일 수 있었습니다.

채점 기준 답안 내용	배점
(1)에는 정약용이 한 일을, (2)에는 그 결과를 알맞게 쓴 경우	6
(1)과 (2) 중 한 가지만 알맞게 쓴 경우	3

4 ⑤

풀이 헬렌은 힘들어도 포기하지 않고 노력하여 다른 사람에게 자기 생각을 전달할 수 있게 되었습니다.

4-1 예시 답안 헬렌은 말하기를 배우는 것이 너무 힘들었지만 포기하지 않았습니다.

채점 기준 답안 내용	배점
헬렌이 장애를 극복하기 위해 한 노력을 알맞게 쓴 경우	4
헬렌이 장애를 극복하기 위해 한 노력을 썼으나 맞춤법이 틀린 경우	2

실전! 서술형 평가 24~25쪽

1 예시 답안 (1) 제주도 사람들이 굶어 죽을 위기에 처했을 때, 전 재산을 들여 곡식을 사 오게 했고, 그것을 굶주린 사람들에게 나누어 주었습니다.
(2) 자신이 가진 것을 나누고 베푸는 삶을 중요하게 생각합니다.

채점 기준 답안 내용	배점
(1)에는 김만덕이 한 일을, (2)에는 그 일을 바탕으로 알 수 있는 가치관을 쓴 경우	7
(1)과 (2)를 모두 썼으나 두 가지가 어울리지 않는 경우	4

2 예시 답안 사람들이 굶어 죽게 된 상황이 안타깝기는 하지만 전 재산을 내놓기는 힘들 것 같습니다.

채점 기준 답안 내용	배점
자신이 김만덕과 같은 상황에 처한다면 어떤 행동을 할 것인지 알맞게 쓴 경우	5
자신이 김만덕과 같은 상황에 처한다면 어떤 행동을 할 것인지 썼지만 제시된 글의 상황과 관련이 없는 경우	3

3 예시 답안 ❶ 전기문
❷ ① 암행어사가 되었습니다.
② 『목민심서』를 펴냈습니다.
❸ 백성에게 도움이 되려고 맡은 일을 열심히 했습니다.

채점 기준 답안 내용	배점
❶~❸을 모두 알맞게 쓴 경우	10
❶~❸ 중 한 가지만 알맞게 쓴 경우	4

4 예시 답안 헬렌은 퍼킨스학교에 다니며 자신처럼 장애를 지닌 어린이를 돕는 일에 나섰습니다. / 토미가 퍼킨스학교에 다닐 수 있게 도왔습니다.

채점 기준 답안 내용	배점
'헬렌이 퍼킨스학교에서 장애를 지닌 어린이(토미)를 도왔다.'는 내용을 쓴 경우	5
'장애를 지닌 어린이(토미)를 도왔다.' 처럼 간단히 쓴 경우	3

5 예시 답안 자신도 장애 때문에 배우는 것이 힘든데도, 장애를 지닌 어린이를 돕는 일에 나선 것입니다.

채점 기준 답안 내용	배점
'헬렌이 장애를 가졌음에도 장애를 지닌 어린이를 돕는 일에 나섰다.'는 내용으로 쓴 경우	5
'남을 도와주었다.'는 내용을 썼으나, 헬렌의 처지를 쓰지 못한 경우	3

6 예시 답안 (1) 일본이 만세 운동을 하는 사람들에게 총칼을 휘두르고, 강제로 학교 문을 닫게 했습니다.
(2) 고향에 돌아와서 태극기를 만들고, 아우내 장터에 모인 사람들과 독립 만세를 외쳤습니다.

채점 기준 답안 내용	배점
(1)에는 유관순이 겪은 어려움을, (2)에는 이러한 어려움을 극복하기 위해 한 노력을 쓴 경우	7
(1)과 (2) 중 한 가지만 알맞게 쓴 경우	4

7 예시 답안 (1) 환경 오염으로 오존층이 파괴되어 사람들의 건강이 나빠지고 대체 에너지 개발이 필요해집니다.
(2) 어려움이 있어도 포기하지 않고 대체 에너지를 개발해 지구의 물과 공기를 맑게 만들 것입니다.

채점 기준 답안 내용	배점
(1)에는 미래의 시대 상황을, (2)에는 자신이 이루어 낼 일을 쓴 경우	7
(1)과 (2) 중 한 가지만 알맞게 쓴 경우	4

| 채점 시 유의 사항 | 상상한 미래의 모습은 사람에 따라 다를 수 있습니다. 미래의 시대 상황에 알맞게 어떤 일을 이루어 낼지 썼으면 정답으로 합니다.

7. 독서 감상문을 써요

연습! 서술형 평가 26~27쪽

1 ①, ③, ④

풀이 이 글은 『세시 풍속』이라는 책을 읽고 쓴 독서 감상문으로, 책을 읽은 동기, 책 내용, 책을 읽고 생각하거나 느낀 점이 나타나 있습니다.

1-1 예시 답안 책을 읽은 동기와 책 내용, 읽고 난 뒤의 생각이나 느낌 따위를 정리할 수 있습니다. / 감명 깊게 읽은 부분이나 인상 깊은 장면을 기억할 수 있습니다.

채점 기준 답안 내용	배점
독서 감상문의 특징과 관련하여 답을 쓴 경우	4
독서 감상문을 쓰면 좋은 점을 썼으나, 특징과 관련이 적은 경우	2

2 ⑤

풀이 이 글에서 어머니께서는 학교 가기 싫어한 '나'를 위해 '나'의 옷에 이슬이 묻지 않도록 이슬을 털며 '나'의 앞에 서서 산길을 걸으셨습니다.

2-1 예시 답안 (1) 어머니께서 아들을 위해 이슬을 털어 주시다가 옷을 흠뻑 적신 부분에서 감동을 느꼈습니다.
(2) 아들이 학교 가기 싫어한 마음을 되돌리려고 노력하는 어머니의 마음이 느껴졌기 때문입니다.

채점 기준 답안 내용	배점
감동받은 부분과 그 부분이 감동적인 까닭 두 가지를 모두 알맞게 쓴 경우	6
감동받은 부분은 썼으나, 그 부분이 감동적인 까닭은 부족하게 쓴 경우	3

| 채점 시 유의 사항 | 이 글을 읽고 어느 부분에서 감동을 느꼈는지 쓰고 그에 대한 까닭을 어울리게 썼는지 확인합니다. 감동적인 부분과 그 까닭이 어울리지 않으면 좋은 답이 될 수 없다는 점에 유의합니다.

3 ②

풀이 친구들은 독서 감상문을 쓸 책을 어떻게 정했는지 이야기하고 있습니다.

3-1 예시 답안 기억에 남는 내용이 있거나 남에게 알리고 싶은 생각이 들었던 책을 고를 수 있습니다.

채점 기준 답안 내용	배점
'기억에 남는 내용'이나 '남에게 알리고 싶은 생각'이라는 말을 포함하여 쓴 경우	4
대화에 나와 있는 내용을 그대로 쓴 경우	2

| 채점 시 유의 사항 | 독서 감상문을 쓸 책으로는 기억에 남는 내용이 있거나 남에게 알리고 싶은 생각이 들었던 책을 고를 수 있습니다. 독서 감상문을 쓸 책이 같더라도 책을 고른 까닭은 다를 수 있다는 점에 유의하여 채점합니다.

4 ①

풀이 이 글은 『아름다운 꼴찌』를 읽고 든 생각이나 느낌을 시 형식으로 표현한 독서 감상문입니다.

4-1 예시 답안 자신의 생각이나 느낌을 재미있는 표현을 사용하여 썼습니다.

채점 기준 답안 내용	배점
책을 읽은 뒤 생각이나 느낌을 어떻게 나타냈는지 시의 특징과 관련하여 알맞게 쓴 경우	4
'시로 썼다.'와 같이 간단하게 특징을 쓴 경우	2

실전! 서술형 평가 28~29쪽

1 예시 답안 계절의 변화 하나하나에 의미를 부여하고 삶을 즐겁게 보내려는 마음을 듬뿍 느꼈습니다.

채점 기준 답안 내용	배점
글쓴이가 생각하거나 느낀 점을 글에서 찾아 바르게 쓴 경우	5
글쓴이가 생각하거나 느낀 점이 아닌 다른 내용을 쓴 경우	1

| 채점 시 유의 사항 | 문제에서 글쓴이가 『세시 풍속』을 읽고 생각하거나 느낀 점을 쓰라고 하였으므로, 글에서 생각이나 느낀 점을 찾아서 쓴 것을 정답으로 하고, 글의 내용과 관계없이 자신의 생각을 떠올려 쓴 것은 정답으로 하지 않도록 합니다.

2 예시 답안 (1) 내가 몰랐던 동지
(2) 동지와 관련해 내가 몰랐던 내용을 새롭게 알 수 있었기 때문입니다.

채점 기준 답안 내용	배점
책의 제목이 드러나거나 책을 읽고 생각한 점이 나타나는 제목을 붙이고 그 까닭을 쓴 경우	5
책의 제목이나 책을 읽고 생각한 점이 나타나지 않은 제목을 붙였거나 제목과 어울리지 않는 까닭을 쓴 경우	2

| 채점 시 유의 사항 | 독서 감상문에 제목을 붙일 때에는 책 제목이 드러나게 붙이거나 책을 읽고 생각한 점이 나타나게 제목을 붙일 수 있습니다. 또는 '○○에게 보내는 편지'처럼 독서 감상문의 형식이 돋보이는 제목을 쓸 수도 있다는 것에 유의하여 채점합니다.

3 예시 답안 자신은 물에 젖어도 상관없지만 아들에게는 새 양말과 새 신발을 신기고 싶은 어머니의 사랑을 느꼈기 때문일 것입니다.

채점 기준 답안 내용	배점
'나'를 생각하는 어머니의 마음이 느껴졌다는 내용이 포함되게 쓴 경우	5
눈물이 날 것 같았던 까닭을 썼으나, '나'를 생각하는 어머니의 마음에 대하여 언급하지 않은 경우	3

4 예시 답안 학교 가기 싫어한 아들을 위해 이슬을 털어 주시고 품속에서 새 양말과 새 신발을 꺼내 주시는 어머니의 모습에서 감동을 느꼈습니다. 저도 아침에 일어나는 게 힘들어서 학교에 가기 싫을 때가 있었는데, 그런 나를 매번 깨워 주시는 우리 어머니의 마음도 이 글의 어머니와 같은 마음일 것이라는 생각이 들었기 때문입니다.

채점 기준 답안 내용	배점
이 글에서 감동받은 부분을 쓰고 그 부분이 감동적인 까닭을 알맞게 쓴 경우	7
이 글에서 감동받은 부분은 썼으나 까닭을 쓰지 못한 경우	4

5 예시 답안 『초록 고양이』를 읽고 꽃담이에게 편지를 쓰는 형식으로 생각이나 느낌을 표현하였습니다.

채점 기준 답안 내용	배점
편지 형식이라는 것이 드러나게 쓴 경우	5
생각이나 느낌을 표현한 방법을 썼지만, 편지 형식이라는 것이 드러나지 않은 경우	2

6 예시 답안 생각이나 느낌을 누군가에게 말하듯이 전달할 수 있습니다.

채점 기준 답안 내용	배점
편지 형식의 특성에 맞게 '누군가에게 말하듯이 전달할 수 있다.'는 내용이 들어가게 쓴 경우	5
편지 형식과 관련이 적은 내용을 쓴 경우	2

7 예시 답안 ❶ 자신이 살던 섬 투발루에서 투발루와 함께 사는 것입니다.
❷ 로자와 투발루가 서로 헤어지는 장면이 기억에 남습니다. 저도 친한 친구가 멀리 전학 갔을 때 슬펐던 기억이 있어 이 장면에서 로자의 마음에 공감이 갑니다.
❸ 만화를 이용해서 투발루와 로자가 헤어질 때 아쉬워하는 마음을 나타내고 싶습니다.

채점 기준 답안 내용	배점
❶~❸을 모두 알맞은 내용으로 쓴 경우	10
❶~❸ 중 두 가지만 알맞은 내용으로 쓴 경우	7
❶~❸ 중 한 가지만 알맞은 내용으로 쓴 경우	4

| 채점 시 유의 사항 | 이 글을 읽고 난 뒤에 든 생각이나 느낌을 가장 잘 표현할 수 있는 형식을 택하였는지를 살펴보며 채점을 합니다.

8. 생각하며 읽어요

연습! 서술형 평가 30~31쪽

1 ⑤
풀이 노인은 아이에게 버릇이 없다고 하면서 아이 대신 아버지가 당나귀를 타고 가야 한다고 하였습니다.

1-1 예시 답안 다른 사람이 말할 때마다 그것이 좋은지 판단하지도 않고 그대로 따랐습니다.

채점 기준 답안 내용	배점
아버지와 아이가 다른 사람의 말을 판단하지 않고 따랐다는 내용을 쓴 경우	4
아버지와 아이의 행동을 썼으나, 다른 사람의 말을 판단하지 않고 따랐다는 내용이 들어가지 않게 쓴 경우	2

2 ①
풀이 글쓴이는 바람직한 독서 방법을 주제로 하여 도서관의 편의 시설을 늘리자는 의견을 제시하였습니다.

2-1 예시 답안 주제와 관련이 매우 적습니다. 바람직한 독서 방법은 책을 읽는 방법이나 태도 등에 대한 내용이어야 하기 때문입니다.

채점 기준 답안 내용	배점
주제와 관련되어 있는지 평가하고 까닭을 알맞게 쓴 경우	6
주제와 관련되어 있는지 평가하였으나 까닭을 알맞게 쓰지 못한 경우	3

3 ④, ⑤
풀이 글쓴이는 바람직한 독서 방법은 여러 분야의 책을 읽는 것이라는 의견과 그에 대한 뒷받침 내용을 제시하였습니다.

3-1 예시 답안 책을 찾아보거나 누리집에서 검색해 뒷받침 내용이 신뢰할 수 있는 출처인지 보고 판단합니다. / 전문가에게 묻거나 관련한 전문 자료를 참고합니다.

채점 기준 답안 내용	배점
신뢰할 수 있는 내용을 검색하거나 전문 자료를 참고한다는 내용으로 쓴 경우	4
뒷받침 내용이 사실인지 확인하는 방법을 썼으나, 그 방법의 신뢰도가 떨어지는 경우	2
뒷받침 내용이 사실인지 확인하는 방법을 부족하게 쓴 경우	1

| 채점 시 유의 사항 | 글쓴이는 자신의 의견을 뒷받침하는 내용으로 '여러 분야의 책을 읽으면 배경지식이 풍부해집니다.'와 '한 분야의 책만 읽으면 시력이 나빠집니다.'라는 내용을 제시하였습니다. 이 뒷받침 내용이 사실인지 알아보기 위한 방법을 알맞게 썼는지에 유의하여 채점하도록 합니다.

4 ①
풀이 글쓴이는 문화재를 개방해야 한다는 의견을 썼습니다.

4-1 예시 답안 적절하다고 생각합니다. 문화재는 우리가 알고 가꾸어 나가며 후손에게 전해 주어야 할 소중한 민족의 자산이기 때문입니다.

채점 기준 답안 내용	배점
의견이 적절한지 판단하고 그 까닭을 알맞게 쓴 경우	6
의견이 적절한지 판단하였으나 그 까닭을 어울리지 않게 쓴 경우	3

| 채점 시 유의 사항 | 문화재를 개방해야 한다는 글쓴이의 의견에 대해 적절하다고 생각하는지, 적절하지 않다고 생각하는지 판단하여 자신의 의견을 명확하게 밝히고 그에 대한 까닭을 어울리게 썼는지 평가하며 채점합니다.

실전! 서술형 평가 32~33쪽

1 예시 답안 (1) 아버지와 아이 둘 다 당나귀를 타고 가야 합니다.
(2) 당나귀를 메고 가야 합니다.

채점 기준 답안 내용	배점
(1)과 (2)를 모두 알맞게 쓴 경우	5
(1)과 (2) 중 한 가지만 알맞게 쓴 경우	2

2 예시 답안 아버지와 아이의 행동은 적절하지 않습니다. 다른 사람의 의견을 받아들이기 전에 그 의견이 적절한지 판단해 보지 않았기 때문입니다.

채점 기준 답안 내용	배점
생각과 까닭을 알맞게 쓴 경우	5
생각은 썼으나 까닭은 알맞게 쓰지 않은 경우	2

3 예시 답안 (1) 바람직한 독서 방법은 자신이 좋아하는 책만 읽는 것입니다.
(2) 한 분야의 책만 읽게 됩니다. / 한 가지 문제만 생각해 다양한 사고를 할 수 없습니다.

채점 기준 답안 내용	배점
(1)과 (2)를 모두 알맞게 쓴 경우	5
(1)과 (2) 중 한 가지만 알맞게 쓴 경우	2

4 예시 답안 바람직한 독서 방법은 관련 있는 책들을 이어서 읽어 나가는 것이라고 생각합니다. 주제에 대해 쓴 다양한 책을 비교해 가며 읽으면 배경지식이 풍부해질 것입니다. 그리고 비슷한 내용이 반복되다 보니 집중력이 좋아질 것입니다.

채점 기준 답안 내용	배점
의견과 뒷받침 내용을 알맞게 쓴 경우	5
의견은 썼으나 뒷받침 내용이 어울리지 않는 경우	2

5 예시 답안 ❶ 문화재를 관람객에게 개방해야 하는지, 말아야 하는지에 대해 글을 썼습니다.
❷ 글쓴이의 의견이 주제와 관련 있는지 살펴봅니다. / 글쓴이의 의견과 뒷받침 내용이 관련 있는지 따져 봅니다. / 뒷받침 내용이 사실이고, 믿을 만한지 확인합니다. / 글쓴이의 의견이 문제 상황을 해결할 수 있는지 살펴봅니다.
❸ 글쓴이의 의견은 적절합니다. 이에 대한 뒷받침 내용으로 제시된 세 가지가 모두 사실이며 믿을 만하기 때문입니다. 또 그 의견을 선택했을 때 또 다른 문제 상황이 나타나지 않을 것이기 때문입니다.

채점 기준 답안 내용	배점
❶~❸을 모두 알맞은 내용으로 쓴 경우	10
❶~❸ 중 두 가지만 알맞은 내용으로 쓴 경우	7
❶~❸ 중 한 가지만 알맞은 내용으로 쓴 경우	4

6 예시 답안 편식을 해도 됩니다. 좋아하는 음식 위주로 다양하게 먹어도 충분히 영양소를 섭취할 수 있기 때문입니다.

채점 기준 답안 내용	배점
자신의 생각과 까닭을 알맞게 쓴 경우	5
자신의 생각은 썼으나 까닭을 알맞게 쓰지 못한 경우	2

| 채점 시 유의 사항 | 편식을 해도 된다는 의견과 하지 말아야 한다는 의견 가운데 어떤 것을 쓰더라도 그 까닭을 알맞게 썼으면 정답으로 합니다.

7 예시 답안 관련 있는 책을 읽습니다. / 믿을 만한 누리집을 찾아봅니다. / 전문가에게 물어봅니다.

채점 기준 답안 내용	배점
방법을 두 가지 이상 알맞게 쓴 경우	5
방법을 한 가지만 쓴 경우	2

9. 감동을 나누며 읽어요

연습! 서술형 평가 34~35쪽

1 ③
풀이 이 시에서 말하는 이의 머릿속은 비행기에 대한 생각뿐입니다.

1-1 예시 답안 비행기 조종석이나 조수석에 앉아 있는 상상입니다. / 조수석에 가족이 앉아 있는 상상입니다.

채점 기준 답안 내용	배점
시의 내용을 파악하여 상상한 내용을 쓴 경우	4
시의 내용과 관련이 적은 내용을 쓴 경우	2

2 ③

2-1 예시 답안 차를 지하 주차장 어디에 세워 놓았는지 잊어버리셔서 한참을 찾으셨기 때문입니다.

채점 기준 답안 내용	배점
차를 어디에 세웠는지 몰랐기 때문이라는 내용을 쓴 경우	6
깊은 동굴로 떨어졌기 때문이라는 내용을 쓴 경우	2

3 ⑤

3-1 예시 답안 동숙이가 달걀이 들어간 김밥을 먹을 수 있게 배려해 주신 선생님의 마음이 따뜻하게 느껴집니다.

채점 기준 답안 내용	배점
동숙이를 배려한 선생님에 대한 생각을 알맞게 쓴 경우	4
동숙이를 배려했다는 내용을 파악하지 못하고 생각을 쓴 경우	2

4 ②

풀이 망둥 할멈은 멸치 대왕의 꿈이 용이 될 꿈이라며 아부를 하고 있습니다.

4-1 예시 답안 망둥 할멈은 멸치 대왕이 용이 될 꿈이라고 했지만, 넓적 가자미는 큰 변을 당할 아주 나쁜 꿈이라고 했습니다.

채점 기준 답안 내용	배점
망둥 할멈과 넓적 가자미의 꿈풀이를 비교하여 쓴 경우	6
망둥 할멈과 넓적 가자미의 꿈풀이 중 한 가지만 알맞게 쓴 경우	2

| 채점 시 유의 사항 | 망둥 할멈과 넓적 가자미의 꿈풀이를 단순히 나열하지 않고, 두 꿈풀이의 차이점을 비교하여 쓴 것에 높은 점수를 줍니다.

실전! 서술형 평가 36~37쪽

1 예시 답안 많은 생각을 하지 않고 비행기를 좋아하는 것입니다. / 비행기와 관련 있는 일입니다.

채점 기준 답안 내용	배점
비행기와 관련 있는 내용으로 쓴 경우	5
비행기와 관련 없는 내용으로 쓴 경우	1

2 예시 답안 동물을 좋아해 여러 동물을 그렸던 경험이 생각납니다. / 책을 읽다가 다 못 읽은 부분이 궁금해 계속 머릿속에서 생각난 적이 있습니다.

채점 기준 답안 내용	배점
시의 내용과 관련된 경험을 쓴 경우	5
시의 내용과 관련이 없는 경험을 쓴 경우	2

3 예시 답안 지하 주차장으로 차를 가지러 가신 아빠를 기다리고 있었습니다.

채점 기준 답안 내용	배점
지하 주차장으로 차를 가지러 가신 아빠를 기다리고 있었다는 내용을 쓴 경우	5
'아빠를 기다렸다'와 같이 간단하게 쓴 경우	3

4 예시 답안 (1) 아빠께서는 걱정되시고 다급했을 것 같습니다.
(2) 아이는 아빠를 기다리다 지쳤을 것 같습니다.

채점 기준 답안 내용	배점
(1)과 (2)를 모두 알맞게 쓴 경우	5
(1)과 (2) 중 한 가지만 알맞게 쓴 경우	2

5 예시 답안 달걀이 들어간 김밥을 가져가고 싶었습니다.

채점 기준 답안 내용	배점
'달걀이 들어간 김밥'이 포함되게 답을 쓴 경우	5
'김밥'만 포함되게 답을 쓴 경우	1

6 예시 답안 동숙이는 쑥을 팔아서 달걀을 사고 싶은데 아무도 쑥을 사 주지 않아서 속상할 것 같습니다.

채점 기준 답안 내용	배점
장면 ②에서 일어난 일에 대한 생각을 쓴 경우	5
장면 ②에서 일어난 일을 제대로 파악하지 못한 경우	2

| 채점 시 유의 사항 | 장면 ②에서 어떤 일이 일어났는지 파악하고, 그 일이나 인물에 대한 자신의 생각을 까닭과 함께 적절하게 썼는지 확인합니다.

7 예시 답안 ❶ 멸치 대왕이 큰 변을 당할 아주 나쁜 꿈이라고 하였습니다.
❷ 멸치 대왕이 화가 나서 넓적 가자미의 뺨을 때렸다는 부분에서 멸치 대왕이 화를 참지 못하는 성격임을 알 수 있습니다.
❸ "뭐라고? 너 이놈! 감히 그런 꿈풀이를 하다니, 괘씸하다!"

채점 기준 답안 내용	배점
❶~❸을 모두 알맞은 내용으로 쓴 경우	10
❶~❸ 중 두 가지만 알맞은 내용으로 쓴 경우	7
❶~❸ 중 한 가지만 알맞은 내용으로 쓴 경우	4

1. 분수의 덧셈과 뺄셈

연습! 서술형 평가 38~39쪽

1 $\frac{7}{9}$

1-1 예시 답안 $\frac{2}{9}$는 $\frac{1}{9}$이 2개, $\frac{5}{9}$는 $\frac{1}{9}$이 5개이므로 $\frac{2}{9}+\frac{5}{9}$는 $\frac{1}{9}$이 7개인 $\frac{7}{9}$입니다. / $\frac{2}{9}+\frac{5}{9}=\frac{7}{9}$

채점 기준	답안 내용	배점
	계산이 틀린 이유를 쓰고 바르게 계산한 경우	6
	계산이 틀린 이유만 쓰거나 바르게 계산만 한 경우	3

2 2, 2

풀이 수직선에서 오른쪽으로 $\frac{5}{6}$만큼 갔다가 왼쪽으로 $\frac{3}{6}$만큼 오면 $\frac{2}{6}$가 됩니다.

2-1 예시 답안 $\frac{5}{6}>\frac{3}{6}$이므로 $\frac{5}{6}-\frac{3}{6}=\frac{5-3}{6}=\frac{2}{6}$입니다. / $\frac{2}{6}$

채점 기준	답안 내용	배점
	두 분수의 크기를 비교하여 답을 바르게 구한 경우	4
	두 분수의 크기는 비교하였으나 답을 잘못 구한 경우	2

3 $5\frac{6}{7}$

풀이 $4\frac{4}{7}+1\frac{2}{7}=(4+1)+(\frac{4}{7}+\frac{2}{7})=5+\frac{6}{7}=5\frac{6}{7}$

3-1 예시 답안 과일의 무게는 사과와 귤의 무게를 더하여 구할 수 있습니다.

따라서 과일의 무게는 $4\frac{4}{7}+1\frac{2}{7}=5+\frac{6}{7}=5\frac{6}{7}$ (kg)입니다.

/ $5\frac{6}{7}$ kg

채점 기준	답안 내용	배점
	사과와 귤의 무게를 더하여 답을 바르게 구한 경우	4
	사과와 귤의 무게는 더하였으나 답을 잘못 구한 경우	2

4 2, 1, 5, 2, 1, 3, 1, 3

4-1 예시 답안 $2\frac{5}{6}>1\frac{2}{6}$이므로 직사각형의 가로에서 세로를 빼면 됩니다. 따라서 직사각형의 가로와 세로의 차는

$2\frac{5}{6}-1\frac{2}{6}=(2-1)+(\frac{5}{6}-\frac{2}{6})=1+\frac{3}{6}=1\frac{3}{6}$ (cm)입니다.

/ $1\frac{3}{6}$ cm

채점 기준	답안 내용	배점
	직사각형의 가로에서 세로를 빼어 답을 바르게 구한 경우	4
	직사각형의 가로에서 세로를 빼었으나 답을 잘못 구한 경우	2

5 $4\frac{5}{8}$

풀이 $8-3\frac{3}{8}=7\frac{8}{8}-3\frac{3}{8}$

$=(7-3)+(\frac{8}{8}-\frac{3}{8})=4+\frac{5}{8}=4\frac{5}{8}$

5-1 예시 답안 두 수의 합이 8이므로 8에서 $3\frac{3}{8}$을 빼면 빈 카드에 들어갈 수를 구할 수 있습니다.

$8-3\frac{3}{8}=7\frac{8}{8}-3\frac{3}{8}=4+\frac{5}{8}=4\frac{5}{8}$이므로 빈 카드에 들어갈 수는 $4\frac{5}{8}$입니다. / $4\frac{5}{8}$

채점 기준	답안 내용	배점
	8에서 상희의 수 카드에 적힌 수를 빼어 답을 바르게 구한 경우	6
	8에서 상희의 수 카드에 적힌 수는 빼었으나 답을 잘못 구한 경우	3

6 $2\frac{2}{5}$

풀이 $\square+1\frac{4}{5}=4\frac{1}{5}$이므로

$\square=4\frac{1}{5}-1\frac{4}{5}=3\frac{6}{5}-1\frac{4}{5}=2\frac{2}{5}$입니다.

6-1 예시 답안 집에서 학교까지의 거리는 집에서 소방서까지의 거리에서 학교에서 소방서까지의 거리를 빼면 됩니다.

따라서 $4\frac{1}{5}-1\frac{4}{5}=3\frac{6}{5}-1\frac{4}{5}=2\frac{2}{5}$ (km)입니다. / $2\frac{2}{5}$ km

채점 기준	답안 내용	배점
	집~소방서의 거리에서 학교~소방서의 거리를 빼어 답을 바르게 구한 경우	6
	집~소방서의 거리에서 학교~소방서의 거리는 빼었으나 답을 잘못 구한 경우	3

실전! 서술형 평가 40~41쪽

1 예시 답안 삼각형의 세 변의 길이의 합은

$2\frac{3}{10}+2\frac{3}{10}+2\frac{3}{10}=4\frac{6}{10}+2\frac{3}{10}=6\frac{9}{10}$ (cm)입니다.

/ $6\frac{9}{10}$ cm

채점 기준	답안 내용	배점
	삼각형의 세 변의 길이의 합을 구하여 답을 바르게 구한 경우	5
	삼각형의 세 변의 길이의 합은 구하였으나 답을 잘못 구한 경우	2

2 예시 답안 주어진 식을 각각 계산하면

㉠ $\frac{6}{11}+\frac{4}{11}=\frac{10}{11}$, ㉡ $\frac{7}{12}+\frac{6}{12}=\frac{13}{12}=1\frac{1}{12}$,

㉢ $\frac{5}{13}+\frac{7}{13}=\frac{12}{13}$이므로 계산 결과가 1보다 큰 것은 ㉡입니다. / ㉡

채점 기준	답안 내용	배점
	㉠, ㉡, ㉢을 계산하여 답을 바르게 구한 경우	5
	㉠, ㉡, ㉢을 계산하였으나 답을 잘못 구한 경우	3
	㉠, ㉡, ㉢ 중 일부만 계산한 경우	1

3 예시 답안 윤미는 어제와 오늘 동화책을 전체의 $\frac{2}{9}+\frac{3}{9}=\frac{5}{9}$ 만큼 읽었습니다.

따라서 전체의 $1-\frac{5}{9}=\frac{4}{9}$만큼 더 읽어야 동화책을 모두 읽게 됩니다. / $\frac{4}{9}$

채점 기준	답안 내용	배점
	어제와 오늘 읽은 동화책의 양을 구하여 답을 바르게 구한 경우	7
	어제와 오늘 읽은 동화책의 양은 구하였으나 답을 잘못 구한 경우	3

4 예시 답안 대분수 $4\frac{3}{8}$에서 1만큼을 가분수로 고치면 $3\frac{11}{8}$이므로 잘못되었습니다.

/ $4\frac{3}{8}-2\frac{7}{8}=3\frac{11}{8}-2\frac{7}{8}=1\frac{4}{8}$

채점 기준	답안 내용	배점
	계산이 틀린 부분을 찾아 이유를 쓰고 바르게 계산한 경우	7
	계산이 틀린 부분을 찾아 이유만 쓰거나 바르게 계산만 한 경우	3

5 예시 답안 수직선의 큰 눈금 한 칸이 7칸으로 나누어져 있으므로 ㉠이 나타내는 분수는 $3\frac{4}{7}$입니다.

따라서 8과 ㉠이 나타내는 분수의 차는

$8-3\frac{4}{7}=7\frac{7}{7}-3\frac{4}{7}=4\frac{3}{7}$입니다. / $4\frac{3}{7}$

채점 기준	답안 내용	배점
	㉠이 나타내는 분수를 구하여 답을 바르게 구한 경우	7
	㉠이 나타내는 분수는 구하였으나 답을 잘못 구한 경우	4

6 예시 답안 분자의 합이 6, 분자의 차가 4인 두 진분수를 찾습니다.

따라서 5+1=6, 5−1=4이므로 분모가 7인 두 진분수는 $\frac{5}{7}$, $\frac{1}{7}$입니다. / $\frac{5}{7}$, $\frac{1}{7}$

채점 기준	답안 내용	배점
	분자의 합과 차를 이용하여 답을 바르게 구한 경우	7
	분자의 합과 차는 이용하였으나 답을 잘못 구한 경우	3

7 예시 답안 만들 수 있는 가장 작은 대분수는 $3\frac{5}{9}$이고, 가장 큰 진분수는 $\frac{8}{9}$입니다.

따라서 만들 수 있는 가장 작은 대분수와 가장 큰 진분수의 차는 $3\frac{5}{9}-\frac{8}{9}=2\frac{14}{9}-\frac{8}{9}=2\frac{6}{9}$입니다.

/ $2\frac{6}{9}$

채점 기준	답안 내용	배점
	가장 작은 대분수와 가장 큰 진분수를 구하여 답을 바르게 구한 경우	10
	가장 작은 대분수와 가장 큰 진분수는 구하였으나 답을 잘못 구한 경우	5

8 ❶ $26\frac{1}{7}$ cm ❷ $1\frac{5}{7}$ cm ❸ $24\frac{3}{7}$ cm

채점 기준	답안 내용	배점
	세 문제의 답을 모두 바르게 구한 경우	10
	두 문제의 답만 바르게 구한 경우	7
	한 문제의 답만 바르게 구한 경우	4

풀이 ❶ $8\frac{5}{7}+8\frac{5}{7}+8\frac{5}{7}=17\frac{3}{7}+8\frac{5}{7}=26\frac{1}{7}$ (cm)

❷ $\frac{6}{7}+\frac{6}{7}=\frac{12}{7}=1\frac{5}{7}$ (cm)

❸ (이어 붙인 색 테이프의 전체 길이)

=(색 테이프 3장의 길이의 합)

−(겹쳐진 부분의 길이의 합)

$=26\frac{1}{7}-1\frac{5}{7}=25\frac{8}{7}-1\frac{5}{7}=24\frac{3}{7}$ (cm)

2. 삼각형

연습! 서술형 평가 42~43쪽

1 가, 나, 라 / 나, 라

1-1 예시 답안 정삼각형은 세 변의 길이가 모두 같아야 하는데 주어진 삼각형은 두 변의 길이만 같으므로 정삼각형이 아닙니다.

채점 기준	답안 내용	배점
	정삼각형이 아닌 이유를 알맞게 쓴 경우	4

2 40

2-1 예시 답안 삼각형 ㄱㄴㄷ에서 변 ㄱㄴ과 변 ㄱㄷ의 길이가 같으므로 각 ㄱㄴㄷ과 각 ㄱㄷㄴ의 크기는 같습니다.

따라서 (각 ㄱㄴㄷ)+(각 ㄱㄷㄴ)=180°−100°=80°이므로 각 ㄱㄷㄴ의 크기는 80°÷2=40°입니다. / 40°

채점 기준	답안 내용	배점
	이등변삼각형에서 길이가 같은 두 변에 있는 두 각의 크기가 같음을 이용하여 답을 바르게 구한 경우	6
	이등변삼각형에서 길이가 같은 두 변에 있는 두 각의 크기가 같음은 이용하였으나 답을 잘못 구한 경우	3

3 5, 5

3-1 예시 답안 삼각형의 나머지 한 각의 크기는 $180^\circ-60^\circ-60^\circ=60^\circ$이므로 정삼각형입니다.
따라서 정삼각형은 세 변의 길이가 모두 같으므로 세 변의 길이의 합은 $5\times3=15$ (cm)입니다. / 15 cm

채점 기준	답안 내용	배점
	정삼각형의 성질을 이용하여 답을 바르게 구한 경우	6
	정삼각형의 성질은 이용하였으나 답을 잘못 구한 경우	3

4 ㉡
풀이 ㉠과 ㉢은 세 각이 모두 예각이므로 예각삼각형이고, ㉡은 한 각이 둔각이므로 둔각삼각형입니다.

4-1 예시 답안 예각삼각형은 세 각이 모두 예각이어야 하는데 한 각이 둔각이므로 예각삼각형이 아닙니다.

채점 기준	답안 내용	배점
	예각삼각형이 아닌 이유를 알맞게 쓴 경우	4

5 둔각삼각형

5-1 예시 답안 삼각형의 나머지 한 각의 크기는 $180^\circ-30^\circ-45^\circ=105^\circ$입니다.
따라서 한 각이 둔각이므로 둔각삼각형입니다. / 둔각삼각형

채점 기준	답안 내용	배점
	나머지 한 각의 크기를 구하여 답을 바르게 구한 경우	4
	나머지 한 각의 크기는 구하였으나 답을 잘못 구한 경우	2

6 ③, ④
풀이 세 변의 길이가 같으므로 정삼각형이고, 정삼각형은 이등변삼각형이라고 할 수 있습니다. 또, 세 각의 크기가 모두 60°이므로 예각삼각형입니다.

6-1 예시 답안 두 변의 길이가 같으므로 이등변삼각형이고, 삼각형의 나머지 한 각의 크기가 $180^\circ-60^\circ-60^\circ=60^\circ$이므로 세 각의 크기가 모두 같은 정삼각형입니다. 정삼각형의 세 각의 크기는 모두 60°이므로 예각삼각형입니다.
/ 이등변삼각형, 정삼각형, 예각삼각형

채점 기준	답안 내용	배점
	변의 길이 또는 각의 크기에 따라 각각 분류하여 답을 바르게 구한 경우	6
	변의 길이 또는 각의 크기에 따라 분류하여 두 가지를 답한 경우	4
	변의 길이 또는 각의 크기에 따라 분류하여 한 가지를 답한 경우	2

실전! 서술형 평가

44~45쪽

1 예시 답안 세 변의 길이가 같으므로 정삼각형입니다.
/ 세 각의 크기가 같으므로 정삼각형입니다.

채점 기준	답안 내용	배점
	두 가지 방법을 모두 바르게 쓴 경우	5
	변에 대한 특징과 각에 대한 특징 중 한 가지만 쓴 경우	3

2 ㉠ / 예시 답안 예각삼각형은 세 각이 모두 예각입니다.

채점 기준	답안 내용	배점
	틀린 설명을 찾아 기호를 쓰고 바르게 고친 경우	5
	틀린 설명을 찾아 기호는 썼으나 바르게 고치지 못한 경우	2

3 예시 답안 이등변삼각형은 두 변의 길이가 같으므로 민하가 그린 삼각형의 세 변의 길이는 7 cm, 12 cm, 7 cm 또는 7 cm, 12 cm, 12 cm입니다.
따라서 □가 될 수 있는 수는 7, 12입니다. / 7, 12

채점 기준	답안 내용	배점
	이등변삼각형의 두 변의 길이가 같음을 이용하여 □가 될 수 있는 수를 모두 구한 경우	7
	이등변삼각형의 두 변의 길이가 같음은 이용하였으나 □가 될 수 있는 수를 하나만 구한 경우	4

4 예시 답안 삼각형의 나머지 한 각의 크기는 $180^\circ-70^\circ-60^\circ=50^\circ$입니다. 따라서 크기가 같은 두 각이 없으므로 이등변삼각형이 아닙니다.

채점 기준	답안 내용	배점
	이등변삼각형이 아닌 이유를 알맞게 쓴 경우	7

5 예시 답안 정삼각형은 세 각의 크기가 모두 같으므로
(각 ㄱㄷㄴ)$=180^\circ\div3=60^\circ$이고, 이등변삼각형에서 크기가 같은 두 각도의 합은 $180^\circ-90^\circ=90^\circ$이므로
(각 ㄹㄷㅁ)$=90^\circ\div2=45^\circ$입니다.
따라서 직선이 이루는 각도는 180°이므로
(각 ㄱㄷㄹ)$=180^\circ-60^\circ-45^\circ=75^\circ$입니다. / 75°

채점 기준	답안 내용	배점
	각 ㄱㄷㄴ과 각 ㄹㄷㅁ의 크기를 구하여 답을 바르게 구한 경우	7
	각 ㄱㄷㄴ과 각 ㄹㄷㅁ의 크기는 구하였으나 답을 잘못 구한 경우	4
	각 ㄱㄷㄴ과 각 ㄹㄷㅁ의 크기 중 하나만 구한 경우	2

6 예시 답안 주어진 각도가 모두 예각이므로 나머지 한 각이 둔각인 삼각형을 찾습니다.
㉠ $180^\circ-60^\circ-35^\circ=85^\circ$(예각)
㉡ $180^\circ-50^\circ-30^\circ=100^\circ$(둔각)
㉢ $180^\circ-55^\circ-45^\circ=80^\circ$(예각)
㉣ $180^\circ-20^\circ-70^\circ=90^\circ$(직각)
따라서 둔각삼각형인 것은 ㉡입니다. / ㉡

채점 기준	답안 내용	배점
	나머지 한 각의 크기를 각각 구하여 답을 바르게 구한 경우	7
	나머지 한 각의 크기는 각각 구하였으나 답을 잘못 구한 경우	4
	나머지 한 각의 크기를 일부만 구한 경우	2

7 ❶ 9개 ❷ 7개

❸ 예시 답안 도형에서 찾을 수 있는 크고 작은 둔각삼각형은 9개, 예각삼각형은 7개이므로 둔각삼각형은 예각삼각형보다 $9-7=2$(개) 더 많습니다. / 2개

채점 기준	답안 내용	배점
	도형에서 찾을 수 있는 둔각삼각형과 예각삼각형의 개수를 각각 구하여 답을 바르게 구한 경우	10
	도형에서 찾을 수 있는 둔각삼각형과 예각삼각형의 개수는 각각 구하였으나 답을 잘못 구한 경우	6
	도형에서 찾을 수 있는 둔각삼각형과 예각삼각형의 개수 중 하나만 구한 경우	3

풀이 ❶ 한 각이 둔각인 삼각형을 찾으면 모두 9개입니다.

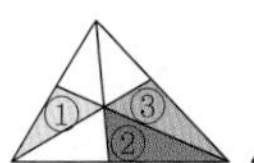
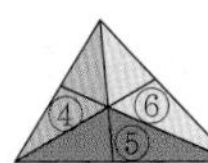
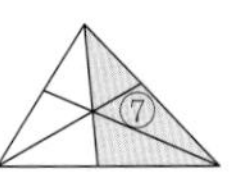
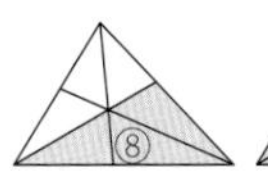
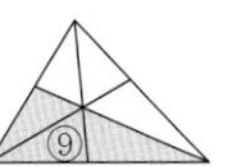

❷ 세 각이 모두 예각인 삼각형을 찾으면 모두 7개입니다.

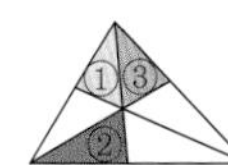
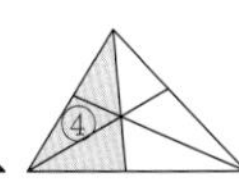
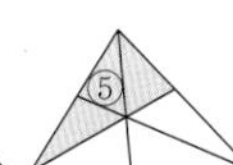
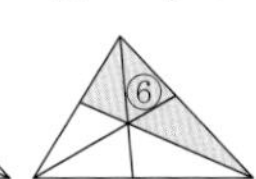
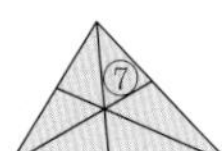

3. 소수의 덧셈과 뺄셈

연습! 서술형 평가 46~47쪽

1 0.45

풀이 모눈종이 한 칸의 크기는 0.01이고 45칸에 색칠되었으므로 색칠된 부분은 0.01이 45개인 수와 같은 0.45입니다.

1-1 예시 답안 0.1이 4개이면 0.4, 0.01이 5개이면 0.05이므로 주어진 소수는 0.45입니다. / 0.45

채점 기준	답안 내용	배점
	0.1과 0.01이 나타내는 수를 각각 구하여 답을 바르게 구한 경우	4
	0.1과 0.01이 나타내는 수는 각각 구하였으나 답을 잘못 구한 경우	2

2 (   )(○)(   )

2-1 예시 답안 ㉠ 2.59에서 숫자 5는 소수 첫째 자리 숫자이므로 0.5를, ㉡ 4.785에서 숫자 5는 소수 셋째 자리 숫자이므로 0.005를, ㉢ 6.153에서 숫자 5는 소수 둘째 자리 숫자이므로 0.05를 나타냅니다. 따라서 숫자 5가 나타내는 수가 가장 작은 수는 ㉡입니다. / ㉡

채점 기준	답안 내용	배점
	숫자 5가 나타내는 수를 각각 구하여 답을 바르게 구한 경우	4
	숫자 5가 나타내는 수는 각각 구하였으나 답을 잘못 구한 경우	2
	숫자 5가 나타내는 수를 일부만 구한 경우	1

3 >

3-1 예시 답안 3.14와 3.092의 자연수 부분이 같으므로 소수 첫째 자리 수를 비교하면 $1>0$입니다.
따라서 $3.14>3.092$이므로 주은이가 가지고 있는 연필이 더 무겁습니다. / 주은

채점 기준	답안 내용	배점
	두 소수의 크기를 비교하여 답을 바르게 구한 경우	4
	두 소수의 크기는 비교하였으나 답을 잘못 구한 경우	2

4 ㉡

4-1 예시 답안 1059의 $\frac{1}{10}$은 105.9, 105.9의 $\frac{1}{100}$은 1.059, 10.59의 10배는 105.9, 1.059의 100배는 105.9입니다. 따라서 다른 수를 설명한 친구는 경태입니다. / 경태

채점 기준	답안 내용	배점
	네 친구가 설명한 수를 각각 구하여 답을 바르게 구한 경우	6
	네 친구가 설명한 수는 각각 구하였으나 답을 잘못 구한 경우	4
	네 친구가 설명한 수를 일부만 구한 경우	2

5 0.75

5-1
$$\begin{array}{r} 0.45 \\ +\,0.3 \\ \hline 0.75 \end{array}$$

/ 예시 답안 소수점의 자리를 잘못 맞추어 계산하였습니다.

채점 기준	답안 내용	배점
	바르게 계산하고 잘못된 이유를 알맞게 쓴 경우	6
	바르게 계산만 하거나 잘못된 이유만 쓴 경우	3

6 2, 1, 3

풀이
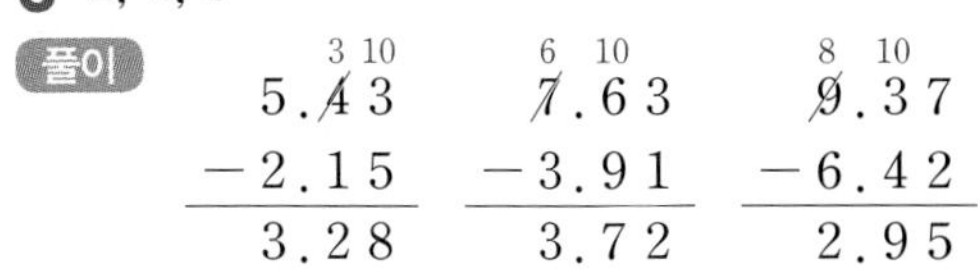

➔ $3.72>3.28>2.95$

6-1 예시 답안 ㉠ $5.43-2.15=3.28$, ㉡ $7.63-3.91=3.72$, ㉢ $9.37-6.42=2.95$입니다.
따라서 $2.95<3.28<3.72$이므로 계산 결과가 작은 것부터 순서대로 기호를 쓰면 ㉢, ㉠, ㉡입니다. / ㉢, ㉠, ㉡

채점 기준	답안 내용	배점
	㉠, ㉡, ㉢을 각각 계산하여 답을 바르게 구한 경우	6
	㉠, ㉡, ㉢은 각각 계산하였으나 답을 잘못 구한 경우	4
	㉠, ㉡, ㉢ 중 일부만 계산한 경우	2

실전! 서술형 평가 48~49쪽

1 수영 / 예시 답안 2.04는 이 점 영사라고 읽어.

채점 기준 답안 내용	배점
잘못 읽은 친구를 찾고 바르게 읽은 경우	5
잘못 읽은 친구는 찾았으나 바르게 읽지 못한 경우	2

| 채점 시 유의 사항 | 소수를 읽을 때 소수점 아래의 수는 숫자만 차례로 읽어야 합니다.

2 예시 답안 ㉠은 일의 자리 숫자이므로 3을 나타내고, ㉡은 소수 셋째 자리 숫자이므로 0.003을 나타냅니다.
따라서 3은 0.003의 1000배이므로 ㉠이 나타내는 수는 ㉡이 나타내는 수의 1000배입니다. / 1000배

채점 기준 답안 내용	배점
㉠과 ㉡이 나타내는 수를 각각 구하여 답을 바르게 구한 경우	5
㉠과 ㉡이 나타내는 수는 각각 구하였으나 답을 잘못 구한 경우	2
㉠과 ㉡이 나타내는 수 중 하나만 구한 경우	1

3 예시 답안 320 mL $=$ 0.32 L이므로 0.315와 0.32의 크기를 비교하면 $0.315 < 0.32$입니다.
따라서 윤석이가 우유를 더 많이 마셨습니다. / 윤석

채점 기준 답안 내용	배점
mL를 L로 나타내어 답을 바르게 구한 경우	7
mL를 L로 나타내었으나 답을 잘못 구한 경우	3

4 예시 답안 0.12를 10배 한 수는 1.2이고, 1.5의 $\frac{1}{10}$인 수는 0.15입니다.
따라서 두 수의 차는 $1.2-0.15=1.05$입니다. / 1.05

채점 기준 답안 내용	배점
소수 사이의 관계를 이용하여 답을 바르게 구한 경우	7
소수 사이의 관계는 이용하였으나 답을 잘못 구한 경우	4
소수 사이의 관계를 이용하여 두 수 중 하나만 구한 경우	2

5 예시 답안 처음에 있던 밀가루의 양에서 과자와 빵을 만드는 데 사용한 밀가루의 양을 뺍니다. 따라서 사용하고 남은 밀가루는 $3-0.72-1.045=2.28-1.045=1.235$ (kg)입니다. / 1.235 kg

채점 기준 답안 내용	배점
문제에 알맞은 뺄셈식을 세워 답을 바르게 구한 경우	7
문제에 알맞은 뺄셈식은 세웠으나 답을 잘못 구한 경우	3

| 채점 시 유의 사항 | 사용한 0.72 kg과 1.045 kg을 더한 후 3 kg에서 사용한 양의 합을 빼어 구할 수도 있습니다.
➔ $0.72+1.045=1.765$ (kg), $3-1.765=1.235$ (kg)

6 예시 답안 만들 수 있는 가장 큰 수는 9.53이고, 가장 작은 수는 3.59이므로 두 수의 합은 $9.53+3.59=13.12$이고, 두 수의 차는 $9.53-3.59=5.94$입니다. / 13.12, 5.94

채점 기준 답안 내용	배점
가장 큰 수와 가장 작은 수를 만들어 답을 바르게 구한 경우	10
가장 큰 수와 가장 작은 수는 만들었으나 합과 차 중 하나만 구한 경우	7
가장 큰 수와 가장 작은 수만 만든 경우	4

7 ❶ 3 ❷ 4 ❸ 8 ❹ 5 ❺ 3.485

채점 기준 답안 내용	배점
다섯 문제의 답을 모두 바르게 구한 경우	10
네 문제 또는 세 문제의 답만 바르게 구한 경우	7
두 문제 또는 한 문제의 답만 바르게 구한 경우	4

풀이 ❶ 3보다 크고 4보다 작은 소수이므로 일의 자리 숫자는 3입니다.
❷ $3+4=7$이므로 소수 첫째 자리 숫자는 4입니다.
❸ 4로 나누어떨어지는 수는 4와 8이고, 각 자리의 수는 서로 다르므로 소수 둘째 자리 숫자는 8입니다.
❹ 설명하는 소수를 10배 한 수의 소수 둘째 자리 숫자가 5이므로 설명하는 소수의 소수 셋째 자리 숫자는 5입니다.
❺ 일의 자리 숫자가 3, 소수 첫째 자리 숫자가 4, 소수 둘째 자리 숫자가 8, 소수 셋째 자리 숫자가 5인 소수 세 자리 수는 3.485입니다.

4. 사각형

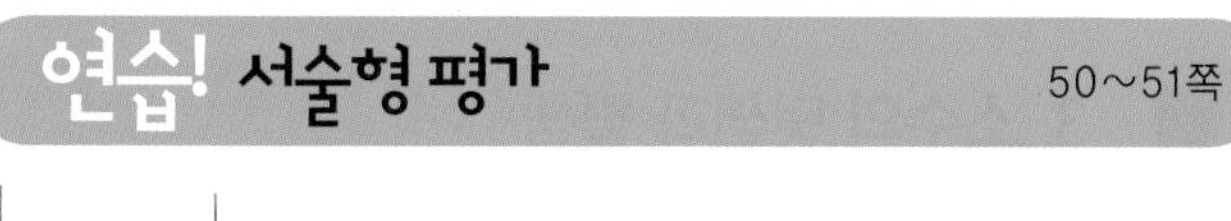

1

1-1 예시 답안 두 직선이 만나서 이루는 각이 직각이 되도록 삼각자의 직각 부분을 이용해야 하는데 직각이 아닌 부분을 이용하여 직선을 그었습니다.

채점 기준 답안 내용	배점
직선 가에 수직인 직선을 잘못 그은 이유를 쓴 경우	4

2 ㉢

2-1 예시 답안 변 ㄱㄴ에 수직인 변은 변 ㄱㄹ과 변 ㄴㄷ이고 변 ㄱㄹ과 변 ㄴㄷ은 서로 만나지 않습니다.
따라서 서로 평행한 변은 변 ㄱㄹ과 변 ㄴㄷ입니다.
/ 변 ㄱㄹ, 변 ㄴㄷ

채점 기준 답안 내용	배점
한 변에 각각 수직이 되는 두 변을 찾아 답을 바르게 구한 경우	4
답은 구했으나 해결 과정이 미흡한 경우	2

3 사다리꼴

3-1 예시 답안 위아래의 변이 서로 평행하므로 잘라서 생긴 사각형은 모두 사다리꼴입니다.
따라서 사다리꼴은 모두 3개 생깁니다. / 3개

채점 기준 답안 내용	배점
위아래의 변이 서로 평행함을 알고 답을 바르게 구한 경우	4
위아래의 변이 서로 평행함은 알았으나 답을 잘못 구한 경우	2

4 (위에서부터) 70, 10, 8

4-1 성주 / 예시 답안 마주 보는 두 변의 길이가 같아.

채점 기준 답안 내용	배점
잘못 말한 친구의 이름을 쓰고 바르게 고친 경우	6
잘못 말한 친구의 이름은 썼으나 바르게 고치지 못한 경우	3

5 7

5-1 예시 답안 마름모는 네 변의 길이가 모두 같으므로 28을 4로 나누면 한 변의 길이를 구할 수 있습니다.
따라서 마름모의 한 변은 $28 \div 4 = 7$ (cm)입니다.
/ 7 cm

채점 기준 답안 내용	배점
네 변의 길이가 모두 같음을 이용하여 답을 바르게 구한 경우	6
네 변의 길이가 모두 같음은 이용하였으나 답을 잘못 구한 경우	3

6 사다리꼴, 평행사변형에 ○표

풀이 • 주어진 사각형은 마주 보는 두 쌍의 변이 서로 평행하므로 사다리꼴과 평행사변형입니다.
• 주어진 사각형은 네 변의 길이가 같지 않으므로 마름모와 정사각형이 아닙니다.

6-1 예시 답안 직사각형은 마주 보는 두 쌍의 변이 서로 평행하므로 평행사변형입니다.

채점 기준 답안 내용	배점
직사각형이 평행사변형인 이유를 알맞게 쓴 경우	4

실전! 서술형 평가 52~53쪽

1 예시 답안 주어진 도형에서 평행한 변은 변 ㄱㄴ과 변 ㅁㄹ, 변 ㄴㄷ과 변 ㅂㅁ, 변 ㄷㄹ과 변 ㄱㅂ입니다.
따라서 평행한 변은 모두 3쌍입니다.
/ 3쌍

채점 기준 답안 내용	배점
평행한 변을 모두 찾아 답을 바르게 구한 경우	5
평행한 변을 일부만 찾은 경우	2

2 예시 답안 마주 보는 두 쌍의 변이 서로 평행해야 하는데 한 쌍의 변만 평행하므로 평행사변형이 아닙니다.

채점 기준 답안 내용	배점
사다리꼴이 평행사변형이 아닌 이유를 알맞게 쓴 경우	5

3 예시 답안 평행선은 변 ㄱㄹ과 변 ㄴㄷ이므로 평행선 사이의 거리는 변 ㄹㄷ의 길이와 같습니다.
따라서 평행선 사이의 거리는 6 cm입니다. / 6 cm

채점 기준 답안 내용	배점
평행선 사이의 거리를 나타내는 변을 찾아 답을 바르게 구한 경우	7
평행선 사이의 거리를 나타내는 변은 찾았으나 답을 잘못 구한 경우	3

4 예시 답안 선분 ㄱㅇ과 선분 ㄷㅇ은 서로 수직이므로 (각 ㄱㅇㄷ)$=90^\circ$입니다.
따라서 (각 ㄴㅇㄷ)=(각 ㄱㅇㄷ)−(각 ㄱㅇㄴ)
$=90^\circ-20^\circ=70^\circ$입니다.
/ 70°

채점 기준 답안 내용	배점
각 ㄱㅇㄷ의 크기를 구하여 답을 바르게 구한 경우	7
각 ㄱㅇㄷ의 크기는 구하였으나 답을 잘못 구한 경우	3

5 예시 답안 평행사변형에서 마주 보는 각의 크기가 같으므로 각 ㄱㄴㄷ의 크기는 75°입니다.
따라서 직선이 이루는 각도는 180°이므로 ㉠의 각도는 $180^\circ-75^\circ=105^\circ$입니다. / 105°

채점 기준 답안 내용	배점
각 ㄱㄴㄷ의 크기를 구하여 답을 바르게 구한 경우	7
각 ㄱㄴㄷ의 크기는 구하였으나 답을 잘못 구한 경우	3

6 ❶ 11 cm ❷ 6 cm ❸ 17 cm

채점 기준 답안 내용	배점
세 문제의 답을 모두 바르게 구한 경우	7
두 문제의 답만 바르게 구한 경우	4
한 문제의 답만 바르게 구한 경우	2

풀이 ❶ (변 ㄴㄷ)=(변 ㄱㄴ)=11 cm
❷ (변 ㄷㅁ)=(변 ㅁㅂ)=6 cm
❸ (변 ㄴㅁ)=(변 ㄴㄷ)+(변 ㄷㅁ)$=11+6=17$ (cm)

7 예시 답안 마름모의 네 변의 길이는 모두 같으므로 마름모 나의 네 변의 길이의 합은 $12\times4=48$ (cm)입니다.
따라서 평행사변형 가에서 마주 보는 두 쌍의 변의 길이가 서로 같으므로 $11+㉠+11+㉠=48$, ㉠$=13$ (cm)입니다.
/ 13 cm

채점 기준 답안 내용	배점
마름모의 네 변의 길이의 합을 구하여 답을 바르게 구한 경우	10
마름모의 네 변의 길이의 합은 구하였으나 답을 잘못 구한 경우	5

8 예시 답안 각 ㄱㄴㄷ의 크기를 □라 하면 각 ㄴㄱㄹ의 크기는 각 ㄱㄴㄷ의 크기의 2배이므로 □+□입니다. 마름모에서 이웃하는 두 각의 크기의 합은 180°이므로
□+□+□=180°입니다.
따라서 □=180°÷3=60°이므로 각 ㄱㄴㄷ의 크기는 60°입니다. / 60°

채점 기준 답안 내용	배점
마름모에서 이웃하는 두 각의 크기의 합을 이용하여 답을 바르게 구한 경우	10
마름모에서 이웃하는 두 각의 크기의 합은 이용하였으나 답을 잘못 구한 경우	5

5. 꺾은선그래프

연습! 서술형 평가 54~55쪽

1 꺾은선그래프

1-1 예시 답안 진호의 키의 변화를 한눈에 알아보기 쉽습니다.

채점 기준 답안 내용	배점
꺾은선그래프로 나타내었을 때의 좋은 점을 알맞게 쓴 경우	4

2 ㉡
풀이 ㉠ 강수량이 가장 많은 때는 점이 가장 높이 찍힌 7월입니다.
㉡ 강수량의 변화가 가장 작은 때는 선분이 가장 적게 기울어져 있는 8월과 9월 사이입니다.
㉢ 8월의 강수량: 110 mm, 9월의 강수량: 80 mm
➔ 9월은 8월보다 강수량이 110−80=30 (mm) 줄었습니다.

2-1 예시 답안 2015년과 2017년 사이에 1인당 쌀 소비량이 가장 적게 줄었습니다.
/ 1인당 쌀 소비량이 가장 많은 때는 2009년입니다.

채점 기준 답안 내용	배점
그래프를 보고 알 수 있는 내용을 2가지 모두 알맞게 쓴 경우	6
그래프를 보고 알 수 있는 내용을 1가지만 알맞게 쓴 경우	3

3 예

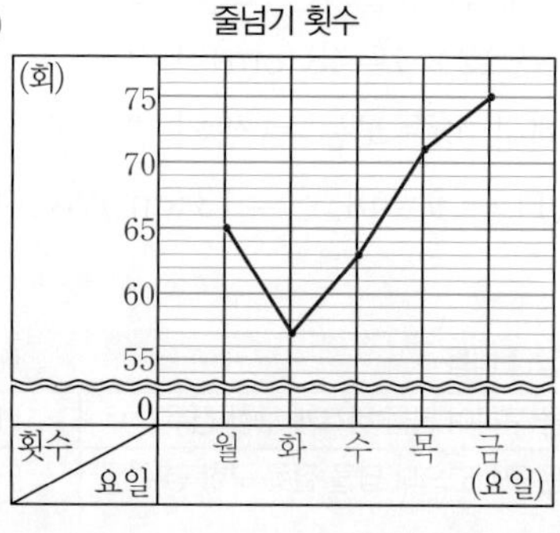

3-1 예시 답안 자료 값 중에서 가장 작은 값의 아래에 있는 필요 없는 부분을 물결선으로 줄여서 나타내어야 하는데 가장 작은 값을 포함하여 물결선으로 줄였으므로 잘못 나타내었습니다.

채점 기준 답안 내용	배점
꺾은선그래프로 잘못 나타낸 이유를 알맞게 설명한 경우	4

4 예 39 kg
풀이 2학년과 3학년 사이에는 4 kg, 3학년과 4학년 사이에는 4 kg이 늘어났으므로 4학년과 5학년 사이에도 4 kg이 늘어나 39 kg이 될 것이라고 예상할 수 있습니다.

4-1 예시 답안 84세 / 5년마다 기대 수명이 2세씩 늘어났으므로 2020년의 기대 수명은 2015년의 기대 수명인 82세에서 2세 늘어난 84세일 것이라고 예상할 수 있습니다.

채점 기준 답안 내용	배점
2020년의 기대 수명은 몇 세일지 예상하고 이유를 알맞게 쓴 경우	6
2020년의 기대 수명은 몇 세일지 예상하였으나 이유를 알맞게 쓰지 못한 경우	3

풀이 비슷한 기울어진 정도로 선분을 그어서 2020년의 기대 수명을 예상할 수도 있습니다.

실전! 서술형 평가 56~57쪽

1 예시 답안 판매량의 변화가 가장 큰 때는 선분이 가장 많이 기울어져 있을 때입니다. 선분이 가장 많이 기울어져 있을 때를 찾으면 5일과 6일 사이이므로 판매량의 변화가 가장 큰 때는 5일과 6일 사이입니다. / 5일과 6일 사이

채점 기준 답안 내용	배점
선분이 가장 많이 기울어진 때를 찾아야 함을 알고 답을 바르게 구한 경우	5
선분이 가장 많이 기울어진 때를 찾아야 함은 알았으나 답을 잘못 구한 경우	2

2 ㉠ / 예시 답안 ㉠은 점을 왼쪽부터 차례대로 연결하지 않았으므로 잘못 그렸습니다.

채점 기준 답안 내용	배점
잘못 그린 것을 찾고 이유를 알맞게 쓴 경우	5
잘못 그린 것은 찾았으나 이유를 알맞게 쓰지 못한 경우	2

3 예시 답안 물결선을 사용한 꺾은선그래프에서 세로 눈금 한 칸의 크기를 작게 하여 변화하는 모양을 더욱 뚜렷하게 알 수 있습니다.

채점 기준 답안 내용	배점
물결선을 사용한 꺾은선그래프의 좋은 점을 알맞게 쓴 경우	5

4 예시 답안 ㉠과 ㉢은 종류별 자료의 양을 알아보는 경우이므로 막대그래프로 나타내면 좋고, ㉡은 자료의 변화 정도를 알아보는 경우이므로 꺾은선그래프로 나타내면 좋습니다. 따라서 꺾은선그래프로 나타내면 좋은 경우는 ㉡입니다. / ㉡

채점 기준	답안 내용	배점
	자료의 변화 정도를 알아볼 때 꺾은선그래프로 나타내면 좋다는 것을 알고 답을 바르게 구한 경우	7
	자료의 변화 정도를 알아볼 때 꺾은선그래프로 나타내면 좋다는 것은 알았으나 답을 잘못 구한 경우	3

5 ❶ 24 ℃ ❷ 18 ℃ ❸ 6 ℃

채점 기준	답안 내용	배점
	세 문제의 답을 모두 바르게 구한 경우	7
	두 문제의 답만 바르게 구한 경우	4
	한 문제의 답만 바르게 구한 경우	2

풀이 ❸ 기온이 가장 높았을 때와 기온이 가장 낮았을 때의 기온의 차는 $24-18=6$ (℃)입니다.

6 예시 답안 330가구 / 2000년의 1인 가구 수는 280가구, 2010년의 1인 가구 수는 380가구이므로 280가구와 380가구의 중간이 330가구이기 때문입니다.

채점 기준	답안 내용	배점
	2005년의 1인 가구 수를 예상하고 이유를 알맞게 쓴 경우	7
	2005년의 1인 가구 수는 예상하였으나 이유를 알맞게 쓰지 못한 경우	4

풀이 2000년에 찍힌 점과 2010년에 찍힌 점을 선으로 이었을 때 2005년에 찍힌 점의 세로 눈금을 읽어 1인 가구 수를 예상할 수도 있습니다.

1인 가구 수

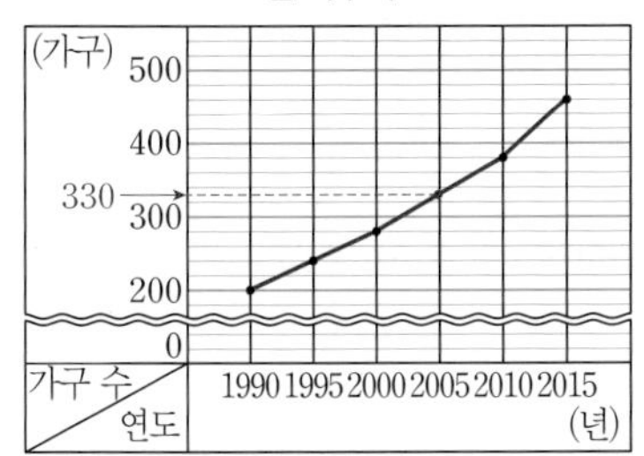

7 예시 답안 세로 눈금 5칸이 10만 명을 나타내므로 세로 눈금 한 칸은 2만 명을 나타냅니다. 따라서 덕수궁 입장객 수는 1분기에 38만 명, 2분기에 46만 명, 3분기에 48만 명, 4분기에 22만 명이므로 2016년의 입장객은 모두
$38+46+48+22=154$(만 명)입니다. / 154만 명

채점 기준	답안 내용	배점
	세로 눈금 한 칸이 몇 명을 나타내는지 알고 분기별 입장객 수를 각각 구하여 답을 바르게 구한 경우	10
	세로 눈금 한 칸이 몇 명을 나타내는지 알고 분기별 입장객 수는 각각 구하였으나 답을 잘못 구한 경우	7
	세로 눈금 한 칸이 몇 명을 나타내는지 알았으나 분기별 입장객 수를 일부만 구한 경우	3

6. 다각형

연습! 서술형 평가 58~59쪽

1 (　)(○)(○)

1-1 예시 답안 다각형은 선분으로만 둘러싸인 도형인데 주어진 도형은 곡선도 있으므로 다각형이 아닙니다.

채점 기준	답안 내용	배점
	다각형이 아닌 이유를 알맞게 쓴 경우	4

2 8 / 팔각형

2-1 예시 답안 변의 수를 세어 보면 ㉠은 4개, ㉡은 8개, ㉢은 5개입니다. 따라서 변의 수가 가장 많은 다각형은 ㉡이고, 변이 8개 있으므로 팔각형입니다. / ㉡, 팔각형

채점 기준	답안 내용	배점
	각각의 변의 수를 세어 변이 가장 많은 도형을 찾고, 이름을 바르게 쓴 경우	6
	각각의 변의 수를 세어 변이 가장 많은 도형은 찾았으나 이름을 잘못 쓴 경우	4
	각각의 변의 수만 세고 변이 가장 많은 도형은 찾지 못한 경우	2

3 7

3-1 예시 답안 정육각형은 변의 길이가 모두 같고, 정육각형의 한 변이 7 cm이므로 정육각형의 모든 변의 길이의 합은 $7\times6=42$ (cm)입니다. / 42 cm

채점 기준	답안 내용	배점
	정다각형은 변의 길이가 모두 같음을 알고 답을 바르게 구한 경우	6
	정다각형은 변의 길이가 모두 같음은 알았으나 답을 잘못 구한 경우	3

4 ①

4-1 나 / 예시 답안 나는 3개의 꼭짓점이 서로 이웃하므로 대각선을 그을 수 없습니다.

채점 기준	답안 내용	배점
	대각선을 그을 수 없는 도형을 찾고 이유를 알맞게 쓴 경우	4
	대각선을 그을 수 없는 도형은 찾았으나 이유를 알맞게 쓰지 못한 경우	2

5 예 /

5-1 예시 답안 주어진 두 모양 조각을 겹치지 않게 변끼리 이어 붙이면 와 같이 삼각형을 만들거나

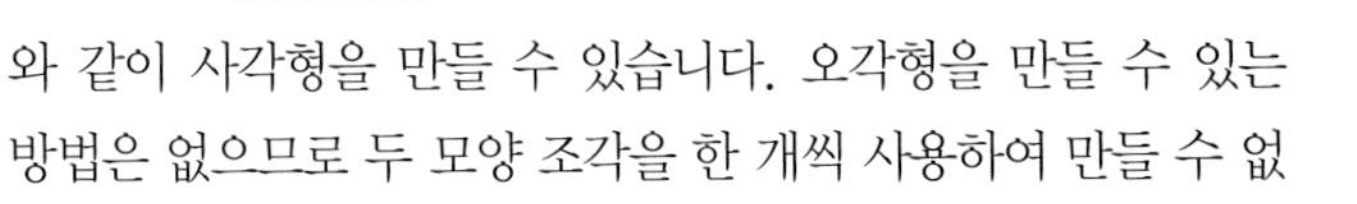

와 같이 사각형을 만들 수 있습니다. 오각형을 만들 수 있는 방법은 없으므로 두 모양 조각을 한 개씩 사용하여 만들 수 없는 도형은 ㉢ 오각형입니다. / ㉢

채점 기준	답안 내용	배점
	두 모양 조각을 한 개씩 사용하여 만들 수 있는 모양을 알고 답을 바르게 구한 경우	6
	두 모양 조각을 한 개씩 사용하여 만들 수 있는 모양은 알았으나 답을 잘못 구한 경우	3

6 

6-1 예시 답안 주어진 정육각형을 ▲ 모양 조각으로 채우면 오른쪽과 같습니다.

따라서 주어진 정육각형을 채우려면 ▲ 모양 조각이 적어도 6개 있어야 합니다. / 6개

채점 기준	답안 내용	배점
	주어진 정육각형을 모양 조각으로 채우는 방법을 알고 답을 바르게 구한 경우	4
	주어진 정육각형을 모양 조각으로 채우는 방법은 알았으나 답을 잘못 구한 경우	2

실전! 서술형 평가 60~61쪽

1 예시 답안 칠각형은 선분 7개로 둘러싸인 도형입니다. 따라서 선분 7개로 둘러싸인 도형을 찾으면 ㉠입니다. / ㉠

채점 기준	답안 내용	배점
	칠각형은 어떤 도형인지 알고 답을 바르게 구한 경우	5
	칠각형은 어떤 도형인지 알았으나 답을 잘못 구한 경우	2

2 예시 답안 다각형에서 서로 이웃하지 않는 두 꼭짓점을 이은 선분이 대각선이므로 주어진 도형에 대각선을 모두 그으면

와 같습니다.

따라서 주어진 도형에 그을 수 있는 대각선은 모두 5개입니다. / 5개

채점 기준	답안 내용	배점
	대각선을 알고 답을 바르게 구한 경우	5
	대각선은 알았으나 답을 잘못 구한 경우	2

3 예시 답안 8개의 선분으로만 둘러싸여 있는 도형은 팔각형이고, 변의 길이와 각의 크기가 모두 같으므로 정팔각형입니다. / 정팔각형

채점 기준	답안 내용	배점
	8개의 선분으로만 둘러싸인 도형을 알고 답을 바르게 구한 경우	5
	8개의 선분으로만 둘러싸인 도형은 알았으나 답을 잘못 구한 경우	2

4 예시 답안 대각선을 그어 보면 두 대각선이 서로 수직으로 만나는 사각형은 나와 라입니다. 따라서 두 대각선이 서로 수직으로 만나는 사각형은 모두 2개입니다. / 2개

채점 기준	답안 내용	배점
	두 대각선이 서로 수직으로 만나는 사각형을 알고 답을 바르게 구한 경우	7
	두 대각선이 서로 수직으로 만나는 사각형은 알았으나 답을 잘못 구한 경우	4

5 예시 답안 육각형은 변이 6개이므로 ㉠=6이고, 정십이각형은 변이 12개이므로 ㉡=12입니다.
따라서 ㉠과 ㉡에 알맞은 수의 합은 6+12=18입니다. / 18

채점 기준	답안 내용	배점
	㉠과 ㉡에 알맞은 수를 각각 구하여 답을 바르게 구한 경우	7
	㉠과 ㉡에 알맞은 수는 각각 구하였으나 답을 잘못 구한 경우	4
	㉠과 ㉡에 알맞은 수 중 하나만 구한 경우	2

6 예시 답안 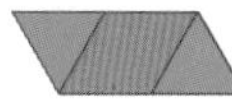 / 마주 보는 두 쌍의 변이 서로 평행합니다.

채점 기준	답안 내용	배점
	모양 조각 3개를 모두 사용하여 다각형을 만들고 특징을 바르게 쓴 경우	7
	모양 조각 3개를 모두 사용하여 다각형은 만들었으나 특징을 바르게 쓰지 못한 경우	4

7 예시 답안 정다각형은 변의 길이가 모두 같으므로 주어진 도형의 변의 수는 60÷6=10(개)입니다. 따라서 변이 10개인 정다각형이므로 정십각형입니다. / 정십각형

채점 기준	답안 내용	배점
	정다각형은 변의 길이가 모두 같음을 알고 변의 수를 구하여 답을 바르게 구한 경우	10
	정다각형은 변의 길이가 모두 같음을 알고 변의 수는 구하였으나 답을 잘못 구한 경우	6
	정다각형은 변의 길이가 모두 같음은 알았으나 변의 수를 구하지 못한 경우	2

8 ❶ 예시 답안 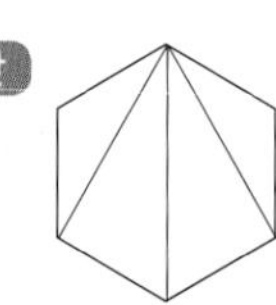 / 4개 ❷ 180° ❸ 720°

채점 기준	답안 내용	배점
	세 문제의 답을 모두 바르게 구한 경우	10
	두 문제의 답만 바르게 구한 경우	7
	한 문제의 답만 바르게 구한 경우	4

풀이 ❸ 180°×4=720°

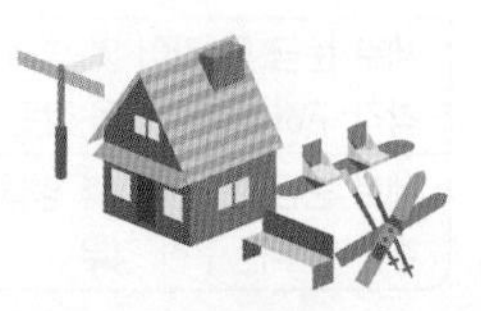

사회 1. 촌락과 도시의 생활 모습

연습! 서술형 평가 62~63쪽

1 ⑤

1-1 예시 답안 자연환경을 주로 이용하여 살아가는 지역을 말합니다.

채점 기준 답안 내용	배점
자연환경을 주로 이용하여 살아가는 지역이라고 쓴 경우	4
자연환경이 있는 지역이라고만 쓴 경우	2

2 ㉠, ㉢

2-1 예시 답안 회사나 공장에 다닙니다. 물건이나 음식을 파는 일을 합니다. 다양한 서비스를 제공하는 일을 합니다.

채점 기준 답안 내용	배점
한 가지만 바르게 쓴 경우	3

3 ②, ③

3-1 예시 답안 촌락에는 높은 건물이 많지 않으나, 도시에는 높은 건물이 많습니다. 촌락은 자연환경을 이용하는 일들이 발달했고, 도시는 물건을 만들거나 편리한 생활을 도와주는 일들이 발달했습니다.

채점 기준 답안 내용	배점
한 가지만 바르게 쓴 경우	3

4 ㉡, ㉢, ㉣

4-1 예시 답안 일을 할 수 있는 사람들이 줄어들면서 일손 부족 문제를 겪습니다.

채점 기준 답안 내용	배점
일손 부족 문제를 겪는다고 쓴 경우	4
촌락의 인구가 줄었다고만 쓴 경우	2

5 촌락, 도시

5-1 예시 답안 소득을 올릴 수 있습니다.

채점 기준 답안 내용	배점
소득을 올릴 수 있다고 쓴 경우	4
여러 가지 좋은 점이 있다고만 쓴 경우	2

6 ②

6-1 예시 답안 중간 상인을 거치지 않고 농수산물을 팔기 때문에 더 높은 소득을 올릴 수 있습니다.

채점 기준 답안 내용	배점
더 높은 소득을 올릴 수 있다고 쓴 경우	6
농수산물을 팔 수 있다고만 쓴 경우	3

실전! 서술형 평가 64~65쪽

1 ❶ (1) ㉢ (2) ㉠ (3) ㉡

❷ ㉠ 예시 답안 바다에서 물고기를 잡거나 기르고, 김과 미역을 기르는 일 등인 어업을 합니다.

㉡ 예시 답안 산에서 나무를 가꾸어 베거나 산나물을 캐는 일 등인 임업을 합니다.

㉢ 예시 답안 논이나 밭을 이용하여 인간 생활에 필요한 식물을 가꾸거나 유용한 동물을 기르는 일인 농업을 합니다.

채점 기준 답안 내용	배점
㉠~㉢을 모두 바르게 쓴 경우	3
㉠~㉢ 중 두 가지만 바르게 쓴 경우	2
㉠~㉢ 중 한 가지만 바르게 쓴 경우	1

❸ 예시 답안 자연환경의 영향을 많이 받습니다. 계절이나 날씨에 따라 사람들의 생활 모습이 달라집니다.

채점 기준 답안 내용	배점
한 가지만 바르게 쓴 경우	3

2 예시 답안 바다에서 고기잡이를 합니다. 바닷바람을 이용해 풍력 발전을 합니다.

채점 기준 답안 내용	배점
한 가지만 바르게 쓴 경우	4

3 예시 답안 촌락보다 많은 사람이 모여 살고 있습니다. 높은 건물이 많습니다. 크고 작은 도로가 연결되어 있습니다.

채점 기준 답안 내용	배점
한 가지만 바르게 쓴 경우	3

4 (1) 예시 답안 건물이나 시설이 있습니다.

(2) 예시 답안 촌락보다 도시에 높은 건물이 많습니다.

채점 기준 답안 내용	배점
(1), (2) 모두 바르게 쓴 경우	7
(1), (2) 중 한 가지만 바르게 쓴 경우	4

5 (1) 예시 답안 일을 할 수 있는 사람들이 줄어들면서 일손 부족 문제를 겪습니다.

(2) 예시 답안 다양한 기계를 이용하여 일손 부족 문제를 해결하고 생산량도 늘리고 있습니다.

채점 기준 답안 내용	배점
(1), (2) 모두 바르게 쓴 경우	5
(1), (2) 중 한 가지만 바르게 쓴 경우	3

6 예시 답안 촌락 사람들이 도시에 있는 상점들을 이용하기 때문에 도시의 경제 활동을 더욱 활발하게 해 줍니다.

채점 기준 답안 내용	배점
도시의 경제 활동을 더욱 활발하게 해 준다고 쓴 경우	7
여러 가지 도움을 준다고만 쓴 경우	4

7 예시 답안 지난여름에 태풍으로 어려움을 겪을 때 민준이네 가족에게 일손을 도움 받았습니다.

채점 기준 답안 내용	배점
일손을 도움 받았다고 쓴 경우	7
도움을 받았다고만 쓴 경우	4

2. 필요한 것의 생산과 교환

연습! 서술형 평가 66~67쪽

1 ①

1-1 예시 답안 사람들이 원하는 것은 많으나, 그것을 모두 가질 수 없는 상태를 말하는 희소성 때문에 일어납니다.

채점 기준 답안 내용	배점
희소성 때문에 일어난다고 쓴 경우	4
돈이 부족하기 때문이라고만 쓴 경우	2

2 ⑤

2-1 예시 답안 자신에게 알맞은 물건을 골라 큰 만족감을 얻을 수 있을 뿐만 아니라 돈과 자원을 절약할 수 있기 때문입니다.

채점 기준 답안 내용	배점
큰 만족감을 얻을 수 있을 뿐만 아니라 돈과 자원을 절약할 수 있기 때문이라고 쓴 경우	6
큰 만족감을 얻을 수 있다고만 쓴 경우	3

3 ③

3-1 예시 답안 사람들의 생활을 편리하고 즐겁게 해 주는 생산 활동입니다.

채점 기준 답안 내용	배점
생활을 편리하고 즐겁게 해 주는 생산 활동이라고 쓴 경우	4
생산 활동이라고만 쓴 경우	2

4 ①

4-1 예시 답안 판매원에게 궁금한 점을 물어볼 수 있습니다. 물건을 직접 비교할 수 있습니다.

채점 기준 답안 내용	배점
한 가지만 바르게 쓴 경우	3

5 ②

5-1 예시 답안 지역의 특산물을 소개하거나 지역을 홍보해 경제적 이익을 얻을 수 있습니다.

채점 기준 답안 내용	배점
지역의 특산물을 소개하거나 지역을 홍보해 경제적 이익을 얻을 수 있다고 쓴 경우	4
경제적 이익을 얻을 수 있다고만 쓴 경우	2

6 ④

6-1 예시 답안 상품을 직접 확인해 살 수 있습니다. 다른 지역의 대형 시장에 가서 직접 물건을 살 수 있습니다.

채점 기준 답안 내용	배점
한 가지만 바르게 쓴 경우	3

실전! 서술형 평가 68~69쪽

1 예시 답안 가격이 낮아서 돈을 절약할 수 있습니다.

채점 기준 답안 내용	배점
휴대 전화 가격이 낮아서 돈을 절약할 수 있다고 쓴 경우	5
휴대 전화를 가질 수 있다고만 쓴 경우	3

2 예시 답안 생활에 필요한 물건을 만들거나 우리 생활을 편리하고 즐겁게 해 주는 생산 활동입니다.

채점 기준 답안 내용	배점
생활에 필요한 물건을 만들거나 우리 생활을 편리하고 즐겁게 해 주는 생산 활동이라고 쓴 경우	5
생산 활동이라고만 쓴 경우	3

3 ❶ ㉡, ㉥

❷ 예시 답안 생활을 편리하고 즐겁게 해 주는 활동입니다.

채점 기준 답안 내용	배점
생활을 편리하고 즐겁게 해 주는 활동이라고 쓴 경우	3
생산 활동이라고만 쓴 경우	1

❸ 예시 답안 생산 활동을 하지 않으면 물건을 살 수 없기 때문입니다. 하나의 생산 활동이 다른 생산 활동에 영향을 주기 때문입니다.

채점 기준 답안 내용	배점
한 가지만 바르게 쓴 경우	3

4 예시 답안 생산하지 않으면 소비를 할 수 없습니다. 소비를 하지 않으면 생산할 필요가 없습니다.

채점 기준 답안 내용	배점
한 가지만 바르게 쓴 경우	4

5 예시 답안 쓸 수 있는 돈이 한정되어 있기 때문입니다.

채점 기준 답안 내용	배점
쓸 수 있는 돈이 한정되어 있기 때문이라고 쓴 경우	7
좋은 것이기 때문이라고만 쓴 경우	4

6 예시 답안 재준이네 지역은 지역의 생산물을 홍보하며 소개하는데 도움을 얻었고, 영희네 지역은 질이 좋은 생산물로 좋은 상품을 만들 수 있게 되었습니다.

채점 기준 답안 내용	배점
두 지역이 얻은 좋은 점을 모두 바르게 쓴 경우	7
한 지역이 얻은 좋은 점만 바르게 쓴 경우	4

7 예시 답안 빠른 시간 내에 상품의 특징과 내용을 보고 살 수 있습니다. 다양한 상품을 살펴볼 수 있습니다.

채점 기준	답안 내용	배점
	한 가지만 바르게 쓴 경우	4

3. 사회 변화와 문화의 다양성

연습! 서술형 평가 70~71쪽

1 ①

1-1 예시 답안 출산을 도와주는 병원이 점점 사라지고 있습니다. 학생 수가 줄어드는 학교가 늘어나고 있습니다.

채점 기준	답안 내용	배점
	한 가지만 바르게 쓴 경우	2

2 정보화

2-1 예시 답안 세계 곳곳에서 일어나는 일들을 빠르게 알 수 있습니다. 실시간으로 교통 정보를 얻어 빠른 길로 갈 수 있습니다.

채점 기준	답안 내용	배점
	한 가지만 바르게 쓴 경우	3

3 세계화

3-1 예시 답안 생활 속에서 우리의 전통문화가 점점 사라지고 있습니다.

채점 기준	답안 내용	배점
	우리의 전통문화가 점점 사라지고 있다고 쓴 경우	4
	나쁜 영향을 끼쳤다고만 쓴 경우	2

4 ①

4-1 예시 답안 문화는 서로 비슷한 모습을 가지고 있기도 하지만 다른 모습을 가지고 있기도 합니다.

채점 기준	답안 내용	배점
	문화에는 공통점과 차이점이 있다고 쓴 경우	6
	문화는 사람들과 관계가 있다고만 쓴 경우	3

5 ①

5-1 예시 답안 남자만 또는 여자만 할 수 있는 일이 따로 있다고 생각합니다.

채점 기준	답안 내용	배점
	남녀에 대한 편견과 차별의 모습을 쓴 경우	4
	남녀가 아닌 다른 편견과 차별의 모습을 쓴 경우	2

6 ㉠, ㉢

6-1 예시 답안 법을 만들고 기관을 세워 편견과 차별을 없애기 위해 노력합니다.

채점 기준	답안 내용	배점
	법을 만들고 기관을 세워 노력한다고 쓴 경우	6
	여러 가지 노력을 한다고만 쓴 경우	3

실전! 서술형 평가 72~73쪽

1 예시 답안 14세 이하 인구는 점점 줄어들고 있고, 65세 이상 인구는 점점 늘어나고 있습니다.

채점 기준	답안 내용	배점
	각 연령별 인구의 변화 모습을 바르게 쓴 경우	5
	점점 변하고 있다고만 쓴 경우	3

2 예시 답안 노인을 위한 전문 시설이 생겨나고 있습니다.

채점 기준	답안 내용	배점
	노인을 위한 전문 시설이 생겨나고 있다고 쓴 경우	7
	노인이 많아졌다고만 쓴 경우	4

3 예시 답안 인터넷으로 다양한 정보와 지식을 빠르게 얻습니다. 정보와 지식을 활용하여 새로운 자료를 만들고 다른 사람들과 공유하기도 합니다.

채점 기준	답안 내용	배점
	한 가지만 바르게 쓴 경우	4

4 민준 / 예시 답안 다른 나라 문화의 좋은 점만 본받아야 하기 때문입니다.

채점 기준	답안 내용	배점
	잘못된 태도이기 때문이라고만 쓴 경우	4

5 ❶ 예시 답안 자신이 좋아하는 활동을 즐기고 있습니다. 저마다 자신의 문화를 즐기며 사람들과 어울려 살아갑니다.

채점 기준	답안 내용	배점
	한 가지만 바르게 쓴 경우	1

❷ 예시 답안 혼자서 하기도 하지만 여럿이 함께하기도 합니다. 저마다 즐기는 활동의 종류가 다릅니다.

채점 기준	답안 내용	배점
	한 가지만 바르게 쓴 경우	1

❸ 예시 답안 문화는 서로 비슷한 모습을 가지고 있기도 하지만 다른 모습을 가지고 있기도 합니다. 사람들은 다양한 문화 속에서 함께 살아갑니다.

채점 기준	답안 내용	배점
	한 가지만 바르게 쓴 경우	2

6 예시 답안 다른 문화도 우리 문화처럼 존중합니다. 한쪽으로 치우치지 않는 생각을 하도록 노력합니다.

채점 기준	답안 내용	배점
	한 가지만 바르게 쓴 경우	4

7 예시 답안 장애가 있는 사람들이 능력을 발휘할 수 있도록 편견을 버립니다.

채점 기준	답안 내용	배점
	장애가 있는 사람들에 대한 편견을 버린다고 쓴 경우	7
	열심히 노력해야 한다고만 쓴 경우	4

1. 식물의 생활

연습! 서술형 평가 74~75쪽

1 ③

1-1 (1) 예시 답안 뿌리, 줄기, 잎이 있습니다. 잎이 초록색입니다. 필요한 양분을 스스로 만듭니다. 땅에 뿌리를 내리고, 잎과 줄기가 잘 구분됩니다.

(2) 예시 답안 풀은 나무보다 키가 작습니다. 풀은 나무보다 줄기가 가늡니다. 풀은 대부분 한해살이 식물이고, 나무는 모두 여러해살이 식물입니다.

채점 기준 답안 내용	배점
풀과 나무의 공통점과 차이점을 두 가지씩 옳게 쓴 경우	6
풀과 나무의 공통점과 차이점을 한 가지씩 옳게 쓴 경우	3

2 ②

2-1 예시 답안 한곳에 나는 잎의 개수가 한 개인가?, 잎의 끝 모양이 뾰족한가?, 잎의 전체적인 모양이 길쭉한가?, 잎의 전체적인 모양이 넓적한가?, 잎의 가장자리가 톱니 모양인가? 등이 있습니다.

채점 기준 답안 내용	배점
식물 잎의 분류 기준을 세 가지 옳게 쓴 경우	4

3 ㉢

3-1 예시 답안 물속에 잠겨서 사는 식물은 잎이 좁고 긴 모양이고, 줄기가 물의 흐름에 따라 잘 휩니다. 잎이 물 위로 높이 자라는 식물은 뿌리가 물속의 땅이나 물가의 땅에 있으며, 키가 크고 줄기가 단단합니다.

채점 기준 답안 내용	배점
물속에 잠겨서 사는 식물과 잎이 물 위로 높이 자라는 식물의 특징을 각각 옳게 쓴 경우	6

4 ㉢, ㉣

4-1 예시 답안 잎자루에 있는 공기주머니의 공기 때문입니다.

채점 기준 답안 내용	배점
주어진 말을 포함하여 옳게 쓴 경우	4

5 ㉢

5-1 예시 답안 줄기에 물을 저장하기 때문에 사막에서 살 수 있습니다.

채점 기준 답안 내용	배점
줄기에 물을 저장하기 때문이라는 내용을 포함해 쓴 경우	4
물이 많기 때문이라고만 쓴 경우	2

6 ③

6-1 예시 답안 끝이 갈고리 모양이어서 동물의 털이나 옷에 붙을 수 있습니다.

채점 기준 답안 내용	배점
끝이 갈고리 모양이어서 동물의 털이나 옷에 붙는다고 쓴 경우	6
동물의 털이나 옷에 붙는다고만 쓴 경우	4

실전! 서술형 평가 76~77쪽

1 예시 답안 들이나 산에 사는 식물은 대부분 땅에 뿌리를 내리며, 줄기와 잎이 잘 구분됩니다.

채점 기준 답안 내용	배점
대부분 땅에 뿌리를 내리며, 줄기와 잎이 잘 구분된다고 옳게 쓴 경우	7

2 예시 답안 풀에는 민들레, 명아주, 강아지풀, 토끼풀 등이 있고, 나무에는 소나무, 단풍나무, 떡갈나무, 밤나무 등이 있습니다. 풀은 나무보다 키가 작고, 줄기가 가늡니다.

채점 기준 답안 내용	배점
풀과 나무의 예를 각각 세 개씩 쓰고, 풀과 나무의 키와 줄기의 굵기를 옳게 비교한 경우	7

3 (1) 예시 답안 소나무, 강아지풀은 잎의 전체적인 모양이 길쭉하고, 단풍나무, 토끼풀, 은행나무는 잎의 전체적인 모양이 길쭉하지 않습니다.

채점 기준 답안 내용	배점
잎의 전체적인 모양이 길쭉한 것과 길쭉하지 않은 것으로 옳게 분류한 경우	5

4 예시 답안 물속에서 누르면 공기 방울이 생겨 위로 올라가고 손을 놓으면 잎자루가 다시 부풀어 오릅니다.

채점 기준 답안 내용	배점
누르면 공기 방울이 생겨 위로 올라가고 손을 놓으면 잎자루가 다시 부풀어 오른다고 쓴 경우	5

5 ❶ 예시 답안 뿌리는 물속 땅에 내리고 있고 마름모 모양의 잎이 물 위에 떠 있습니다.

채점 기준 답안 내용	배점
뿌리는 물속 땅에 내리고 있고 마름모 모양의 잎이 물 위에 떠 있다는 내용을 포함하여 쓴 경우	4

❷ 예시 답안 마름은 잎이 물에 떠 있는 식물이고, 검정말은 물속에 잠겨서 사는 식물이며, 개구리밥은 물에 떠서 사는 식물입니다.

채점 기준 답안 내용	배점
세 가지 식물을 모두 옳게 분류한 경우	3
두 가지 식물만 옳게 분류한 경우	2

❸ 예시 답안 마름과 개구리밥은 잎이 물 위에 있는 식물이고, 검정말은 잎이 물속에 있는 식물입니다.

채점 기준 답안 내용	배점
마름과 개구리밥은 잎이 물 위에 있는 식물이고, 검정말은 잎이 물속에 있는 식물이라고 쓴 경우	3

6 예시 답안 선인장의 굵은 줄기는 물을 저장하기에 좋습니다. 가시 모양의 잎은 동물로부터 선인장을 보호하고, 물의 증발을 막습니다.

채점 기준 답안 내용	배점
선인장이 사막의 환경에 적응한 모습을 두 가지 옳게 쓴 경우	7
선인장이 사막의 환경에 적응한 모습을 한 가지만 옳게 쓴 경우	4

7 예시 답안 비에 젖지 않는 연잎의 특징을 활용하여 물이 스며들지 않는 옷을 만들었습니다.

채점 기준 답안 내용	배점
비에 젖지 않는 연잎의 특징을 활용하였다고 쓴 경우	7

2. 물의 상태 변화

연습! 서술형 평가 78~79쪽

1 ㉠

풀이 손바닥 위에서 얼음이 녹아 물이 됩니다.

1-1 예시 답안 고체인 얼음이 녹아 액체인 물이 됩니다.

채점 기준 답안 내용	배점
고체인 얼음이 녹아 액체인 물이 된다고 쓴 경우	4
얼음이 녹아 물이 된다고만 쓴 경우	2

2 연희

2-1 예시 답안 물이 얼면 부피는 늘어나고 무게는 변하지 않습니다.

채점 기준 답안 내용	배점
부피는 늘어나고 무게는 변하지 않는다고 쓴 경우	6
부피가 늘어난다고만 쓰거나 무게가 변하지 않는다고만 쓴 경우	3

3 ④, ⑤

3-1 예시 답안 얼음 틀 위로 튀어나와 있던 얼음이 녹으면 높이가 낮아집니다. 냉동실에서 꺼낸 언 요구르트의 부피가 시간이 지나면서 줄어듭니다.

채점 기준 답안 내용	배점
우리 주변에서 얼음이 녹을 때의 부피 변화와 관련된 예를 두 가지 쓴 경우	4
우리 주변에서 얼음이 녹을 때의 부피 변화와 관련된 예를 한 가지만 쓴 경우	2

4 (3) ○

4-1 예시 답안 색 도화지의 그림이 사라집니다. 그 까닭은 색 도화지의 표면에서 물이 수증기로 변해 공기 중으로 흩어졌기 때문입니다.

채점 기준 답안 내용	배점
색 도화지의 그림이 사라진다고 쓰고, 색 도화지의 물이 수증기로 변해 공기 중으로 흩어졌기 때문이라고 쓴 경우	4
색 도화지의 그림이 사라진다고만 쓴 경우	1

5 상호

5-1 예시 답안 물이 수증기로 상태가 변해 공기 중으로 흩어졌기 때문에 물이 줄어들어 물의 높이가 낮아집니다.

채점 기준 답안 내용	배점
물이 수증기로 상태가 변해 공기 중으로 흩어졌기 때문에 물이 줄어들어 물의 높이가 낮아진다고 쓴 경우	6
물의 높이가 낮아진다고만 쓴 경우	2

6 ③

6-1 예시 답안 추운 겨울 유리창 안쪽에 물방울이 맺힙니다. 욕실의 차가운 거울 표면에 물방울이 맺힙니다. 가열한 냄비 뚜껑 안쪽에 물방울이 맺힙니다.

채점 기준 답안 내용	배점
우리 생활에서 볼 수 있는 응결과 관련된 예를 세 가지 옳게 쓴 경우	6

실전! 서술형 평가 80~81쪽

1 예시 답안 얼음은 일정한 모양이 있고, 손으로 잡을 수 있고 차가우며 단단합니다. 물은 일정한 모양이 없고 흐르고, 손에 잡히지 않습니다.

채점 기준 답안 내용	배점
얼음과 물의 특징을 각각 두 가지씩 옳게 쓴 경우	5
얼음과 물의 특징을 각각 한 가지씩만 옳게 쓴 경우	2

2 (1) 예시 답안 물이 얼면 부피가 늘어납니다.
(2) 예시 답안 페트병에 물을 가득 넣어 얼리면 페트병이 커집니다. 한겨울에 수도관에 설치된 계량기가 터집니다.

채점 기준 답안 내용	배점
(1)과 (2)를 모두 옳게 쓴 경우	7
(2)만 옳게 쓴 경우	4
(1)만 옳게 쓴 경우	2

3 예시 답안 얼음이 녹으면 부피가 줄어듭니다.

채점 기준 답안 내용	배점
얼음이 녹으면 부피가 줄어든다고 쓴 경우	5

4 예시 답안 고추나 오징어 등 음식 재료를 말려서 보관합니다. 젖은 머리카락을 말릴 때 머리카락의 물이 수증기로 변해 공기 중으로 흩어집니다.

채점 기준 답안 내용	배점
우리 생활에서 물이 증발하는 현상을 두 가지 옳게 쓴 경우	7
우리 생활에서 물이 증발하는 현상을 한 가지만 옳게 쓴 경우	3

5 (1) 예시 답안 액체인 물이 기체인 수증기로 상태가 변합니다.
(2) 예시 답안 증발은 물 표면에서 물이 수증기로 상태가 변하지만, 끓음은 물 표면과 물속에서 물이 수증기로 상태가 변합니다. 증발은 물의 양이 매우 천천히 줄어들지만, 끓음은 증발보다 물의 양이 빠르게 줄어듭니다.

채점 기준 답안 내용	배점
(1)과 (2)를 모두 옳게 쓴 경우	7

6 예시 답안 ㉠과 ㉡은 물이 얼음으로 상태가 변하는 것을 이용한 예이고, ㉢과 ㉣은 물이 수증기로 상태가 변하는 것을 이용한 예입니다.

채점 기준 답안 내용	배점
㉠과 ㉡은 물이 얼음으로 상태가 변한 것을 이용한 예이고, ㉢과 ㉣은 물이 수증기로 상태가 변한 것을 이용한 예라고 쓴 경우	7

7 ❶ 예시 답안 컵 표면에 작은 물방울이 맺히고, 시간이 지나면서 컵 표면의 물방울이 페트리 접시 위로 흘러 물이 고입니다.

채점 기준 답안 내용	배점
컵 표면에 작은 물방울이 맺히고, 시간이 지나면서 컵 표면의 물방울이 페트리 접시 위로 흘러 물이 고인다고 쓴 경우	3

❷ 예시 답안 처음 무게보다 나중 무게가 무겁습니다. 공기 중의 수증기가 물이 되어 차가운 컵 표면에 맺혔기 때문입니다.

채점 기준 답안 내용	배점
처음 무게보다 나중 무게가 무겁다고 쓰고, 공기 중의 수증기가 물이 되어 차가운 컵 표면에 맺혔기 때문이라고 쓴 경우	4

❸ 예시 답안 욕실의 차가운 거울 표면에 물방울이 맺힙니다.

채점 기준 답안 내용	배점
우리 생활에서 볼 수 있는 응결과 관련된 예를 한 가지 옳게 쓴 경우	3

3. 그림자와 거울

연습! 서술형 평가 82~83쪽

1 (1) ○ (2) ○ (4) ○

1-1 예시 답안 그림자가 생기려면 빛과 물체가 있어야 하고, 물체에 빛을 비춰야 합니다.

채점 기준 답안 내용	배점
빛과 물체가 있어야 하고, 물체에 빛을 비춰야 한다고 쓴 경우	4

2 ㉡

2-1 예시 답안 빛이 나아가다가 투명한 물체를 만나면 빛이 대부분 통과해 연한 그림자가 생깁니다.

채점 기준 답안 내용	배점
빛이 나아가다가 투명한 물체를 만나면 빛이 대부분 통과하기 때문이라는 내용을 포함하여 쓴 경우	6

3 ㉡

3-1 예시 답안 빛이 곧게 나아가는 성질을 빛의 직진이라고 합니다. 빛이 직진하기 때문에 물체 모양과 물체 뒤쪽에 생긴 그림자 모양이 비슷하게 됩니다.

채점 기준 답안 내용	배점
빛의 직진이란 무엇인지 쓰고, 빛이 직진하기 때문에 물체 모양과 물체 뒤쪽에 생긴 그림자 모양이 비슷하게 된다고 쓴 경우	6
빛의 직진이 무엇인지만 쓴 경우	2

4 ①

4-1 예시 답안 거울에 비친 물체의 색깔은 실제 물체와 같고, 물체의 좌우가 바뀌어 보입니다.

채점 기준 답안 내용	배점
거울에 비친 물체의 색깔은 실제 물체와 같고, 물체의 좌우가 바뀌어 보인다고 쓴 경우	6
물체의 좌우가 바뀌어 보인다고만 쓴 경우	2

5 민지

5-1 예시 답안 빛의 반사란 빛이 나아가다가 거울에 부딪쳐서 빛의 방향이 바뀌는 것을 말합니다.

채점 기준 답안 내용	배점
빛이 나아가다가 거울에 부딪쳐 빛의 방향이 바뀌는 것이라고 쓴 경우	4
빛의 방향이 바뀌는 것이라고만 쓴 경우	2

6 ㉠, ㉡, ㉢

6-1 예시 답안 자동차 뒷거울은 뒤에서 오는 다른 자동차의 위치를 보기 위해서 사용합니다.

채점 기준 답안 내용	배점
뒤에서 오는 다른 자동차의 위치를 보기 위해서 사용한다는 내용을 포함해서 쓴 경우	4

실전! 서술형 평가 84~85쪽

1 예시 답안 그림자는 빛이 물체를 비춰야 생깁니다. 따라서 햇빛이 물체를 비출 때는 물체의 그림자가 생기지만, 구름이 햇빛을 가렸을 때는 햇빛이 물체를 비추지 않기 때문에 그림자가 생기지 않습니다.

채점 기준 답안 내용	배점
그림자는 빛이 물체를 비춰야 생긴다는 말을 포함하여 옳게 쓴 경우	7

2 예시 답안 안경에 빛을 비추면 안경알 부분은 투명해서 빛이 대부분 통과해 연한 그림자가 생기고, 안경테 부분은 불투명해서 빛이 통과하지 못해 진한 그림자가 생깁니다.

채점 기준 답안 내용	배점
안경알 부분은 투명해서 빛이 대부분 통과하고, 안경테 부분은 불투명해서 빛이 통과하지 못한다는 내용을 쓴 경우	7

3 예시 답안 양산, 천막, 색안경, 그늘막, 모자, 암막, 커튼 등이 있습니다.

채점 기준 답안 내용	배점
물체의 그림자가 생기는 것을 이용해 생활을 편리하게 한 예 다섯 가지를 옳게 쓴 경우	5

4 (1) 예시 답안 손전등을 물체에 가깝게 합니다.
(2) 예시 답안 물체를 손전등에 가깝게 합니다.

채점 기준 답안 내용	배점
(1)과 (2)를 모두 옳게 쓴 경우	7

5 예시 답안 앞에 가는 자동차의 뒷거울에 구급차 앞부분의 모습이 비춰 보일 때 좌우로 바꾸어 쓴 글자의 좌우가 다시 바뀌어 똑바로 보이기 때문입니다.

채점 기준 답안 내용	배점
앞에 가는 자동차의 뒷거울에 구급차 앞부분의 모습이 비춰 보일 때 좌우로 바꾸어 쓴 글자의 좌우가 다시 바뀌어 똑바로 보이기 때문이라는 내용을 포함하여 쓴 경우	7

6 예시 답안 거울 두 개를 사용하여 빛이 나아가는 방향을 바꿉니다.

채점 기준 답안 내용	배점
거울 두 개를 사용해 빛의 방향을 바꾼다고 쓴 경우	5

7 ❶ (1) 예시 답안 세수할 때 얼굴을 봅니다.
(2) 예시 답안 다른 자동차의 위치를 봅니다.
(3) 예시 답안 치과에서 치아의 안쪽을 봅니다.
(4) 예시 답안 옷 입은 모습을 봅니다.

채점 기준 답안 내용	배점
(1), (2), (3), (4)를 모두 옳게 쓴 경우	6
(1), (2), (3), (4) 중 세 가지만 옳게 쓴 경우	4

❷ 예시 답안 현관 앞 전신 거울로 외출하기 전에 내 모습을 확인합니다. 거울을 이용해 예술 작품이나 건물을 만듭니다.

채점 기준 답안 내용	배점
우리 생활에서 거울을 이용한 예를 두 가지 옳게 쓴 경우	4
우리 생활에서 거울을 이용한 예를 한 가지만 옳게 쓴 경우	2

4. 화산과 지진

연습! 서술형 평가 86~87쪽

1 ㉡, ㉢

1-1 예시 답안 화산은 땅속의 마그마가 분출하여 생긴 지형으로 꼭대기에 분화구가 있는 것도 있지만, 화산이 아닌 산은 마그마가 분출하지 않아 꼭대기에 분화구가 없습니다.

채점 기준 답안 내용	배점
주어진 말을 모두 포함하여 화산과 화산이 아닌 산을 옳게 비교한 경우	6

2 ①

2-1 예시 답안 물질의 상태에 따라 ㉠은 고체, ㉡은 액체, ㉢은 기체 상태로 분류한 것입니다.

채점 기준 답안 내용	배점
㉠은 고체, ㉡은 액체, ㉢은 기체 상태로 분류한 것이라고 쓴 경우	4

3 (1) ○ (2) ○ (3) ○

3-1 예시 답안 화강암은 마그마가 땅속 깊은 곳에서 천천히 식어 만들어져 알갱이의 크기가 크고, 현무암은 마그마가 지표 가까이에서 빨리 식어 만들어져 알갱이의 크기가 작습니다.

채점 기준 답안 내용	배점
화강암과 현무암의 만들어지는 장소와 그로 인해 알갱이의 크기가 다른 까닭을 옳게 쓴 경우	6

4 ㉠, ㉣, ㉥

4-1 (1) 예시 답안 용암에 의해 산불이 발생합니다. 용암이 흘러 마을을 뒤덮습니다. 화산재가 호흡기 질병을 일으킵니다.
(2) 예시 답안 온천을 개발하여 관광 자원으로 활용합니다. 지열 발전을 하여 전기를 얻습니다. 화산재의 영향으로 땅이 비옥해집니다.

채점 기준 답안 내용	배점
(1)과 (2)를 모두 옳게 쓴 경우	4

5 ①, ③, ⑤

5-1 예시 답안 땅(지층)이 지구 내부에서 작용하는 힘을 오랫동안 받으면 휘어지거나 끊어지기도 하는데, 땅(지층)이 끊어지면서 흔들리는 것을 지진이라고 합니다.

채점 기준 답안 내용	배점
지진이 발생하는 까닭을 포함하여 지진이란 무엇인지 옳게 쓴 경우	4

6 ㉠

6-1 예시 답안 승강기 안에 있을 경우 모든 층의 버튼을 눌러 가장 먼저 열리는 층에서 내립니다.

채점 기준 답안 내용	배점
모든 층의 버튼을 눌러 가장 먼저 열리는 층에서 내린다고 쓴 경우	6

실전! 서술형 평가 88~89쪽

1 예시 답안 땅속 깊은 곳에서 암석이 녹은 마그마가 분출하여 생긴 지형인 화산입니다.

채점 기준 답안 내용	배점
화산이라는 공통점을 옳게 쓴 경우	5

2 예시 답안 화산이 분출하면 화산 가스가 나오고, 용암이 분출하여 흐르며, 화산 암석 조각 등이 나옵니다.

채점 기준 답안 내용	배점
화산 가스, 용암, 화산 암석 조각 등의 말을 포함하여 실제 화산 활동을 쓴 경우	7

3 예시 답안 화강암은 마그마가 땅속 깊은 곳에서 천천히 식어 만들어져 알갱이의 크기가 크고, 현무암은 마그마가 지표 가까이에서 빠르게 식어 만들어져 알갱이의 크기가 작습니다.

채점 기준 답안 내용	배점
화강암은 마그마가 땅속 깊은 곳에서 천천히 식어 만들어져 알갱이의 크기가 크고, 현무암은 마그마가 지표 가까이에서 빠르게 식어 만들어져 알갱이의 크기가 작다고 쓴 경우	7

4 예시 답안 용암이 흘러 산불이 나고, 집이 부서지거나 사람이 다치기도 하며, 화산재와 화산 가스의 영향으로 호흡기 질병이 생기기도 합니다.

채점 기준 답안 내용	배점
기사에 있는 내용을 바탕으로 화산 활동으로 인한 피해를 옳게 쓴 경우	5

5 ① 예시 답안 우드록의 가운데 부분이 볼록하게 올라오며 휘어집니다.

채점 기준 답안 내용	배점
우드록의 가운데 부분이 볼록하게 올라오며 휘어진다고 쓴 경우	3

② 예시 답안 손에 떨림이 느껴집니다.

채점 기준 답안 내용	배점
손에 떨림이 느껴진다고 쓴 경우	3

③ 예시 답안 우드록을 양손으로 미는 힘은 지구 내부에서 작용하는 힘, 우드록이 끊어질 때의 떨림은 지진을 의미합니다.

채점 기준 답안 내용	배점
우드록을 양손으로 미는 힘은 지구 내부에서 작용하는 힘, 우드록이 끊어질 때의 떨림은 지진을 의미한다고 쓴 경우	4

6 예시 답안 최근 우리나라에서도 규모 5.0 이상의 지진이 발생했으며, 우리나라도 지진에 안전한 지역이 아닙니다.

채점 기준 답안 내용	배점
우리나라도 지진에 안전한 지역이 아니라는 말을 포함하여 쓴 경우	7

7 ㉣, 예시 답안 높은 담은 무너질 수 있으므로 넓은 곳으로 피합니다.

채점 기준 답안 내용	배점
㉣이라고 쓰고, 옳게 고쳐 쓴 경우	7
㉣이라고만 쓴 경우	3

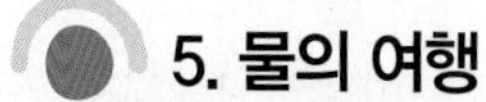

5. 물의 여행

연습! 서술형 평가 90쪽

○ (3)○ (4)○

1-1 예시 답안 물이 상태가 변하면서 육지와 바다, 공기, 생명체 등 지구 여러 곳을 끊임없이 돌고 도는 과정을 물의 순환이라고 합니다. 물이 순환해도 지구 전체 물의 양은 변하지 않습니다.

채점 기준 답안 내용	배점
물의 순환이란 무엇인지 쓰고, 물이 순환할 때 지구 전체 물의 양은 변하지 않는다고 쓴 경우	6

2 ㉠, ㉡, ㉢, ㉣

2-1 예시 답안 물이 떨어지는 높이 차이를 이용해 전기를 만듭니다. 손을 씻거나 몸을 씻을 때 이용합니다.

채점 기준 답안 내용	배점
우리 생활에서 물을 이용하는 경우를 두 가지 옳게 쓴 경우	6

3 (3)○ (5)○

3-1 예시 답안 인구가 증가하여 더 많은 양의 물을 필요로 합니다. 산업 발달로 물의 사용량이 늘었습니다. 사람들이 물을 낭비하는 습관도 물부족의 원인이 됩니다.

채점 기준 답안 내용	배점
물 부족 현상이 나타나는 까닭을 세 가지 옳게 쓴 경우	6

실전! 서술형 평가 91쪽

1 예시 답안 물이 순환할 때 물의 상태는 끊임없이 변하고, 새로 생기거나 없어지지 않아 지구 전체 물의 양은 변하지 않습니다.

채점 기준 답안 내용	배점
물이 순환할 때 물의 상태는 끊임없이 변하고, 지구 전체 물의 양은 변하지 않는다고 쓴 경우	7

2 예시 답안 컵 내부에서 물의 상태가 변하면서 컵 안을 순환합니다.

채점 기준 답안 내용	배점
컵 내부에서 물의 순환이 일어난다는 내용으로 쓴 경우	7

3 예시 답안 흐르는 물이 만든 지형을 관광지(관광 자원)로 이용합니다.

채점 기준 답안 내용	배점
흐르는 물이 만든 지형을 관광지(관광 자원)로 이용한다는 내용을 포함해 쓴 경우	5

4 예시 답안 양치질할 때 컵을 사용합니다. 샴푸를 많이 사용하지 않습니다.

채점 기준 답안 내용	배점
물 부족 현상을 해결하기 위해 내가 할 수 있는 일을 옳게 쓴 경우	7